KB241742

예제로 배우는 오라클 데이터베이스 12c

인경열 저

예제로 배우는 오라클 데이터베이스 12c

최신 Oracle 12c 버전 사용
기본적인 SELECT 문부터 조인, 서브 쿼리 등의 고급 SQL 문까지 설명
기본적인 DML인 INSERT 문부터 조건 INSERT ALL, 무조건 INSERT ALL까지의 고급 DML 문 설명
트랜잭션(transaction)의 개념 및 Commit/Rollback 설명
데이터 무결성을 보장하기 위한 오라클의 5가지 제약조건 설명
테이블을 비롯한 인덱스, 시퀀스, 뷰, 시노님과 같은 객체 사용법 설명
사용자 생성 및 권한, 롤(role) 사용법 설명
오라클의 프로그램 언어인 PL/SQL에서 프로시저와 함수 사용법 설명

머리말

본 교재는 데이터베이스 개념과 데이터베이스 관리 시스템(DBMS) 그리고 이를 사용하는 SQL 입문자를 위한 교재입니다.

많은 데이터베이스 이론서들이 어려운 용어와 실제로 많이 사용되지 않는 복잡하고 어려운 기능까지도 설명하여 초급자가 이러한 내용을 이해하고 응용해서 사용하기에는 쉽지 않은 상황입니다.

최근에는 빅 데이터(Big Data) 열풍이 불면서 고전적인 관계형 데이터베이스에 관한 관심이 많이 사라진 것은 사실이지만, 여전히 대부분의 기업체에서는 Oracle이나 MySQL과 같은 관계형 데이터베이스를 설치하고 SQL 문을 사용하여 데이터를 관리하는 것이 보편적입니다.

일상적으로 사용하는 많은 웹 기반의 인터넷 쇼핑몰과 블로그, 예매 사이트들도 실제로는 데이터베이스를 사용하여 회원과 상품을 관리하며, 인증되지 못한 사용자들은 접근하지 못하도록 보안 처리도 담당합니다. 그리고 Java와 같은 프로그래밍 언어를 이용하여 도서관리 및 회원관리와 같은 애플리케이션을 개발할 때 개인 또는 회사마다 사용하는 데이터베이스 종류가 달라도 데이터를 효과적으로 운용하기 위하여 데이터베이스를 사용하게 됩니다.

현재 현업에서 사용 중인 데이터베이스는 그 종류가 다양하지만, 기업에서 가장 선호하는 데이터베이스는 Oracle 데이터베이스입니다. 따라서 Oracle 데이터베이스의 개념과 SQL 기본 명령어를 더욱 쉽게 배우고 활용하는데 본 교재의 목적이 있습니다.

교재에서 제공하는 실습 코드를 이용하여 직접 코드를 실행하고 결과를 확인하기 때문에 효과적으로 SQL 문을 공부할 수 있습니다. SQL 입문자를 대상으로 만든 교재이지만, 다중 테이블에 한꺼번에 대량의 데이터를 저장하는 INSERT ALL 기능 같은 다양한 고급 SQL 문과 데이터 무결성을 위한 기본키(Primary Key), 참조키(Foreign Key) 같은 제약조건과 트랜잭션(transaction) 같은 중요한 개념들은 자세하게 설명하려고 노력하였습니다.

그리고 데이터베이스 관리자(DBA) 입장에서 특정 사용자 계정을 생성하고 권한과 롤(role)을 부여(grant)하고 취소(revoke)하는 계정관리 방법도 심도 있게 다루게 됩니다.

추가로 데이터가 실제로 저장되는 블록(block) 개념과 데이터의 실제 주소를 가리키는 ROWID 같은 데이터베이스의 구조에 관해서도 설명하여 오라클 데이터베이스를 더 쉽게 이해할 수 있도록 구성하였습니다.

마지막으로 오라클의 프로그래밍 언어라고 할 수 있는 PL/SQL인 프로시저 및 함수를 활용하여 성능 좋은 SQL 문을 작성하는 방법도 살펴볼 수 있습니다.

기초 SQL 학습을 위한 본 교재를 통해 독자 여러분이 관계형 데이터베이스를 관리 운용하는 방법을 습득하여 Java 같은 프로그램 언어에서 데이터베이스를 연동할 때 든든한 밑바탕을 마련할 수 있기를 진심으로 바랍니다.

어느덧 사무실 밖에는 푸르름이 가득한 계절이 시작되고 있습니다. 항상 맑고 푸른 대한민국의 하늘을 다시 보기를 간절히 기원하며, 본 교재가 출판될 수 있도록 애써주신 가메 출판사 임직원분들께 깊은 감사를 드립니다.

저자 **인경열**

목차

1장 데이터베이스 개요

2장 SELECT 문

3장 SQL 함수

4장 그룹 함수

5장 조인

6장 서브 쿼리

7장 DML

8장 DDL

9장 뷰 · 시퀀스 · 시노님

10장 인덱스

11장 사용자 관리

12장 PL/SQL

1장

데이터베이스 개요

[학습목표]

- 데이터베이스에 관하여 학습한다.
- 데이터베이스 특징에 관하여 학습한다.
- 데이터베이스 관리 시스템(DBMS)에 관하여 학습한다.
- SQL(Structured Query Language)에 관하여 학습한다.
- 오라클 데이터베이스 12c의 설치방법에 관하여 학습한다.
- SQL*PLUS와 SQLDeveloper 도구 사용법에 관하여 학습한다.

1. 데이터베이스 정의

데이터베이스는 많은 사람들이 공유해서 사용할 목적으로 통합 관리되는 정보(데이터)의 집합을 의미한다. 단순하게 통합만 하는 것이 아니고 논리적으로 연관시키고 구조화함으로써 자료의 중복을 없애고 검색과 갱신을 효율적으로 처리되도록 관리된다.

예를 들어 회사에서는 사원 관리를 위해서 사원정보를 저장하고 학교에서는 학생들의 정보를 관리하기 위해서 학생 데이터를 저장한다. 이렇게 저장된 데이터는 필요한 시점에 원하는 정보를 쉽고 빠르고 정확하게 검색되어야 하며 잘못된 데이터가 저장되지 않도록 주의해야 한다. 만약 하나라도 잘못된 데이터가 저장되면 저장된 모든 데이터를 신뢰할 수 없기 때문에 정보로서의 가치가 사라지게 된다.

2. 데이터베이스 특징

데이터베이스는 동일한 데이터를 여러 다양한 환경에서 필요한 만큼 중복해서 사용 가능하도록 관리한다. 따라서 데이터베이스는 특정 조직 내에서 여러 응용 시스템들이 공유해서 사용할 수 있도록 통합하여 저장된 형태로 운영 및 관리되는 데이터의 집합이라고 할 수 있다. 결국 데이터베이스는 다음과 같은 특징을 갖는다.

(1) 공유해서 사용되는 공용 데이터

공용 데이터는 여러 사용자들이 서로 다른 목적으로 공유해서 사용되는 데이터를 의미한다.

(2) 통합 데이터

여러 곳에 분산된 데이터는 중복된 데이터가 발생할 가능성이 매우 크며 데이터 관리도 어려워진다. 하지만 데이터를 통합하면 중복도 제거할 수 있고 효율적인 데이터 관리가 가능하게 된다.

(3) 저장된 영속성 데이터

중요하게 관리되어야 하는 데이터는 정전과 같은 상황에서도 데이터가 삭제되지 않고 보존 되도록 관리되어야 한다. 따라서 디스크나 테이프와 같은 저장소(storage)에 저장되어 휘발성이 아닌 영속성을 갖는다.

(4) 운영/관리 데이터

불필요하게 데이터만 저장하고 끝나는 것이 아니고 실제로 유용하게 사용할 수 있는 관리 목적이 명확한 데이터를 의미한다.

3. 데이터베이스 관리 시스템

오랜 기간 동안 축적된 데이터베이스는 방대한 양을 포함하는 것이 일반적이기 때문에 사람이 직접 관리하는 것은 불가능하다. 따라서 효율적으로 저장하고 관리 및 검색할 수 있는 소프트웨어를 설치해서 사용하게 되는데 이것을 데이터베이스 관리 시스템(DataBase Management System)이라고 한다. 일반적으로 줄여서 DBMS라고 부르기도 하는데 데이터베이스와 DBMS을 혼용해서 사용하기도 한다.

결국 다음과 같이 여러 응용프로그램들과 데이터베이스의 중재자로서 응용프로그램들이 데이터베이스를 공유해서 사용할 수 있도록 관리해 주는 소프트웨어이다.

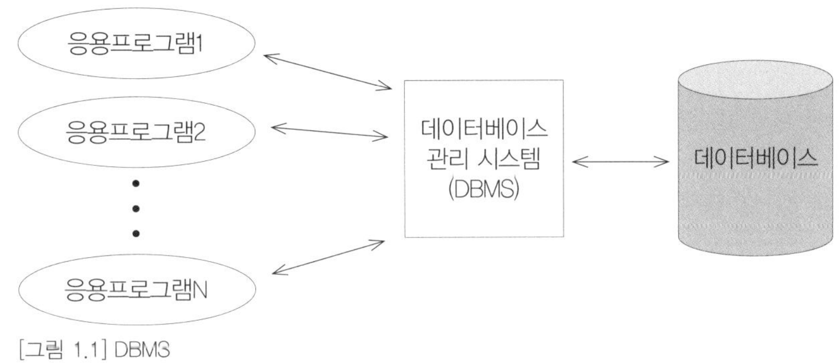

[그림 1.1] DBMS

4. 관계형 데이터베이스

관계형 데이터베이스는 데이터베이스를 관리하는 DBMS가 효율적으로 데이터를 관리하기 위해 사용하는 여러 방법론(모델)중 하나이다. 과거부터 현재까지 다양한 방법으로 데이터베이스를 관리하기 위한 노력이 있었으며 그 중에서 현재까지 가장 많이 사용되는 방법이 관계형 데이터베이스 방법론이다.

관계형 데이터베이스 방법론은 1970년 E.F.Codd 박사의 논문에서 처음으로 데이터베이스 관리 방법용으로 관계형 모델 도입이 제안되었다. 그 당시에 더 많이 알려진 방법론은 계층형 데이터베이스, 네트워크 데이터베이스 등이 있었다. 하지만 관계형 데이터베이스 방법론은 사용방법이 쉽고 구조적으로 간단하였으며 가장 중요한 특징으로 확장이 매우 쉽다는 장점을 가지고 있었다. 즉 처음 데이터베이스를 만든 후 관련된 응용프로그램들을 변경하지 않아도 새로운 데이터를 추가하거나 삭제가 가능하다는 장점 때문에 쉽게 대중화 되었다. 대표적인 관계형 데이터베이스 관리 시스템(Relational DBMS)으로는 오라클(Oracle), MS-SQL, MySQL, 사이베이스(Sybase), infomix, DB2 등이 있다.

관계형 데이터베이스는 다음과 같이 2차원 테이블 형태로 데이터를 관리한다.

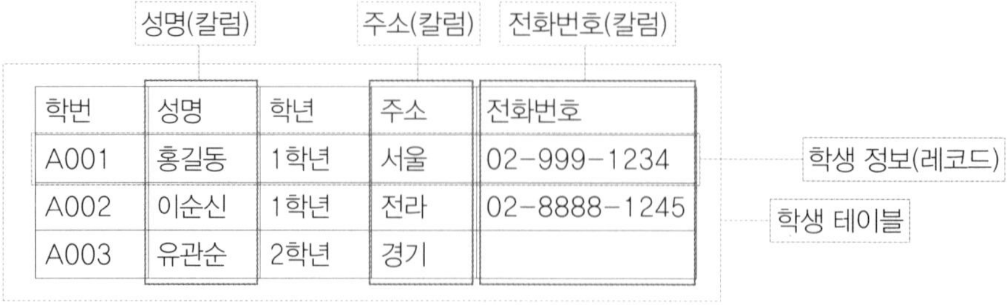
성명(칼럼)
주소(칼럼)
전화번호(칼럼)
학번 성명 학년 주소 전화번호
A001 홍길동 1학년 서울 02-999-1234
A002 이순신 1학년 전라 02-8888-1245
A003 유관순 2학년 경기
학생 정보(레코드)
학생 테이블

[그림 1.2] 2차원 테이블 구조

학번, 성명, 학년, 주소, 전화번호와 같은 열 정보를 칼럼(column)이라고 부르고 한 사람의 학생 정보를 나타내는 행 정보를 레코드(record)라고 한다. 모든 칼럼에 데이터가 항상 존재해야 되는 것은 아니다. 학번이 A003인 학생처럼 전화번호 칼럼에 데이터가 없을 수도 있으며 이렇게 값이 없는 경우 널(null) 값을 갖는다고 한다.

저장된 레코드를 쉽게 식별하기 위한 용도로 학번과 같은 칼럼을 기본 키(Primary key)라고 한다. 기본 키는 유일한 값을 가지고 있고 자동으로 인덱스(index)가 생성되기 때문에 레코드의 검색 속도를 향상시킬 수 있으며 데이터 저장시 중복 데이터인지를 확인하는 용도로도 사용된다. 이와 같이 테이블에 데이터를 저장하는 기본동작 이외에 올바른 데이터가 저장되도록 추가적인 기능을 제공하는데 이것을 '제약조건(constraints)'이라고 한다. 오라클에서는 다음과 같은 5가지 제약조건을 제공한다.

정보

인덱스(index)는 테이블에 저장된 데이터의 검색 속도를 향상시키기 위하여 사용된다. 일반적으로 도서에서는 색인표를 사용하여 특정 검색어에 해당하는 페이지를 빠르게 찾을 수 있듯이 데이터베이스에는 인덱스(index)를 사용하여 검색 속도를 향상시킨다.

[표 1.1] 오라클 제약조건의 종류

제약조건 타입	설명
primary key	레코드를 식별하기 위한 용도. 내부적으로 unique 제약조건과 not null 제약조건을 포함한다. 자동으로 인덱스(index)가 생성됨.
unique	칼럼에 유일한 값을 저장하기 위한 용도. null 값 포함 가능. 자동으로 인덱스(index)가 생성됨.
not null	칼럼에 반드시 값을 저장해야 하는 용도.
check	칼럼에 임의의 조건에 일치하는 데이터만 저장하기 위한 용도. 예) 학년이 1학년만 저장, 성별이 '남'만 저장 등
foreign key	하나의 테이블에서 다른 테이블을 참조하기 위해 사용되는 용도로서 '참조키', '외래키'라고 부른다.

[표 1.1]의 5가지 제약조건은 8장에서 자세히 살펴보기로 한다.

5. SQL

사용자와 관계형 데이터베이스를 연결시켜 주는 표준 검색 언어를 SQL(Structured Query Language)이라고 하며 오라클에서만 사용 가능한 SQL 문과 모든 DBMS에서 사용 가능한 ANSI(American Standards Institute) SQL 문으로 구분될 수 있다.

5.1 SQL 문장의 특징

SQL 문장은 다음과 같은 특징을 갖는다.

- 사용하기가 쉬워 프로그래밍에 경험이 없는 사용자라도 쉽게 배울 수 있다.
- 프로그램 언어이지만 C 언어와 같은 절차적 언어가 아닌 비 절차적 언어이다. C 언어 같은 프로그래밍 언어는 언어 사용자인 개발자가 모든 처리 과정을 일일이 기술하고 기술된 순서대로 처리되는 것을 의미한다. 하지만 SQL는 구조화된(Structured) 언어이기 때문에 일정한 규칙과 패턴에 맞게 조건들을 나열하면 SQL 문은 우리가 원하는 결과를 반환한다. 즉 절차적 언어처럼 처리과정을 일일이 기술할 필요가 없는 언어이다.
- DBMS를 만든 회사마다 자체적으로 추가된 SQL 문법이 존재하기 때문에 SQL 문장이 약간씩 다르다. 하지만 모든 DBMS에서 공통적으로 사용할 수 있는 ANSI SQL 문이 제공되기 때문에 큰 문제는 없으며 단지 여러 DBMS를 사용하는 경우에는 자체적으로 추가된 SQL 문법만 따로 정리하면 된다.

5.2 SQL 문장의 종류

SQL 문은 사용되는 용도에 따라서 다음과 같이 구분된다.

(1) 질의어(Data Query Language : DQL)

질의어는 SELECT 문을 사용하여 테이블에 저장된 데이터를 검색할 때 사용하는 SQL 문이다. 기본적으로 테이블에 저장된 모든 데이터를 검색할 수 있고 특정 조건에 일치하는 데이터만 선택적으로 검색할 수도 있다.

또한 하나의 테이블에 저장된 레코드만 검색할 수도 있고 여러 테이블에 저장된 데이터를 연결한 데이터 검색도 가능하다. 여러 테이블에 저장된 데이터를 서로 연결하여 검색하는 방법을 조인(join)이라고 한다.

(2) 데이터 조작어(Data Manipulation Language : DML)

데이터베이스에 저장된 데이터를 조작하기 위해 사용되는 SQL 문으로, 새로운 레코드를 추가하기 위한 INSERT 문과 데이터를 수정하기 위한 UPDATE 문, 레코드를 삭제하기 위한 DELETE 문 그리고 데이터를 병합하기 위한 MERGE 문이 있다.

(3) 트랜잭션 처리어(Transaction Control Language : TCL)

데이터베이스의 트랜잭션과 관련된 작업을 처리하기 위한 SQL 문으로 실행된 트랜잭션을 데이터베이스에 영구적으로 반영시키는 COMMIT 문과 실행된 트랜잭션을 취소시키는 ROLLBACK 문이 있으며 트랜잭션을 처리할 때 책갈피 기능처럼 동작되는 SAVEPOINT 문이 제공된다.

정보

트랜잭션(transaction)은 DML 문에서만 적용되는 개념으로서 여러 작업이 하나의 작업처럼 처리해야 됨을 의미하는 용어이다.

예를 들어, 제주도로 여행을 간다고 가정하자. 가장 먼저 해야 할 일은 첫 번째로 비행기표를 예약하는 작업이다. 두 번째로는 제주도에 숙소를 예약하는 것이고 세 번째는 렌터카를 예약하는 작업일 것이다. 만약 위의 세 가지 작업 중에서 하나라도 실패한다면 제주도 여행은 실패하기 때문에 이전에 했던 모든 예약은 취소되어야 된다.

이렇게 여러 가지 작업이 하나의 작업처럼 동작해야 되는 작업단위를 트랜잭션이라고 한다. 트랜잭션은 'All or Nothing' 특징을 갖는다. 즉 작업단위가 정상적으로 모두 수행되거나 전혀 수행되지 않음을 보장해야 된다. 따라서 정상적으로 모두 수행되면 COMMIT 명령문으로 데이터베이스에 영구적으로 반영시키고, 만약 하나라도 문제가 발생되면 전체 작업을 취소시키기 위하여 ROLLBACK 명령문을 사용한다.

(4) 데이터 정의어(Data Definition Language : DDL)

데이터베이스에서 사용 가능한 테이블, 뷰, 인덱스, 시퀀스와 같은 객체를 생성하는 CREATE 문, 수정 할 때 사용하는 ALTER 문, 삭제할 때 사용되는 DROP 문이 있다. 또한 DELETE 문과 같이 전체 레코드를 절삭하는 TRUNCATE 문이 제공된다. DDL은 자동으로 COMMIT되기 때문에 생성된 테이블을 ROLLBACK으로 취소할 수 없으며 제거하기 위해서는 DROP 문을 사용해야 된다.

정보

테이블에 저장된 **레코드**를 **제거**하기 위한 방법으로 DML의 DELETE 문과 DDL의 TRUNCATE 문을 사용할 수 있다. DELETE 문은 ROLLBACK이 가능하고, TRUNCATE 문은 ROLLBACK이 불가능한 차이점이 있다.

(5) 데이터 제어어(Data Control Language : DCL)

데이터베이스에 저장된 데이터를 보호하기 위한 강력한 방법으로 인증(Authentication)과 권한(Authorization)이 필요하다. 인증은 데이터베이스를 접근할 수 있는 사용자인지 구별하기 위한 방법이며 권한은 인증된 사용자 중에서 어떠한 작업을 할 수 있는지를 파악할 수 있는 방법이다.

오라클 데이터베이스에서 실행하는 모든 작업은 반드시 권한이 필요하다. 데이터베이스를 접속할 때도 시스템 권한인 create session이 필요하다. 이 권한이 없는 사용자는 인증된 사용자 일지라도 데이터베이스에 접근할 수 없다. 필요한 권한을 부여할 때 사용하는 GRANT 문과 권한을 취소할 때 사용하는 REVOKE 문이 제공된다.

교재에서 다룰 SQL 문은 [표 1.2]와 같다.

[표 1.2] SQL 문의 종류

SQL 종류	명령문
Data Query Language(DQL : 질의어)	SELECT(데이터 검색시 사용)
Data Manipulation Language (DML : 데이터 조작어)	INSERT(데이터 입력) UPDATE(데이터 수정) DELETE(데이터 삭제) MERGE(데이터 병합)
Data Definition Language (DDL : 데이터 정의어)	CREATE(데이터베이스 객체 생성) ALTER(데이터베이스 객체 변경) DROP(데이터베이스 객체 삭제) RENAME(데이터베이스 객체이름 변경) TRUNCATE(객체 정보 절삭)
Transaction Control Language (TCL : 트랜잭션 처리어)	COMMIT(트랜색션 작업 반영) ROLLBACK(트랜잭션 작업 취소) SAVEPOINT(트랜잭션 내 책갈피 설정)
Data Control Language (DCL : 데이터 제어어)	GRANT(권힌 부어) REVOKE(권한 취소)

6. 오라클 12c 설치하기

오라클 12c의 c는 '클라우드(cloud) 컴퓨팅'을 의미한다. 클라우드 컴퓨팅은 문서, 이미지, 동영상 등을 인터넷상의 데이터 서버에 저장하고 필요할 때마다 업로드 또는 다운로드하면서 데이터를 사용하는 기술을 의미한다. 즉 IT 자원을 로컬에 소유하지 않고 인터넷인 네트워크를 이용해서 사용하는 형태이다.

사용자는 구름처럼 무형의 형태로 존재하는 중앙 서버의 자원을 필요한 만큼 빌려 사용할 수 있는데, 클라우드 서비스 방법에 따라서 다음과 같이 3가지로 분류한다.

■ **IaaS(Infrastructure as a Service : 클라우드 인프라)**
운영체제, 서버, 스토리지, 네트워크와 같은 H/W를 인터넷을 이용하여 서비스로 제공받아 사용하는 것을 의미한다. 대표적인 서비스 업체로는 아마존 웹서비스(Amazon Web Service)가 있으며 관공서로는 행정자치부의 G-클라우드가 있다.

■ **PaaS(Platform as a Service : 클라우드 플랫폼)**

특정 프로그램을 개발하기 위해 필요한 환경인 개발 프레임워크, WAS, DBMS 등과 같은 플랫폼을 서비스로 제공 받아서 사용하는 것을 의미한다. 대표적인 서비스로는 MS의 Windows Azure, 구글의 App Engine, VMWare의 Cloud Foundary가 있다.

■ **SaaS(Software as a Service : 클라우드 응용 S/W)**

특정 업무에서 사용되는 S/W를 인터넷을 이용하여 서비스로 제공받아서 사용하는 것을 의미한다. 대표적으로 MS의 Office Live, Google Apps 등이 있다.

오라클 12c는 클라우드를 지원하는 첫 데이터베이스인데 SaaS를 쉽게 연동할 수 있게 지원한다. 따라서 스토리지의 가용성이 늘어나 사용자는 더 많은 애플리케이션을 실행할 수 있으며 오라클 11g 이전처럼 각각의 데이터베이스가 메모리, 프로세서를 따로 관리하지 않고 멀티테넌트(Multitenant)라는 통합된 가상 DB 아키텍처를 사용하여 하나의 가상 DB 안에 무수히 많은 DB를 관리할 수 있는 특징을 갖는다. 이러한 오라클 12c의 특화된 특징들은 교재에서 자세하게 살펴보지는 않지만, 기본적으로 클라우드 서비스를 제공하는 DBMS라는 것은 알고 있어야 된다.

지금부터 SQL 명령문을 학습하기에 앞서서 오라클 데이터베이스 12c를 설치하도록 한다.

1 오라클 홈페이지에 접속하고 회원가입을 위하여 (Account) 이미지 버튼을 클릭한다.

http://www.oracle.com

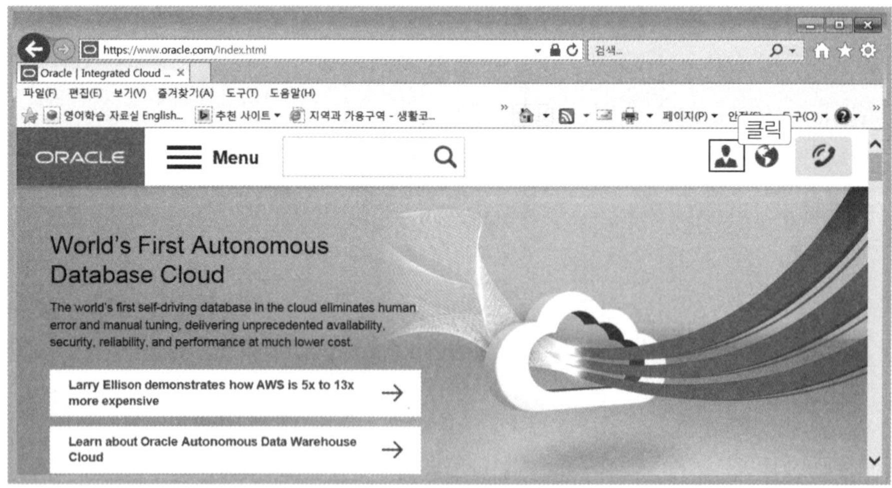

[그림 1.3] 오라클 메인 홈페이지 화면

2 다음 화면에서 [Create an account] 링크를 클릭한다.

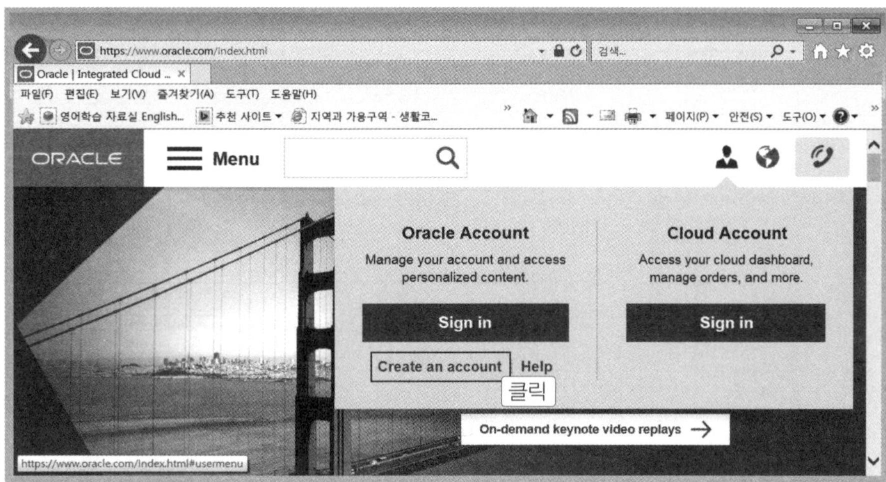

[그림 1.4] 회원 가입 링크 선택

3 사용자 정보를 정확하게 입력하여 계정을 생성한다.

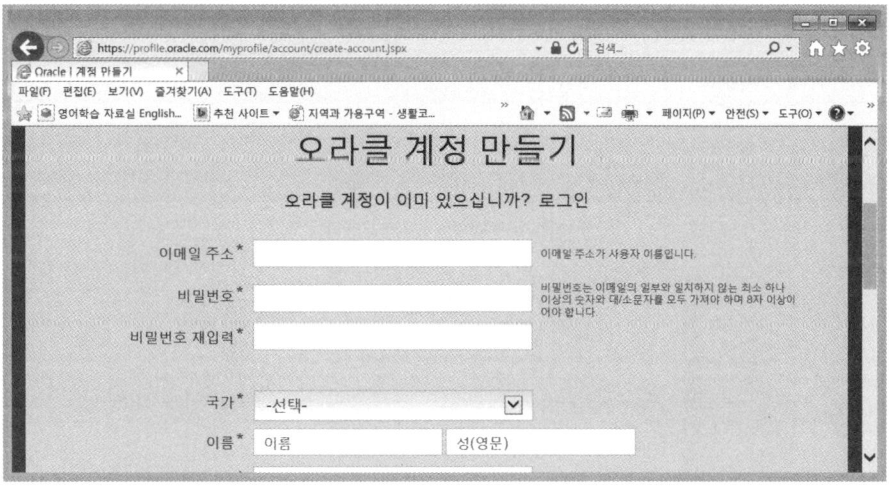

[그림 1.5] 회원 가입 화면

4 오라클 계정이 생성되었으면 로그인한 뒤에 다음 사이트에 접속한다.

```
http://www.oracle.com/technetwork/database/enterprise-edition/downloads/index.html
```

현재 제공되는 오라클의 가장 최신 버전은 Oracle 12c Release2이다. 오라클 데이터베이스를 다운로드하기 위해 [Accept License Agreement] 항목을 클릭하여 선택한다.

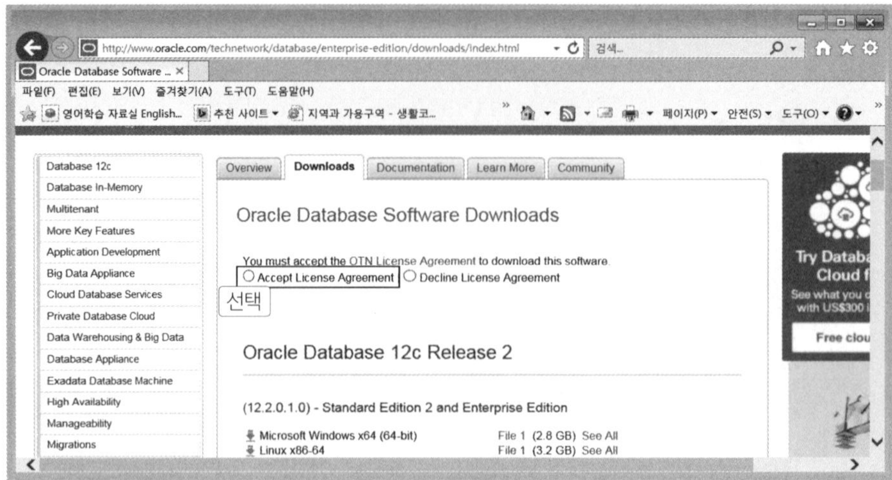

[그림 1.6] 오라클 데이터베이스 12c Release 2 라이선스 동의

5 사용자 운영체제에 맞는 Oracle Database 12c Release 2 버전을 C:\down 폴더에 다운로드한다. 교재에서는 Microsoft Windows x64(64-bit) 사용한다.

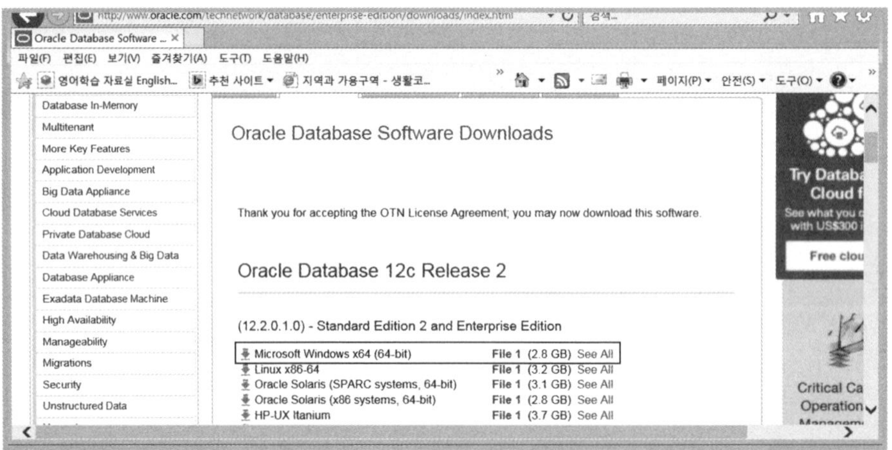

[그림 1.7] 오라클 데이터베이스 12c Release 2 다운로드

주의

교재에서는 오라클 12c 설치 파일을 C:\down 폴더에 저장했으나 임의의 폴더에 저장해도 무관하다. 하지만 반드시 한글 경로가 아닌 영문으로 지정된 폴더에 저장해야 된다. 한글 경로가 있는 경우에는 오라클 데이터베이스 설치에 실패하게 된다.

6 오라클 데이터베이스 소프트웨어의 다운로드가 성공하면 C:\down 폴더의 내용은 다음 그림과 같다.

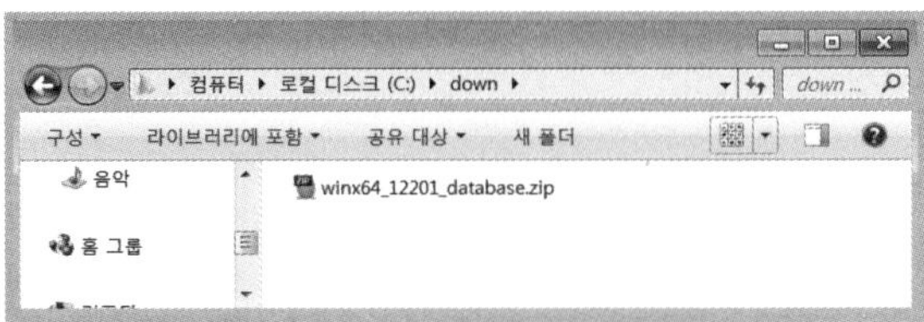

[그림 1.8] 오라클 데이터베이스 12c 설치 파일 저장 폴더

7 다운로드한 winx64_12201_database.zip 파일의 압축을 풀면 database 폴더가 생성된다.

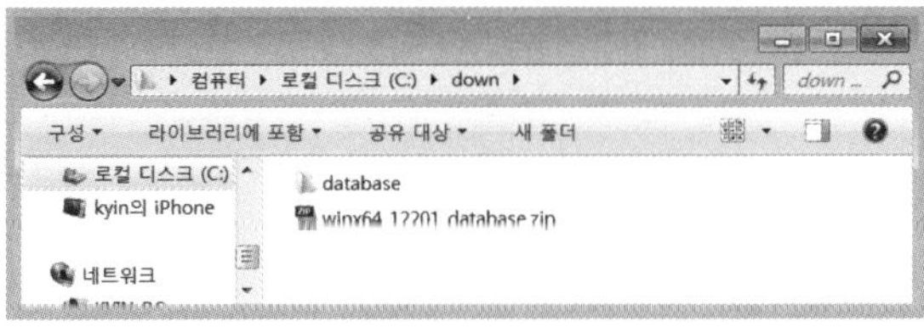

[그림 1.9] 압축 파일 해제

8 database 폴더로 이동해서 setup.exe 파일을 더블클릭하여 오라클 데이터베이스의 설치를 시작한다.

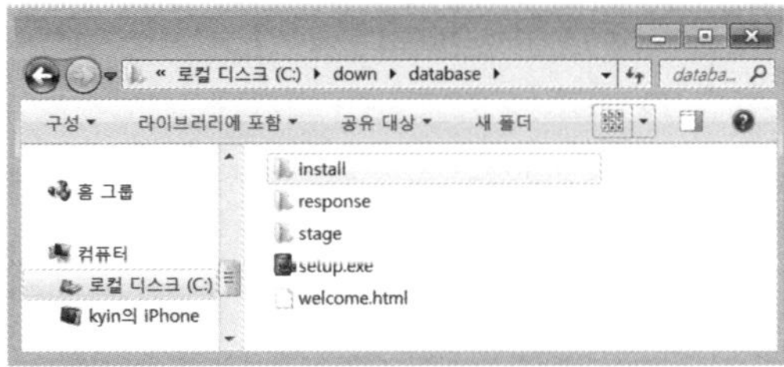

[그림 1.10] 오라클 데이터베이스 설치 파일 실행

9 오라클 데이터베이스의 설치를 위해 사용하는 모니터의 특성을 확인한다.

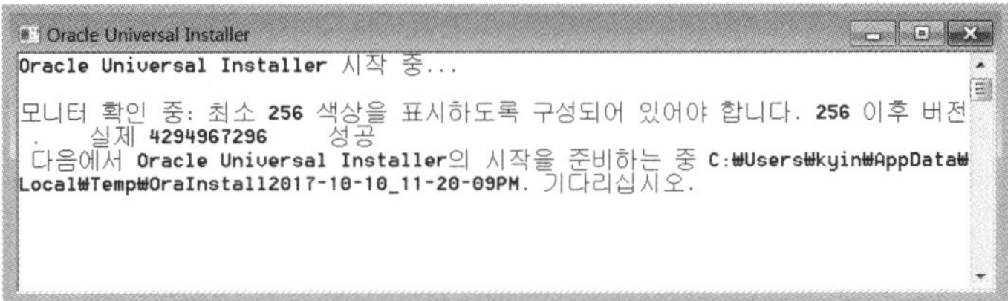

[그림 1.11] 오라클 데이터베이스 설치를 위한 모니터 특성 확인

10 오라클 데이터베이스 설치의 [1단계]로 보안문제와 관련된 메일 수신 정보 입력을 요청한다.

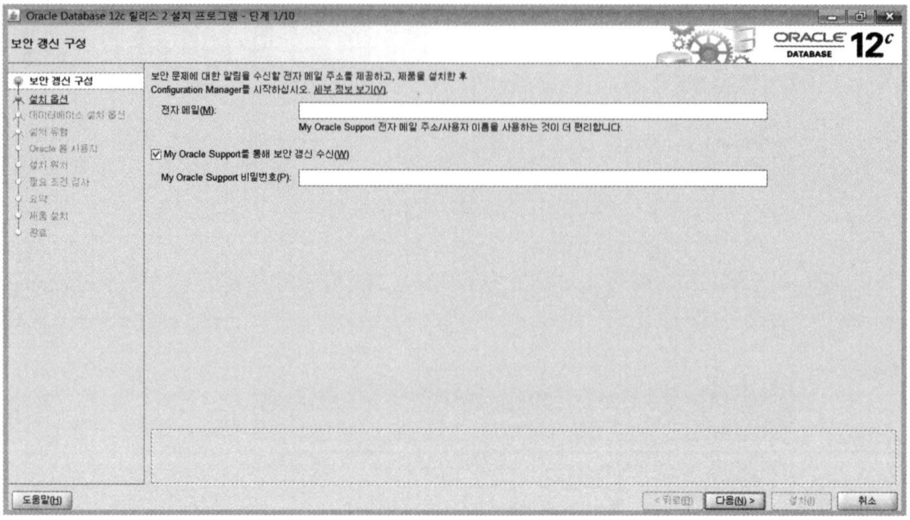

[그림 1.12] 보안 관련 메일 수신 정보 입력 요청

보안 관련 메일 설정은 교재에서 학습하는 SQL 문과 직접적인 관련이 없는 내용이기 때문에 다음과 같이 'My Oracle Support를 통해 보안 갱신 수신' 항목의 체크를 해제하고 [다음] 버튼을 클릭한다.

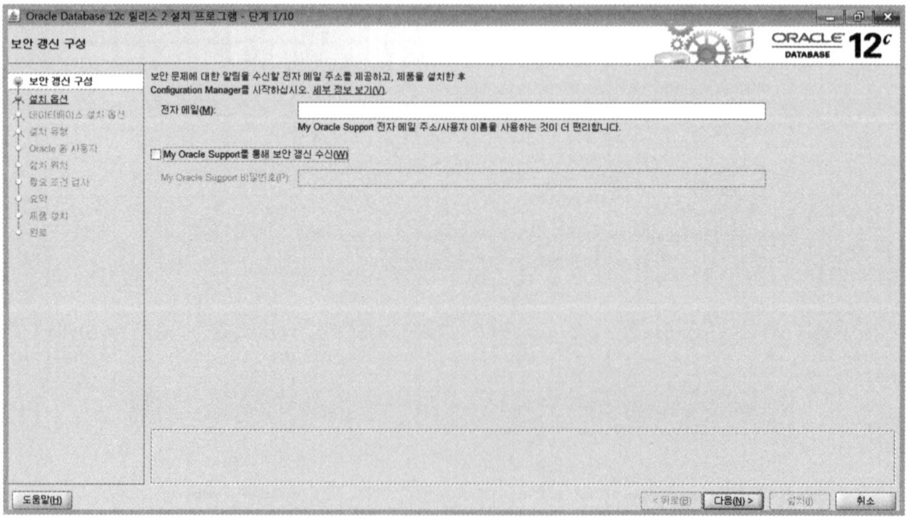

[그림 1.13] 보안 관련 메일 수신 해제

11 메일 주소를 제공하지 않았기 때문에 다음과 같은 경고창이 보인다. 경고 메시지를 무시하고 [예] 버튼을 클릭한다.

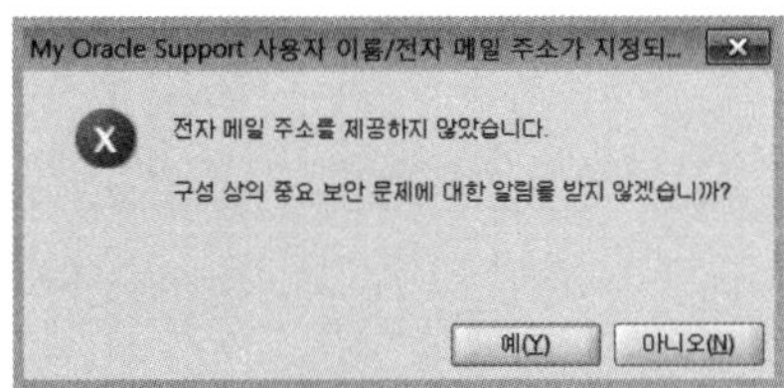

[그림 1.14] 보안 갱신 해제에 따른 경고 메시지

12 오라클 데이터베이스 설치의 [2단계]로 데이터베이스 설치를 옵션을 설정한다. 오라클 DBMS를 설치하면서 데이터베이스를 생성할 수도 있고, 오라클 DBMS를 설치한 뒤에 따로 데이터베이스를 추가로 생성할 수도 있다. 교재에서는 기본 방법인 '데이터베이스 생성 및 구성' 항목을 선택하고 [다음] 버튼을 클릭한다.

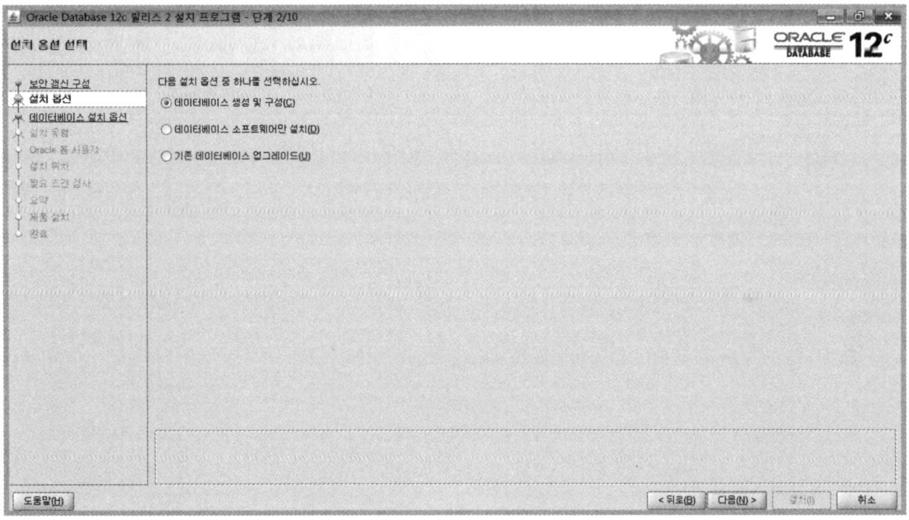

[그림 1.15] 데이터베이스 설치 옵션 선택

13 오라클 데이터베이스 설치의 [3단계]로 시스템 클래스를 선택하는 단계이다. 교재에서는 '서버 클래스' 항목을 선택하고 [다음] 버튼을 클릭한다.

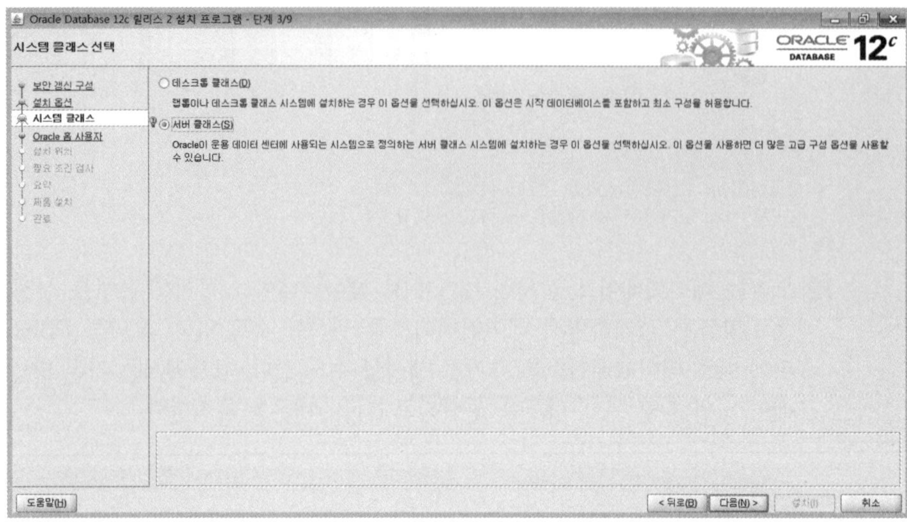

[그림 1.16] 시스템 클래스 선택

14 오라클 데이터베이스 설치의 [4단계]로 데이터베이스 설치 옵션을 선택하는 단계이다. 기본 설정인 '단일 인스턴스 데이터베이스 설치' 항목을 선택하고 [다음] 버튼을 클릭한다.

[그림 1.17] 데이터베이스 설치 옵션 선택

정보

오라클 데이터베이스는 크게 **2가지 영역으로 구성**된다. 하나는 실제 데이터베이스가 저장되는 **물리적인 파일 영역**이고 다른 하나는 **메모리와 프로세스 영역**이다. 오라클 DBMS를 종료하면 메모리와 프로세스 영역은 제거되지만, 물리적인 파일은 제거되지 않고 사용자 PC에 영구적으로 저장된다. 따라서 물리적인 파일은 비 휘발성인 영속성을 가지며 메모리와 프로세스는 휘발성으로 언제든지 제거될 수 있는 특징이 있다.

휘발성인 메모리와 프로세스를 합해서 '인스턴스(instance)'라고 부른다. 오라클에서는 메모리를 SGA(System Global Area)라 하고, 프로세스는 '백그라운드 프로세스(background process)'라고 한다. 결국 SGA와 background process를 합쳐서 '인스턴스(instance)'라고 부르는 것이다.

15 오라클 데이터베이스 설치의 [5단계]로 데이터베이스 설치 유형을 선택하는 단계이다. '고급 설치' 항목을 선택하고 [다음] 버튼을 클릭한다.

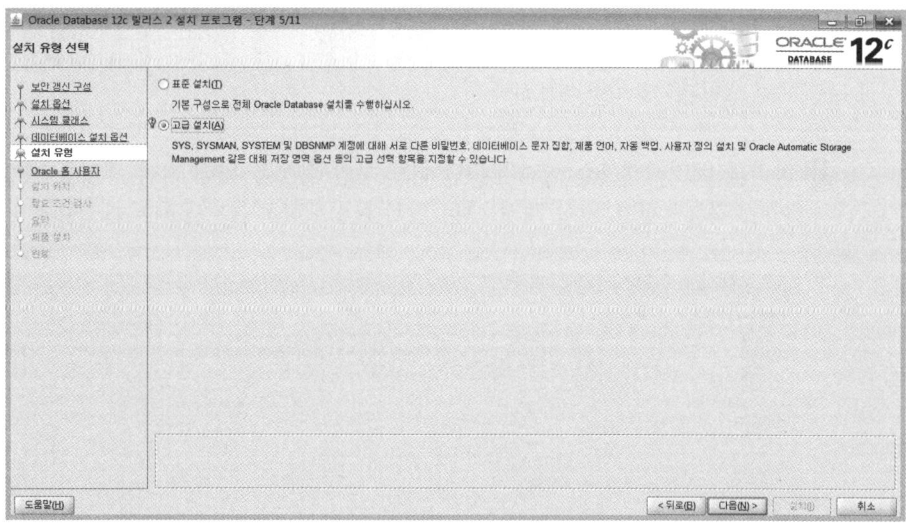

[그림 1.18] 설치 유형 선택

16 오라클 데이터베이스 설치의 [6단계]로 데이터베이스의 버전을 선택하는 단계이다. ‘Enterprise Edition’ 항목을 선택하고 [다음] 버튼을 클릭한다.

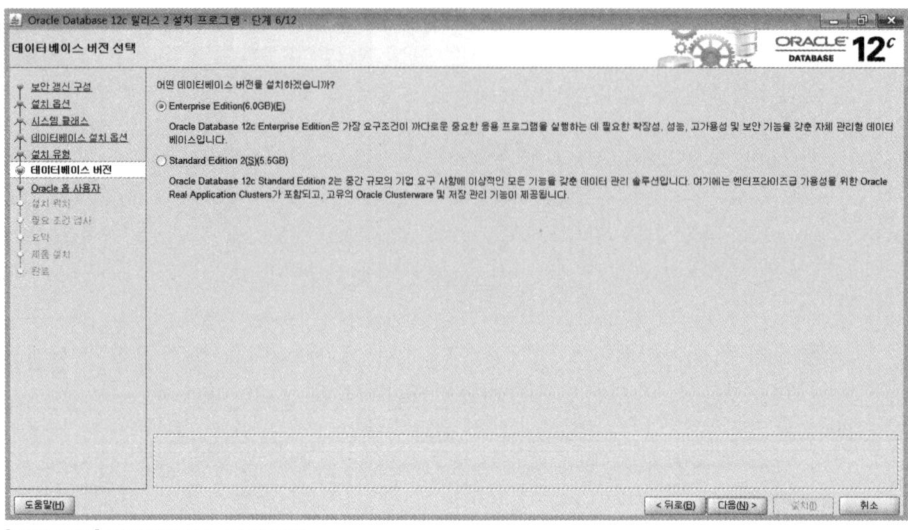

[그림 1.19] 데이터베이스 버전 선택

17 오라클 데이터베이스 설치의 [7단계]로 보안 향상을 위해 가상 계정을 설정하는 단계이다. 기본설정인 ‘가상 계정 사용’ 항목을 선택하고 [다음] 버튼을 클릭한다.

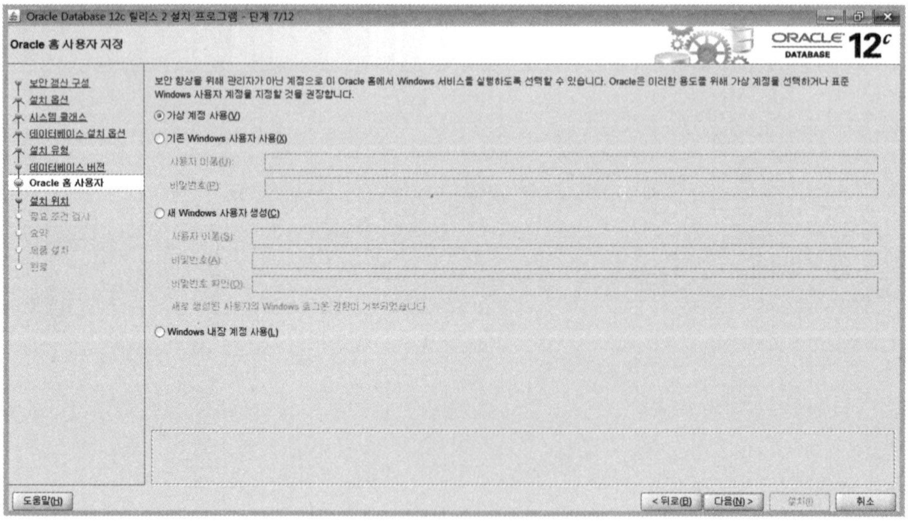

[그림 1.20] Oracle 홈 사용자 계정 선택

18 오라클 데이터베이스 설치의 [8단계]로 데이터베이스의 설치 경로를 설정한다. 기본설치 경로는 C:\app 폴더에 설치된다. 표시된 경로를 확인하고 [다음] 버튼을 클릭한다.

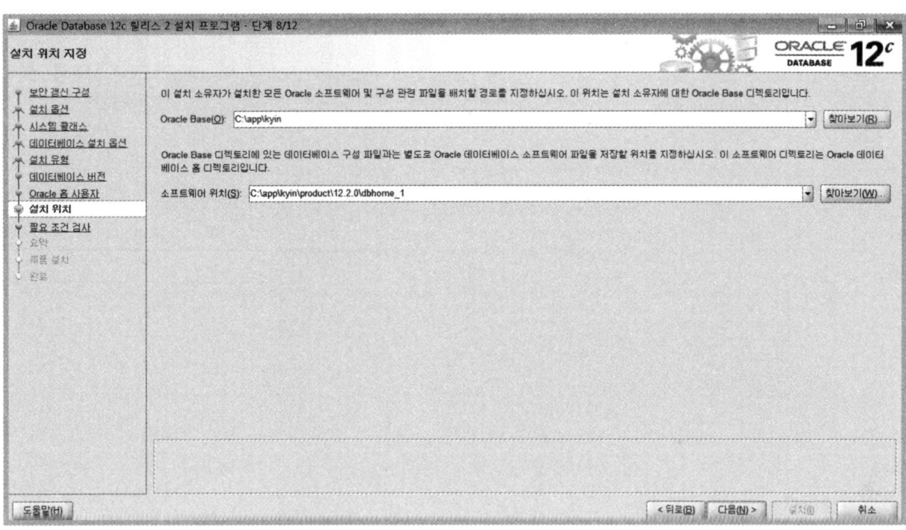

[그림 1.21] 데이터베이스 설치 위치 설정

오라클 데이터베이스의 설치 위치를 설정한 뒤 [그림 1.22]와 같은 정보창이 표시되면 [예] 버튼을 클릭하고 설치를 계속한다. 설치를 반복하는 경우 해당 폴더에 과거 설치 정보가 남아 있어서 표시되는 정보창이다.

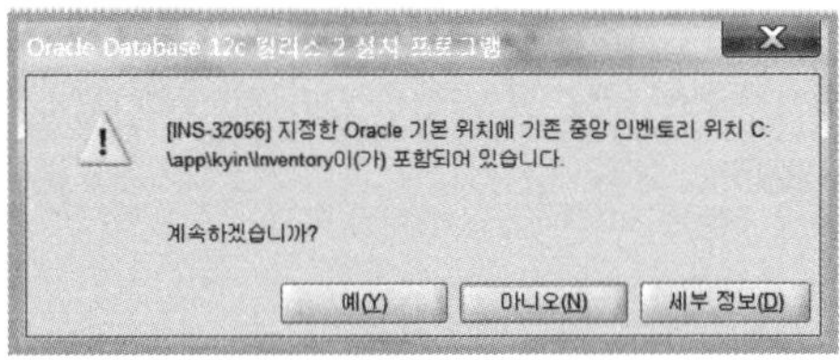

[그림 1.22] Inventory 정보

19 오라클 데이터베이스 설치의 [9단계]로 데이터베이스 구성 유형을 선택하는 단계이다. 기본설정인 '일반용/트랜잭션 처리' 항목을 선택하고 [다음] 버튼을 클릭한다. '일반용/트랜잭션 처리' 항목을 일반적으로 OLTP(On-Line Transaction Processing)라고 한다.

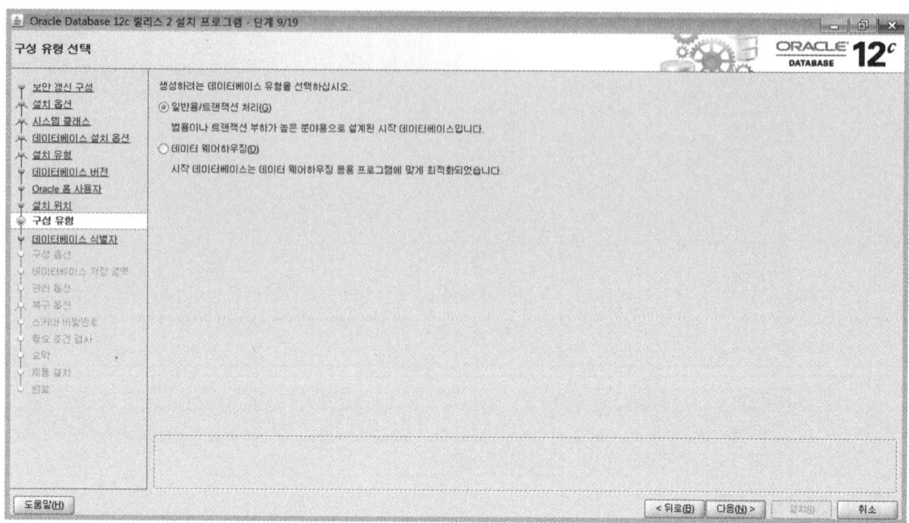

[그림 1.23] 데이터베이스 구성 유형

정보

OLTP(On-Line Transaction Processing)는 온라인 상태에서 대량으로 트랜잭션이 발생되는 경우의 처리 방법을 의미한다. 대표적으로 은행의 입출금 거래가 있다. 이러한 OLTP 시스템은 주로 현재 상황을 파악하는 것에 목적이 있다. 은행 입출금 거래의 경우에 언제 어떤 입출금을 했고 잔액이 얼마 남아 있는지가 주요한 관심사가 된다.

OLTP 시스템을 사용한 후의 결과로 시간의 흐름에 따라 발생된 데이터(시계열 데이터)가 남게 된다. 이 시계열 데이터를 활용해서 분석 자료로 사용하고, 나아가 미래를 예측하고자 하는 것이 OLAP(On-Line Analytical Processing)이다. 이때 특정 분야에서 발생된 시계열 데이터로는 정확한 분석 및 미래 예측이 힘들기 때문에 여러 분야에서 발생된 자료들이 필요하게 된다. 이렇게 수집된 여러 자료들을 한 곳에 모으는 것을 데이터웨어 하우징(Dataware housing : DW)이라고 한다.

20 오라클 데이터베이스 설치의 [10단계]로 데이터베이스를 구별하기 위한 식별자 값을 설정하는 화면이다. 일반적으로 SID 값이라고 부르며 기본값인 orcl로 설정한다. 오라클 12c에서 추가된 기능인 '컨테이너 데이터베이스 생성' 항목의 체크를 해제하고 [다음] 버튼을 클릭한다.

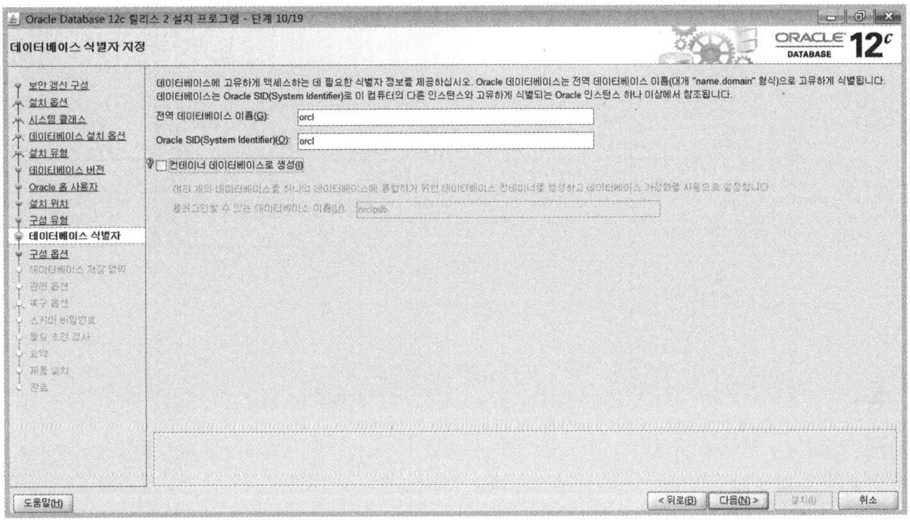

[그림 1.24] 데이터베이스 식별자 설정

21 오라클 데이터베이스 설치의 [11단계]로 데이터베이스 구성 옵션을 설정한다. 첫 번째 탭인 '메모리'는 사용자의 PC 환경을 고려해서 자동으로 메모리가 할당된다. 자동으로 할당된 메모리 값을 그대로 사용한다.

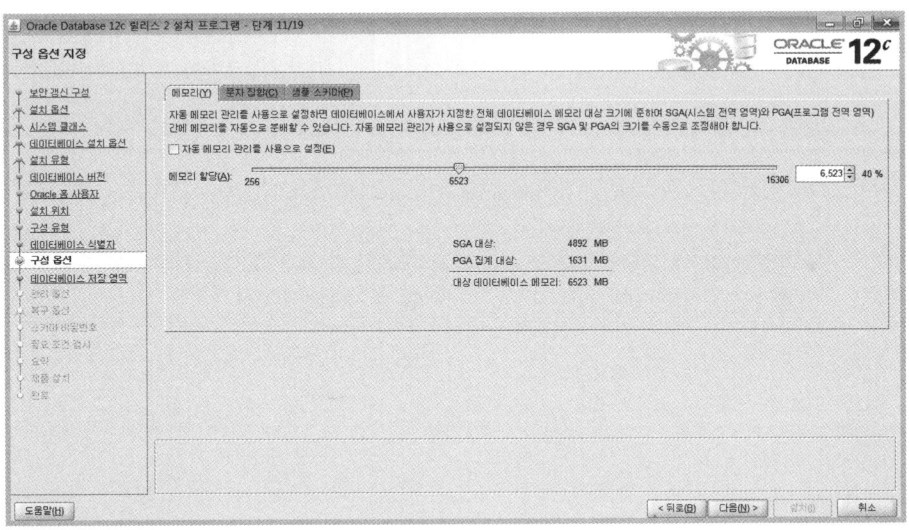

[그림 1.25] 데이터베이스 구성 옵션 : 메모리 설정

두 번째 탭인 '문자 집합'에서는 다음과 같이 'OS 문자 집합 사용(KO16MSWIN949)' 항목을 선택한다.

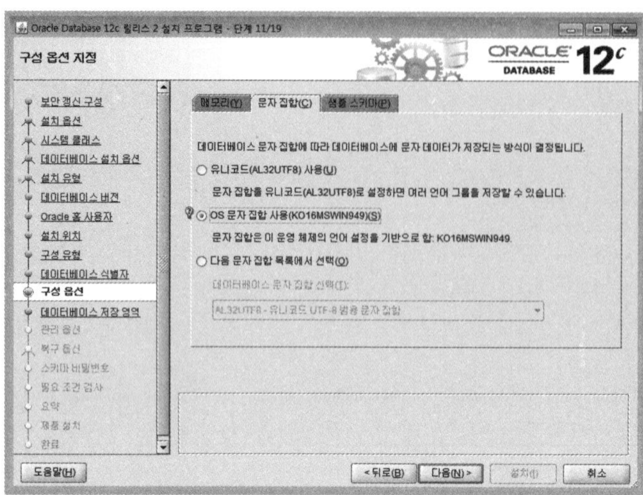

[그림 1.26] 데이터베이스 구성 옵션 : 문자 집합 설정

정보

문자 집합(character set)은 데이터베이스에 문자 데이터가 저장되는 방식을 결정하는 것이다. 한국어를 지원하는 대표적인 문자 집합으로 KO16KSC5601과 KO16MSWIN949가 있다. KO16KSC5601는 한글 완성형 코드와 일치하며 일반적으로 많이 사용되는 2,350자의 한글과 4,888자의 한자와 일본어 그리고 영문 및 각종 기호들을 포함한다. KO16MSWIN949는 KO16KSC5601의 기능에 현대 한글 조합으로 표현할 수 있는 모든 글자인 8,822자의 한글을 추가해서 포함하고 있으며 한 글자당 2Byte로 처리된다. 한글뿐만 아니라 전 세계의 모든 언어를 표현할 수 있는 문자 집합이 UTF-8, AL32UTF8 이다. 이것은 가변 길이 인코딩 방식을 사용하기 때문에 한 글자를 표현하는데 최대 3Byte(AL32UTF8인 경우 6Byte)까지 늘어날 수 있다.

한글 지원을 하기 위해서 고려해야 되는 사항은 다음과 같다.

- 한글지원을 위해서는 KO16KSC5601, KO16MSWIN949, UTF-8, AL32UTF8 문자 집합 중에서 하나를 선택해야 한다.
- 한국에서만 사용하는 시스템인 경우에는 KO16MSWIN949를 선택한다. 만약 전 세계의 언어를 저장해야 한다면 UTF-8, AL32UTF8을 선택해야 한다.

세 번째 탭인 '샘플 스키마'에서는 '데이터베이스에 샘플 스키마 설치' 항목을 체크하고 [다음] 버튼을 클릭한다. '데이터베이스에 샘플 스키마 설치' 항목을 체크하면 실습 목적으로 사용할 수 있는 HR 계정이 데이터베이스에 자동으로 추가되어 생성된다.

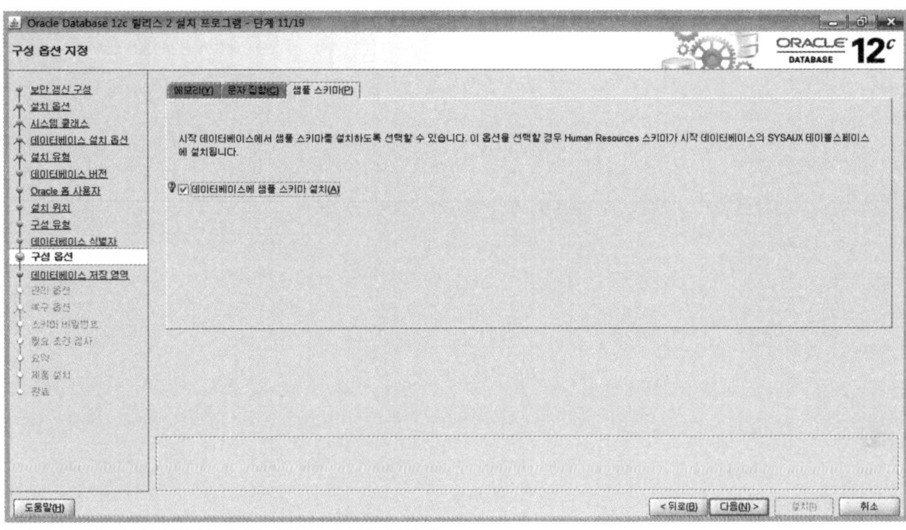

[그림 1.27] 데이터베이스 구성 옵션 : 샘플 스키마

22 오라클 데이터베이스 설치의 [12단계]로 데이터베이스 저장 영역을 설정한다. 기본값은 "파일 시스템"으로, 이를 선택하면 오라클은 파일을 사용하여 데이터베이스를 저장한다. 파일은 데이터베이스 파일 위치 지정 항목에서 입력된 "C:\app\사용자명\oradata" 폴더에 dbf 확장자를 갖는 파일로 생성된다.

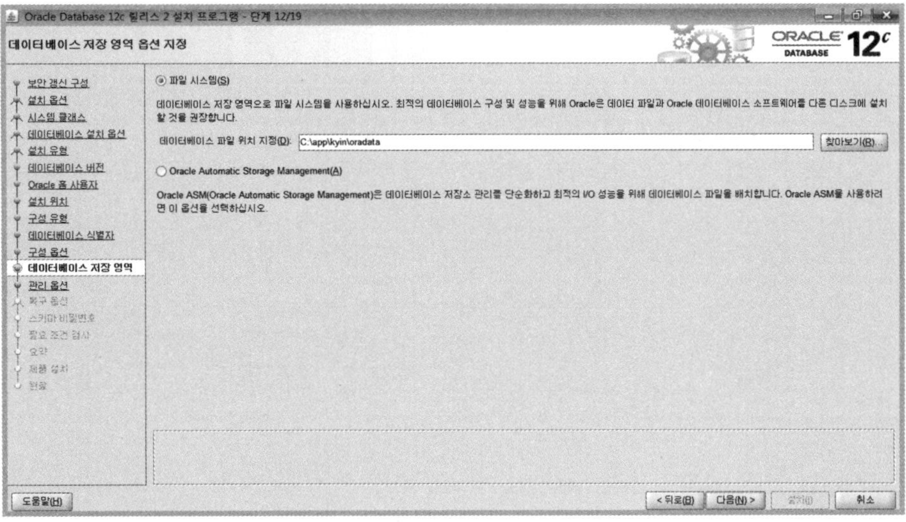

[그림 1.28] 데이터베이스 저장 영역 설정

23 오라클 데이터베이스 설치의 [13단계]로 데이터베이스 관리 옵션을 설정한다. 기본 설정값을 사용하기로 하고 [다음] 버튼을 클릭한다.

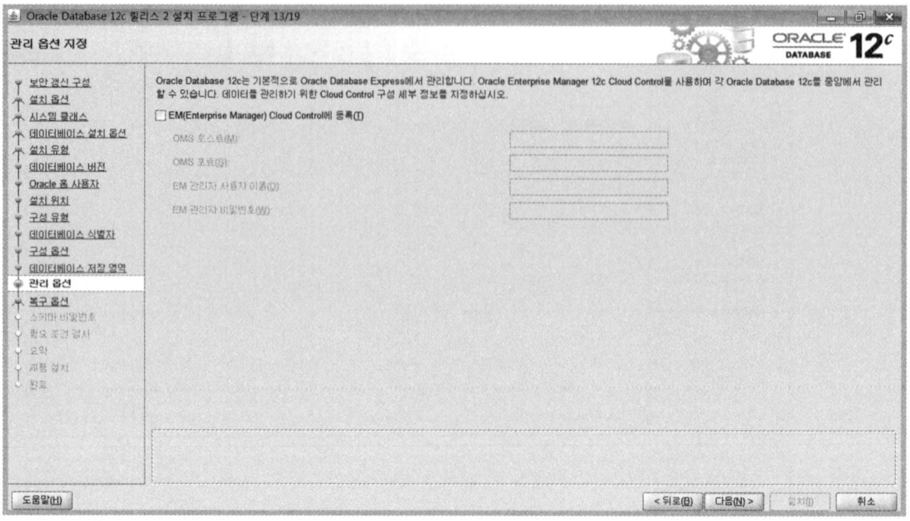

[그림 1.29] 데이터베이스 관리 옵션 설정

24 오라클 데이터베이스 설치의 [14단계]로 데이터베이스 복구 옵션을 설정한다. 기본 설정값을 사용하기로 하고 [다음] 버튼을 클릭한다.

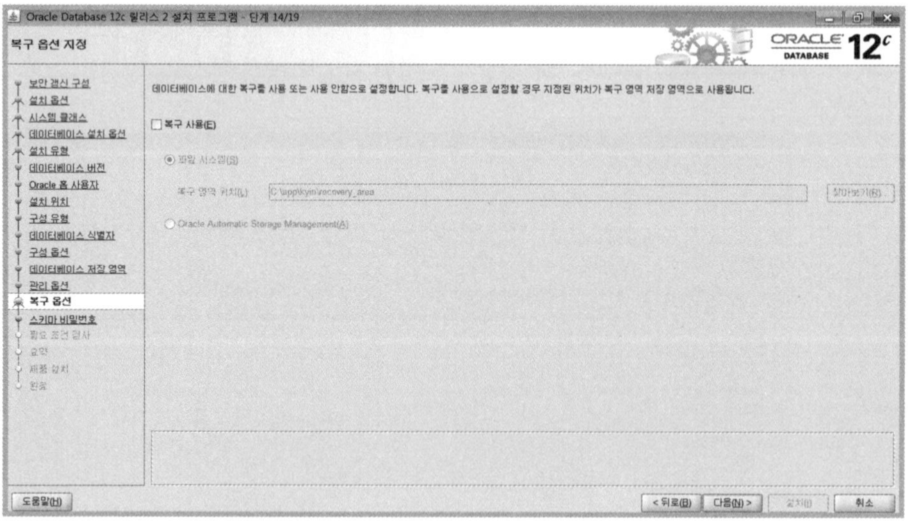

[그림 1.30] 데이터베이스 복구 옵션 설정

25 오라클 데이터베이스 설치의 [15단계]로 관리자의 비밀번호를 설정하는 단계이다. SYS, SYSTEM 계정은 오라클 DBMS 관리자로서 개별적인 비밀번호를 설정하거나 통합된 비밀번호 설정도 가능하다. 교재에서는 관리를 편하게 하기 위해서 같은 비밀번호를 설정하기로 한다. 비밀번호는 외우기 쉽게 oracle로 설정하고 [다음] 버튼을 클릭한다. 교재에서의 관리자 계정은 sys를 사용하고 비밀번호는 oracle로 사용한다.

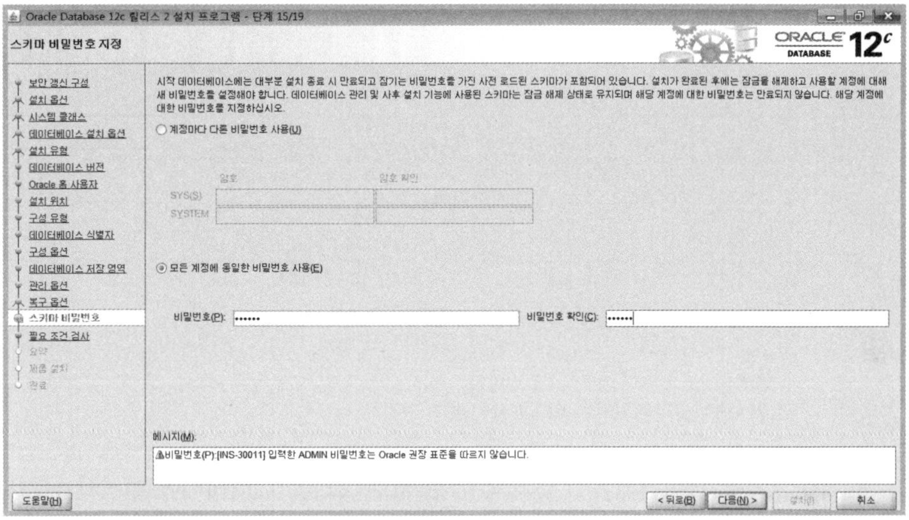

[그림 1.31] 오라클 데이터베이스의 관리자 비밀번호 설정

관리자 비밀번호가 단순하기 때문에 다음과 같은 경고창이 보인다. 경고 메시지를 무시하고 [예] 버튼을 클릭하여 설치를 계속한다.

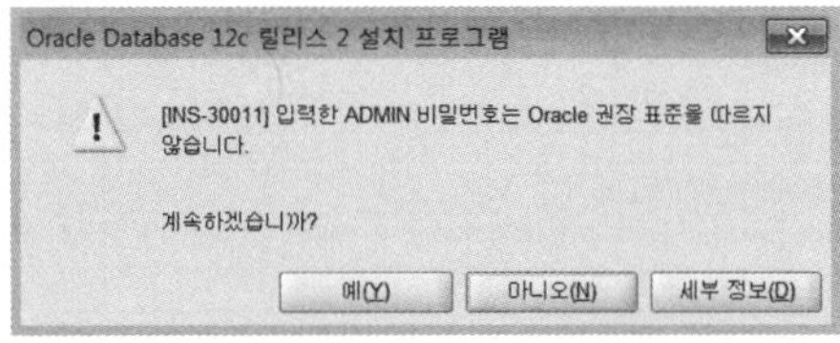

[그림 1.32] 비밀번호 권장 표준 위반 경고창

26 오라클 데이터베이스 설치의 [16단계]로 현재 실행 중인 PC에 오라클 12c의 설치가 가능한지 검사한다.

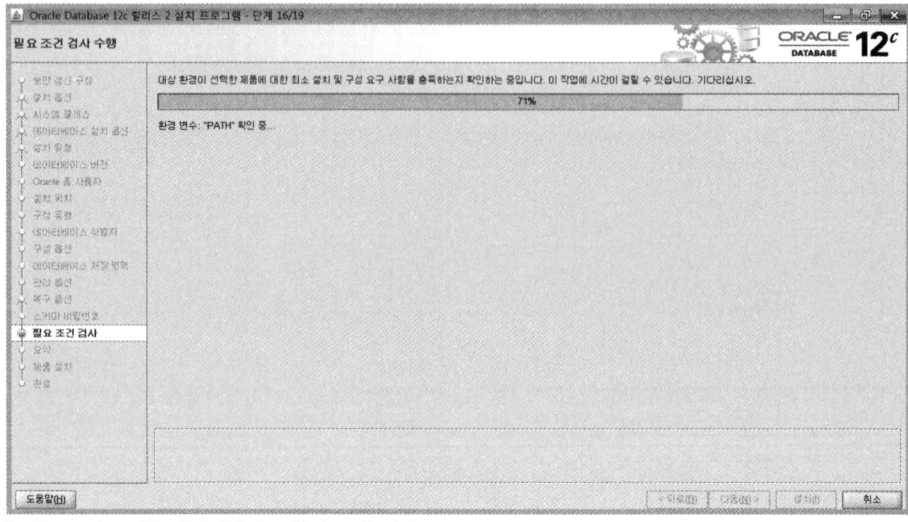

[그림 1.33] 오라클 데이터베이스 설치 조건 검사

27 오라클 데이터베이스 설치의 [17단계]로 오라클 데이터베이스 설치가 가능하면 다음과 같은 설치정보를 나타낸다. 실제 설치를 진행하기 위해 [설치] 버튼을 클릭한다.

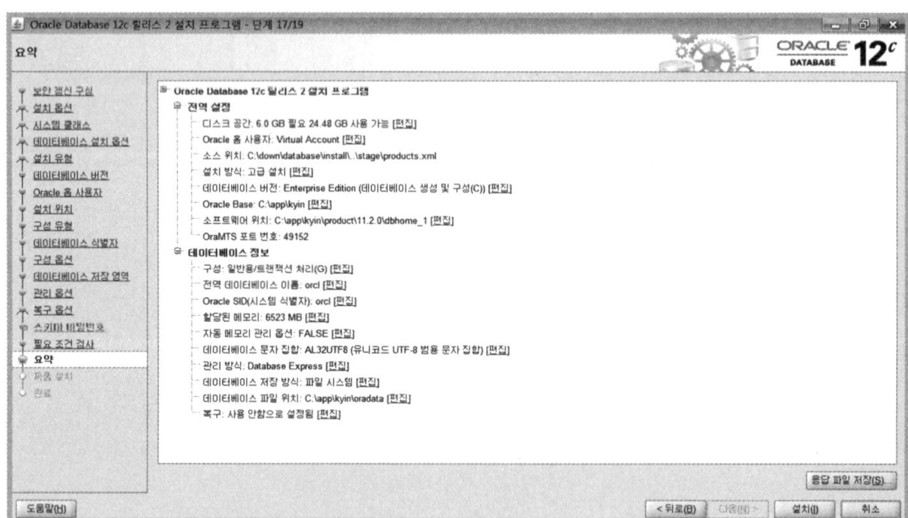

[그림 1.34] 오라클 데이터베이스 설치 정보 보약

28 오라클 데이터베이스 설치의 [18단계]로 C:\app 경로에 오라클 DBMS가 설치된다.

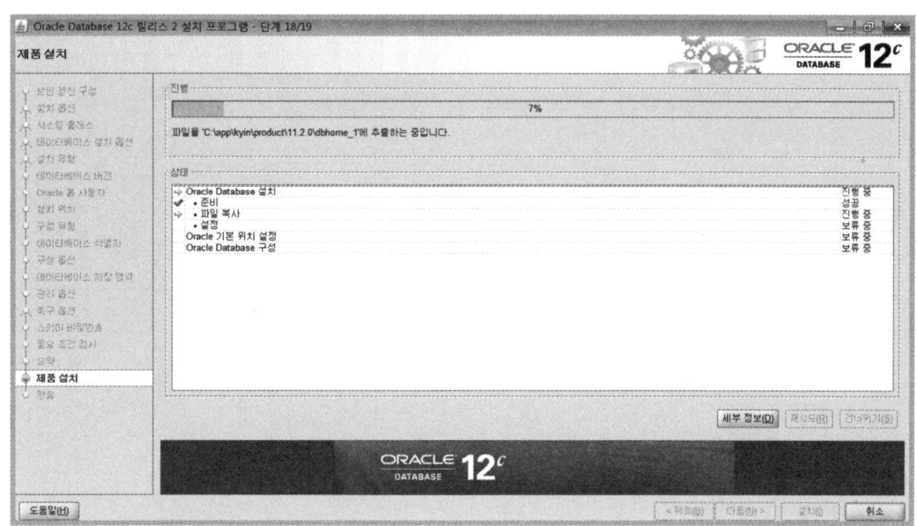

[그림 1.35] 오라클 데이터베이스 설치 진행

정보

설치 중간에 다음과 같은 화면이 나오면 **[액세스 허용]** 버튼을 클릭하고 진행한다.

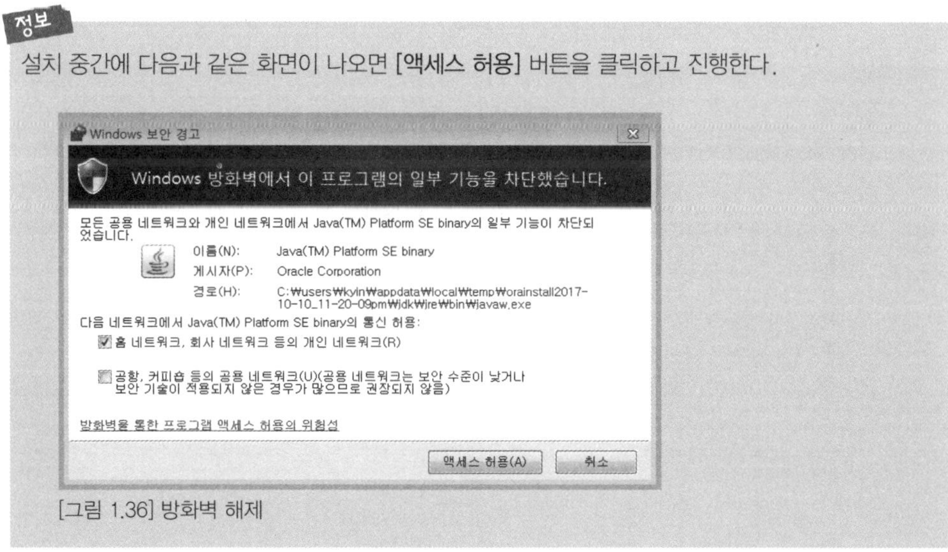

[그림 1.36] 방화벽 해제

29 오라클 데이터베이스 설치의 마지막 [19단계]로 데이터베이스 설치에 성공하면 다음과 같이 'Oracle Database의 설치을(를) 성공했습니다.'는 문장을 볼 수 있다. [닫기] 버튼을 클릭하여 설치 화면을 닫는다.

[그림 1.37] 오라클 데이터베이스 설치 성공 확인

정보

오라클 12c의 시작과 종료

오라클 데이터베이스는 필요할 때 언제든지 서비스를 시작하거나 종료할 수 있다. 운영체제가 Windows인 환경에서는 오라클 데이터베이스 설치가 끝나면 자동으로 서비스가 시작된다. 서비스 상태는 다음과 같이 [제어판]>[관리도구]>[서비스 항목]에서 확인할 수 있다.

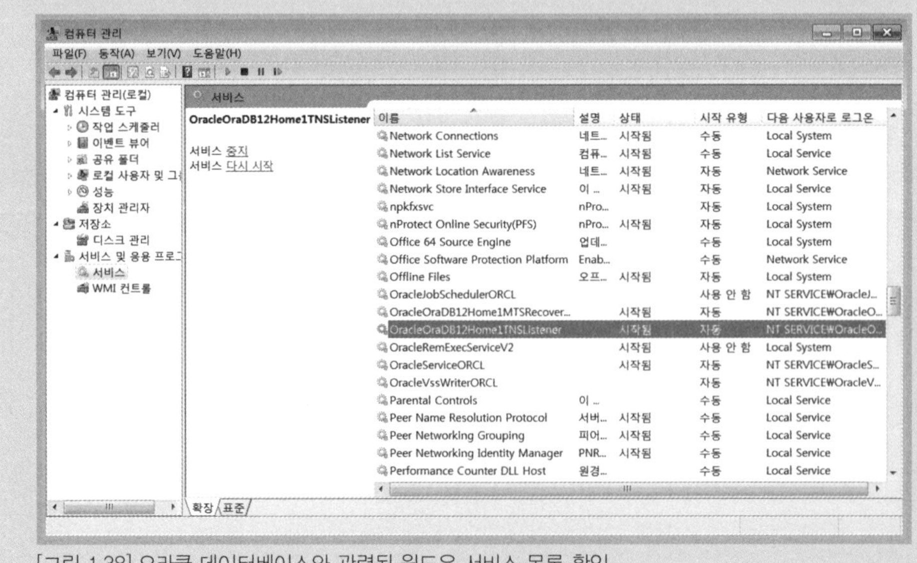

[그림 1.38] 오라클 데이터베이스와 관련된 윈도우 서비스 목록 확인

등록된 오라클 서비스들 중에서 반드시 다음 2가지 서비스는 실행 중이어야 원활한 DB 접속이 가능하다.

- OracleOraDB12Home1TNSListener 서비스
- OracleServieORCL 서비스

설치한 오라클 데이터베이스는 개인 PC를 종료하면 자동으로 오라클 서비스가 종료되며 PC를 재부팅하면 자동으로 오라클 서비스가 시작된다. 하지만 가끔씩 자동으로 실행되지 않는 경우가 있기 때문에 오라클 접속이 되지 않을 경우에는 앞에서 언급한 2가지 서비스가 실행 중인지를 반드시 확인해야 한다. 만약 실행 중이 아닌 경우에는 명시적으로 2개의 서비스를 실행시키면 된다.

7. SQL*PLUS

SQL*PLUS는 오라클 데이터베이스를 접속하여 SQL 문을 실행시켜주는 도구이다. 오라클 데이터베이스를 다운로드 받아서 설치하면 기본적으로 SQL*PLUS가 설치된다. 이 도구는 텍스트 기반의 명령 프롬프트를 사용하며 자체적인 명령어들을 포함하고 있다.

[표 1.3] SQL*PLUS 명령어

구분	종류
execution 명령어	/, RUN, EXECUTE
edit 명령어	LIST, APPEND, CHANGE, DEL, EDIT
environment 명령어	SET, SHOW, PAUSE
report format 명령어	COLUMN, CLEAR, BREAK, COMPUTE, TITLE
file manipulation 명령어	SAVE, GET, START, @, SPOOL
interactive 명령어	DEFINE, PROMPT, ACCEPT, VARIABLE, PRINT
database access 명령어	CONNECT, COPY, DISCONNECT

정보

SQL*PLUS 실행 명령어가 위치한 경로는 다음과 같다.

```
C:\app\사용자명\product\12.2.0\dbhome_1\BIN\sqlplus.exe
```

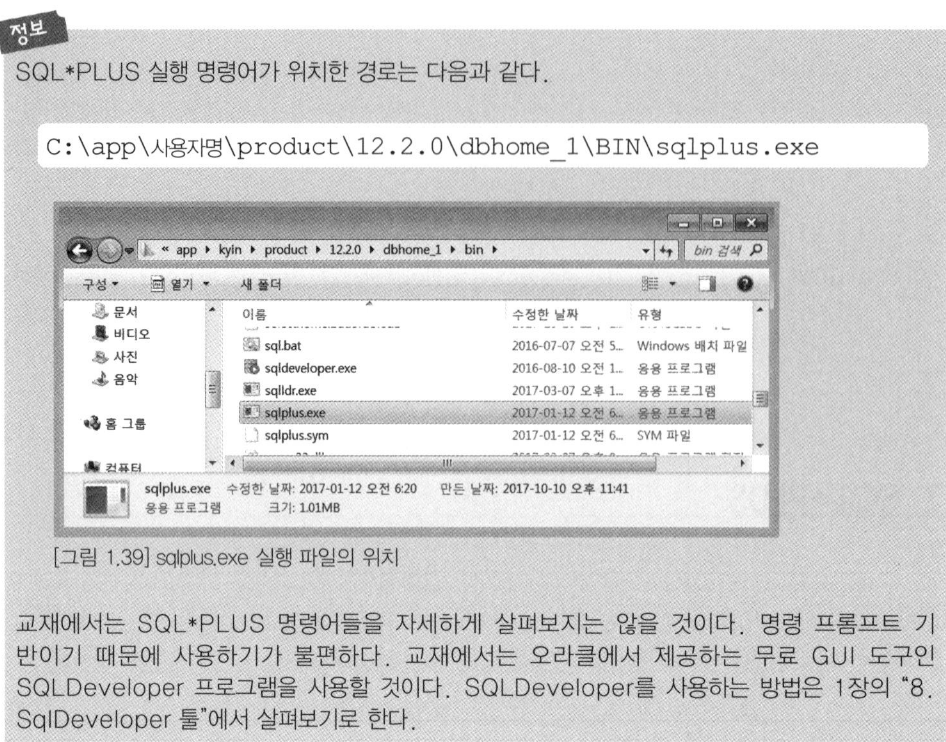

[그림 1.39] sqlplus.exe 실행 파일의 위치

교재에서는 SQL*PLUS 명령어들을 자세하게 살펴보지는 않을 것이다. 명령 프롬프트 기반이기 때문에 사용하기가 불편하다. 교재에서는 오라클에서 제공하는 무료 GUI 도구인 SQLDeveloper 프로그램을 사용할 것이다. SQLDeveloper를 사용하는 방법은 1장의 "8. SqlDeveloper 툴"에서 살펴보기로 한다.

7.1 오라클 데이터베이스 접속

데이터베이스 접속을 요청하면 오라클 데이터베이스를 사용할 수 있는 사용자인지를 검증하기 위하여 사용자명(계정)과 비밀번호를 묻게 된다. 오라클 데이터베이스를 설치하면 기본적으로 SYS, SYSTEM 관리자 계정이 생성되고 오라클 데이터베이스 설치 도중에 sample 스키마 항목을 체크한 경우에는 HR 계정까지도 추가된다.

다음은 오라클에서 제공되는 사용자 계정 정보이다.

[표 1.4] 사용자 계정 정보

사용자 명	설명
SYS	오라클 데이터베이스를 관리하는 관리자 계정이며 데이터베이스에서 발생하는 모든 문제를 처리할 수 있는 DBA 권한을 가지고 있다.
SYSTEM	오라클 데이터베이스를 유지보수 관리할 때 사용하는 관리자 계정이며, SYS 관리자와의 차이점은 데이터베이스를 생성할 수 있는 권한 및 불완전 복구를 할 수 없다.
HR	오라클을 처음 사용하는 사용자의 실습을 위해 만들어 놓은 sample 계정이다. 주의할 점은 기본적으로 HR 계정에 잠금(Lock)이 되어 있기 때문에 관리자가 잠금(Lock)을 해제해야 사용할 수 있다.

접속하는 사용자가 관리자인지 일반 사용자인지에 따라서 SQL*PLUS에 접속하는 방법이 달라진다.

일반 사용자 계정으로 접속하기 위해서는 다음과 같이 명령 프롬프트에서 sqlplus 명령어 다음에 '사용자명/암호'를 입력해야 된다.

```
C:\> sqlplus 사용자명/암호
```

관리자인 SYS로 접속하기 위해서는 반드시 as sysdba 문장을 추가해야 한다.

```
C:\> sqlplus sys/암호 as sysdba
```

sqlplus를 실행하기 위해 명령 프롬프트(cmd)를 실행한다. [시작]에서 '프로그램 및 파일 검색'란에 'cmd' 를 입력하고 Enter 키를 누르면 실행된다.

[그림 1.40] 윈도우 명령창(cmd) 검색

명령창이 보이면 디렉토리 경로를 간단하게 표시하기 위해 루트 디렉토리로 이동한다. 그리고 sys 관리자로 접속하여 hr 계정의 잠금(Lock)을 해제하도록 한다. 성공적으로 접속이 끝나면 다음 그림에서와 같이 SQL*PLUS의 프롬프트(SQL>)가 나타난다.

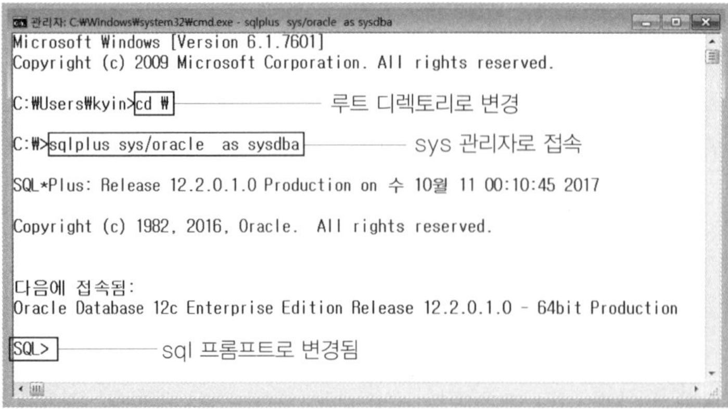

[그림 1.41] SQL*PLUS를 이용한 관리자(sys 계정) 접속

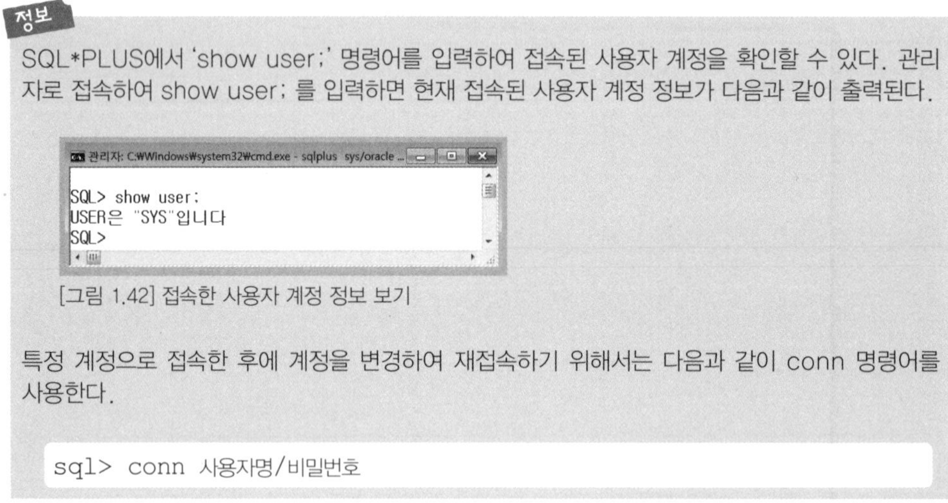

정보

SQL*PLUS에서 'show user;' 명령어를 입력하여 접속된 사용자 계정을 확인할 수 있다. 관리자로 접속하여 show user; 를 입력하면 현재 접속된 사용자 계정 정보가 다음과 같이 출력된다.

```
SQL> show user;
USER은 "SYS"입니다
SQL>
```

[그림 1.42] 접속한 사용자 계정 정보 보기

특정 계정으로 접속한 후에 계정을 변경하여 재접속하기 위해서는 다음과 같이 conn 명령어를 사용한다.

```
sql> conn 사용자명/비밀번호
```

DBA 권한을 가진 관리자만 사용자와 관련된 정보를 수정할 수 있으며 잠금(Lock) 및 비밀번호 설정과 관련된 기본적인 SQL 문은 다음과 같다.

가. 사용자의 비밀번호를 변경하는 SQL 문

```
alter user 사용자명 indentified by 비밀번호;
```

나. 사용자 계정의 잠금(Lock)을 해제하는 SQL 문

```
alter user 사용자명 account unlock;
```

다. 사용자 계정의 잠금(Lock)을 설정하는 SQL 문

```
alter user 사용자명 account lock;
```

라. 사용자 계정의 잠금(Lock)을 설정하고 동시에 비밀번호 변경하는 SQL 문

```
alter user 사용자명 identified by 비밀번호 account unlock;
```

hr 계정을 사용하기 위하여 관리자로 접속하고, hr 계정의 잠금(Lock)을 해제하고 비밀번호를 hr로 설정한다.

```
sql> alter user hr identified by hr account unlock;
```

```
관리자: C:\Windows\system32\cmd.exe - sqlplus sys/oracle ...
SQL>
SQL> alter user hr
  2  identified by hr
  3  account unlock;

사용자가 변경되었습니다.

SQL>
```

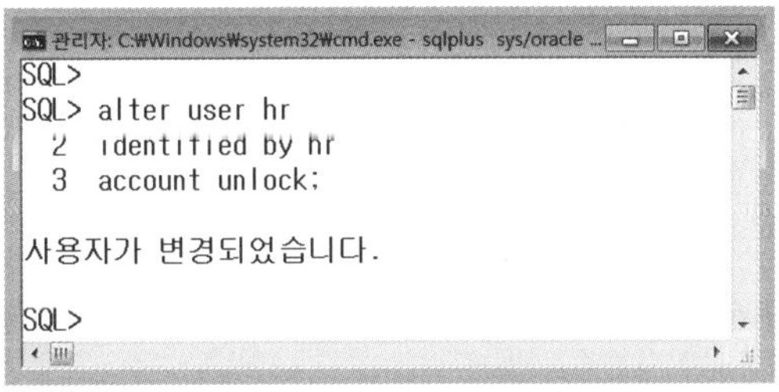

[그림 1.43] hr 계정 비밀번호 변경 및 잠금 해제

hr 계정의 잠금(Lock)이 해제되고 비밀번호가 변경되있음을 확인하기 위해 hr 계정으로 재접속하고 확인하기 위해 conn 명령과 show 명령을 다음 그림과 같이 사용한다.

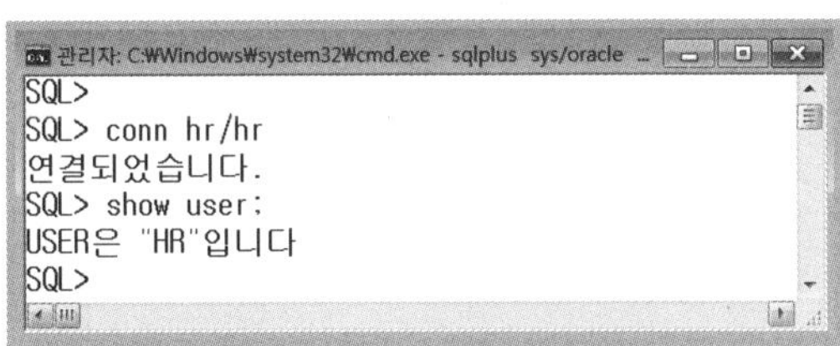

[그림 1.44] hr 계정으로 접속

hr 계정과 동일하게 다른 사용자 계정으로도 오라클 데이터베이스를 접속할 수 있다.

8. SQLDeveloper

오라클 12c 데이터베이스를 다운로드해서 설치하면 SQL*PLUS와 SQLDeveloper가 자동으로 설치된다. SQLDeveloper의 실행 파일이 있는 경로는 다음과 같다.

```
C:\app\사용자명\product\12.2.0\dbhome_1\sqldeveloper\sqldeveloper.exe
```

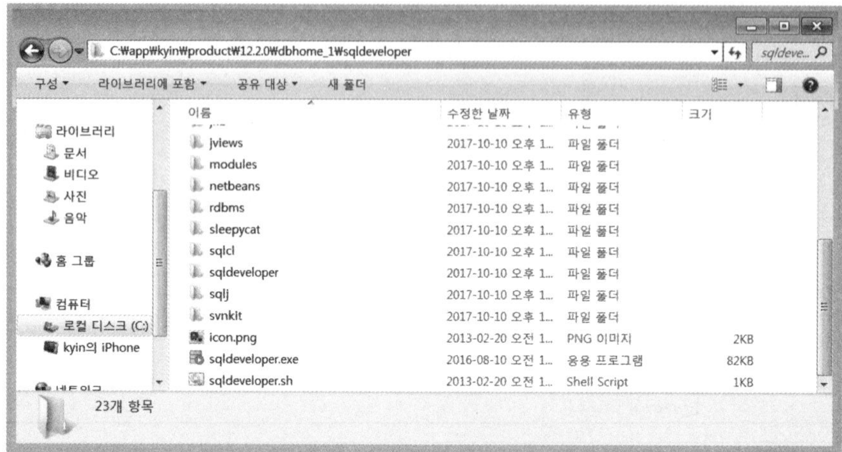

[그림 1.45] SQLDeveloper.exe의 파일 저장 경로

SQLDeveloper를 실행하기 위하여 sqldeveloper.exe 파일을 더블클릭하면 다음과 같이 실행 화면이 보인다.

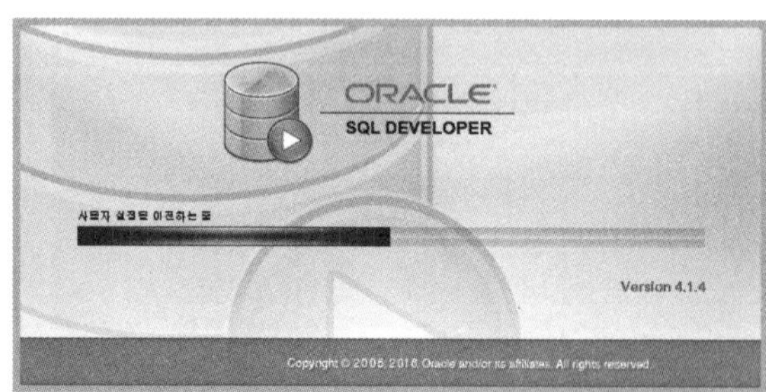

[그림 1.46] SQLDeveloper 실행

SQL*PLUS와 다르게 SQLDeveloper는 명령 프롬프트 기반이 아닌 GUI 기반이기 때문에 매우 쉽게 데이터베이스에 접속하여 SQL 문을 실행할 수 있다.

[그림 1.47] SQLDeveloper 메인 화면

먼저 sys 관리자 계정을 이용한 오라클 데이터베이스 접속 방법에 관하여 살펴보자. 계정 정보를 설정하기 위하여 [그림 1.48]의 화면에서 아이콘을 선택한다.

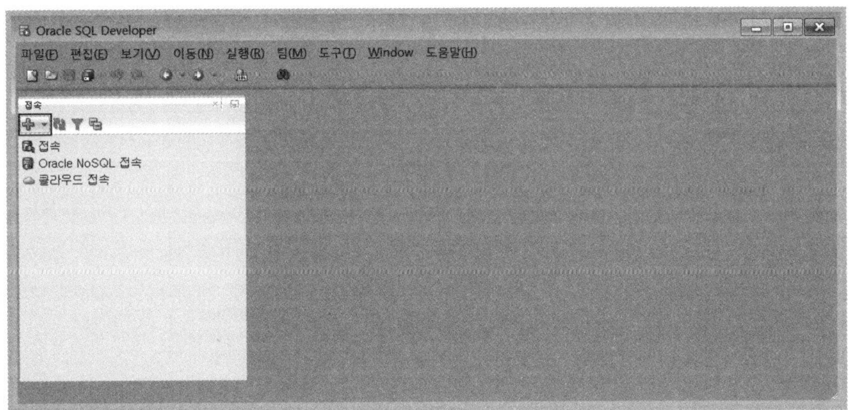

[그림 1.48] 사용자 접속 설정

다음 그림과 같은 계정 정보 설정을 위한 입력창이 열리면 관리자 계정 정보를 입력한다.

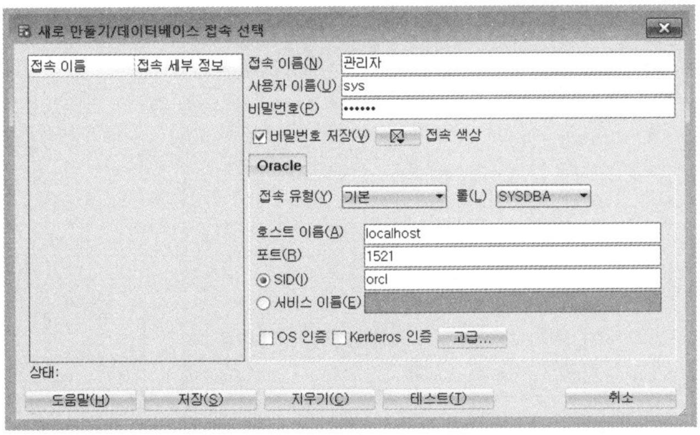

[그림 1.49] 관리자 접속 설정

[접속 이름(N)] 항목에는 식별 가능한 임의의 문자를 지정하면 되는데 교재에서는 '관리자'로 설정한다. [사용자 이름(U)] 항목에는 실제 오라클에서 사용되는 관리자 계정인 sys를 설정하고 [비밀번호(P)] 항목에는 oracle을 지정한다. 접속할 때마다 비밀번호를 입력하지 않기 위해서 [비밀번호 저장(V)] 항목을 선택하여 체크해 둔다. 그리고 일반 사용자와는 다르게 sys 관리자는 반드시 [롤(L)] 항목에서 SYSDBA 값을 선택해야 한다.

[호스트 이름(A)] 항목에는 오라클 12c 데이터베이스가 설치된 ip 주소를 입력하면 된다. 만약 현재 사용 중인 컴퓨터에 설치되어 있다면 localhost라고 입력한다. [포트(R)] 항목은 오라클 12c에서 사용하는 포트번호로 기본값은 1521이다. 마지막으로 [SID(I)]는 데이터베이스의 인스턴스 이름으로서 오라클 12c를 설치할 때 설정한 orcl을 사용한다.

입력한 정보가 정확한지 확인하기 위하여 [테스트(T)] 버튼을 클릭한다. 접속이 성공한 경우에는 다음과 같이 상태 항목에 '성공'이라는 문자를 확인할 수 있다.

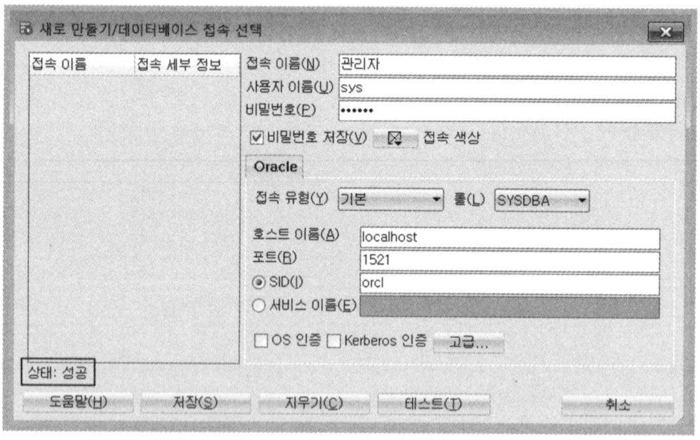

[그림 1.50] 관리자 접속 테스트 성공 확인

데이터베이스 접속을 위한 정보를 저장하기 위하여 [저장(S)] 버튼을 클릭하면 왼쪽 사용자 목록에 입력한 사용자 정보가 추가된다. 접속 선택 화면을 닫기 위하여 [취소] 버튼을 클릭한다.

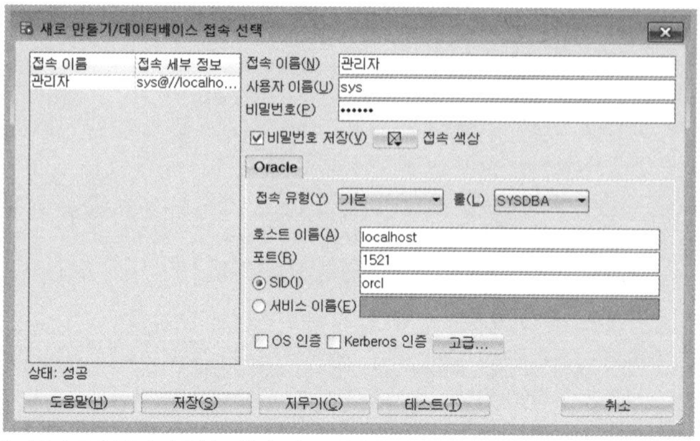

[그림 1.51] 관리자 접속 설정 정보 저장

hr 계정을 등록하기 위하여 SQLDeveloper 화면에서 ✚▾ 아이콘을 선택하고 다음과 같이 사용자 정보를 입력한다. [접속 이름(N)] 항목에는 'hr'로 설정한다. [사용자 이름(U)] 항목에는 실제 오라클에서 사용되는 계정인 hr을 설정하고 [비밀번호(P)] 항목에는 hr을 지정한다. 접속할 때마다 비밀번호를 입력하지 않기 위해서 [비밀번호 저장(V)] 항목을 선택한다. [롤(L)] 항목에는 관리자 계정(sys)이 아닌 일반 사용자이기 때문에 '기본값'으로 설정한다. [호스트 이름(A)]과 [포트(R)] 그리고 [SID(I)] 항목은 관리자 계정과 동일한 값으로 설정하면 된다.

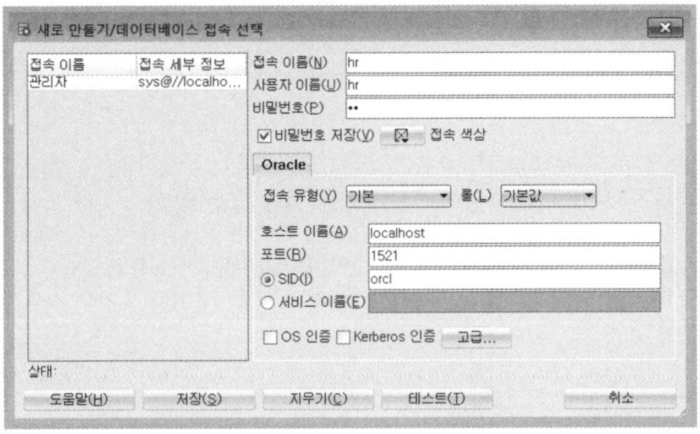

[그림 1.52] hr 사용자 접속 정보 설정

관리자 계정 생성 방법과 마찬가지로 [테스트(T)] 버튼을 클릭해서 접속 성공 여부를 확인한다. 데이터베이스 접속에 성공했으면 [저장(S)] 버튼을 클릭하여 hr 계정 정보를 저장한다.

관리자 계정과 hr 계정 접속 설정이 모두 성공했으면 다음 화면과 같이 보인다.

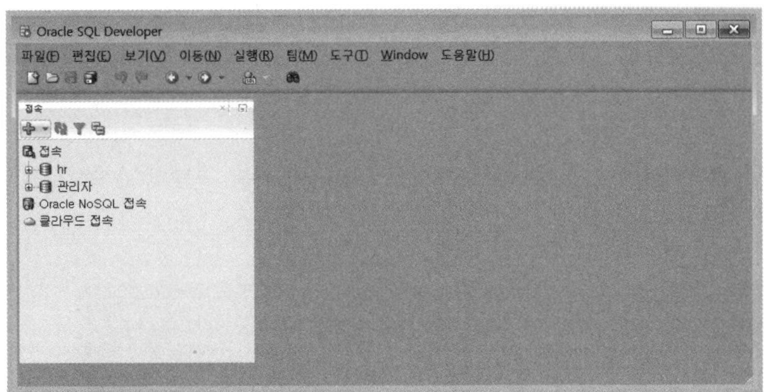

[그림 1.53]

SQL 문을 실행하기 위하여 사용자 이름을 더블클릭하면 SQL 문을 입력할 수 있는 SQL 워크시트가 나타난다. 관리자를 더블클릭하면 관리자용 SQL 워크시트가 열리고, hr 사용자를 더블클릭하면 hr 계정용 SQL 워크시트가 열린다. SQL 워크시트에서 SQL 문을 입력하여 사용한다.

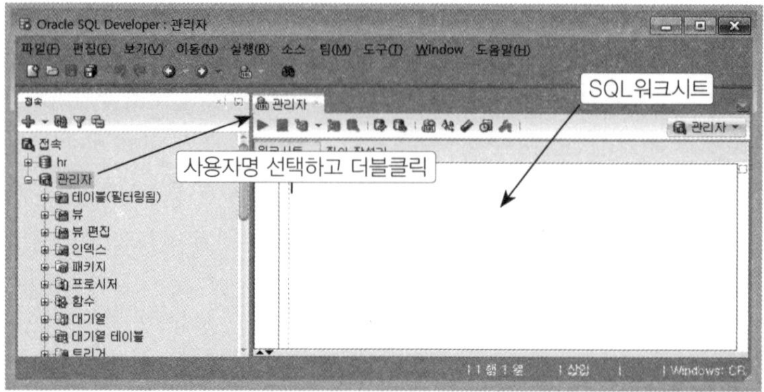

[그림 1.54] SQL 워크시트의 구성

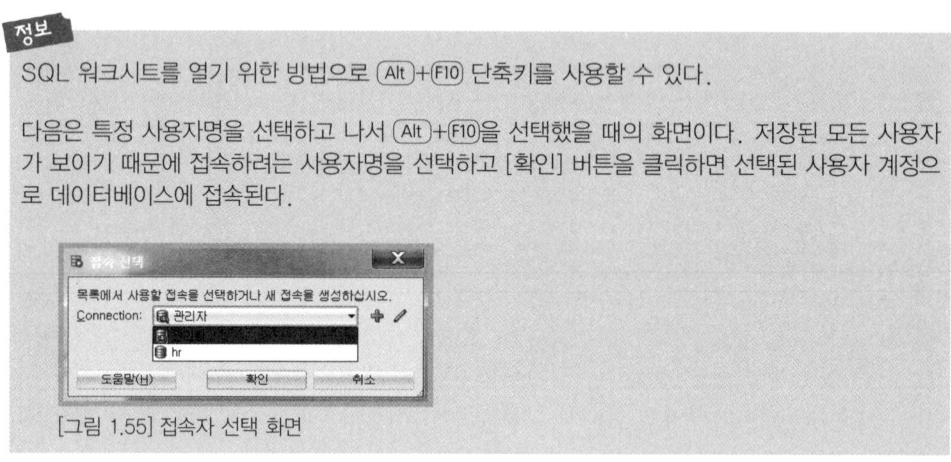

정보

SQL 워크시트를 열기 위한 방법으로 Alt+F10 단축키를 사용할 수 있다.

다음은 특정 사용자명을 선택하고 나서 Alt+F10을 선택했을 때의 화면이다. 저장된 모든 사용자가 보이기 때문에 접속하려는 사용자명을 선택하고 [확인] 버튼을 클릭하면 선택된 사용자 계정으로 데이터베이스에 접속된다.

[그림 1.55] 접속자 선택 화면

교재에서 사용할 hr 계정으로 접속하여 hr 계정에 포함된 테이블 정보를 확인한다. SQL 워크시트에서 테이블 목록을 보여주는 SQL 문을 입력한다.

```
SELECT * FROM tab;
```

SQL*PLUS와 마찬가지로 SQL 문을 한 행에 모두 입력해도 되고 여러 행으로 나누어 입력해도 가능하다. 또한 SQL 문은 기본적으로 대소문자를 구별하지 않기 때문에 대문자 및 소문자 모두 사용 가능하고 SQL 문장의 끝은 ;(세미콜론)으로 끝난다.

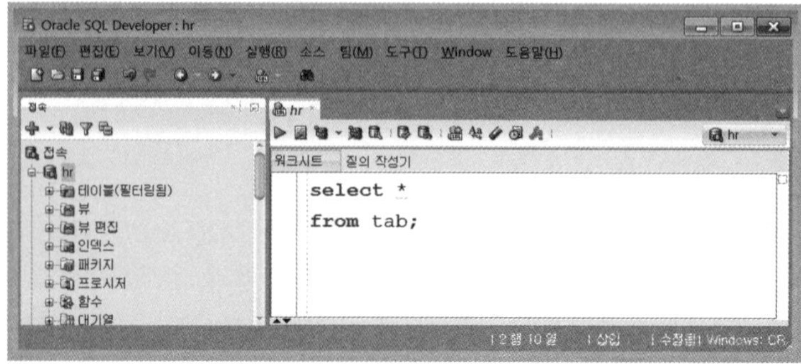

[그림 1.56] hr 계정의 테이블 정보 조회

입력된 SQL 문을 실행하려면, 실행하려는 SQL 문에 커서를 두거나 실행하려는 SQL 문을 블록으로 감싼다. 그리고 SQL 워크시트 아이콘 중에서 ▶를 클릭하거나 Ctrl+Enter 키를 누르면 실행 결과를 확인할 수 있다.

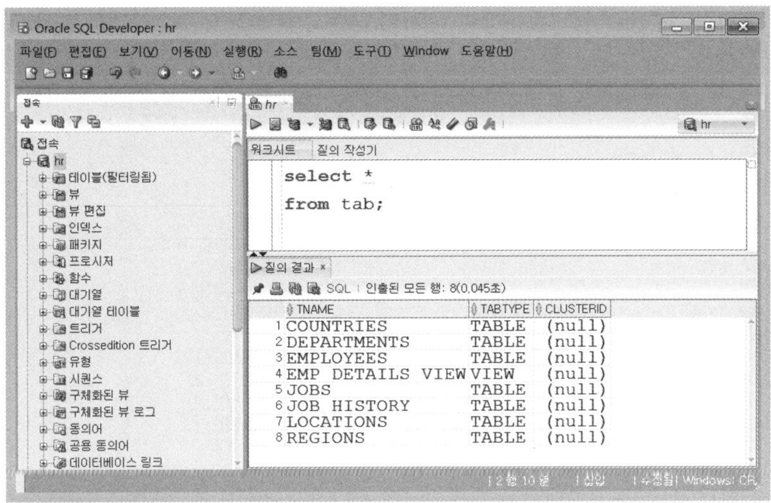

[그림 1.57] hr 계정의 테이블 정보 조회 실행 결과

실행 결과를 보면 hr 계정에는 8개의 테이블이 제공되며 대표적으로 사원정보가 저장된 EMPLOYEES 테이블과 부서정보가 저장된 DEPARTMENTS 테이블 등을 사용할 수 있다.

SQL 워크시트는 다양한 SQL 문을 입력할 수 있으며 커서가 위치한 SQL 문만 단독으로 실행하거나 여러 SQL 문을 블록 처리하면 동시에 많은 SQL 문을 한꺼번에 실행할 수도 있다. 또한 파일로 저장하여 나중에 필요할 때 파일 읽기로 불러와 사용할 수도 있다.

8.1 테이블의 구조를 확인하기 위한 명령어 DESC[RIBE]

테이블 구조를 정확하게 알아야 필요한 데이터를 검색하거나 저장할 수 있기 때문에 먼저 테이블의 구조를 확인하는 명령어를 살펴보자.

기본 문법은 다음과 같다.

```
문법 DESC[RIBE] 테이블명
```

DESC 또는 DESCRIBE 명령어는 지정된 테이블의 칼럼명, 데이터형, 데이터 길이와 NULL 허용 여부 등과 같은 정보를 알려주는 SQL*PLUS 명령어이다.

hr 계정의 EMPLOYEES 테이블과 DEPARTMENTS 테이블은 교재에서 사용될 실습용 테이블이다. 먼저 사원정보가 저장된 EMPLOYEES 테이블 구조를 살펴보자.

SQL*PLUS 또는 SQLDeveloper의 SQL 워크시트에서 다음 명령어를 입력하고 실행한다.

```
DESC employees
```

다음은 SQL*PLUS에서 실행된 결과이다.

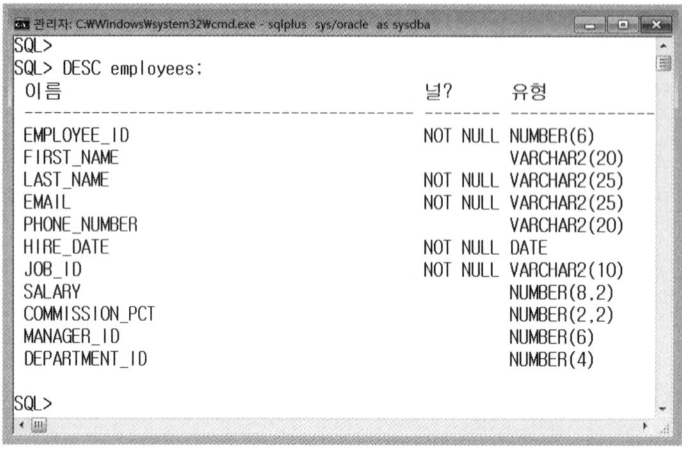

[그림 1.58] employees 테이블의 구조 정보

hr 계정의 EMPLOYEES 테이블에는 다음과 같이 11개의 칼럼이 있으며 기본적으로 모든 칼럼은 널(NULL) 값을 허용한다. 하지만 NOT NULL 제약조건으로 지정된 칼럼은 널(NULL) 값을 허용하지 않기 때문에 반드시 값을 가져야 한다.

NUMBER 데이터형으로 지정된 칼럼은 수치 데이터가 저장되어야 하는데, NUMBER(자리수) 형식은 지정된 자릿수만큼의 정수값이 저장됨을 의미하고 NUMBER(전체자릿수, 소수점자릿수)는 지정된 전체자릿수와 소수점자릿수만큼만 실수값이 저장됨을 의미한다.

DATE 형식은 날짜 데이터가 저장되어야 하며, VARCHAR2(byte)는 byte 길이 만큼 저장 가능한 가변 길이 문자 데이터가 저장된다. 데이터형과 관련된 내용은 8장의 [표 8.3] 오라클 데이터베이스의 자료형을 참고한다.

[표 1.5] EMPLOYEES 테이블 구조

칼럼명	null 허용 여부	데이터형	설명
EMPLOYEE_ID	NOT NULL	NUMBER(6)	사원 번호
FIRST_NAME		VARCHAR2(20)	이름
LAST_NAME	NOT NULL	VARCHAR2(25)	성
EMAIL	NOT NULL	VARCHAR2(25)	이메일
PHONE_NUMBER		VARCHAR2(20)	전화번호
HIRE_DATE	NOT NULL	DATE	입사일
JOB_ID	NOT NULL	VARCHAR2(10)	직업
SALARY		NUMBER(8,2)	월급
COMMISSION_PCT		NUMBER(2,2)	커미션(수수료)
MANAGER_ID		NUMBER(6)	관리자 번호
DEPARTMENT_ID		NUMBER(4)	부서 번호

다음은 부서정보가 저장된 DEPARTMENTS 테이블의 구조를 살펴보도록 한다.

```
DESC departments
```

다음은 SQL*PLUS에서 실행된 결과이다.

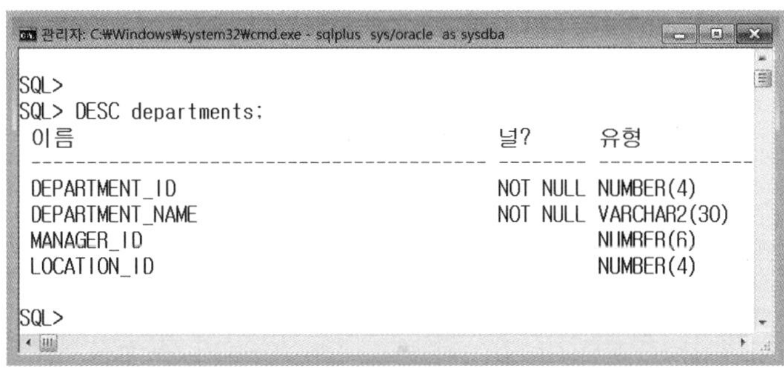

[그림 1.59] departments 테이블의 구조 정보

hr 계정의 DEPARTMENTS 테이블에는 다음과 같이 4개의 칼럼이 제공된다.

[표 1.6] DEPARTMENTS 테이블 구조

칼럼명	null 허용 여부	데이터형	설명
DEPARTMENT_ID	NOT NULL	NUMBER(4)	부서 번호
DEPARTMENT_NAME	NOT NULL	VARCHAR2(20)	부서 이름
MANAGER_ID		NUMBER(6)	관리자 번호
LOCATION_ID		NUMBER(4)	부서 위치 번호

EMPLOYEES 테이블과 DEPARTMENTS 테이블에는 공통 칼럼으로 DEPARTMENT_ID가 존재한다. 이 칼럼을 연결하여 사원정보와 부서정보를 동시에 출력할 수 있는데 이것을 **조인**(join)이라고 한다.

2장

SELECT 문

[학습목표]

- SELECT 문을 이용한 데이터 검색 방법에 관하여 살펴본다.
- WHERE 절을 이용한 조건 검색 방법에 관하여 살펴본다.
- ORDER BY 절을 이용한 데이터 정렬 방법에 관하여 살펴본다.

1. SELECT 문

SELECT 문은 데이터베이스에 저장된 데이터를 검색할 때 사용되는 SQL 문으로 Data Query Language(DQL)라고 한다.

SELECT 문은 반환되는 데이터 종류에 따라서 다음과 같은 3가지 종류의 처리기능이 있다.

- Selection 기능 : SELECT 문 요청시 테이블의 행(레코드)이 반환되는 기능이다.
- Projection 기능 : SELECT 문 요청시 테이블의 열(칼럼)이 반환되는 기능이다.
- Join 기능 : 여러 테이블에 공통적으로 존재하는 칼럼을 사용하여 한꺼번에 서로 다른 테이블에 저장된 데이터를 가져오는 기능이다.

SELECT 문은 SELECT와 FROM 2개의 키워드를 기본으로 만들어진 SQL 문이다. SELECT 키워드는 원하는 칼럼을 지정할 때 사용되고 FROM은 데이터가 저장된 테이블명을 기술할 때 사용된다.

기본 문법은 다음과 같다.

문법
```
SELECT [DISTINCT] {* | column [Alias,] ...}
FROM 테이블명;
```

위의 기본 문법에서 생략 가능한 내용은 []으로 표현했고 여러 값 중에서 하나를 사용해야 되는 것은 {}으로 표현했다. 따라서 DISTINCT와 Alias는 생략할 수 있는 표현식이고 *와 column은 두 가지 중 하나만 사용해야 된다는 것을 의미한다. ...은 column [Alias,] 항목이 반복할 수 있음을 의미한다.

이때 SELECT에 해당하는 첫 번째 라인을 SELECT 절이라고 부르고 FROM에 해당하는 두 번째 라인을 FROM 절이라고 부른다. SQL 문은 위의 문법처럼 한 줄 또는 여러 줄에 걸쳐서 작성될 수 있으며 절은 일반적으로 가독성이 쉽도록 줄을 구분하여 사용하도록 한다.

또한, SQL 문은 대소문자를 구별하지는 않지만 일반적으로 키워드는 대문자 작성을 기본으로 하고 테이블명, 칼럼명 등과 같이 사용자가 임의로 지정 가능한 곳에는 소문자로 작성하는 것을 권장한다. 그리고 C 언어나 Java 같은 프로그램 언어와 마찬가지로 마지막에는 ;(세미콜론)을 지정하여 명령의 끝을 알려주어야 한다.

1.1 모든 칼럼 보기(*)

테이블에 저장된 모든 데이터를 보기 위해서는 다음 문법을 사용한다.

문법
```
SELECT *
FROM 테이블명;
```

*는 모든(all) 칼럼을 의미하기 때문에 SELECT 절에 *를 지정하면 모든 데이터가 검색된다.

다음은 SQLDeveloper에서 employees 테이블에 저장된 모든 데이터를 보기 위한 SQL 문이다.

```
SELECT *
FROM employees;
```

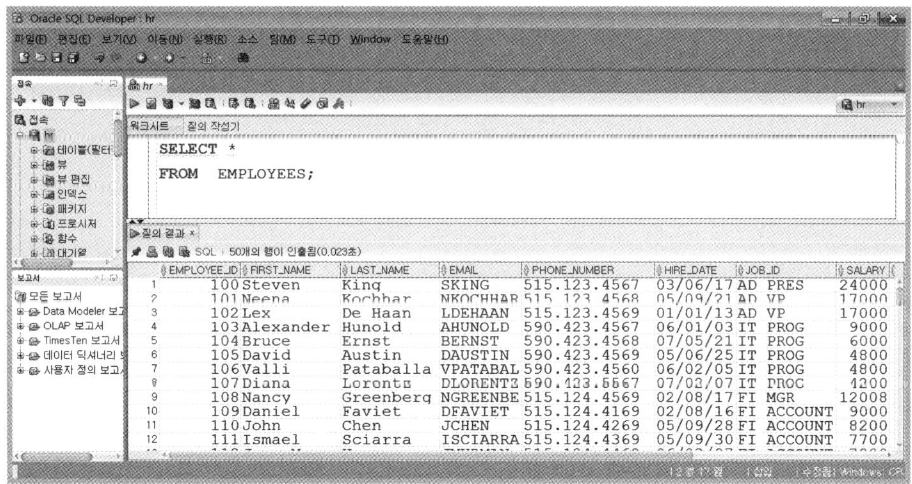

[그림 2.1] employees 테이블의 모든 칼럼 조회

다음은 SQL*PLUS에서 departments 테이블의 모든 데이터를 보기 위한 SQL 문이다.

```
SELECT *
FROM departments;
```

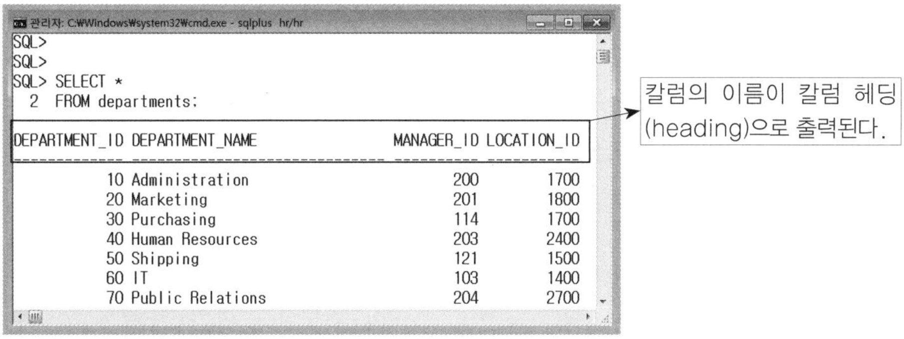

```
관리자: C:\Windows\system32\cmd.exe - sqlplus hr/hr
SQL>
SQL>
SQL> SELECT *
  2  FROM departments;

DEPARTMENT_ID DEPARTMENT_NAME                MANAGER_ID LOCATION_ID
------------- ------------------------------ ---------- -----------
           10 Administration                        200        1700
           20 Marketing                             201        1800
           30 Purchasing                            114        1700
           40 Human Resources                       203        2400
           50 Shipping                              121        1500
           60 IT                                    103        1400
           70 Public Relations                      204        2700
```

칼럼의 이름이 칼럼 헤딩(heading)으로 출력된다.

[그림 2.2] departments 테이블의 모든 칼럼 조회

1.2 특정 데이터만 보기

테이블에 저장된 특정 데이터만 보기 위해서는 다음 문법을 사용한다.

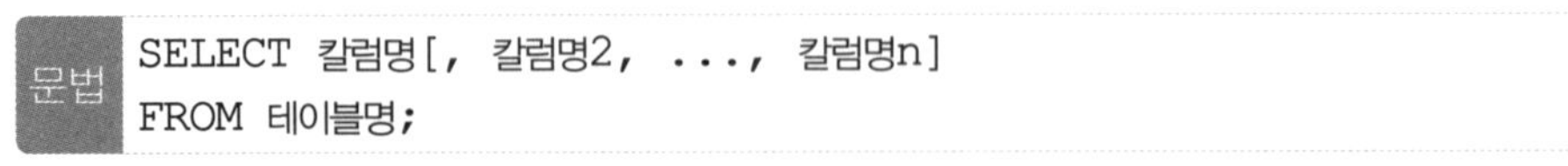
문법

```
SELECT 칼럼명[, 칼럼명2, ..., 칼럼명n]
FROM 테이블명;
```

테이블에 저장된 모든 데이터를 출력하기 위해서 *를 사용했다. 만약 특정 데이터만 검색하기 위해서는 SELECT 절에 ,(쉼표)를 구분자로 사용하여 칼럼명을 나열하면, SELECT 절에 지정된 칼럼명의 순서대로 검색 결과가 출력된다.

다음은 employees 테이블의 사원번호(employee_id)와 이름(last_name), 입사일(hire_date), 월급(salary) 칼럼을 보기 위한 SQL 문이다.

```
SELECT employee_id, last_name, hire_date, salary
FROM employees;
```

employee_id, last_name, hire_date, salary 순서로 칼럼을 지정했기 때문에 검색 결과도 지정된 순서대로 출력된다.

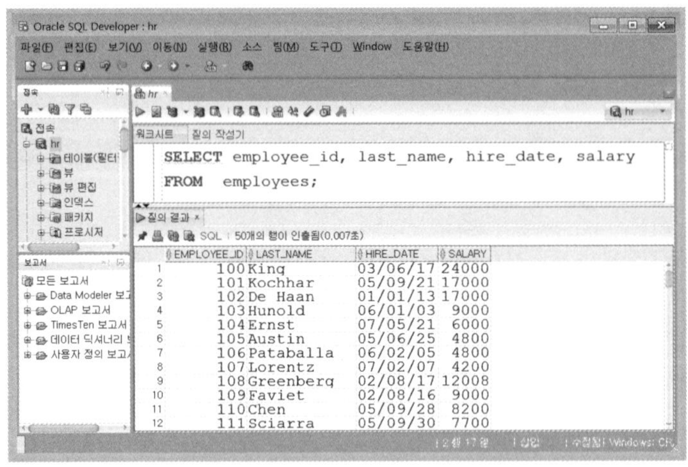

	EMPLOYEE_ID	LAST_NAME	HIRE_DATE	SALARY
1	100	King	03/06/17	24000
2	101	Kochhar	05/09/21	17000
3	102	De Haan	01/01/13	17000
4	103	Hunold	06/01/03	9000
5	104	Ernst	07/05/21	6000
6	105	Austin	05/06/25	4800
7	106	Pataballa	06/02/05	4800
8	107	Lorentz	07/02/07	4200
9	108	Greenberg	02/08/17	12008
10	109	Faviet	02/08/16	9000
11	110	Chen	05/09/28	8200
12	111	Sciarra	05/09/30	7700

[그림 2.3] 특정 칼럼 보기

정보

SELECT 문의 검색 결과는 저장된 데이터형에 따라서 **출력되는 정렬 방식**이 달라진다.

문자 데이터와 날짜 데이터는 왼쪽 정렬이 기본이고 수치 데이터는 오른쪽 정렬이 기본이다. 따라서 employee_id와 salary는 수치 데이터이기 때문에 오른쪽 정렬이 되고, last_name, hire_date는 문자 데이터이기 때문에 왼쪽 정렬이 된다.

1.3 산술 연산자 사용

SQL 문에서도 C 언어와 Java 같은 프로그래밍 언어에서 사용하는 산술 연산자를 사용할 수 있다.

[표 2.1] 산술 연산자

종류	예
+	SELECT salary + 100 FROM employees;
-	SELECT salary - 100 FROM employees;
*	SELECT salary * 100 FROM employees;
/	SELECT salary / 100 FROM employees;

위와 같이 employees 테이블의 salary 칼럼에 산술 연산자를 사용하여 연산할 수 있다. 하지만, 실제로 salary 칼럼의 데이터가 변경되는 것은 아니고 출력할 때만 연산하여 보여주는 것이다.

곱하기(*)와 나누기(/) 연산자가 더하기(+)와 빼기(-) 연산자보다 우선 순위가 높기 때문에 만약 곱하기(*) 보다 더하기(+)를 먼저 연산하기 위해서는 괄호( )를 사용한다.

정보

Java와 같은 프로그래밍 언어에서는 나머지를 구할 수 있는 연산자로 %를 사용한다. 하지만 SQL 문에서는 MOD() 함수를 사용하여 나머지를 구하고 %는 LIKE 연산자에서 사용하는 패턴 매칭 연산자(wild card)로 사용되기 때문에 나머지 연산자로 사용할 수 없다. 자세한 패턴 매치 연산자는 2.4절을 참조하도록 한다.

다음은 employees 테이블로부터 이름(last_name)과 월급(salary) 그리고 연봉(salary*12) 데이터를 출력하는 SQL 문이다.

```
SELECT last_name, salary, salary * 12
FROM employees;
```

실행 결과를 보면 SELECT 절에서 사용된 salary * 12 표현식이 칼럼 헤딩(heading)으로 표시되어 출력된다. 이것은 새로운 칼럼이 아니고 단지 연산식을 출력한 것이다. 다만 간단한 연산식이 아닌 복잡한 연산을 사용하는 경우에는 칼럼 헤딩(heading)에 표시된 내용만으로 어떤 정보인지 의미 전달이 쉽지 않을 수도 있다.

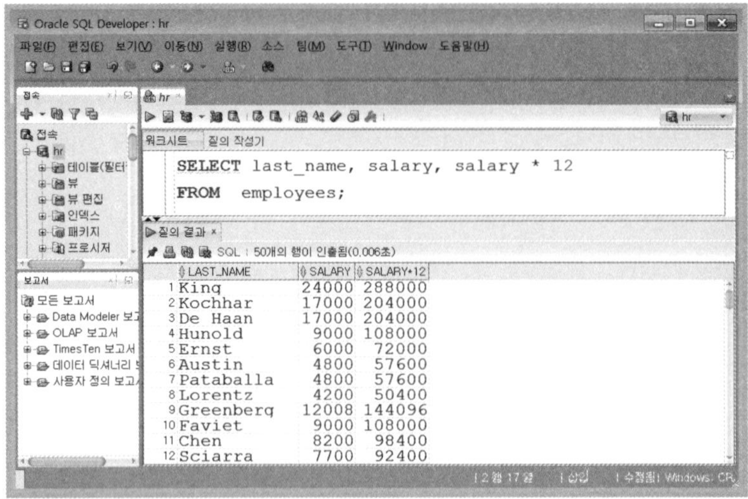

[그림 2.4] 산술 연산자 사용

dual 테이블을 이용한 산술연산

SQL 문은 기본적으로 산술연산이 가능하기 때문에 245*567과 같은 복잡한 연산식도 손쉽게 처리할 수 있다. 연산식을 SELECT 절에 기술하고 FROM 절에는 테이블명을 기술해야 되는데, 245*567은 특정 테이블에서 가져오는 값이 아니기 때문에 마땅히 기술할 테이블이 없다. 이때 사용할 수 있는 테이블이 dual이다. dual은 복잡한 연산식 또는 현재 날짜 등을 조회할 때 많이 사용되며 기본적인 SQL 문의 형식은 다음과 같다.

```
SELECT 245*567
FROM dual;
```

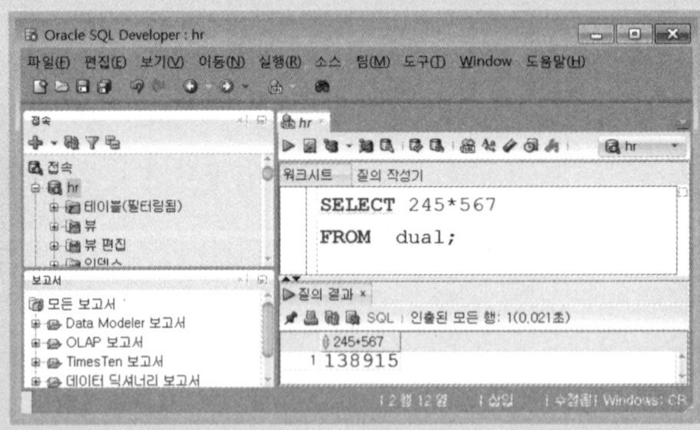

[그림 2.5] dual 테이블 사용

dual 테이블은 sys 관리자가 소유한 테이블이지만 모든 사용자가 사용할 수 있다. dual 테이블은 dummy라는 하나의 칼럼명으로 구성된 가변 길이 varchar2(1) 타입으로 되어 있다.

dual 테이블의 구조를 확인하려면 다음의 SQL 문을 사용한다.

```
desc sys.dual;
```

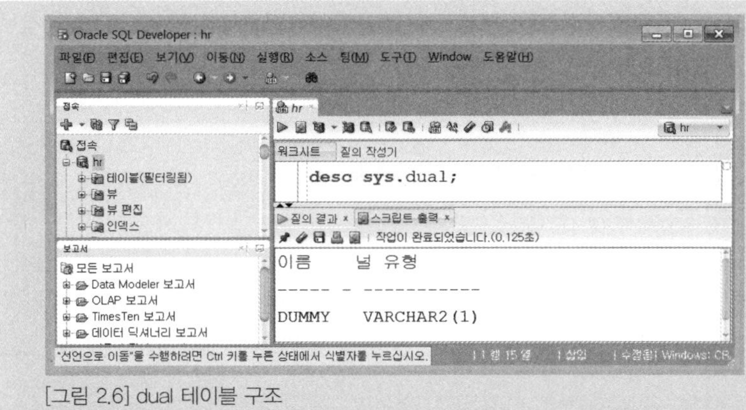

[그림 2.6] dual 테이블 구조

dummy 칼럼에는 길이가 1인 문자 한 개가 저장 가능하며 저장된 데이터로는 다음과 같이 'X'라는 값이 저장되어 있다. 하지만 이 값은 특별한 의미가 있는 데이터는 아니기 때문에 무시해도 상관없다.

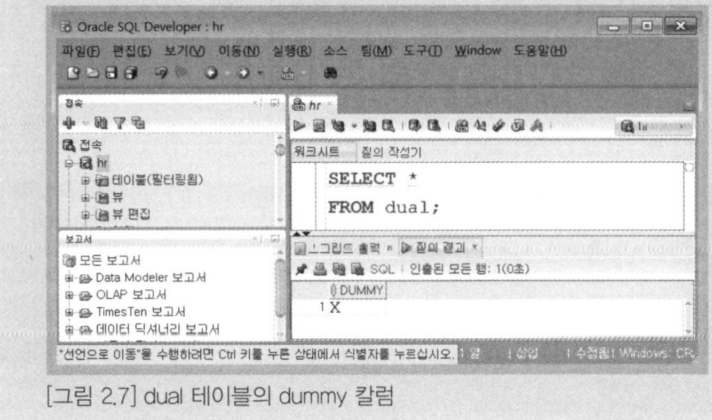

[그림 2.7] dual 테이블의 dummy 칼럼

1.4 별칭 사용(alias)

SQL 문에서 SELECT 문의 결과가 출력될 때 칼럼 이름 또는 연산식이 칼럼에 대한 헤딩(heading)으로 출력된다. 이 헤딩(heading)이 때로는 사용자가 이해하기 어려운 경우도 있기 때문에 칼럼 이름이나 연산식 대신에 별칭(alias)을 사용하여 헤딩(heading)에 표현하면 좀더 정확한 의미 전달이 가능해진다.

테이블의 칼럼명 대신에 별칭(alias)을 사용하는 문법은 다음과 같다.

문법
```
SELECT 칼럼명 [as] 별칭 [, ...]
FROM 테이블명;
```

칼럼명을 기술하고 바로 뒤에 as 키워드를 지정하고 별칭을 기술하면 된다. 이때 as 키워드는 생략이 가능하다.

다음은 employees 테이블로부터 이름(last_name)과 월급(salary) 그리고 연봉(salary * 12) 데이터를 별칭을 사용하여 출력하는 SQL 문이다.

```
SELECT last_name as 이름, salary 월급, salary * 12 as 연봉
FROM employees;
```

last_name 칼럼명을 대신할 별칭으로 '이름'을 지정하며 salary 칼럼명은 as 키워드를 생략하고 별칭으로 '월급'을 지정한다. salary * 12 연산식은 별칭으로 '연봉'을 지정한다. salary * 12 표현식 보다는 별칭으로 '연봉'을 사용하는 것이 의미 전달이 명확하다.

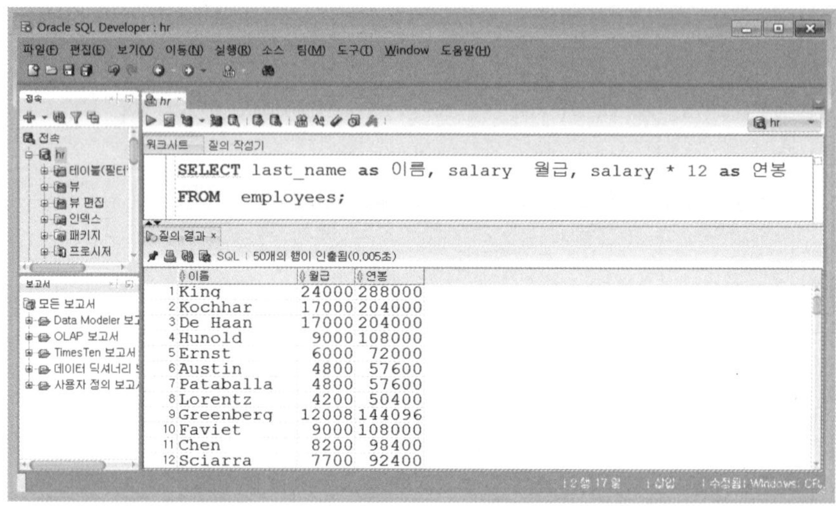

[그림 2.8] 별칭(alias) 사용 방법

별칭에 공백문자 또는 특수문자($, _, #)를 사용하려면 다음 예와 같이 반드시 " "(이중 따옴표)로 감싸주어야 한다.

```
SELECT last_name as "사원 이름",
       salary "사원 월급",
       salary * 12 as "연 봉"
FROM employees;
```

정보

Java 같은 프로그램 언어에서는 하나의 문자를 표현하기 위해서 ' '(단일 따옴표)를 사용하고 여러 문자들로 구성된 문자열을 표현하기 위해서 " "(이중 따옴표)를 구분해서 사용한다. 하지만, SQL 문은 하나의 **문자** 또는 **문자열** 그리고 **날짜 데이터**를 표현하기 위해서는 반드시 **' '(단일 따옴표)**를 사용해야 되며 **별칭(alias)**을 사용하는 경우에는 반드시 **" "(이중 따옴표)**만 사용한다.

별칭(alias)을 사용할 때 ' '(단일 따옴표)를 사용하면 다음과 같은 오류 메시지가 나타나게 된다.

```
ORA-00923: FROM 키워드가 필요한 위치에 없습니다.
00923. 00000 -  "FROM keyword not found where expected"
```

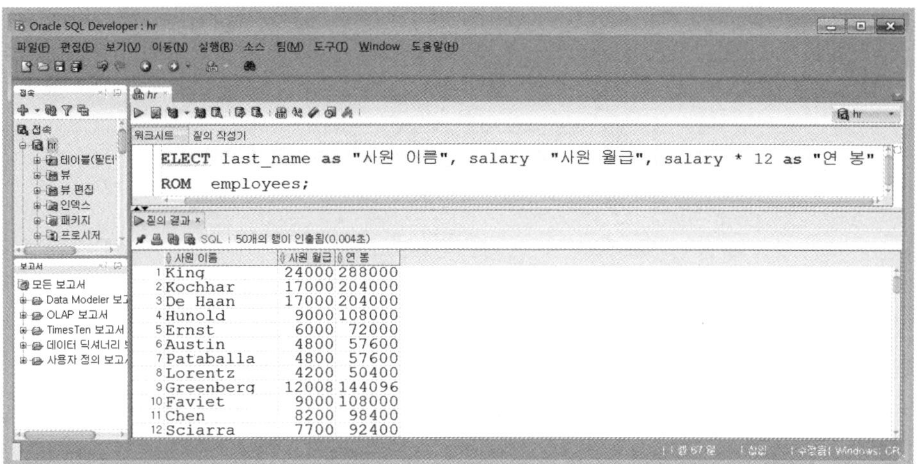
[그림 2.9] 별칭(alias)에 ""(이중 따옴표) 사용

1.5 널(null)

SQL 문을 작성할 때 특별히 주의해야 되는 데이터가 널(null)이다.

테이블의 칼럼에 저장된 데이터가 없는 경우에 널(null) 값을 갖는다고 말하며 기본적으로 오라클은 널(null) 값이 저장되는 것을 허용한다.

```
SELECT employee_id, last_name, job_id, commission_pct
FROM employees;
```

위의 employees 테이블에는 commission_pct 칼럼이 널(null) 값을 가지고 있다.

JOB_ID 값이 'SA_MAN'이거나 'SA_REP'인 경우에만 commission_pct 칼럼에 값을 가질 수 있기 때문이다.

실행 결과는 ST_CLERK 직업을 가진 사원의 commission_pct 칼럼값이 널(null) 값을 저장하고 있는 것을 확인할 수 있다.

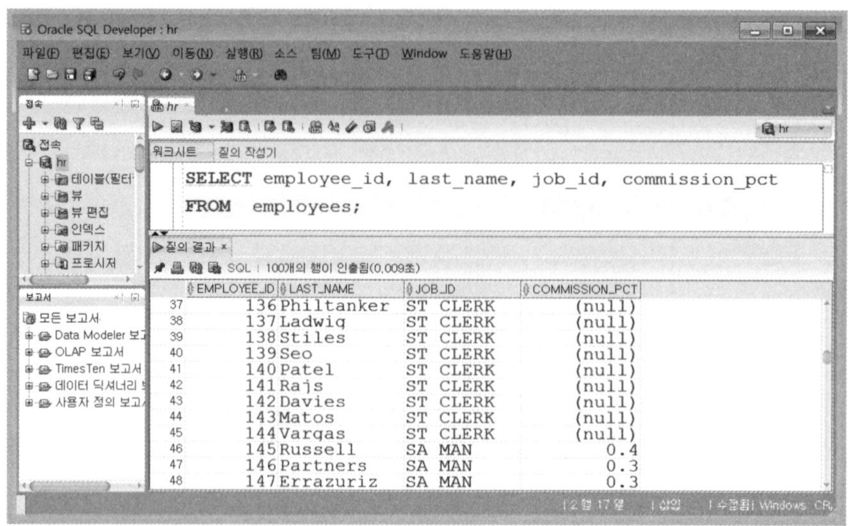

[그림 2.10] 널(null) 값

정보

SQLDeveloper에서 널(null) 값을 보여줄 때는 (null)로 출력되고 SQL*PLUS에서 널(null) 값을 보여줄 때는 값이 비어 있는 형태로 출력된다. 출력되는 형식만 다르고 똑같이 널(null) 값이 저장된 것이다. 기본적으로 모든 칼럼은 널(null) 값을 허용하지만, 만약 칼럼에 NOT NULL 제약조건이 설정되면 널(null) 값을 가질 수 없게 된다.

널(null)은 0(zero)이나 공백과는 의미가 다르다. 0(zero)은 정수값을 가지고 있는 것으로서 언제든지 다른 정수값으로 변경이 가능하지만, 널(null)은 값 자체가 없는 것이다. 앞에서 살펴본 employees 테이블에서 JOB_ID 칼럼의 값이 'SA_MAN' 또는 'SA_REP'일 때만 commission_pct 칼럼에 값을 가질 수 있다. 세일즈(Sales)가 아닌 일반 사용자는 commissi_pct 칼럼에 값을 가질 수 없기 때문이다. 또한 널(null) 값은 연산하거나 비교할 수 없는데, 만약 연산자를 사용한 경우 결과는 항상 널(null) 값이 반환된다. 따라서 널(null) 값을 제대로 이해하지 못하고 SELECT 문을 사용하면 의도하지 않은 결과를 얻을 수도 있다.

다음은 employees 테이블의 이름(last_name)과 월급(salary) 그리고 수수료(commission_pct) 값을 포함한 연봉(salary * 12 + commission_pct)을 출력하는 SQL 문이다.

```
SELECT last_name 이름, salary 월급, commission_pct 수수료,
       salary * 12 + commission_pct as 연봉
FROM employees;
```

실행 결과를 자세히 보면 수수료(commission_pct) 칼럼의 값으로 널(null)을 가진 사원은 모두 연봉이 널(null)로 출력된다. 널(null) 값을 연산하면 자동으로 널(null) 값으로 처리되기 때문이다. 따라서 모든 사원의 연봉을 정확하게 계산할 수 없게 된다.

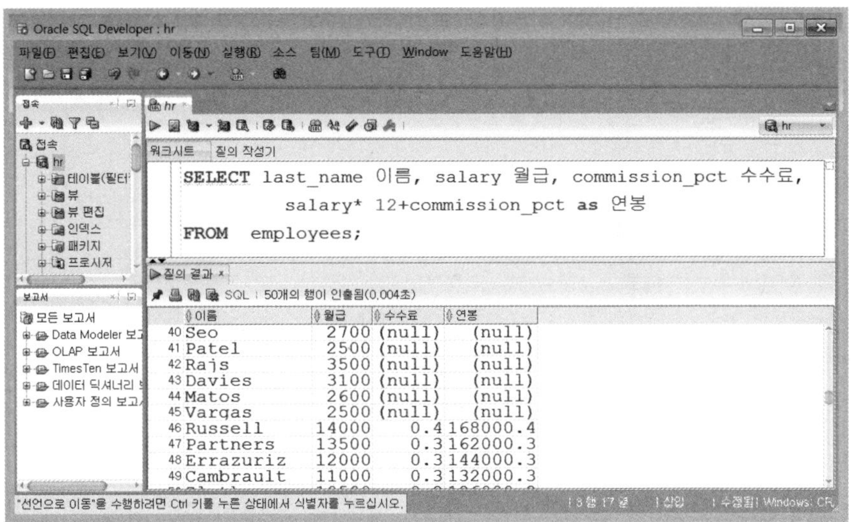

[그림 2.11] 널(null) 값의 연산 처리

널(null) 값의 존재 여부와 상관없이 정확한 연산식이 필요한 경우에는 다음과 같이 NVL 함수(function)을 사용하면 된다. NVL 함수는 널(null) 값을 어떤 특정한 값으로 변환하는데 사용된다. 변환 가능한 데이터 타입은 문자, 날짜, 수치 데이터이다.

문법 NVL(칼럼명, 값)

첫 번째로 지정된 칼럼의 값이 널(null)이면 두 번째로 설정한 값으로 바꾸어서 처리되고, 첫 번째로 지정된 칼럼의 값이 널(null)이 아니면 칼럼값 그대로 사용된다.

모든 사원의 연봉을 제대로 처리하기 위해서는 다음과 같이 널(null) 값을 연산 가능한 0 값으로 바꾸어 처리하도록 NVL 함수를 사용한다.

```
SELECT last_name 이름, salary 월급, commission_pct 수수료,
       salary * 12 + NVL(commission_pct, 0) as 연봉
FROM employees;
```

다음 실행 결과를 보면 수수료(commission_pct) 값이 널(null)인 사원의 연봉은 commission_pct 값을 0으로 바꾸어 연산하고 널(null)이 아닌 세일즈(Sales) 사원들은 변경 없이 연산되어 연봉이 출력된다.

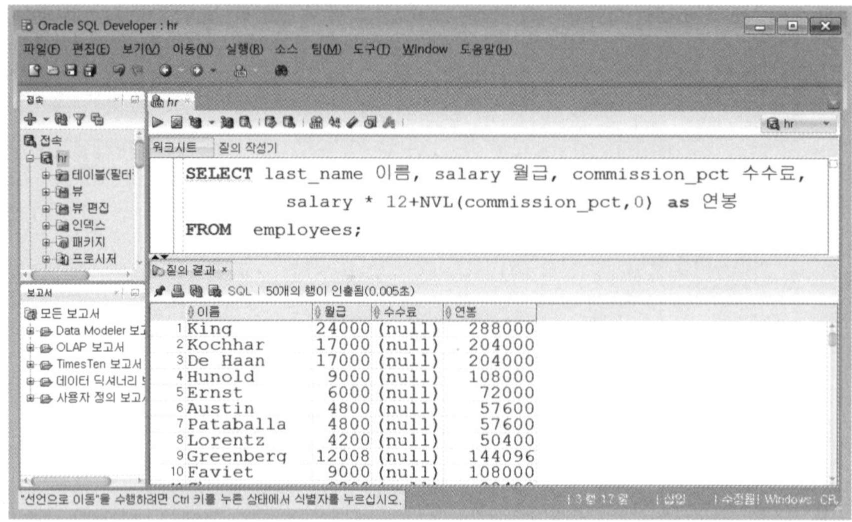

[그림 2.12] NVL 함수

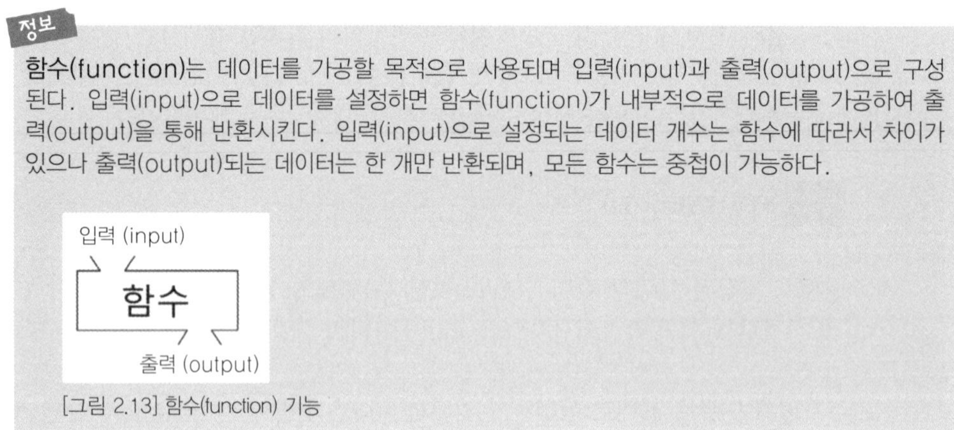

정보

함수(function)는 데이터를 가공할 목적으로 사용되며 입력(input)과 출력(output)으로 구성된다. 입력(input)으로 데이터를 설정하면 함수(function)가 내부적으로 데이터를 가공하여 출력(output)을 통해 반환시킨다. 입력(input)으로 설정되는 데이터 개수는 함수에 따라서 차이가 있으나 출력(output)되는 데이터는 한 개만 반환되며, 모든 함수는 중첩이 가능하다.

[그림 2.13] 함수(function) 기능

1.6 연결 연산자

연결 연산자(||)를 사용하면 여러 개의 문자열을 연결하여 하나의 문자열로 생성할 수 있다. 즉, 기존의 칼럼에 다른 칼럼값을 연결하거나 새로운 값을 추가할 때 사용된다.

다음은 기존 칼럼에 다른 칼럼값을 연결하여 하나의 칼럼으로 생성하는 SQL 문의 형식이다.

문법

```
SELECT 칼럼명1 || 칼럼명2
FROM 테이블명;
```

다음은 employees 테이블의 이름(last_name)과 월급(salary)를 연결 연산자(||)를 사용하여 하나의 칼럼으로 만들어 출력하는 SQL 문이다. 명확한 의미 전달을 위해서 "이름 월급"으로 별칭(alias)을 설정한다.

```
SELECT last_name || salary as "이름 월급"
FROM employees;
```

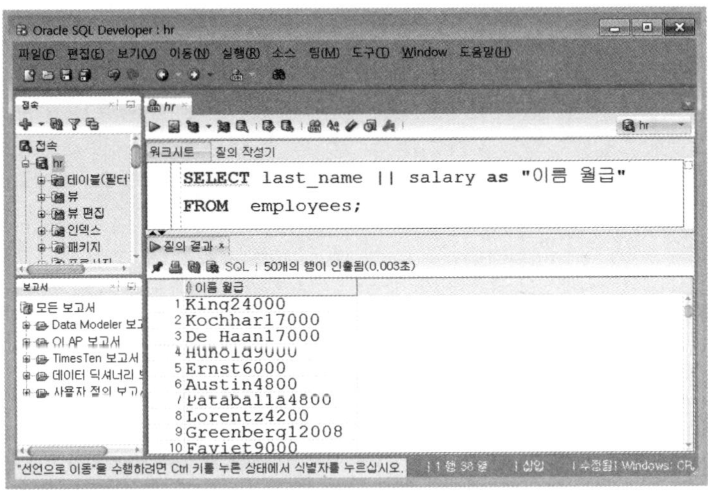

[그림 2.14] 연결 연산자 (||)

실행 결과를 보면 last_name 칼럼값과 salary 칼럼값이 서로 연결되어 하나의 칼럼으로 출력되는 것을 확인할 수 있다.

칼럼끼리만 연결할 수 있는 것은 아니다. 다음의 형식과 같이 칼럼에 칼럼이 아닌 새로운 값을 연결하여 하나의 칼럼으로 생성할 수 있다.

문법

```
SELECT 칼럼명 || '값'
FROM 테이블명;
```

다음은 employees 테이블의 이름(last_name)과 새로운 문자열인 ' 사원'을 연결 연산자(||)를 사용하여 하나의 칼럼으로 만들어 출력하는 SQL 문이다.

```
SELECT last_name || ' 사원'
FROM employees;
```

실행 결과를 보면 last_name 칼럼값과 문자열 ' 사원'을 연결하여 칼럼의 데이터에 대하여 효과적인 의미 전달 표현이 가능하도록 할 수 있다.

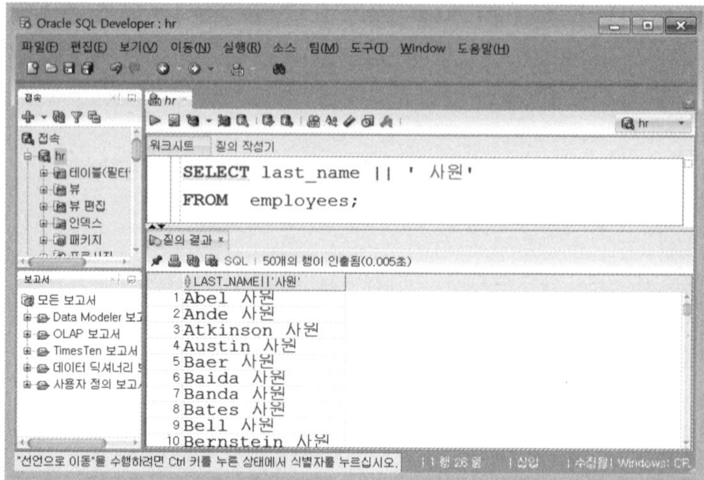

[그림 2.15] 칼럼과 값의 연결

위의 SQL 문을 혼합하여 사용하면 칼럼의 데이터를 특정 형식에 맞추어 결과를 출력할 수도 있다. 기본 형식은 다음과 같다.

문법
```
SELECT 칼럼명1 || '값' || 칼럼명2 || '값' || 칼럼명3
FROM 테이블명;
```

다음은 employees 테이블의 이름(last_name)과 직업(job_id)을 연결하여 출력할 때 형식을 설정하여 출력하는 SQL 문이다.

```
SELECT last_name || '의 직업은 ' || job_id || ' 입니다' as "사원별 직급"
FROM employees;
```

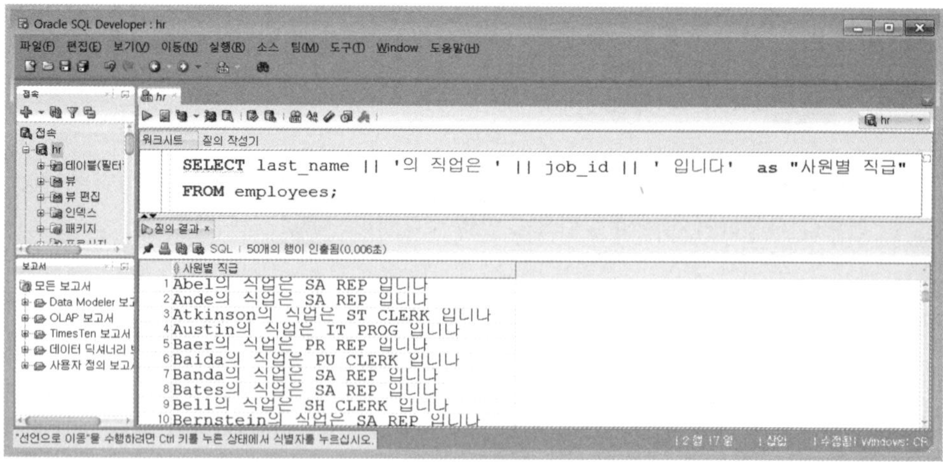

[그림 2.16] 연결 연산자 이용한 칼럼 데이터의 출력 형식 설정

위 코드에서 주의할 점은 연결 연산자(||)와 연결되는 문자값은 ' '를 사용해야 되고 별칭(alias)은 " "를 사용해야 된다.

SQL 문을 비롯한 모든 프로그래밍 언어의 코드는 식별자(identifier)와 리터럴(literal)로 구성된다. 다음 문장은 employees 테이블에서 last_name 칼럼의 값이 'SMITH'인 사원을 찾아서 이름(last_name)과 직업(job_id)을 출력하는 SQL 문이다.

```
SELECT last_name || ' 의 직업은' || job_id
FROM employees
WHERE last_name = 'SMITH';
```

위 코드에서 식별자(identifier)는 SELECT, FROM, last_name 등과 같이 SQL 문을 구성하는 각각의 단어를 의미하고 리터럴(literal)은 ' 의 직업은', 'SMITH' 등의 데이터를 의미한다.

식별자 중 오라클 시스템이 필요에 의해서 미리 정의한 단어가 있는데 이것을 '키워드' 또는 '예약어'라고 하며 대표적으로 SELECT, FROM, WHERE 등이 있다. 테이블명, 칼럼명 등은 사용자가 지정할 수 있는 식별자로서 이름을 지정할 때는 키워드를 피해서 지정해야 된다. 마지막으로 SQL 문에서 식별자를 제외한 나머지는 모두 데이터가 된다. 데이터를 리터럴(literal)이라고 하며 대표적으로 날짜, 문자, 수치 데이터가 있다. 중요한 것은 날짜와 문자 데이터는 반드시 ' '(단일 따옴표)를 사용하여 표현하고 수치 데이터는 따옴표를 사용하지 않는다는 것이다.

위의 코드에서 'SMITH' 대신에 ' '(따옴표)를 생략한 SMITH를 사용하면 "부적합한 식별자"라는 에러가 발생한다. 오라클은 따옴표없이 사용된 단어 SMITH를 식별자로 인식하는데, 실제 SMITH라는 식별자는 오라클에 등록되어 있지 않기 때문이다. 따옴표를 사용하여 'SMITH' 형태로 사용하면 식별자가 아닌 리터럴(literal)로 인식하기 때문에 에러가 발생되지 않는다.

1.7 중복 데이터 제거

SELECT 문은 기본적으로 중복되는 행을 제거하지 않고 모두 출력한다.

실행 결과에서 중복되는 행을 제거하기 위해서는 다음과 같이 SELECT 키워드 바로 뒤에 DISTINCT 키워드를 사용하고, 출력 결과는 기본적으로 오름차순으로 정렬되어 출력된다.

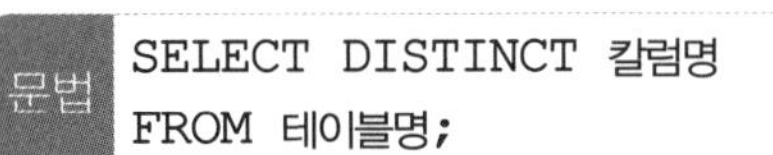

문법

```
SELECT DISTINCT 칼럼명
FROM 테이블명;
```

어떤 경우에 DISTINCT 키워드를 사용할 수 있는지 실습 예제를 통해서 살펴보기로 한다.

다음은 employees 테이블의 모든 직업을 출력하는 SQL 문이다.

```
SELECT job_id
FROM employees;
```

실행 결과는 employees 테이블의 전체 레코드인 107행이 중복해서 출력되기 때문에 비효율적이다. 어떤 직업이 있는지만 알고 싶은 SQL 문이었기 때문에 전체 레코드가 중복되어 출력되는 것은 의미가 없다.

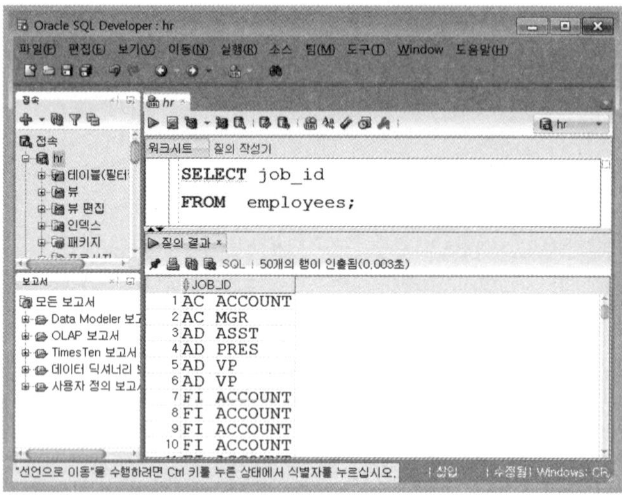

[그림 2.17] JOB_ID의 중복 출력

앞서 실행한 SQL 문에 DISTINCT 키워드를 사용하여 중복을 제거한 SQL 문은 다음과 같다.

```
SELECT DISTINCT job_id
FROM employees;
```

중복된 job_id 값을 제거하여 전체 19개의 레코드만 출력된 것을 확인할 수 있고 칼럼값이 기본적으로 오름차순으로 정렬되어 보인다.

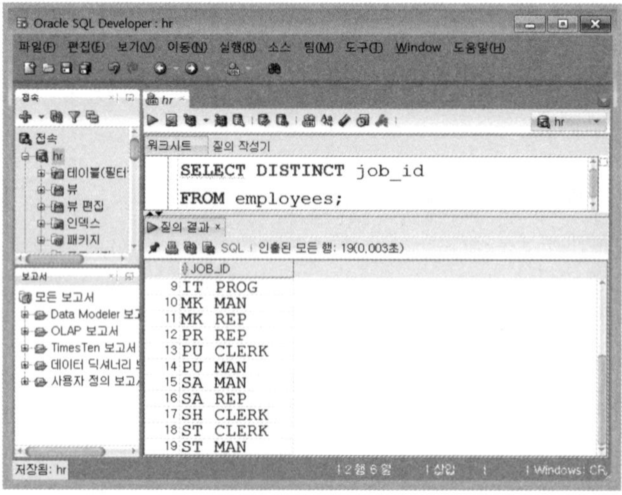

[그림 2.18] DISTINCT 이용한 중복 제거

또한 다음과 같이 DISTINCT 키워드 뒤에 여러 개의 칼럼을 설정할 수 있다. 이 경우에는 모든 칼럼들이 DISTINCT의 영향을 받게되어 칼럼의 조합들이 중복되지 않게 출력된다.

```
SELECT DISTINCT 칼럼명1, 칼럼명2
FROM 테이블명;
```

2. WHERE 절

앞서 배운 SELECT 문처럼 테이블에 있는 모든 데이터를 조회하는 작업보다는 특정 조건에 일치하는 데이터만 조회하는 경우가 일반적이며 이러한 질의를 만족하게 하는 방법이 WHERE 절을 이용하는 것이다. WHERE 절에는 다양한 연산자를 이용한 조건식이 올수 있으며 FROM 절 바로 다음에 기술한다.

문법
```
SELECT [DISTINCT] {* | column [Alias], ...}
FROM 테이블명
WHERE 조건식;
```

지정된 조건식과 일치하는 데이터만 반환되기 때문에 행들을 제한할 수 있으며, 만약 조건과 일치하는 데이터가 없어도 에러로 처리되지 않는다. WHERE 절에 사용 가능한 연산식은 다음과 같다.

2.1 비교 연산자

다음과 같이 두 개의 값을 비교할 때 사용하는 연산자를 비교 연산자라고 한다.

[표 2.2] 비교 연산자

연산자	설명
=	같다
!= , 〈〉 , ^=	같지 않다
〉	보다 크다
〉=	보다 크거나 같다
〈	보다 작다
〈=	보다 작거나 같다

일반적으로 Java와 같은 프로그래밍 언어에서는 두 개의 값이 같은지를 비교할 때는 동등 연산자인 == 연산자를 사용하고, 반대로 값이 다른지를 비교할 때는 != 연산자를 사용한다. = 연산자는 비교 연산자가 아닌 대입 연산자로 사용되는데, 예를 들어 a = b 문장을 사용하면 a값과 b값이 같은지를 비교하는 것이 아니고 a값을 b값으로 대입하도록 처리된다. 따라서 두 개의 값이 동일한지를 비교하기 위해서는 a == b 형식으로 사용해야 된다. 하지만 SQL 문에서는 동등 연산자로 사용하기 위해서는 반드시 = 연산자를 사

용해야 되며 반대로 두 개의 값이 다른지를 비교하기 위해서는 != 비롯해서 <>와 ^= 연산자를 모두 사용할 수 있다.

이후의 예제를 보면서 비교 연산자 사용법을 이해하도록 하자.

다음은 employees 테이블에서 월급이 10,000 이상인 사원의 사원번호, 이름, 직업, 월급을 출력하는 SQL 문이다.

```
SELECT employee_id, last_name, job_id, salary
FROM employees
WHERE salary >= 10000;
```

실행 결과는 다음과 같이 19개의 레코드가 출력된다.

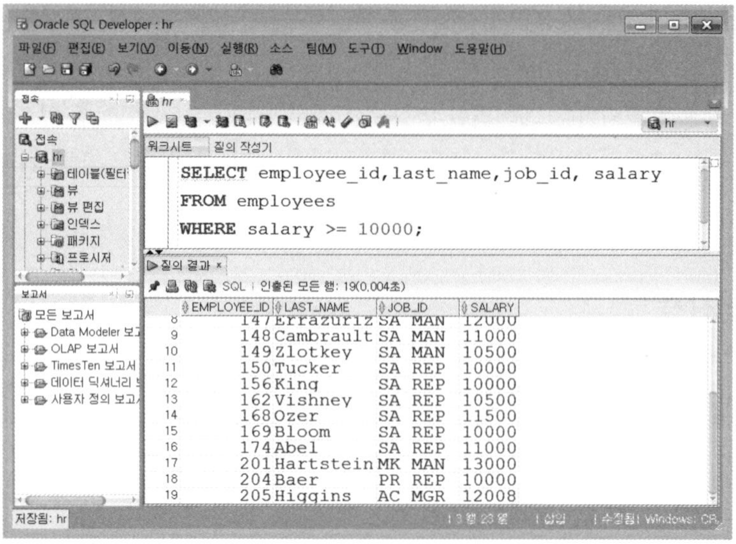

[그림 2.19] WHERE 절 이용한 검색 조건 설정

다음은 employees 테이블에서 이름이 'King'인 사원의 정보 중 사원번호, 이름, 직업, 월급을 출력하는 SQL 문이다.

```
SELECT employee_id, last_name, job_id, salary
FROM employees
WHERE last_name = 'King';
```

실행 결과는 다음과 같이 2개의 레코드가 출력된다.

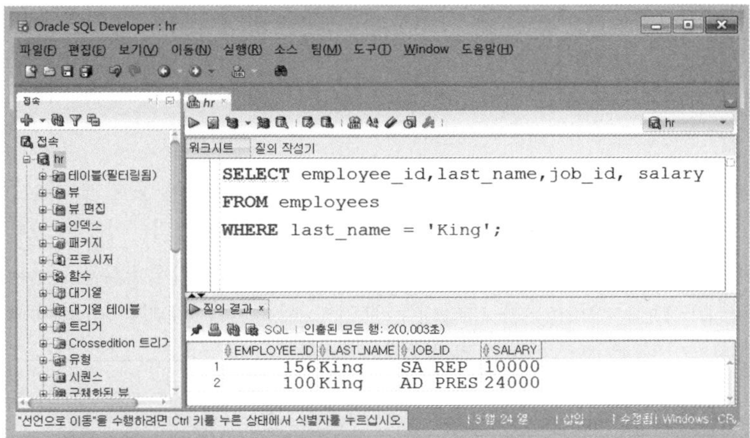

[그림 2.20] WHERE 절 이용한 조건지정

만약 위의 예제에서 다음 예와 같이 이름을 대문자 'KING' 또는 소문자 'king'으로 사용하면 검색 결과가 출력되지 않는다.

```
SELECT employee_id, last_name, job id, salary
FROM employees
WHERE last_name = 'KING';
```

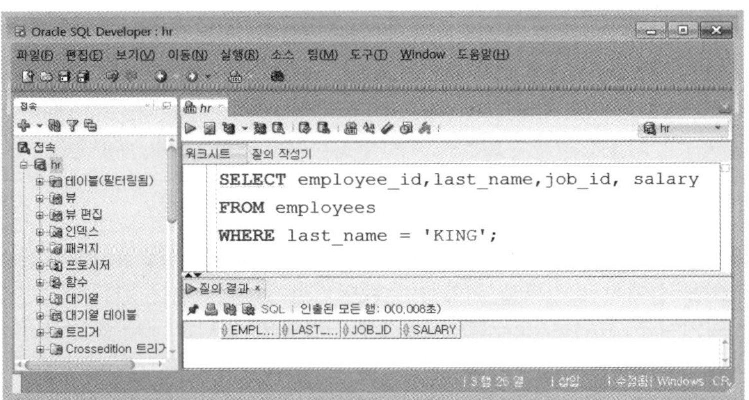

[그림 2.21] 리터럴값의 대소문자 구별

앞서 SQL 문은 대소문자를 구별하지 않는다고 배웠다. 하지만 대소문자를 구분하지 않는 것은 식별자(identifier)에만 해당되고 테이블에 저장된 데이터 값인 리터럴(literal)은 대소문자를 구별한다. 따라서 테이블에 저장된 데이터 값이 대문자인 경우에는 조건식에 사용하는 리터럴값도 반드시 대문자로 지정해야 원하는 데이터를 검색할 수 있다. 실제로 'King'은 첫 번째 글자가 대문자로 되어 있기 때문에 반드시 WHERE last_name = 'King' 형식으로 지정해야 한다.

다음은 employees 테이블에서 입사일이 2008년도에 입사한 사원의 사원번호, 이름, 월급, 입사일을 출력하는 SQL 문이다.

```
SELECT employee_id, last_name, salary, hire_date
FROM employees
WHERE hire_date > '07/12/31';
```

실행 결과는 다음과 같이 11개의 레코드가 출력되고 hire_date 칼럼에 저장된 데이터의 출력 형식을 보면 08/03/08 형식으로 출력됨을 확인할 수 있다. 이것은 오라클이 기본적으로 날짜 데이터를 RR/MM/DD 형식으로 관리하기 때문이며 RR은 년(year)도, MM은 월(month), DD는 일(day)를 나타내는 오라클 형식이다. 오라클의 날짜 형식과 관련된 내용은 3장의 날짜 함수를 참조한다.

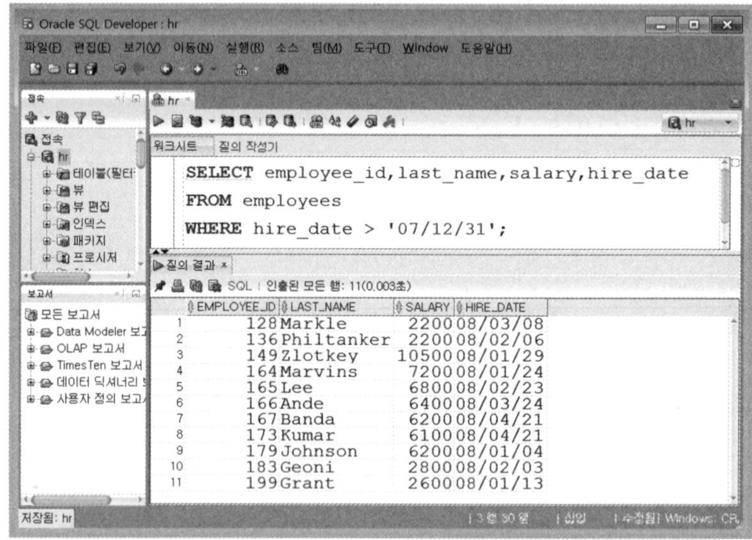

[그림 2.22] 오라클의 날짜 형식

주의

WHERE 절에서 조건식을 이용하여 데이터를 검색할 때는 반드시 문자 데이터와 날짜 데이터는 ' '(단일 따옴표)로 감싸서 사용해야 된다. ' '(단일 따옴표)를 사용하지 않고 문자 및 날짜 데이터를 사용하면 오라클은 식별자로 인식하기 때문에 에러가 발생된다.

2.2 BETWEEN 연산자

하나의 값이 아닌 특정한 두 값 사이의 범위 검색을 할 때 사용하는 연산자이다.

기본 문법은 다음과 같이 사용되고 값1과 값2는 검색 범위에 포함된다.

문법
```
WHERE 칼럼명 BETWEEN 값1 AND 값2;
```

주의할 점으로 반드시 값1은 값2보다 작아야 한다. 즉 BETWEEN 7000 AND 8000 형식은 가능하지만, BETWEEN 8000 AND 7000 형식은 범위 검색이 안 되기 때문에 원하는 레코드를 검색할 수 없다.

다음은 employees 테이블에서 월급이 7000과 8000 사이에 있는 사원을 검색하기 위한 SQL 문이다.

```
SELECT employee_id, last_name, salary, hire_date
FROM employees
WHERE salary BETWEEN 7000 AND 8000;
```

실행 결과는 다음과 같이 14개의 레코드가 출력되고 지정된 7000값과 8000값이 모두 범위에 포함되어 출력되는 것을 확인할 수 있다.

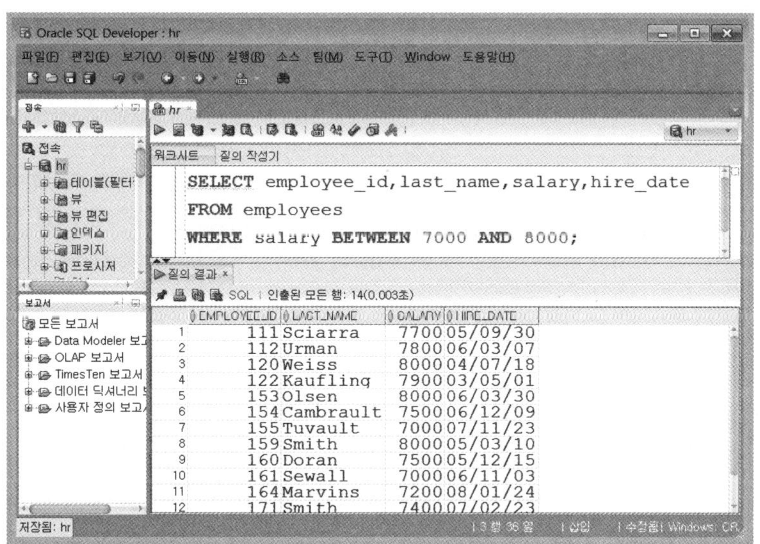

[그림 2.23] 정수값의 BETWEEN a AND B 연산자

다음은 employees 테이블에서 2007년부터 2008년 사이에 입사한 사원을 검색하기 위한 SQL 문이다.

```
SELECT employee_id, last_name, salary, hire_date
FROM employees
WHERE hire_date BETWEEN '07/01/01' AND '08/12/31';
```

실행 결과는 다음과 같이 30개의 레코드가 출력되며 수치 데이터뿐만 아니라 날짜 데이터에도 BETWEEN 연산자를 사용할 수 있다.

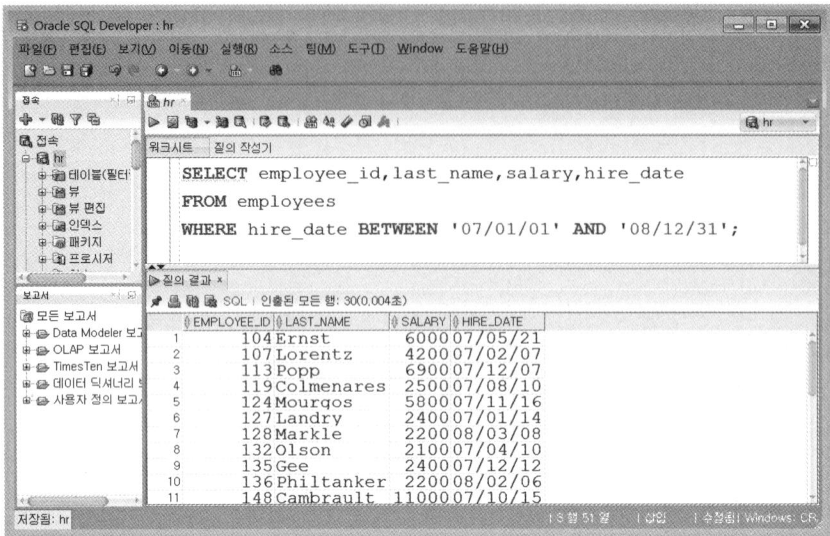

[그림 2.24] 날짜값의 BETWEEN a AND b 연산자

2.3 IN 연산자

IN 연산자는 하나의 값이 아닌 목록에 지정된 여러 개의 값을 한꺼번에 비교할 때 사용하는 연산자로서 내부적으로 OR 연산자를 이용하여 실행된다. 그리고 비교 가능한 값은 수치 데이터뿐만 아니라 문자 및 날짜 데이터 비교에 모두 사용 가능하다.

IN 연산자의 기본 형식은 다음과 같다.

```
문법 WHERE 칼럼명 IN (값1, 값2, 값3, ..., 값n );
```

다음은 수치 데이터를 이용하는 실습 예제로서 employees 테이블에서 사원번호가 100 또는 200 또는 300인 사원을 검색하기 위한 SQL 문이다.

```
SELECT employee_id, last_name, salary, hire_date
FROM employees
WHERE employee_id IN (100, 200, 300);
```

실행 결과는 사원번호가 300인 사원은 없기 때문에 다음과 같이 2개의 레코드가 출력된다.

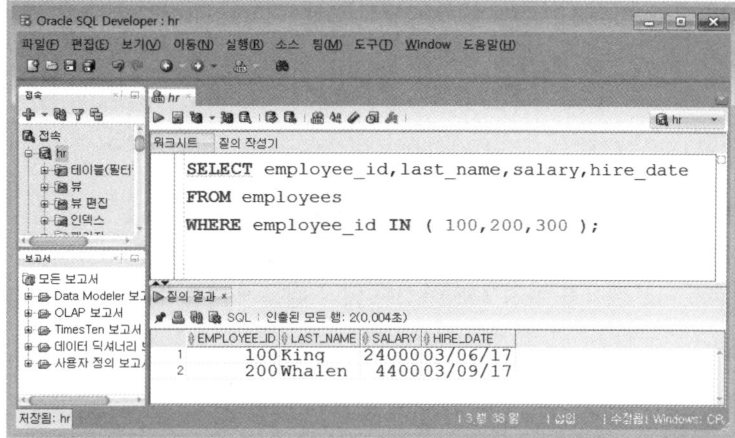

[그림 2.25] 정수값의 IN 연산자

IN 연산자를 사용한 위의 SQL 문은 다음과 같이 내부적으로 OR 연산자로 변환되어 처리된다.

```
SELECT employee_id, last_name, salary, hire_date
FROM employees
WHERE employee_id = 100
   OR employee_id = 200
   OR employee_id = 300;
```

실행 결과는 IN 연산자와 동일하지만 IN 연산자에 비해서 OR 연산은 칼럼 이름을 중복해서 사용하여 가독성이 떨어지는 단점이 있다.

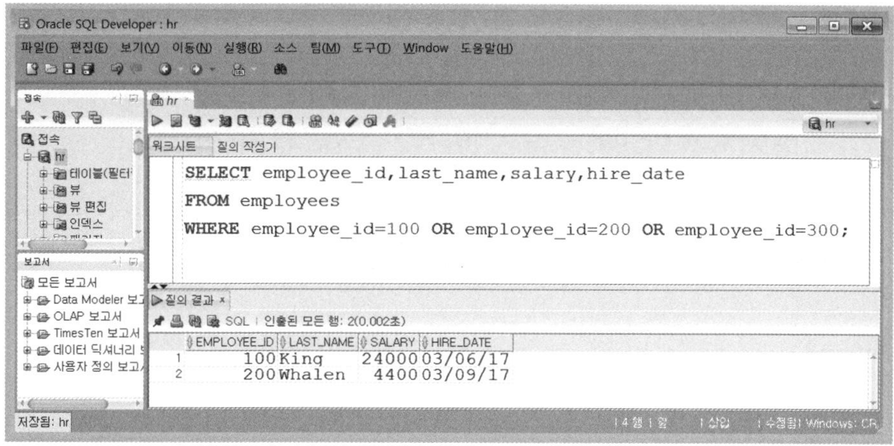

[그림 2.26] OR 연산자

다음은 문자 데이터를 이용한 실습 예제로서 employees 테이블에서 'King' 또는 'Abel' 또는 'Jones' 이름을 가진 사원을 검색하는 SQL 문이다.

```
SELECT employee_id, last_name, salary, hire_date
FROM employees
WHERE last_name IN ('King', 'Abel', 'Jones');
```

실행 결과는 'King' 이름을 가진 사원이 2명 있기 때문에 다음과 같이 4개의 레코드가 출력된다.

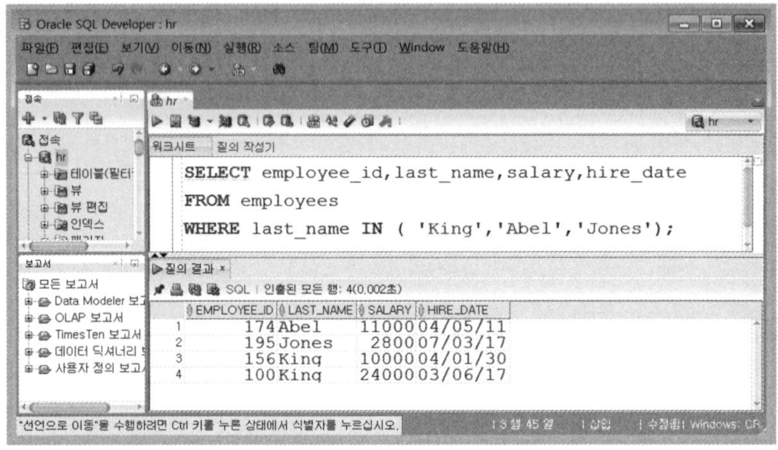

[그림 2.27] 문자열의 IN 연산자

다음은 날짜 데이터를 이용한 실습 예제로서 employees 테이블에서 입사일이 '2001/01/13' 또는 '2007/02/07'인 사원을 검색하는 SQL 문이다.

```
SELECT employee_id, last_name, salary, hire_date
FROM employees
WHERE hire_date IN ('01/01/13', '07/02/07');
```

실행 결과는 '2007/02/07'에 입사한 사원이 2명이기 때문에 다음과 같이 3개의 레코드가 출력된다.

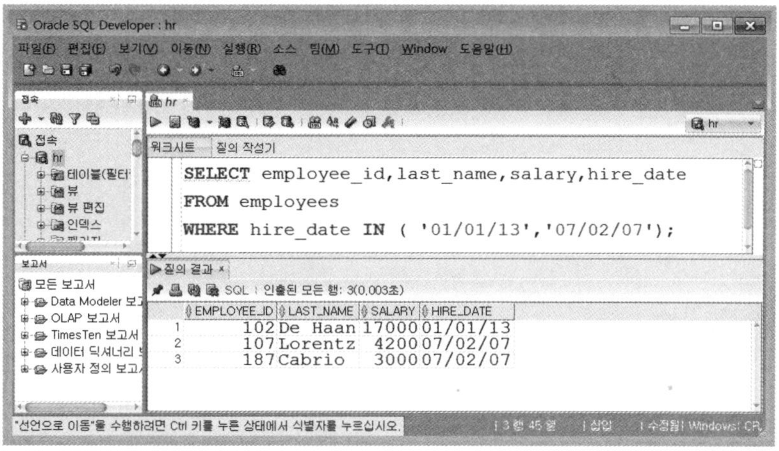

[그림 2.28] 날짜값의 IN 연산자

2.4 LIKE 연산자

앞에서 특정값과 일치하는 데이터를 찾기 위한 방법으로 동등 연산자(=)를 사용하였는데, 동등 연산자는 반드시 값이 일치하는 경우에만 검색되는 연산자이다.

하지만 LIKE 연산자는 전체가 아닌 임의의 문자만 일치하더라도 데이터 검색이 가능하게 해준다.

LIKE 연산자의 기본 형식은 다음과 같다.

문법 `WHERE 칼럼명 LIKE 패턴값`

패턴값 위치에는 검색할 문자와 와일드카드(wild card) 문자를 조합하여 설정한다.

다음은 LIKE 연산자에서 사용 가능한 와일드카드 문자이다.

[표 2.3] 와일드카드 문자

와일드 카드 문자	설명
%	% 위치에 0개 이상의 문자(열)과 대체
_	_ 위치에 반드시 1개 문자와 대체

다음은 사원들 중에서 이름이 대문자 'J'로 시작하는 사원만 검색하는 SQL 문이다.

```
SELECT employee_id, last_name, salary
FROM employees
WHERE last_name LIKE 'J%';
```

위 코드는 이름이 문자 'J'로 시작하지만, 바로 뒤에는 한 글자도 오지 않을 수 있고 여러 개의 문자가 올 수도 있다. 따라서 0개 이상의 문자와 대체 가능한 와일드카드 문자 '%'를 사용하여 'J%'로 표현 할 수 있다.

실행 결과는 이름이 'J'로 시작하는 사원이 2명이기 때문에 다음과 같이 2개의 레코드가 출력된다.

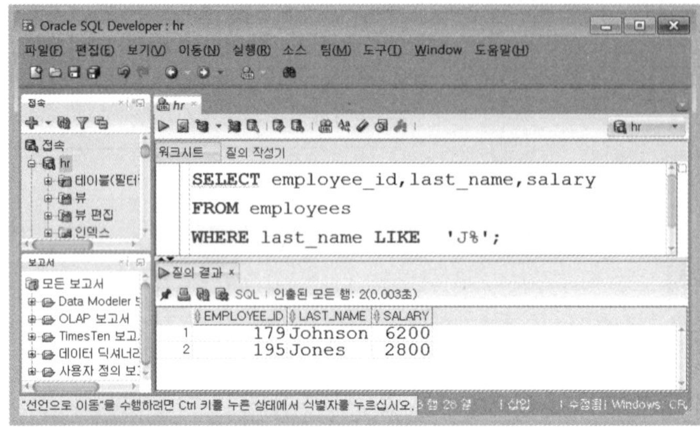

[그림 2.29] % 와일드카드

다음은 사원들 중에서 이름에 'ai' 글자를 포함하는 사원만 검색하기 위한 SQL 문이다.

```
SELECT employee_id, last_name, salary
FROM employees
WHERE last_name LIKE '%ai%';
```

사원이름에 'ai' 문자열을 포함되면 되기 때문에 'ai' 문자열 앞 또는 뒤에 임의의 문자열이 와도 무관하다. 따라서 'ai' 문자열 앞과 뒤에 와일드카드 문자 '%'를 지정하면 된다.

실행 결과는 'ai' 문자열을 포함하는 사원이 2명이기 때문에 다음과 같이 2개의 레코드가 출력된다.

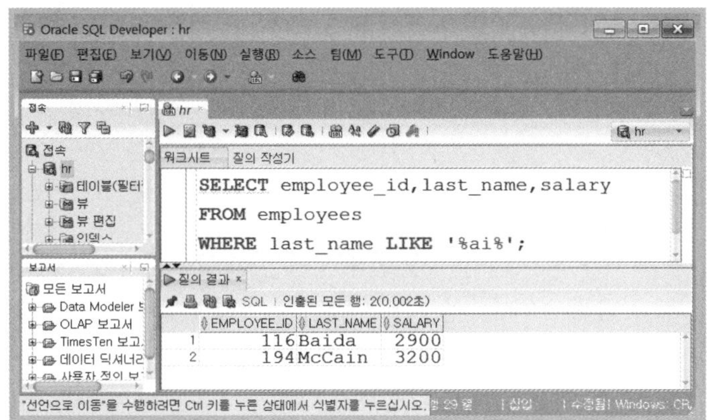

[그림 2.30] % 와일드카드

다음은 사원들 중에서 이름이 'in' 으로 끝나는 사원만 검색하기 위한 SQL 문이다.

```
SELECT employee_id, last_name, salary
FROM employees
WHERE last_name LIKE '%in';
```

사원이름이 문자열 'in'으로 끝나야 되기 때문에 문자열 'in' 뒤에는 어떠한 값도 설정하면 안 되고, 앞에는 임의의 문자열이 지정 가능하기 때문에 와일드카드 문자 '%'를 문자열 'in' 앞에만 지정하면 된다.

실행 결과는 다음과 같이 5개의 레코드가 출력된다.

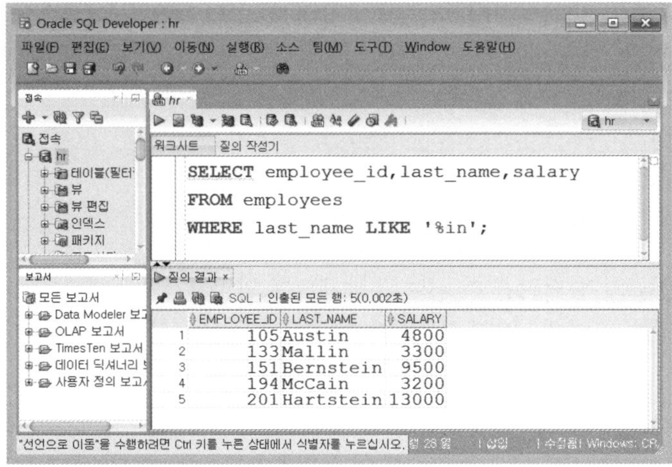

[그림 2.31] % 와일드카드

다음은 와일드카드 문자 '_'를 사용하는 경우이다. 와일드카드 문자 '%'는 0개 이상의 문자와 대체가 가능했으나, '_'는 반드시 하나의 문자만 대체가 가능하기 때문에 위치와 순서가 매우 중요하다.

다음은 사원들의 이름 중에서 두 번째 문자가 b인 사원만 검색하는 SQL 문이다.

```
SELECT employee_id, last_name, salary
FROM employees
WHERE last_name LIKE '_b%';
```

사원이름의 두 번째 문자가 'b'가 되려면 첫 번째 문자는 반드시 하나의 임의의 문자만 와야 하기 때문에 '_'로 시작해야 하며, 문자 'b' 이후에는 어떠한 문자라도 올 수 있기 때문에 와일드카드 문자 '%'를 사용하면 된다.

실행 결과는 다음과 같이 이름이 'Abel'인 1개의 레코드가 출력된다.

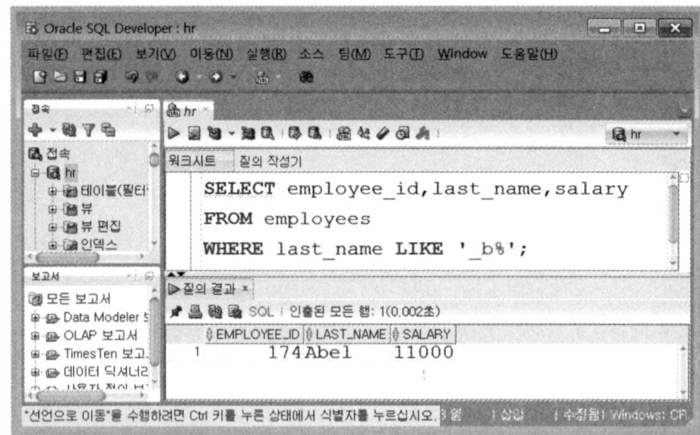

[그림 2.32] _ 와일드카드

다음은 사원들의 이름 중에서 마지막 글자가 소문자 'd'로 끝나고, 사원이름이 6글자인 사원만 검색하는 SQL 문이다.

```
SELECT employee_id, last_name, salary
FROM employees
WHERE last_name LIKE '_____d';
```

사원이름이 여섯 글자가 되려면 한 글자씩 대체되는 와일드카드 문자 '_'가 사원이름의 마지막 글자인 문자 'd' 앞에 5개가 필요하다.

실행 결과는 다음과 같이 이름이 'Hunold'인 1개의 레코드가 출력된다.

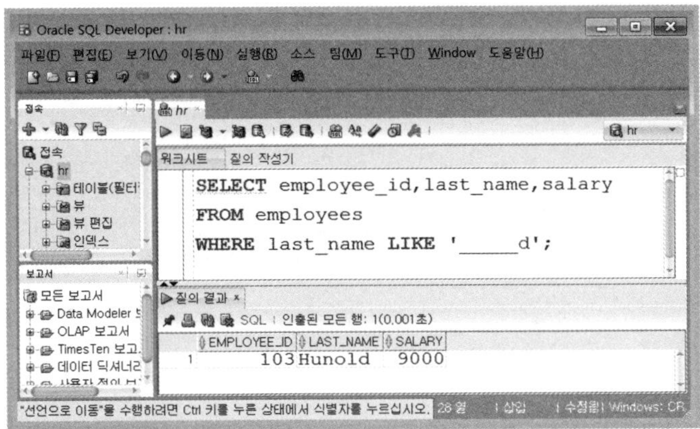

[그림 2.33] _ 와일드 카드

만약 '_____d' 대신에 '%d' 형식을 사용하면 글자수와 상관없이 문자 'd'로 끝나는 사원이 검색되기 때문에 다음의 실행 결과처럼 사원이름이 8글자인 'Sarchand'까지 포함되어 검색된다.

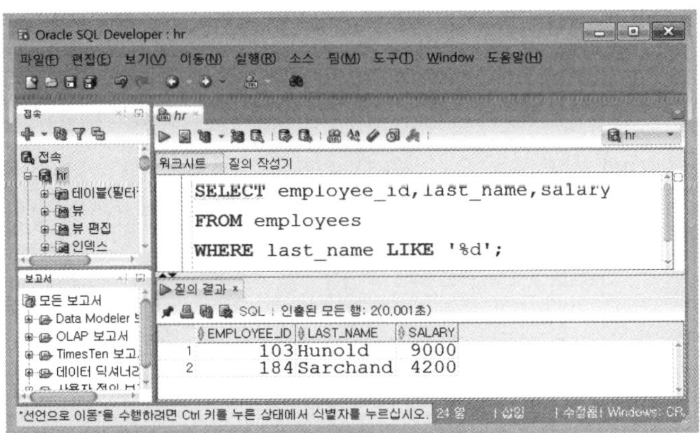

[그림 2.34] _ 대신에 %를 사용하여 잘못된 경우

지금까지는 LIKE 연산자와 두 가지 와일드카드 문자 '%'와 '_'를 사용하여 문자열을 조회하는 방법을 살펴 보았다. 만약 검색하려는 문자열 중에 와일드카드 문자인 '%'나 '_' 문자가 포함되어 있는 경우에는 SQL 문을 어떻게 사용해야 하는지 알아보자.

다음은 사원이름에 '_' 문자가 포함된 사원만 검색하려는 의도로 만든 SQL 문이다.

```
SELECT employee_id, last_name, salary
FROM employees
WHERE last_name LIKE '%_%';
```

하지만, 앞의 SQL 문을 실행해보면 사원이름에 '_' 문자가 없어도 다음과 같이 모든 레코드가 출력된다. 이유는 오라클 데이터베이스 서버가 '_' 문자를 이름에 포함되어 있는 문자로 인식하지 않고 와일드카드 문자로 인식하여 사원이름이 한 글자로만 되어 있어도 검색되기 때문이다.

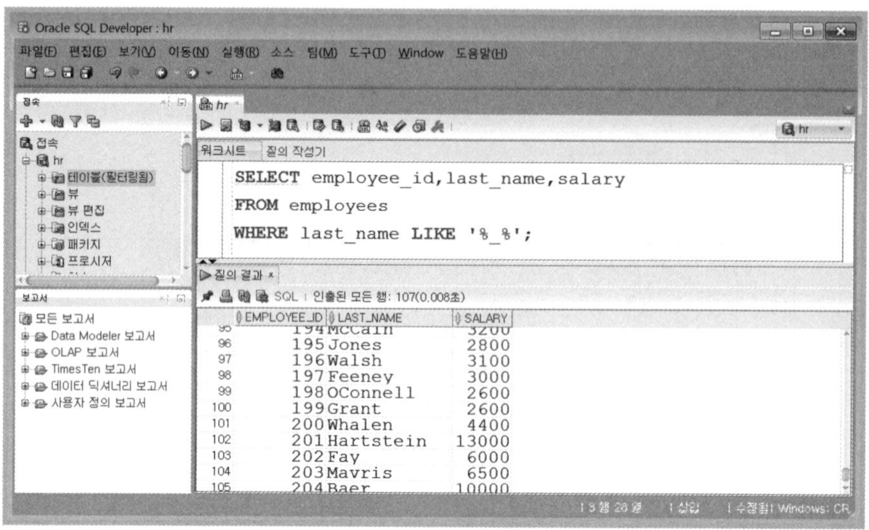

[그림 2.35] 검색조건 '_'을 와일드카드로 인식하지 않는 경우

따라서 오라클 데이터베이스 서버가 '%' 또는 '_' 문자를 와일드카드 문자로 처리하지 않도록 설정해야 한다. 이때 사용하는 옵션이 ESCAPE 옵션이다. ESCAPE 옵션에서 지정한 문자를 문자열 내에서 사용할 때 ESCAPE 문자를 따르는 한 글자만을 일반 문자로 인식하도록 한다.

사용 방법은 다음과 같다.

문법
```
WHERE 칼럼명 LIKE '%$_%' ESCAPE '$';
```

위 코드에서는 ESCAPE 문자로 '$' 문자를 설정했다. 따라서 문자열 내부에서 ESCAPE 문자인 '$' 뒤의 와일드카드 문자 '_'를 와일드카드 문자로 인식하지 않고 글자 그대로 인식하라는 뜻이다. 따라서 위의 코드를 실행하면 '_' 문자가 포함된 레코드가 검색된다.

ESCAPE 문자는 사용자가 임의의 지정할 수 있기 때문에 '@' 또는 'E' 같은 사용자가 원하는 문자로 사용하면 된다.

다음은 employees 테이블의 직업(job_id) 데이터 중에서 뒤에서 3번째 문자로 '_' 문자를 갖는 사원 정보를 검색하는 SQL 문이다.

```
SELECT employee_id, last_name, salary, job_id
FROM employees
WHERE job_id LIKE '%E___' ESCAPE 'E';
```

앞의 예제 코드를 보면 '___'문자가 3개가 있지만, ESCAPE 옵션을 사용했기 때문에 ESCAPE 문자인 'E' 문자 바로 뒤에 오는 '_' 문자 한 글자는 와일드카드 문자가 아닌 일반문자로 처리되고, 나머지 두 글자는 와일드카드 문자로 처리된다. 따라서 job_id 칼럼의 데이터에서 뒤에서 3번째 문자로 '_'를 갖는 사원 정보를 조회할 수 있다.

실행 결과는 다음과 같이 직업(job_id)이 AD_VP 값을 가진 2명의 사원이 조회된다. SQLDeveloper 도구에서 실습하는 경우 job_id 칼럼의 값이 '_' 문자가 없는 'AD VP' 형태로 보일 수 있지만, 해당 값을 더블클릭하면 'AD_VP' 값을 확인할 수 있다.

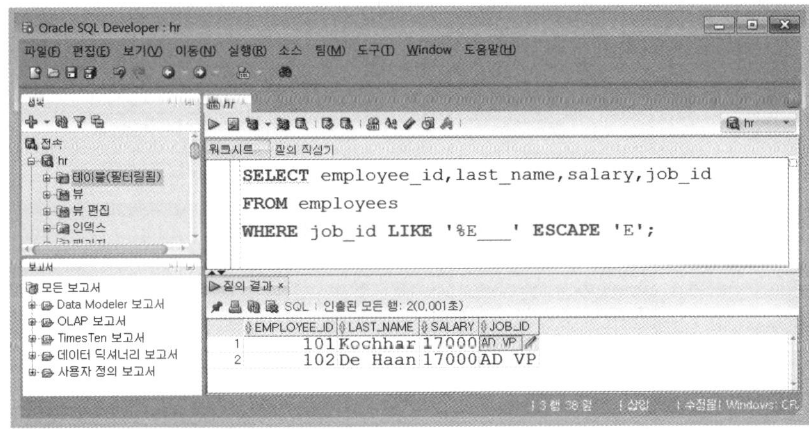

[그림 2.36] ESCAPE 문자 사용

2.5 논리 연산자

지금까지는 WHERE 절을 이용하여 조건을 명시할 때 한 가지 조건만 사용하였다. 하지만 조건이 하나 이상인 경우가 대부분이며 WHERE 절에 명시된 조건이 두 개 이상인 경우에는 다음과 같이 AND 또는 OR 연산자를 사용할 수 있다.

[표 2.4] 논리 연산자

연산자	설명
AND	두 가지 조건을 모두 만족하는 데이터를 검색한다. SELECT * FROM employees WHERE employee_id=100 AND job_id='AD_VP';
OR	두 가지 조건 중에서 한 가지만 만족하더라도 검색한다. SELECT * FROM employees WHERE salary >= 30000 OR job_id='AD_VP';
NOT	지정된 조건이 아닌 데이터를 검색한다. SELECT * FROM employees WHERE NOT employee_id=100;

두 개 이상의 조건을 모두 만족하는 데이터를 검색하기 위해서는 AND 연산자를 사용한다. 만일 employees 테이블에서 직급(job_id)이 IT_PROG이고 월급(salary)이 5,000이상인 사원을 검색하는 SQL 문은 다음과 같다.

```
SELECT last_name, job_id, salary
FROM employees
WHERE job_id = 'IT_PROG' AND salary >= 5000;
```

검색 조건을 각각 지정하고 AND 연산자를 사용하여 각 조건을 연결한다. 실행 결과는 다음과 같이 2명의 사원이 조회된다. 지정된 두 개의 검색 조건이 모두 만족해야 검색이 되기 때문에 AND 연산자를 사용하면 조건과 일치하는 레코드의 범위가 좁아지게 된다.

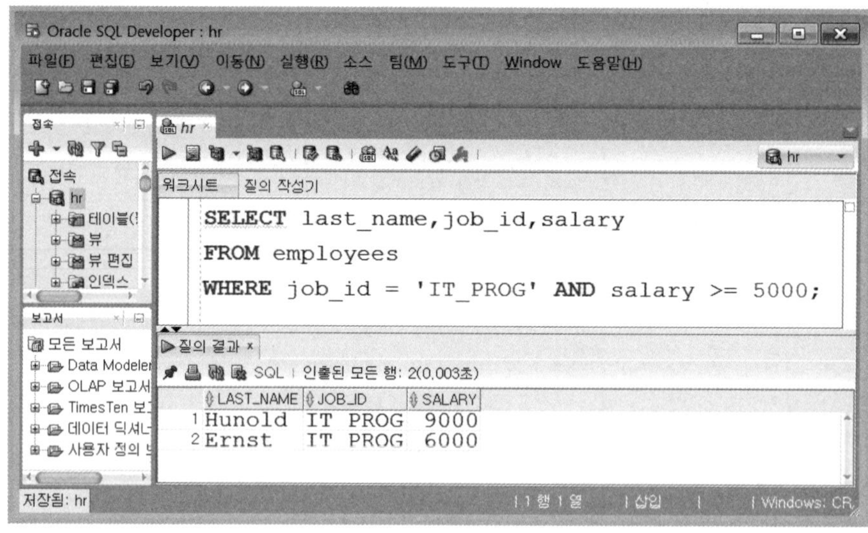

[그림 2.37] AND 연산자

지정된 두 개의 검색 조건 중에서 한 가지만 만족해도 검색되도록 하려면 OR 연산자를 사용한다.

employees 테이블에서 직급(job_id)이 IT_PROG이거나 월급(salary)이 5,000 이상인 사원 정보를 검색하는 SQL 문은 다음과 같다.

```
SELECT last_name, job_id, salary
FROM employees
WHERE job_id = 'IT_PROG' OR salary >= 5000;
```

검색 조건을 각각 지정하고 OR 연산자를 사용하여 각 조건을 연결한다. 실행 결과는 다음과 같이 61명의 사원이 조회된다. 지정된 두 개의 검색 조건 중에서 하나만 만족해도 검색이 되기 때문에 OR 연산자를 사용하면 조건과 일치하는 레코드의 범위가 넓어지게 된다.

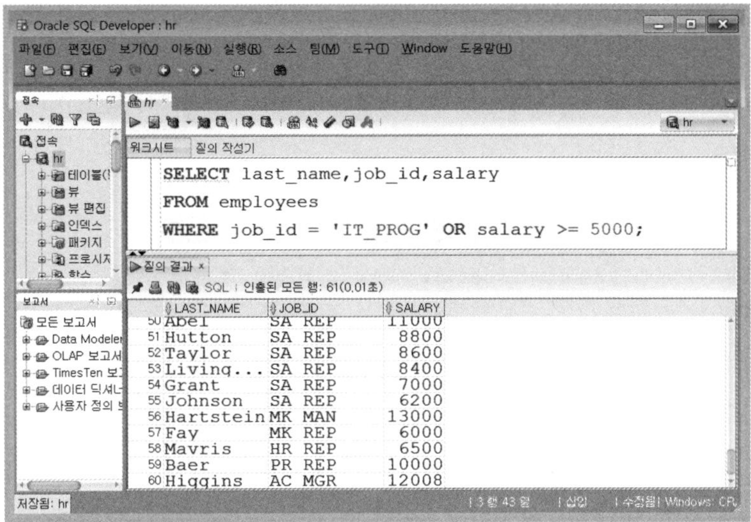

[그림 2.38] OR 연산자

NOT 연산자는 조건식의 앞에 사용해서 조건식의 연산을 부정한다. WHERE 절에 사용할 수 있는 NOT 연산자의 사용 방법은 다음과 같다.

[표 2.5] NOT 연산자 사용방법

	연산지	설명
NOT 비교 연산자	!=	같지 않다
	^=	같지 않다
	〈〉	같지 않다
	NOT 칼럼명 = a	a와 같지 않다
	NOT 칼럼명 〉 a	a보다 크지 않다
NOT SQL 연산자	NOT BETWEEN a AND b	a와 b 사이에 있지 않다
	NOT IN (리스트)	리스트와 일치하지 않는다
	IS NOT NULL	NULL 값을 갖지 않는다

월급(salary)이 20,000보다 작은 사원을 검색하는 코드는 WHERE salary 〈 20000이다. 이 문장을 부정하면 월급(salary)가 20,000 이상인 사원이 검색된다. 따라서 NOT 연산자를 사용하여 월급(salary)이 20,000 이상인 사원을 검색하는 SQL 문은 다음과 같다.

```
SELECT last_name, job_id, salary
FROM employees
WHERE NOT salary < 20000;
```

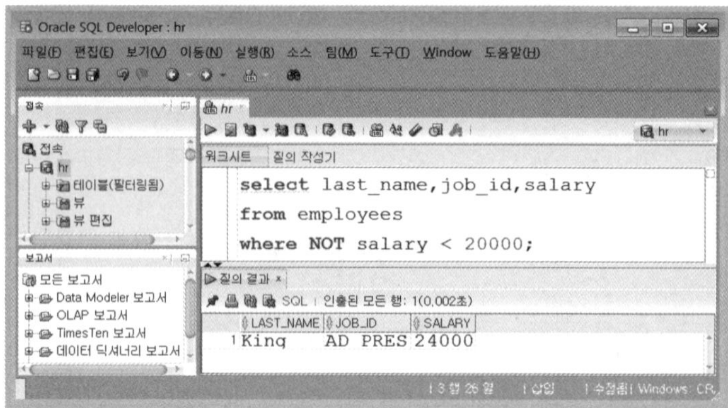

[그림 2.39] NOT 연산자

월급(salary)이 9,000이거나 8,000 또는 6,000인 사원을 검색하는 조건식은 WHERE salary IN (9000, 8000, 6000)이다. 월급이 9,000이거나 8,000 또는 6,000이 아닌 사원을 검색하기 위해서는 NOT 연산자를 사용하여 지정된 조건식을 부정하면 된다.

```
SELECT last_name, job_id, salary
FROM employees
WHERE salary NOT IN (9000,8000,6000 );
```

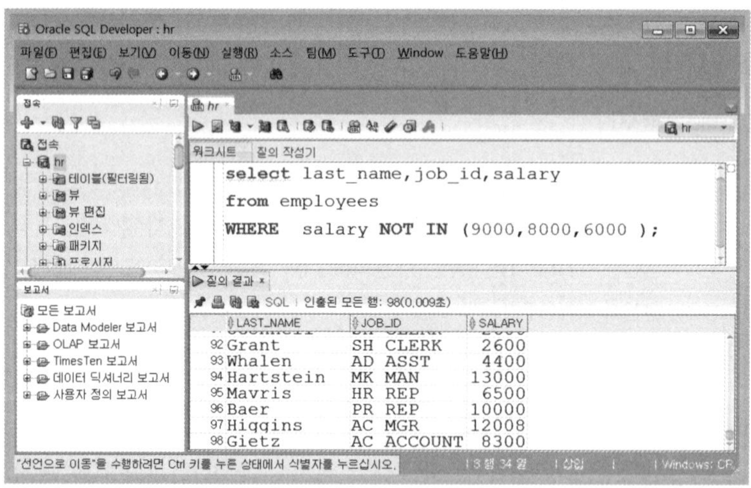

[그림 2.40] NOT IN 연산자

사원이름(last_name)이 문자 'J'로 시작하는 사원을 검색하기 위한 SQL 문은 WHERE last_name LIKE 'J%'이다. 만약 문자 'J'로 시작하지 않는 사원을 검색하기 위해서는 NOT 연산자를 사용하여 지정된 조건식을 부정하면 된다.

```
SELECT last_name, job_id, salary
FROM employees
WHERE last_name NOT LIKE 'J%';
```

실행 결과는 문자 'J'로 시작하는 2명의 사원인 'Johnson'과 'Jones'을 제외한 나머지 105명이 검색된다.

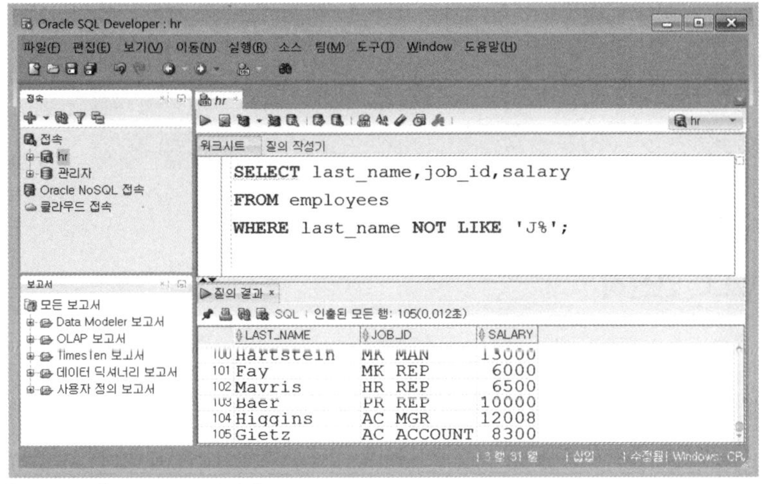

[그림 2.41] NOT LIKE 연산자

값의 범위를 이용하여 데이터를 검색할 때는 BETWEEN a AND b 연산자를 사용한다. 지정된 값의 범위를 부정하기 위해서는 NOT 연산자를 사용한다.

월급이 2,400과 20,000 사이에 있지 않은 사원을 검색하는 SQL 문은 다음과 같다.

```
SELECT last_name, job_id, salary
FROM employees
WHERE salary NOT BETWEEN 2400 AND 20000;
```

실행 결과는 2,400보다 작고 20,000보다 큰 4명의 사원이 검색된다.

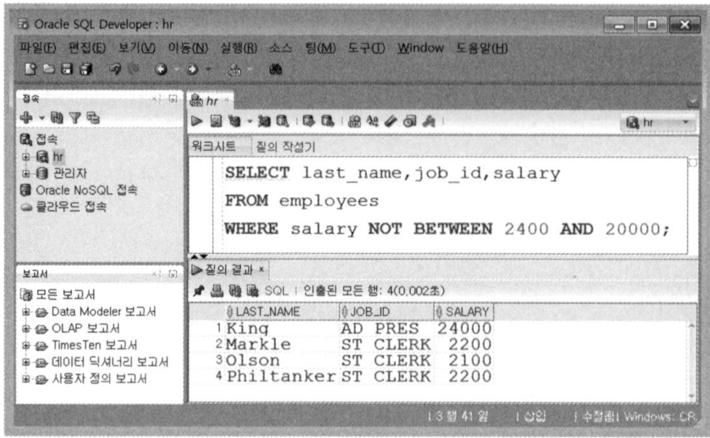

[그림 2.42] NOT BETWEEN a AND b 연산자

2.6 IS NULL 연산자

IS NULL 연산자는 널(null) 값을 가지고 있는 데이터를 검색할 때 사용하는 연산자이다. 특정 칼럼값이 널(null) 값인지를 판단하기 위해서 동등 연산자(=)를 사용하면 원하는 결과를 찾을 수 없다.

다음은 커미션(commission_pct) 칼럼에 널(null) 값을 가지고 있는 사원을 검색하기 위해서 동등 연산자(=)를 사용한 SQL 문이다.

```
SELECT last_name, job_id, salary
FROM employees
WHERE commission_pct = NULL;
```

실행 결과를 살펴보면 일치하는 데이터가 하나도 없는 것을 확인할 수 있다.

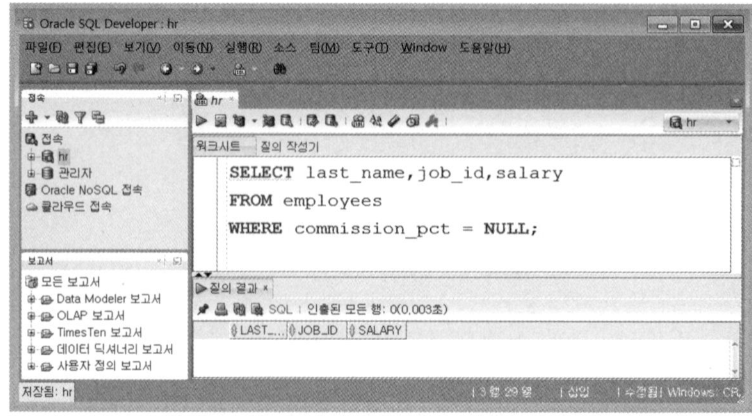

[그림 2.43] = 연산자 이용한 NULL 값 조회

널(null) 값은 값이 없는 것을 의미하는 식별자이기 때문에 동등 연산자(=)가 아닌 IS NULL 연산자를 사용해야 원하는 결과를 얻을 수 있다.

```
SELECT last_name, job_id, salary
FROM employees
WHERE commission_pct IS NULL;
```

IS NULL 연산자를 사용한 실행 결과는 다음과 같이 72명의 사원이 검색된다.

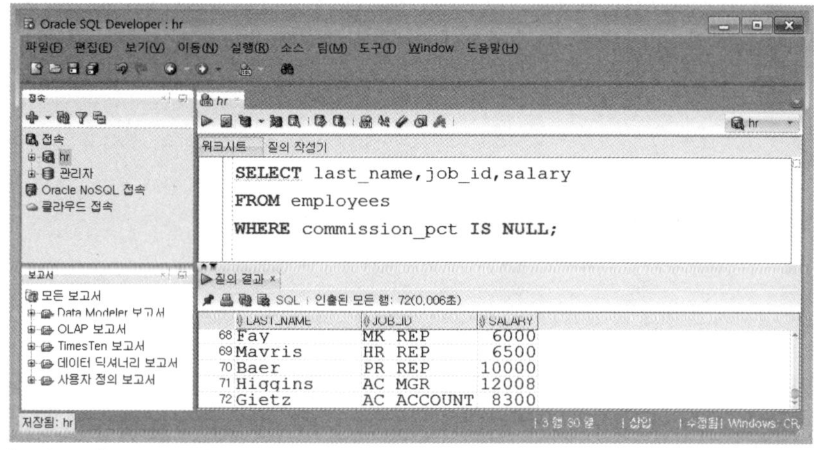

[그림 2.44] IS NULL 연산자

IS NULL 연산자의 부정으로 IS NOT NULL 연산자를 사용할 수 있다.

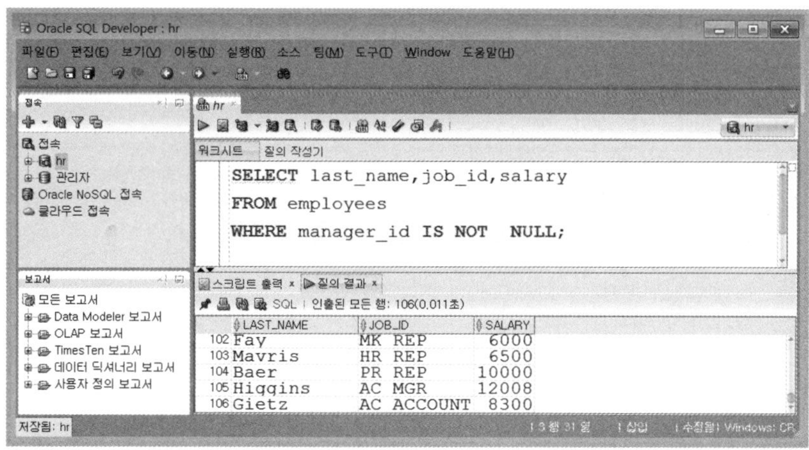

[그림 2.45] IS NOT NULL 연산자

해당 관리자가 없는 사원, 즉 회사의 CEO을 검색하기 위한 SQL 문의 조건식은 WHERE manager_id IS NULL;이고 검색된 CEO의 이름은 'King'이다. 반대로 관리자가 있는 사원을 검색하기 위한 SQL 문은 다음과 같다.

```
SELECT last_name, job_id, salary
FROM employees
WHERE manager_id IS NOT NULL;
```

실행 결과는 회사의 CEO인 'King'을 제외한 106명의 사원이 검색된다.

정보

모든 연산자에는 우선순위가 있으며 기본적으로 알고 있어야 할 우선순위는 다음과 같다.

[표 2.6] 연산자 우선순위

연산자 우선순위	설명
1	괄호( )
2	NOT 연산자
3	비교 연산자
4	AND 연산자
5	OR 연산자

특히 AND 연산자와 OR 연산자를 같이 사용하는 경우에는 주의해야 된다. AND 연산자가 OR 연산자보다 우선순위가 높기 때문에 다음 2개의 SQL 문의 실행 결과가 달라진다.

다음은 직업(job_id)이 AC_MGR이거나 MK_REP이고 커미션(commission_pct)이 널(null)이고 월급(salary)이 4,000보다 크고 9,000보다 작은 사원의 정보를 출력하는 SQL 문이다.

```
SELECT last_name, job_id, salary, commission_pct
FROM employees
WHERE job_id ='AC_MGR' OR job_id='MK_REP'
      AND commission_pct IS NULL
      AND salary >=4000
      AND salary <= 9000;
```

실행 결과는 AND 연산자가 먼저 실행되어 2명의 사원이 검색된다.

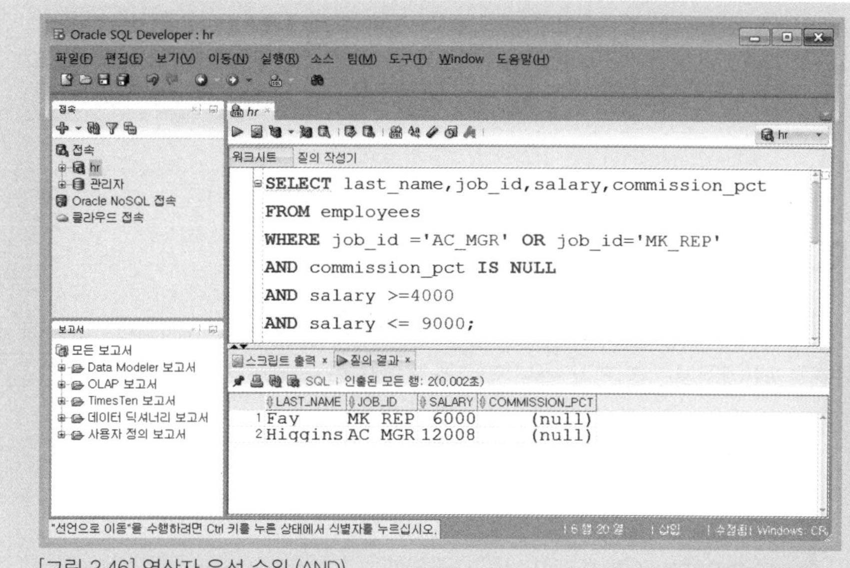

[그림 2.46] 연산자 우선 순위 (AND)

다음은 위의 SQL 문을 OR 연산자를 먼저 실행시키기 위하여 괄호()를 사용한 경우이다.

```
SELECT last_name, job_id, salary, commission_pct
FROM employees
WHERE (job_id = 'AC_MGR' OR job_id = 'MK_REP')
      AND commission_pct IS NULL
      AND salary >= 4000
      AND salary <= 9000;
```

실행 결과를 살펴보면 OR 연산자가 먼저 실행되어 1명의 사원이 검색된다.

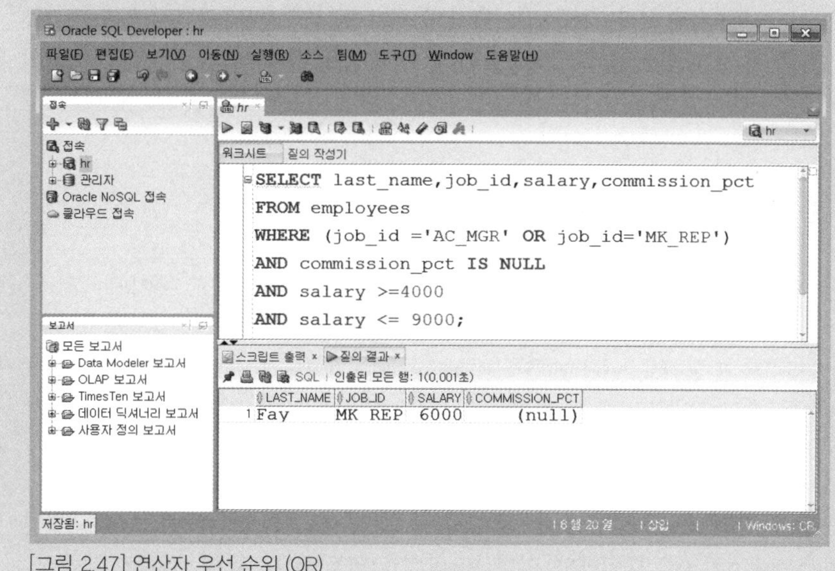

[그림 2.47] 연산자 우선 순위 (OR)

위의 실행 결과에서 볼수 있듯이 AND 연산자와 OR 연산자를 같이 사용하는 경우에는 AND 연산자가 OR 연산자보다 먼저 실행되기 때문에 의도하지 않은 결과가 나올 수 있다. 괄호()를 적절히 사용하여 가독성도 높이고 우선순위도 조절해야 된다.

3. ORDER BY 절

기본적으로 테이블에 저장된 데이터는 정렬되어 있지 않은 상태이다. 따라서 데이터를 조회할 때 명시적으로 특정 칼럼을 기준으로 정렬해서 검색해야 된다. 이때 사용되는 명령문이 ORDER BY 절이다. ORDER BY 절의 기본 문법은 다음과 같다.

문법
```
SELECT [DISTINCT] {* | column [Alias], ...}
FROM 테이블명
[WHERE 조건식]
ORDER BY {column, 표현식} [ASC|DESC];
```

ORDER BY 절 뒤에는 칼럼명 또는 표현식이 올 수 있는데, 지정 가능한 표현식으로는 칼럼의 alias와 SELECT 절에서 명시된 칼럼의 순서값을 지정할 수 있다.

정렬방법은 오름차순(Ascending)과 내림차순(Descending)이 있으며 기본은 오름차순이다. 오름차순은 작은 값부터 출력되어 점점 큰 값이 출력되는 방법이고, 내림차순은 큰 값부터 출력되어 점점 작은 값이 출력되는 방법이다.

오름차순은 ORDER BY 절 맨 끝에 ASC 키워드를 지정하면 되고, 내림차순은 DESC 키워드를 지정하면 된다. ORDER BY 다음에 정렬방식을 지정하지 않으면 기본 정렬방식인 오름차순(Ascending)으로 정렬된다. 정렬 가능한 데이터는 수치 데이터와 문자 데이터, 날짜 데이터 모두 가능하다.

3.1 수치 데이터 정렬

다음은 월급이 가장 높은 순서부터 사원 정보를 출력하는 SQL 문이다.

```
SELECT employee_id, last_name, job_id, salary
FROM employees
ORDER BY salary DESC;
```

월급이 가장 높은 사원부터 출력해야 되기 때문에 월급(salary) 칼럼을 내림차순(descending)으로 정렬해야 한다. 따라서 ORDER BY 뒤에 salary 칼럼명을 지정하고 맨 뒤에 DESC 키워드를 지정한다.

```
SELECT employee_id,last_name,job_id,salary
FROM employees
ORDER BY salary DESC;
```

	EMPLOYEE_ID	LAST_NAME	JOB_ID	SALARY
1	100	King	AD_PRES	24000
2	101	Kochhar	AD_VP	17000
3	102	De Haan	AD_VP	17000
4	145	Russell	SA_MAN	14000
5	146	Partners	SA_MAN	13500
6	201	Hartstein	MK_MAN	13000
7	108	Greenberg	FI_MGR	12008
8	205	Higgins	AC_MGR	12008

[그림 2.48] ORDER BY 절에 칼럼명 사용

만약 다음과 같이 월급(salary) 칼럼에 에 alias가 지정되어 있다면 ORDER BY 절에 칼럼명을 사용하는 대신 alias를 지정할 수 있다.

```
SELECT employee_id, last_name, job_id,salary as "월급"
FROM employees
ORDER BY 월급 DESC;
```

salary 칼럼의 alias를 "월급"으로 지정하고 ORDER BY 절에서 salary 칼럼명 대신에 "월급"으로 지정해도 실행 결과는 같다.

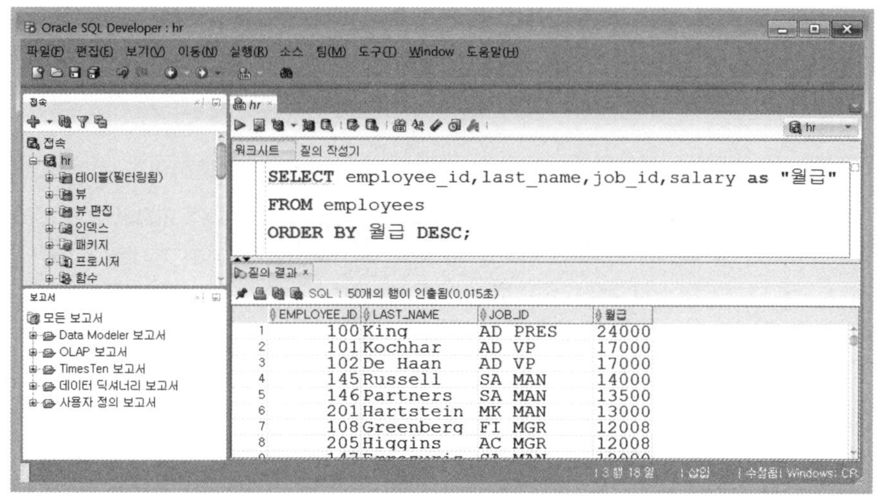

[그림 2.49] ORDER BY 절에 별칭(alias) 사용

ORDER BY 절 뒤에 칼럼명 또는 칼럼의 alias 뿐만 아니라 SELECT 절에서 지정된 칼럼의 순서값을 ORDER BY 절에서 사용할 수도 있다.

```
SELECT employee_id, last_name, job_id, salary as "월급"
FROM employees
ORDER BY 4 DESC;
```

위의 문장에서 employee_id 칼럼은 첫 번째 순서이기 때문에 1로 지정가능하고, last_name 칼럼은 두 번째로이므로 2로 지정하고, job_id 칼럼은 세 번째이므로 3으로 지정이 가능하다. 마지막으로 salary는 지정 순서가 네 번째이기 때문에 칼럼 지정 순서값 4를 사용할 수 있다.

실행 결과는 앞서 살펴보았던 칼럼명 및 alias를 사용했던 방법과 동일하다.

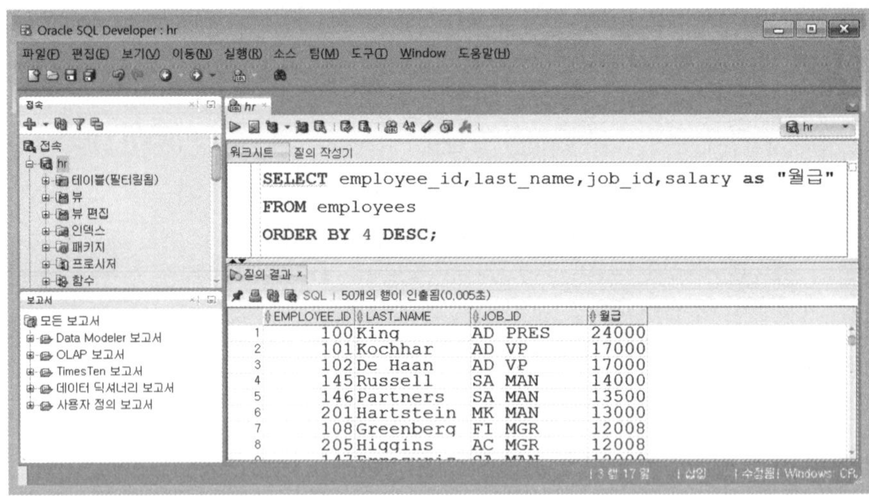

[그림 2.50] ORDER BY 절에 순서값 사용

3.2 문자 데이터 정렬

salary 칼럼과 같은 수치 데이터의 정렬뿐만 아니라 문자 데이터도 정렬이 가능하다. 문자 데이터는 내부적으로 아스키코드 값으로 저장되기 때문에 아스키코드 값을 기준으로 정렬된다. 오름차순인 경우에는 A, B, C, ..., Z 순으로 출력되고 내림차순인 경우에는 Z, Y, X, ..., A 순으로 출력된다.

다음은 사원이름을 오름차순 정렬하여 검색 결과를 출력하는 SQL 문이다.

```
SELECT employee_id, last_name as 이름, job_id, salary
FROM employees
ORDER BY last_name ASC;
```

ORDER BY 절에는 last_name 칼럼명 대신에 alias 또는 칼럼 지정 순서값을 사용할 수 있으며 실행 결과는 모두 동일하다.

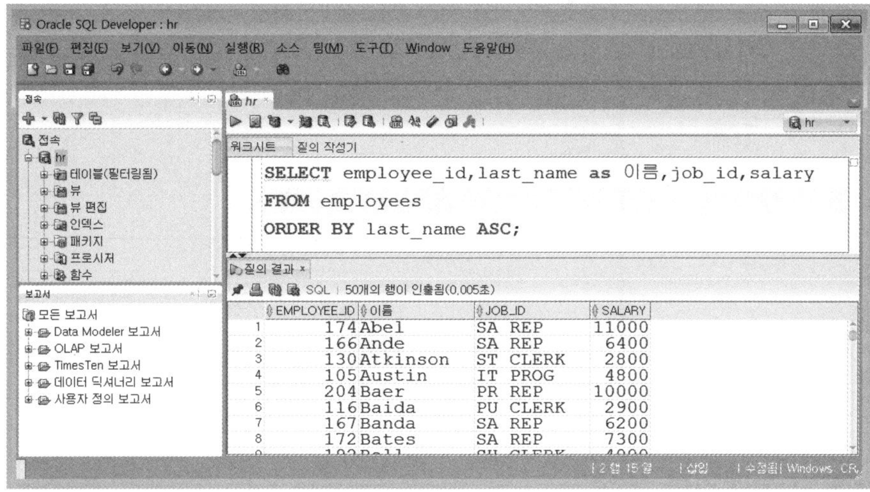

[그림 2.51] 문자열 정렬

3.3 날짜 데이터 정렬

수치와 문자 데이터뿐만 아니라 날짜 데이터도 오름차순 또는 내림차순으로 정렬할 수 있다. 날짜 데이터는 오라클이 내부적으로 7Byte의 수치 데이터로 저장하기 때문에 정렬이 가능하다. 오름차순으로 지정하면 가장 오래된 과거의 날짜가 먼저 출력되고 최근 날짜가 나중에 출력되며, 내림차순인 경우에는 가장 최근 날짜부터 출력된다.

다음은 입사일이 가장 최근인 사원부터 출력하는 SQL 문이다.

```
SELECT employee_id, last_name, salary, hire_date as '입사일'
FROM employees
ORDER BY hire_date DESC;
```

ORDER BY 절에는 hire_date 칼럼명 대신에 alias 또는 SELECT 절에서 지정된 칼럼의 순서값을 사용할 수도 있으며 실행 결과는 모두 동일하다

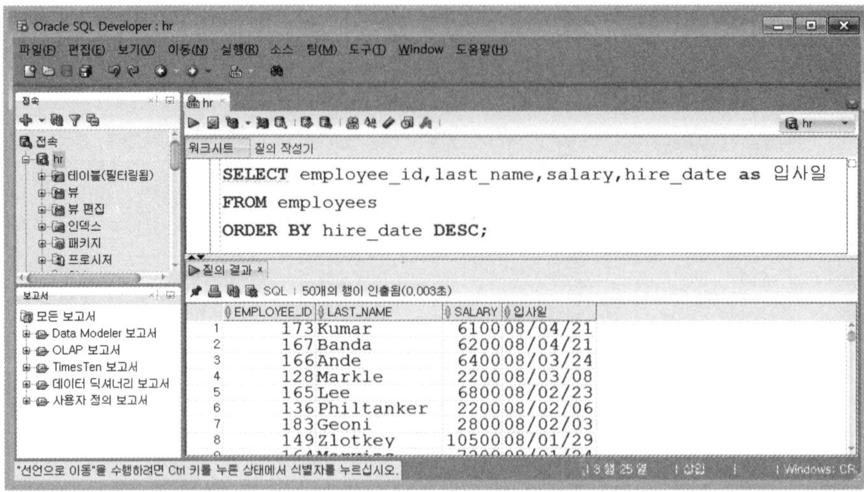

[그림 2.52] 날짜값 정렬

3.4 다중 데이터 정렬

이번에는 하나의 칼럼이 아닌 여러 개의 칼럼을 사용하여 정렬하는 다중 정렬방법에 관하여 살펴보자.

다중 정렬의 기본 문법은 다음과 같다.

문법

```
SELECT [DISTINCT] {* | column [Alias], ...}
FROM 테이블명
[WHERE 조건식]
ORDER BY {column, 표현식} [ASC|DESC], {column, 표현식} [ASC|DESC];
```

다음은 월급(salary) 칼럼으로 먼저 정렬하고, 만약 월급이 같은 사원이 존재할 경우 입사일(hire_date)이 빠른 사원부터 출력하는 SQL 문이다.

```
SELECT employee_id, last_name, salary, hire_date
FROM employees
ORDER BY salary DESC, hire_date;
```

ORDER BY 절 바로 뒤에 첫 번째로 정렬하고자 하는 salary를 지정하면 salary로 먼저 정렬되고 이후에 정렬된 데이터를 다시 hire_date로 오름차순 정렬한다.

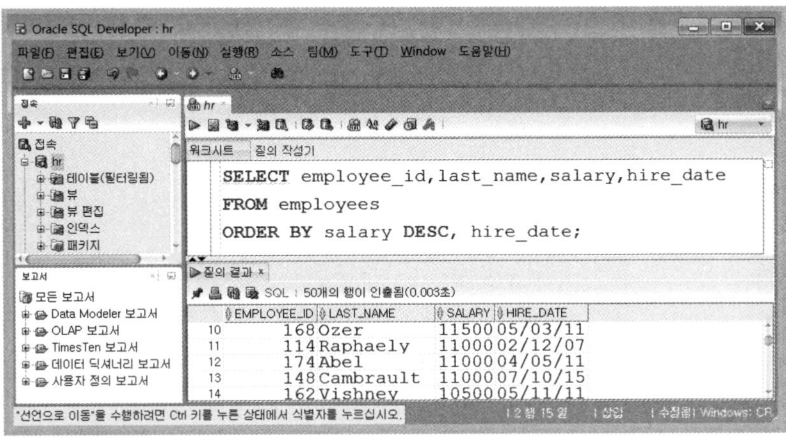
[그림 2.53] 다중 정렬

앞의 SQL 문을 칼럼 순서값을 이용하여 다음과 같이 사용할 수도 있으며 실행 결과는 동일하다.

```
SELECT employee_id, last_name, salary, hire_date
FROM employees
ORDER BY 3 DESC, 4;
```

3.5 널(NULL) 값 정렬

만약 정렬하는 칼럼에 널(null) 값이 존재하는 경우에는 어떻게 정렬되는지 살펴보자. 널(null) 값은 없는 값이며 사용 불가능한 값이다. 따라서 오라클은 널(null) 값을 가장 큰 값으로 처리한다.

다음은 널(null) 값을 가지고 있는 커미션(commission_pct) 칼럼을 내림차순으로 정렬하여 검색 결과를 출력하는 SQL 문이다.

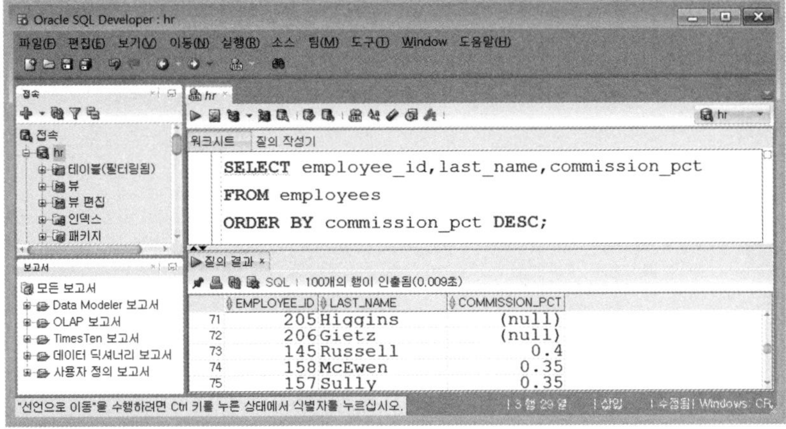
[그림 2.54] 널(NULL) 정렬

앞의 실행 결과는 커미션(commission_pct) 칼럼에 널(null) 값을 갖는 사원 정보가 먼저 출력되고 이후에 해당 칼럼의 값이 널(null)이 아닌 사원 정보가 출력되는 것을 확인할 수 있다.

3장

SQL 함수

[학습목표]

- 오라클의 SQL 함수에 관하여 살펴본다.
- 문자 처리 단일 함수에 관하여 살펴본다.
- 숫자 처리 단일 함수에 관하여 살펴본다.
- 날짜 처리 단일 함수에 관하여 살펴본다.
- 데이터 변환 함수에 관하여 살펴본다.
- DECODE 함수와 CASE 함수에 관하여 살펴본다.

1. SQL 함수

함수(function)는 데이터를 가공할 목적으로 사용되며 기본적인 SQL 문을 더욱 강력하게 해준다. 함수는 입력(input)과 출력(output)으로 구성되는데, 입력으로 데이터를 설정하면 함수가 내부적으로 데이터를 가공하여 출력을 통해 반환한다. 입력으로 설정되는 데이터 개수는 함수에 따라서 차이가 있으나 출력되는 데이터 개수는 한 개만 반환한다.

입력 (input)

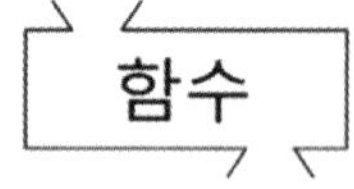

출력 (output)

[그림 3.1] 함수 기본(function)

오라클 SQL 함수의 특징을 정리하면 다음과 같다.

- 데이터에 계산을 수행할 수 있다.
- 개별적인 데이터 항목을 수정할 수 있다.
- 행의 그룹에 대해 결과를 조작할 수 있다.
- 출력을 위해서 날짜와 수치 데이터 형식을 조작할 수 있다.
- 칼럼의 데이터형을 변환할 수 있다.
- 함수의 종류로는 단일 함수와 그룹 함수가 있다.

SQL 함수는 단일(행) 함수와 그룹 함수로 구분한다. 단일(행) 함수는 이 장에서 설명하고, 그룹 함수는 4장에서 설명한다.

단일(행) 함수는 모든 행에 대해서 각각 적용되어 행의 개수와 동일한 개수를 반환하는 함수를 의미한다. SELECT, WHERE, ORDER BY 절에 사용 가능하며 처리하는 데이터 종류에 따라서 숫자 처리를 위한 함수, 문자 처리를 위한 함수, 날짜 처리를 위한 함수, 데이터 변환을 위한 함수, 데이터 종류와 상관없이 어떤 데이터에도 사용 가능한 일반 함수로 구분된다.

단일 함수는 다음 그림에서와 같이 입력 처리되는 행의 개수와 출력 처리되는 행의 개수가 동일하다.

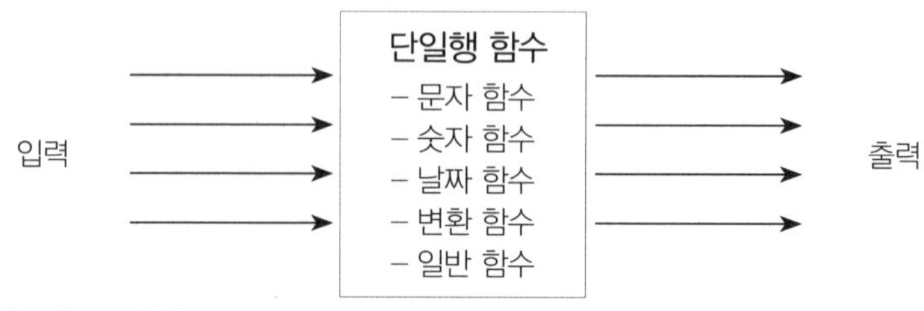

[그림 3.1] 단일행 함수

1.1 문자 처리 함수

문자 처리 함수는 문자와 관련된 특별한 조작을 위한 함수이고 단일 함수이기 때문에 테이블의 행 단위로 처리된다.

다음은 대표적인 문자 처리 함수들이다.

[표 3.1] 문자 관련 함수

함수	설명
INITCAP	첫 글자만 대문자로 변환하여 반환한다.
UPPER	모든 글자를 대문자로 변환하여 반환한다.
LOWER	모든 글자를 소문자로 변환하여 반환한다.
CONCAT	두 개의 문자열을 연결하여 반환한다.
LENGTH	문자열의 길이를 반환한다.
INSTR	특정 문자의 위치를 반환한다.
SUBSTR	문자의 일부분을 반환한다.
REPLACE	특정 문자열을 치환하여 반환한다.
LPAD	오른쪽 정렬 후 왼쪽에 생긴 빈 공백에 특정 문자를 채운다.
RPAD	왼쪽 정렬 후 오른쪽에 생긴 빈 공백에 특정 문자를 채운다.
LTRIM	왼쪽에서 특정 문자를 삭제한다.
RTRIM	오른쪽에서 특정 문자를 삭제한다.
TRIM	왼쪽, 오른쪽, 양쪽에 있는 특정 문자를 삭제한다.

(1) INITCAP 함수

각 단어의 첫 문자를 대문자로 바꾸고, 나머지 문자는 소문자로 변경하여 변경된 결과를 반환하는 함수이다. 기본 문법은 다음과 같다.

문법 **INITCAP (칼럼명 | 표현식)**

- **사용 예** : INITCAP('ORACLE SQL')
- **실행 결과** : Oracle Sql

다음은 대문자인 'ORACLE SQL' 문장을 첫 글자만 대문자로 출력하기 위한 SQL 문이다.

```
SELECT INITCAP('ORACLE SQL')
FROM dual;
```

특정 테이블의 칼럼값을 변경하는 작업이 아니기 때문에 dual 테이블을 사용하여 실행한다. dual 테이블은 FROM 절에 기술할 테이블이 없는 경우에만 사용하는 가상(Dummy) 테이블이다. 출력 결과를 한 줄로 얻고자 할 경우에도 유용하게 사용할 수 있다.

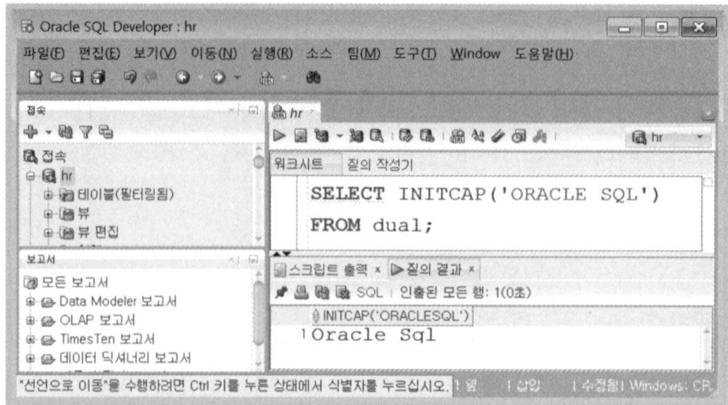

[그림 3.2] INITCAP 함수

다음은 employees 테이블의 email 칼럼의 데이터를 첫 글자만 대문자로 출력하는 SQL 문이다.

```
SELECT email, INITCAP(email)
FROM employees;
```

INITCAP 함수를 적용하기 전의 대문자로 저장되어 있는 email 칼럼의 값과 INITCAP 함수를 적용한 후의 email 칼럼의 값을 비교하면 다음과 같다.

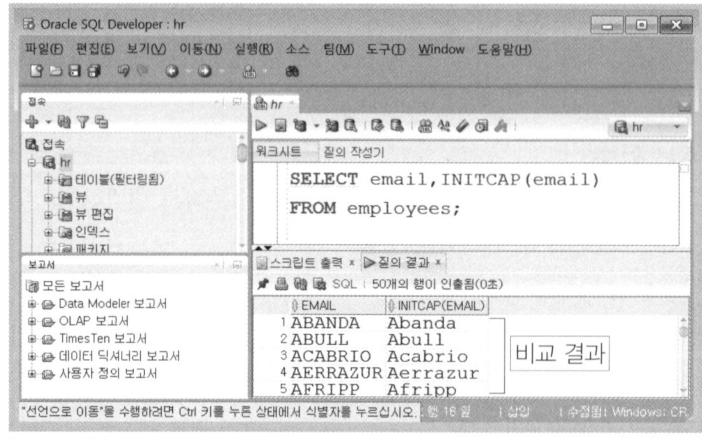

[그림 3.3] INITCAP 함수

단일 함수이기 때문에 INITCAP 함수를 실행한 결과는 전체 레코드 개수인 107행이 출력된다. 참고로 위의 실행 결과를 보면 "50개의 행이 인출됨"으로 표시되어 있다. 결과 창에서 스크롤 막대를 이동해 보면, "107개의 행이 인출됨"으로 변경된다. 검색 결과를 표시할 때 중간 결과를 표시하고 최종적으로 업데이트하지 않은 SQLDeveloper의 오류로 보인다.

(2) UPPER 함수

모든 문자를 대문자로 변경하여 반환하는 함수이다. 기본 문법은 다음과 같다.

문법 UPPER (칼럼명 | 표현식)

- 사용 예 : UPPER('Oracle Sql')
- 실행 결과 : ORACLE SQL

다음은 대소문자로 구성된 'Oracle Sql' 문자열을 모두 대문자로 출력하는 SQL 문이다.

```
SELECT UPPER('Oracle Sql')
FROM dual;
```

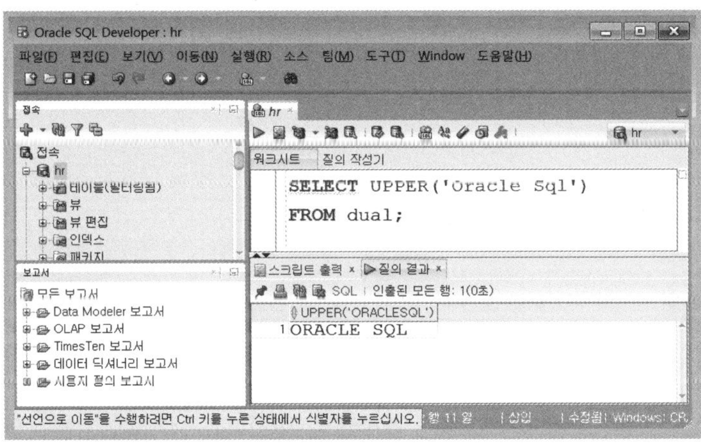

[그림 3.4] UPPER 함수

다음은 사원이름(last_name) 칼럼의 값을 모두 대문자로 변경하여 출력하는 SQL 문이다.

```
SELECT last_name, UPPER(last_name)
FROM employees;
```

함수를 적용하기 전의 첫 글자만 대문자로 저장되어 있는 last_name 값과 UPPER 함수를 적용한 후의 값을 비교하면 다음과 같다.

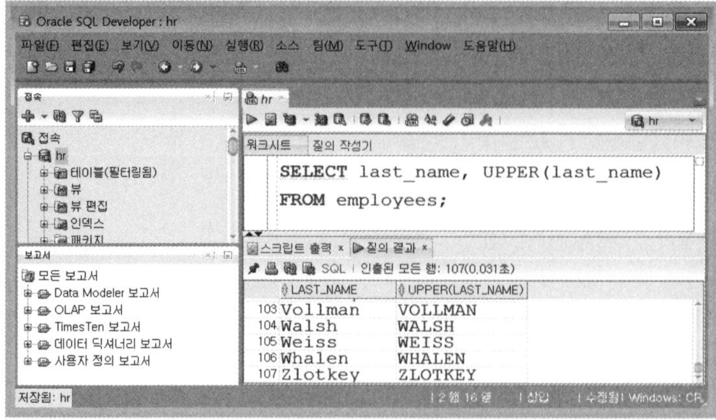

[그림 3.5] UPPER 함수

다음은 UPPER 함수를 사용하여 사원이름이 'King'인 사원을 검색하여 출력하는 SQL 문이다.

```
SELECT last_name, salary
FROM employees
WHERE UPPER(last_name) = 'KING';
```

테이블에 저장된 이름이 대문자로 저장되어 있는지 또는 소문자로 저장되어 있는지 또는 대소문자가 혼합되어 있는지 정확하지 않는 경우에 유용하게 사용될 수 있다. SQL 문은 대소문자를 구분하지 않지만, 리터럴(literal)은 대소문자를 구별하기 때문에 대소문자까지 정확하게 비교해야 원하는 결과를 검색할 수 있다. 따라서 last_name 칼럼의 값을 UPPER 함수를 사용하여 먼저 대문자로 변경한 뒤에 문자열 'KING'과 비교하면 대소문자와 관계없이 원하는 결과를 검색할 수 있다.

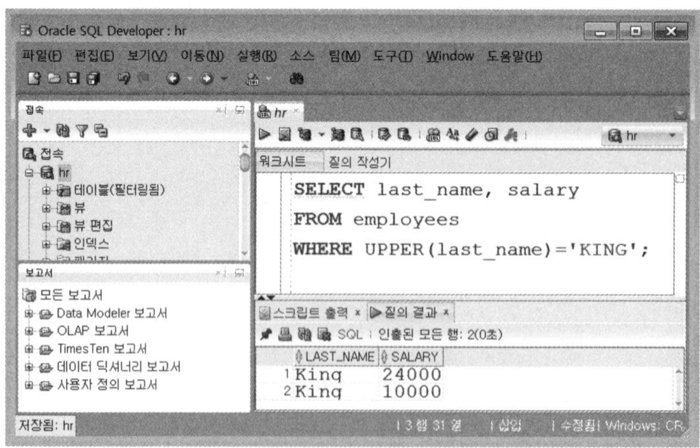

[그림 3.6] UPPER 함수 활용

(3) LOWER 함수

모든 문자를 소문자로 변경하여 반환하는 함수이다. 기본 문법은 다음과 같다.

문법 LOWER (칼럼명 | 표현식)

- 사용 예 : LOWER('Oracle Sql')
- 실행 결과 : oracle sql

다음은 대소문자로 구성된 문자열 'Oracle Sql'을 모두 소문자로 변환하여 출력하는 SQL 문이다.

```
SELECT LOWER('Oracle Sql')
FROM dual;
```

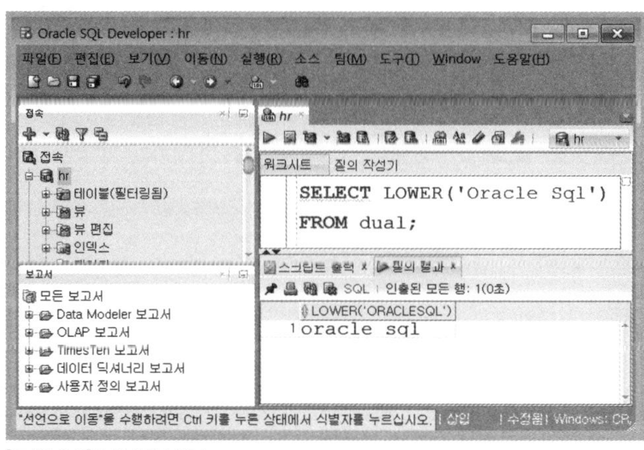

[그림 3.7] LOWER 함수

다음은 employees 테이블의 이름(last_name) 칼럼의 값을 모두 소문자로 변환하여 출력하는 SQL 문이다.

```
SELECT last_name, LOWER(last_name)
FROM employees;
```

함수를 적용하기 전의 첫 글자만 대문자로 저장되어 있는 이름(last_name) 칼럼의 값과 LOWER 함수를 적용한 후의 값을 비교하면 다음과 같다.

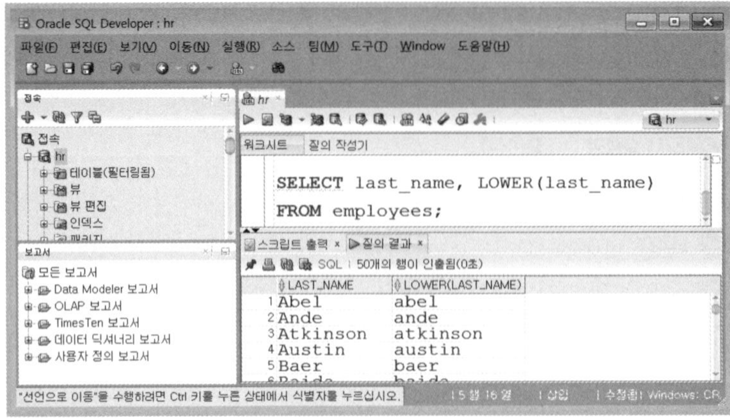

[그림 3.8] LOWER 함수

(4) CONCAT 함수

두 개의 문자열을 연결하여 하나의 문자열로 반환하는 함수이다. CONCAT 함수는 Concatenation 약자로서 연결 연산자(||)와 동일한 기능이다. 기본 문법은 다음과 같다.

문법 CONCAT(칼럼명1 | 표현식1, 칼럼명2 | 표현식2)

- 사용 예 : CONCAT('Oracle', 'Sql')
- 실행 결과 : OracleSql

다음은 문자열 'Oracle'과 문자열 'Sql'을 연결하여 하나의 문자열로 출력하는 SQL 문이다.

```
SELECT CONCAT('Oracle', 'Sql')
FROM dual;
```

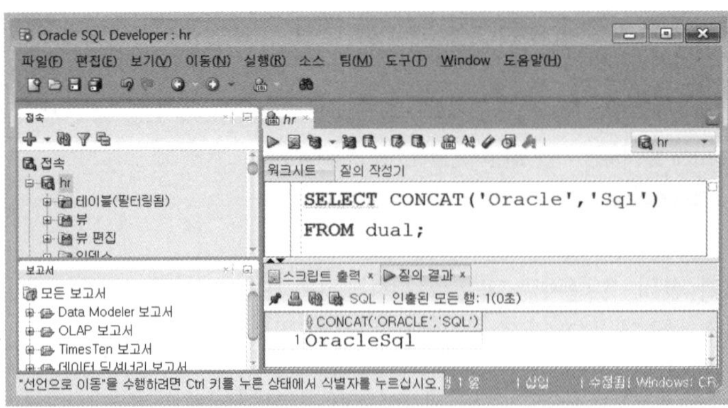

[그림 3.9] CONCAT 함수

다음은 employees 테이블의 이름과 월급, 두 개의 칼럼 데이터를 하나로 연결하여 출력하는 SQL 문이다.

```
SELECT CONCAT(last_name, salary)
FROM employees;
```

실행 결과는 last_name 칼럼의 값과 salary 칼럼의 값이 연결되어 하나의 데이터로 반환되어 출력된다.

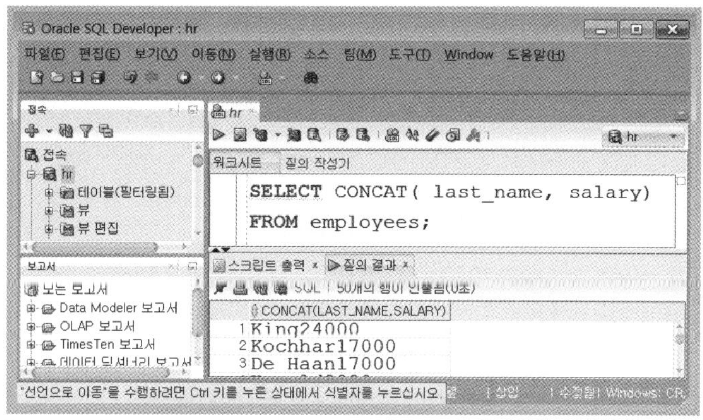

[그림 3.10] CONCAT 함수

(5) LENGTH 함수

문자열의 길이를 반환하는 함수로서 사용 방법은 다음과 같다.

문법 **LENGTH (칼럼명 | 표현식)**

- **사용 예** : LENGTH('Oracle')
- **실행 결과** : 6

다음은 문자열 'Oracle'의 길이를 출력하는 SQL 문이다.

```
SELECT LENGTH('Oracle')
FROM dual;
```

실행 결과는 문자열 'Oracle'의 길이 6을 반환한다.

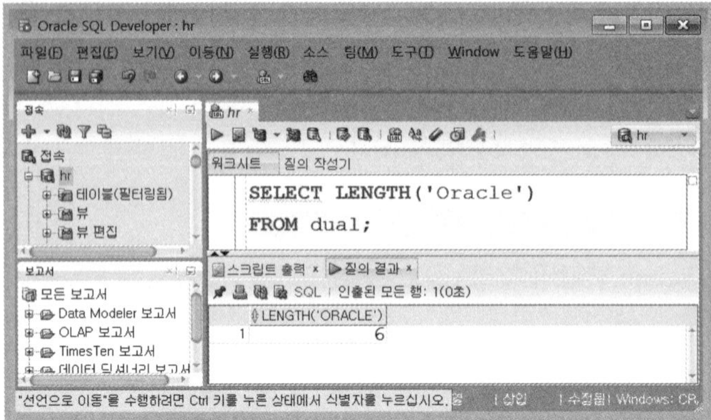
[그림 3.11] LENGTH 함수

다음은 employees 테이블의 사원이름(last_name)과 사원이름이 몇 글자인지를 알기 위한 SQL 문이다.

```
SELECT last_name, LENGTH(last_name)
FROM employees;
```

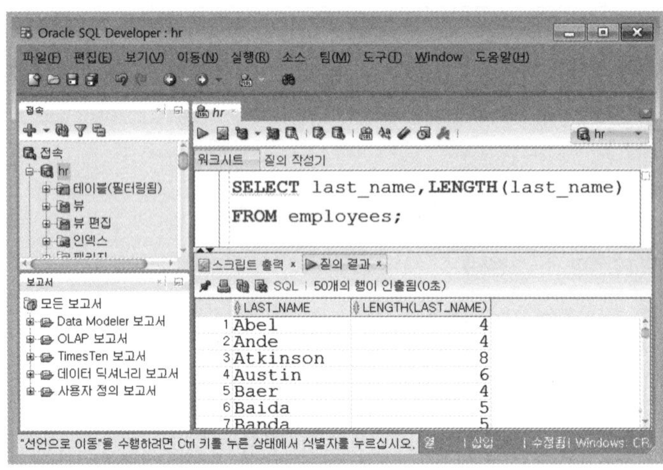
[그림 3.12] LENGTH 함수

(6) INSTR 함수

INSTR 함수는 문자열에서 특정 문자가 나타나는 위치를 반환한다. 찾고자 하는 문자가 여러 개 있는 경우에는 몇 번째로 나오는 문자를 검색할지를 옵션으로 설정할 수 있다. 만약 찾고자 하는 문자가 없는 경우에는 0 값을 반환한다. 기본적인 사용 방법은 다음과 같다.

문법 `INSTR(칼럼명 | 표현식, 검색값, [m, n])`

- 사용 예 : INSTR('MILLER', 'L', 1, 2)
- 실행 결과 : 4

INSTR 함수의 문법에서 m은 문자를 검색하기 위한 시작 위치값을 의미하고, n은 몇 번째로 나오는 문자를 검색할지를 결정한다. 따라서 사용 예는 문자열 'MILLER'에서 문자 'L'을 검색하는데, 세 번째 인자에 1을 지정하였기 때문에 문자열의 첫 번째 위치부터 문자 'L'을 찾겠다는 의미이다. 네 번째 인자로 2를 지정했기 때문에 두 개의 문자 'L' 중 두 번째로 검색된 문자의 위치값을 반환하게 된다. 정리하면 문자열 'MILLER'에서 첫 번째 자리부터 검색해서 두 번째로 나오는 문자 'L'의 위치를 반환하여 위치값 4를 얻을 수 있다.

1	2	3	4	5	6
M	I	L	L	E	R

m과 n 값은 옵션으로 생략할 수 있으며 생략하면 첫 번째 위치부터 시작해서 첫 번째로 검색되는 문자의 위치값을 반환하게 된다.

다음은 문자열 'MILLER'에서 문자 'L'과 'X'를 첫 번째 자리부터 검색해서 두 번째로 나오는 위치값을 출력하는 SQL 문이다.

```
SELECT INSTR('MILLER', 'L', 1, 2), INSTR('MILLER', 'X', 1, 2)
FROM dual;
```

문자 'L'의 위치값은 4가 반환되고 문자 'X'는 일치하는 문자가 없기 때문에 0이 반환된다.

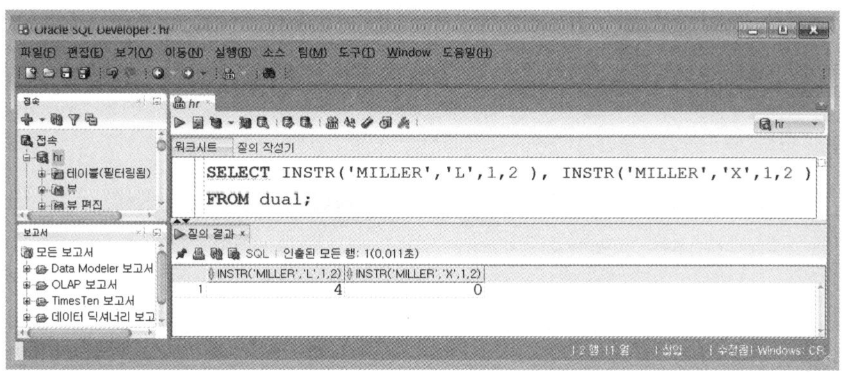

[그림 3.13] INSTR 함수

(7) SUBSTR 함수

SUBSTR 함수는 문자열에서 일부분의 문자열을 추출할 때 사용하는 함수이다. 기본적인 사용 방법은 다음과 같다.

문법 **SUBSTR(칼럼명 | 표현식, m [,n])**

- 사용 예 : SUBSTR('900303-1234567', 8, 1)
- 실행 결과 : 1

SUBSTR 함수의 문법에서 m은 문자열를 검색하기 위한 시작 위치값을 의미하고, n 값은 반환받을 문자열의 개수를 의미한다. 따라서 사용 예는 문자열 '900303-1234567'에서 여덟 번째 자리부터 시작해서 하나의 글자를 추출하는 SQL 문이다. n 값은 옵션으로 생략할 수 있는데, 생략하면 시작 위치값 이후의 모든 문자열이 반환된다. 또한 m이 음수일 경우에는 문자열의 뒤에서부터 시작하여 m번째 문자부터 n개의 문자열을 반환한다.

1	2	3	4	5	6	7	8	9	10	11	12	13	14
9	0	0	3	0	3	-	1	2	3	4	5	6	7

다음은 주민등록번호인 '900303-1234567'에서 성별을 의미하는 문자 '-'(하이픈) 바로 뒤의 값을 추출하는 SQL 문이다.

```
SELECT SUBSTR('900303-1234567', 8, 1)
FROM dual;
```

실행 결과는 남성을 의미하는 1의 값이 반환되어 출력된다.

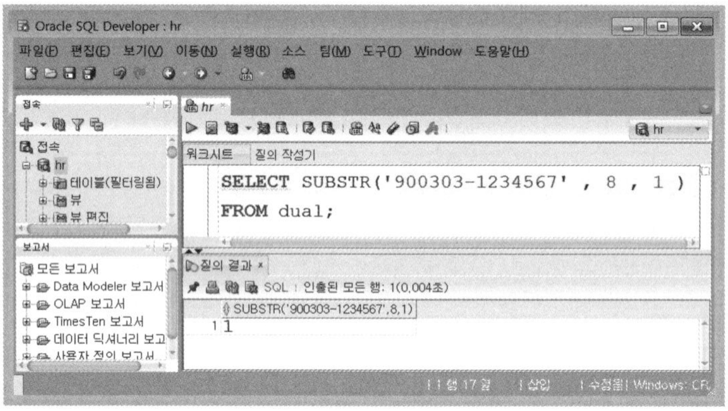

[그림 3.14] SUBSTR 함수

다음은 employees 테이블의 사원들이 몇 년도에 입사했는지를 알기 위해서 입사일(hire_date)에서 연도만을 추출하는 SQL 문이다.

```
SELECT hire_date 입사일, SUBSTR(hire_date, 1, 2) 입사연도
FROM employees;
```

입사연도는 hire_date 칼럼의 값에서 처음 두 글자이기 때문에 시작 위치는 1로 지정하고 글자 개수는 2로 지정한다.

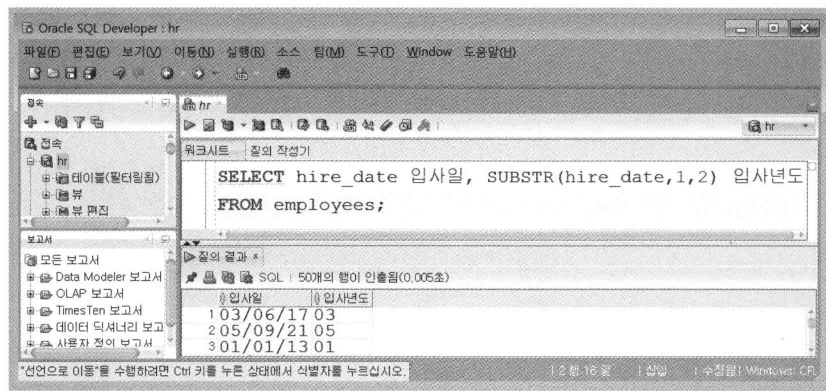

[그림 3.15] SUBSTR 함수

다음은 주민등록번호인 '900303-1234567'에서 '–'(하이픈) 바로 뒤의 모든 값을 추출하는 SQL 문이다.

```
SELECT SUBSTR('900303-1234567', 8)
FROM dual;
```

실행 결과는 시작 위치값만 지정하고 반환 받을 문자열의 개수를 지정하지 않았기 때문에 문자 '–'(하이픈) 뒤 8번째 위치의 문자부터 모든 문자열이 반환되어 문자열 '1234567'이 출력된다.

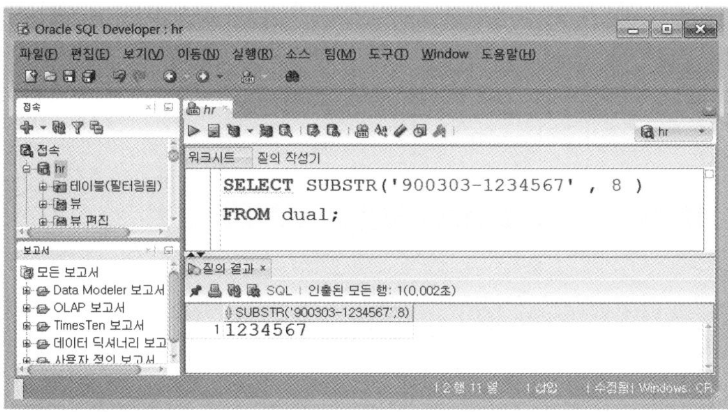

[그림 3.16] SUBSTR 함수

다음은 주민번호인 '900303-1234567'에서 시작 위치값을 음수인 –8로 지정하여 문자열을 추출하는 SQL 문이다.

```
SELECT SUBSTR('900303-1234567', -8)
FROM dual;
```

실행 결과는 시작 위치값이 음수인 -8로 지정되어 뒤에서 여덟 번째부터 시작된다. 즉 문자 '-'(하이픈)의 위치부터 시작되고 반환될 문자의 갯수를 지정하지 않았기 때문에 지정된 위치부터 문자열의 끝까지 반환되어 문자열 '-1234567'을 출력한다.

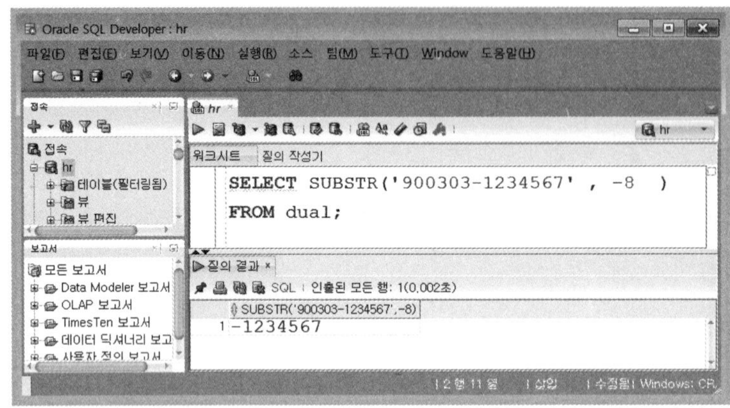

[그림 3.17] SUBSTR 함수 (음수값)

(8) REPLACE 함수

REPLACE 함수는 특정 문자열을 치환할 때 사용하는 함수이다. 기본적인 사용 방법은 다음과 같다.

```
문법 REPLACE(칼럼명 | 표현식, 's1', 's2')
```

- **사용 예** : REPLACE('JACK and JUE', 'J', 'BL')
- **실행 결과** : BLACK and BLUE

REPLACE 함수의 문법에서 s1은 이전 문자열을 의미하고 s2는 대체할 새로운 문자열을 의미한다. 따라서 사용 예는 문자열 'JACK and JUE'에서 문자열 'J'를 찾아서 문자열 'BL'로 치환하는 예로, SQL 문은 다음과 같다.

```
SELECT REPLACE('JACK and JUE', 'J', 'BL' )
FROM dual;
```

실행 결과는 문자열 'JACK and JUE'의 모든 문자 'J'를 문자열 'BL'로 치환하여 문자열 'BLACK and BLUE'로 변환되어 반환된 결과를 출력된다.

[그림 3.18] REPLACE 함수

(9) LPAD 함수

LPAD 함수는 주어진 문자열을 지정된 자릿수의 오른쪽으로 정렬한 뒤에 왼쪽의 공백을 지정한 문자로 채우는 함수이다. 기본적인 사용 방법은 다음과 같다.

문법 **LPAD(칼럼명 | 표현식, n, 'str')**

- **사용 예** : LPAD('MILLER', 10, '*')
- **실행 결과** : ****MILLER

LPAD 함수의 문법에서 n은 전체 자릿수를 의미하고, str은 삽입할 문자를 의미한다. 삽입할 문자가 없으면 공백으로 채워진다. 따라서 위의 사용 예는 문자열 'MILLER'를 10자리의 오른쪽에 표시하고 왼쪽에는 문자 '*'를 채워 넣는다. 주어진 문자열의 길이가 지정된 자릿수보다 길면 주어진 문자열의 왼쪽부터 지정된 길이의 문자열을 반환한다.

```
SELECT LPAD('MILLER', 10, '*')
FROM dual;
```

실행 결과는 문자열 'MILLER'를 전체 10자리로 표시하는데 왼쪽의 빈 자리에 문자 '*'을 채워 넣는다.

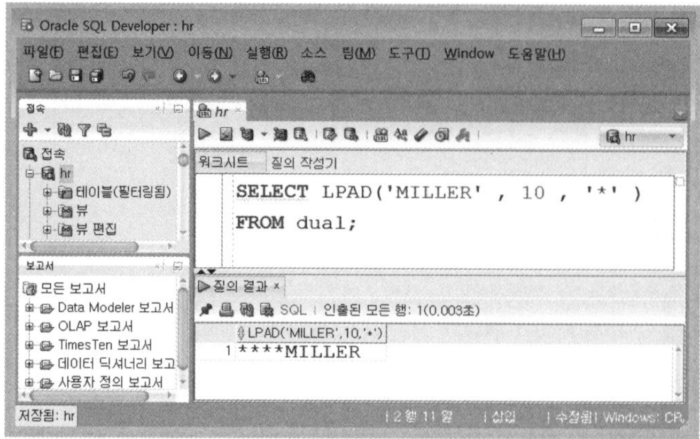

[그림 3.19] LPAD 함수

(10) RPAD 함수

LPAD 함수와는 반대로 주어진 문자열을 지정된 자릿수의 왼쪽으로 정렬한 뒤에 오른쪽의 공백을 지정한 문자로 채우는 함수이다. 기본적인 사용 방법은 다음과 같다.

문법 **RPAD(칼럼명 | 표현식, n, 'str')**

- **사용 예** : RPAD('MILLER', 10, '*')
- **실행 결과** : MILLER****

RPAD 함수의 문법에서 n은 전체 자릿수를 의미하고, str은 삽입할 문자를 의미한다. 만약 삽입할 문자가 없으면 공백으로 채워진다. 따라서 위의 사용 예는 문자열 'MILLER'를 10자리의 왼쪽에 표시하고 오른쪽에는 문자 '*'를 채워 넣는다. 주어진 문자열의 길이가 지정된 자릿수보다 길면 주어진 문자열의 왼쪽부터 지정된 길이의 문자열을 반환한다.

```
SELECT RPAD('MILLER', 10, '*' )
FROM dual;
```

실행 결과는 문자열 'MILLER'를 전체 10자리로 표시하는데 오른쪽의 빈자리를 문자 '*'로 채워 넣는다.

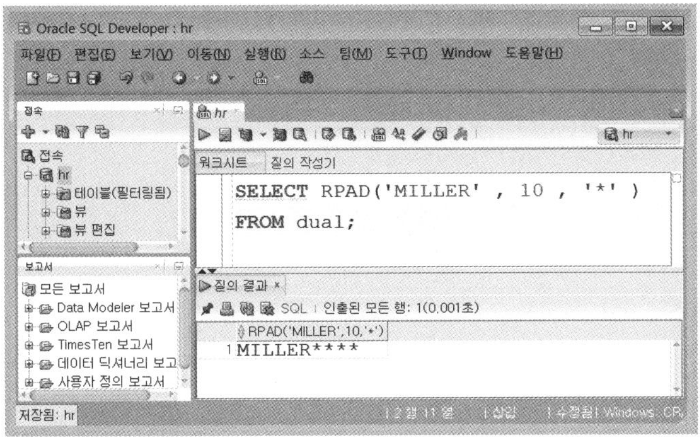
[그림 3.20] RPAD 함수

다음은 주민등록번호 '900303-1234567'를 보안상의 이유로 '900303-1******' 형식으로 출력하기 위해 사용할 수있는 SQL 문들이다. 세 가지 방법 모두 결과는 같다.

1. 전체 주민번호에서 필요한 값을 SUBSTR 함수로 추출하고 연결연산자(||)를 사용하여 문자 '*'를 결합해 출력하는 SQL 문이다.

```
SELECT SUBSTR('900303-1234567', 1, 8) || '******' 주민번호
FROM dual;
```

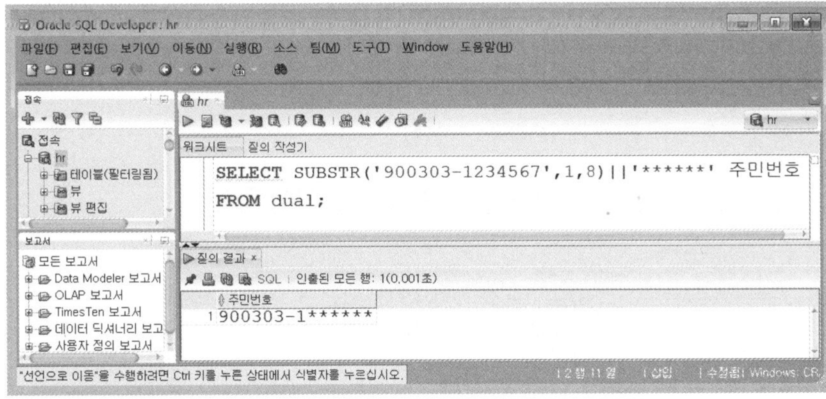
[그림 3.21] SUBSTR 함수 활용

2. 주민번호에서 필요한 값을 SUBSTR 함수로 추출하고, RPAD 함수를 사용하여 '*' 문자로 오른쪽에 채워 넣는다.

```
SELECT RPAD(SUBSTR('900303-1234567', 1, 8), 14, '*') 주민번호
FROM dual;
```

3 주민번호에서 필요한 값을 SUBSTR 함수로 추출하고 REPLACE 함수를 사용하여 '*' 문자로 치환한다.

```
SELECT REPLACE('900303-1234567',
              SUBSTR('900303-1234567', 9 ), '*****') 주민번호
FROM dual;
```

(11) LTRIM 함수

LTRIM 함수는 주어진 문자열의 앞 부분에서 문자를 삭제하기 위한 용도로 사용한다. 문자열의 첫 문자부터 시작해서 지정된 문자와 일치하지 않는 문자가 나올 때까지 계속적으로 해당 문자를 제거하는 함수이다. 지정 문자를 생략하면 공백 문자를 기본값으로 사용하기 때문에 문자열의 앞에 있는 공백 문자를 삭제한다. 기본적인 사용 방법은 다음과 같다.

문법 `LTRIM(칼럼명 | 표현식, 'str')`

- **사용 예** : LTRIM('MILLER', 'M')
- **실행 결과** : ILLER

LTRIM 함수의 문법에서 str은 주어진 문자열에서 삭제할 문자를 의미한다. LTRIM이기 때문에 왼쪽의 첫 문자부터 시작해서 일치하지 않는 문자가 나올 때까지 지정된 문자를 제거한다. str은 생략할 수 있으며 생략하면 공백 문자가 기본값으로 설정된다. 위의 사용 예는 문자열 'MILLER'에서 문자 'M'을 첫 번째 글자부터 찾아서 삭제하는 SQL 문이다.

```
SELECT LTRIM('MILLER', 'M')
FROM dual;
```

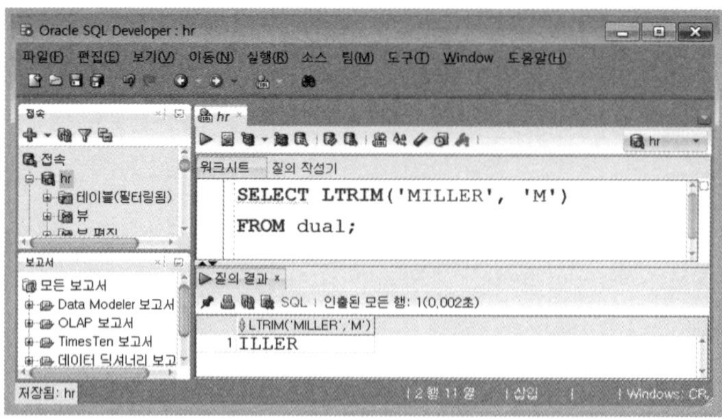

[그림 3.22] LTRIM 함수

실행 결과는 첫 번째 글자인 문자 'M'이 삭제되어 문자열 'ILLER'을 반환한다.

다음은 문자열의 앞뒤로 각각 5글자에 해당하는 공백을 가진 문자열에서 왼쪽 공백을 삭제하는 SQL 문이다.

```
SELECT LTRIM('     MILLER     '), LENGTH(LTRIM('     MILLER     '))
FROM dual;
```

실행 결과는 총 16글자(공백 문자 10자 + 문자열 'MILLER' 6자)에서 기본값인 공백을 왼쪽부터 제거한 후의 문자열 길이로 11이 된다.

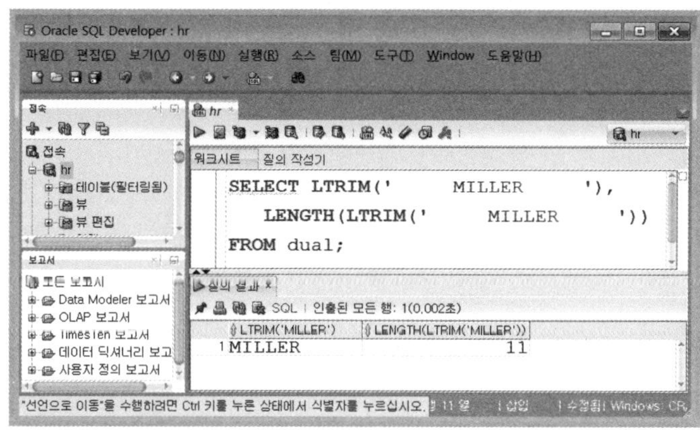

[그림 3.23] LTRIM 함수

(12) RTRIM 함수

RTRIM 함수는 문자열의 뒷 부분, 즉 문자열의 오른쪽에서 문자를 삭제하기 위한 용도로 사용한다. 문자열의 마지막 문자부터 시작해서 왼쪽 방향으로 지정된 문자와 일치하지 않는 문자가 나올 때까지 계속적으로 해당 문자를 제거하는 함수이다. 지정 문자를 생략하면 공백 문자가 기본값으로 사용되기 때문에 문자열의 뒤에 있는 공백 문자를 삭제한다. 기본적인 사용 방법은 다음과 같다.

문법 **RTRIM(칼럼명 | 표현식, 'str')**

- **사용 예** : RTRIM('MILLER', 'R')
- **실행 결과** : MILLE

RTRIM 함수의 문법에서 str은 문자열에서 삭제할 문자를 의미한다. RTRIM이기 때문에 마지막 문자부터 시작해서 일치하지 않는 문자가 나올 때까지 지정된 문자를 제거한다. str은 생략할 수 있으며 생략하면 공백 문자를 기본값으로 설정한다. 위의 사용 예는 문자열 'MILLER'의 마지막 부분에서 문자 'R'을 찾아서 삭제하는 SQL 문이다.

```
SELECT RTRIM('MILLER', 'R')
FROM dual;
```

실행 결과는 주어진 문자열의 마지막 글자인 'R'이 삭제되어 문자열 'MILLE'를 반환한다.

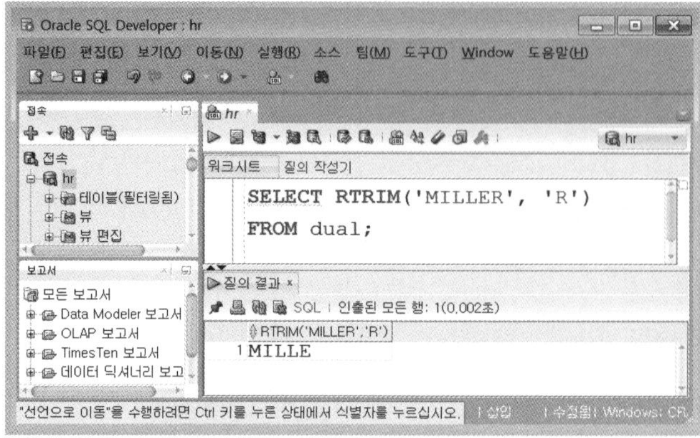

[그림 3.24] RTRIM 함수

다음은 문자열의 앞뒤로 각각 5글자에 해당하는 공백을 가진 문자열에서 오른쪽 공백을 삭제하는 SQL 문이다.

```
SELECT RTRIM('     MILLER     '), LENGTH(RTRIM('     MILLER     '))
FROM dual;
```

실행 결과는 총 16글자(공백 문자 10자 + 문자열 'MILLER' 6자)에서 기본값인 공백을 오른쪽에서 제거한 후의 문자열 길이로 11이 된다.

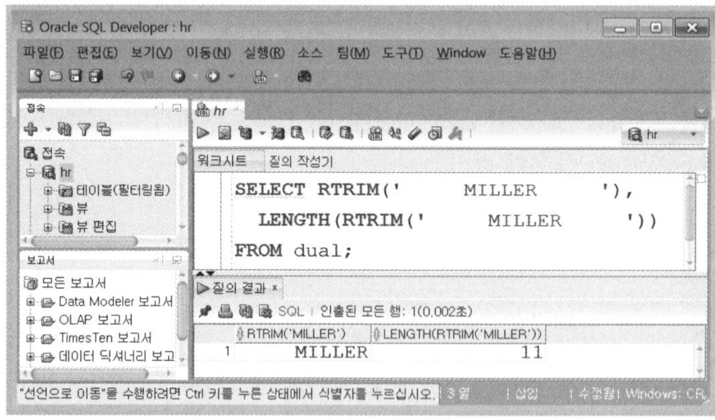

[그림 3.25] RTRIM 함수

(13) TRIM 함수

LTRIM 함수는 문자열의 왼쪽을 삭제하고, RTRIM 함수는 문자열의 오른쪽을 삭제한다. LTRIM 기능과 RTRIM 기능을 포함한 양쪽을 모두 삭제하려면 TRIM 함수를 사용한다.

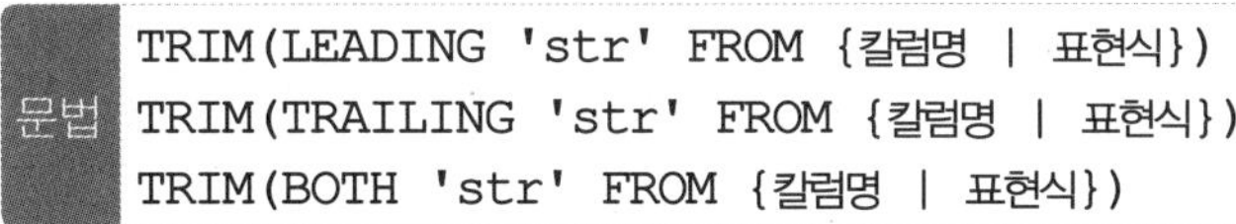

문법

```
TRIM(LEADING 'str' FROM {칼럼명 | 표현식})
TRIM(TRAILING 'str' FROM {칼럼명 | 표현식})
TRIM(BOTH 'str' FROM {칼럼명 | 표현식})
```

- **사용 예** : TRIM('0' FROM '0001234567000')
- **실행 결과** : 1234567

TRIM 함수의 문법에서 str은 삭제할 문자를 의미한다. 왼쪽을 삭제하기 위해서는 LEADING 키워드를 사용하고, 오른쪽을 삭제하기 위해서는 TRAILING 키워드를 사용한다. 양쪽을 모두 삭제하려면 BOTH 키워드를 사용하는데 키워드를 생략하는 경우 BOTH 키워드가 기본으로 동작한다. 또한, LTRIM 또는 RTRIM 함수와는 다르게 TRIM 함수에는 FROM 키워드를 사용해야 한다.

다음 문장은 문자열 '0001234567000'에서 양쪽에서 문자 '0'을 모두 삭제하는 문장이다.

```
SELECT TRIM('0' FROM '0001234567000')
FROM dual;
```

실행 결과는 명시적인 키워드를 생략했기 때문에 기본값인 BOTH로 동작되어 양쪽에서 모두 문자 '0'이 제거되어 출력된다.

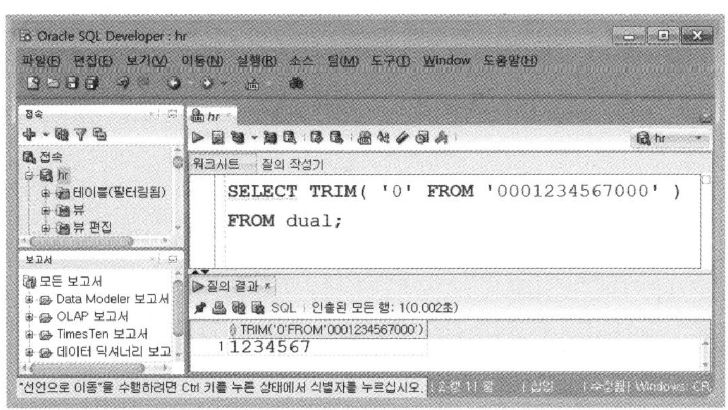

[그림 3.26] TRIM 함수 (BOTH)

다음 문장은 문자열 '0001234567000'에서 문자 '0'을 왼쪽에서만 삭제하는 문장이다.

```
SELECT TRIM(LEADING '0' FROM '0001234567000')
FROM dual;
```

실행 결과는 명시적으로 LEADING 키워드를 지정했기 때문에 왼쪽에서만 문자 '0'이 제거되어 출력된다.

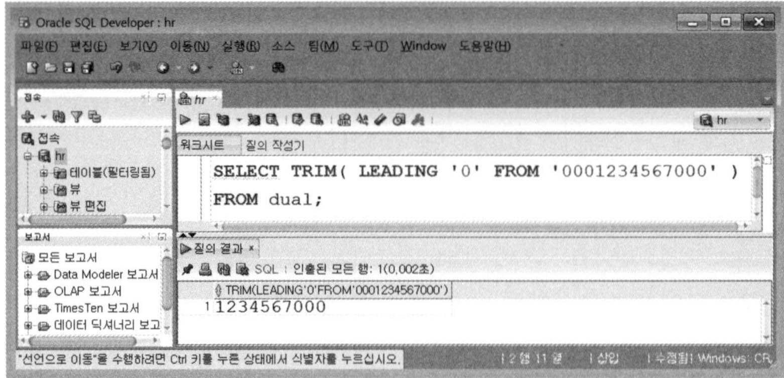

[그림 3.27] TRIM 함수(LEADING)

다음 문장은 문자열 '0001234567000'에서 문자 '0'을 오른쪽에서만 삭제하는 문장이다.

```
SELECT TRIM(TRAILING '0' FROM '0001234567000')
FROM dual;
```

실행 결과는 명시적으로 TRAILING 키워드를 지정했기 때문에 오른쪽에서만 문자 '0'이 제거되어 출력된다.

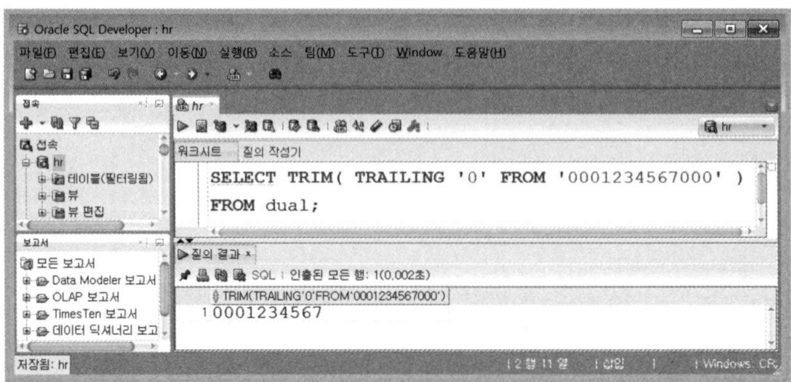

[그림 3.28] TRIM 함수(TRAILING)

1.2 숫자 처리 함수

숫자 처리 함수는 숫자와 관련된 특별한 조작을 위한 함수이며, 단일 함수이기 때문에 테이블의 행 단위로 데이터를 처리한다.

다음은 대표적인 숫자 처리 함수들이다.

[표 3.2] 숫자 관련 함수

함수	설명
ROUND	지정한 자리수 이하에서 반올림하여 반환한다.
TRUNC	지정한 자리수 이하에서 절삭한 결과를 반환한다.
MOD	나누기 연산을 한 후에 나머지 값을 반환한다.
CEIL	주어진 숫자값보다 크거나 같은 최소 정수값을 반환한다.
FLOOR	주어진 숫자값보다 작거나 같은 최대 정수값을 반환한다.
SIGN	주어진 값이 양수인지 음수인지 0인지 식별할 수 있는 값을 반환한다.

(1) ROUND 함수

지정한 자리수 이하에서 반올림한 결과를 반환하는 함수이다. 기본 문법은 다음과 같다.

문법 ROUND(칼럼명 | 표현식, [n])

- **사용 예** : ROUND(456.789, 2)
- **실행 결과** : 456.79

ROUND 함수의 문법에서 n은 반올림하여 출력하기 위한 자리수를 의미한다. 만약 n이 양수이면 소수 자리를 반올림하고 음수이면 정수 자리를 반올림한다. 생략하면 기본값은 0이기 때문에 소수점에서 반올림이 된다.

다음은 소수점 아래 세 번째 자리에서 반올림하여 소수점 아래 두 번째 자리까지 출력하는 SQL 문이다.

```
SELECT ROUND(456.789, 2)
FROM dual;
```

양수 2로 지정하여 소수점 아래 세 번째 자리에서 반올림하여 소수점 아래 두 번째 자리까지 출력된다.

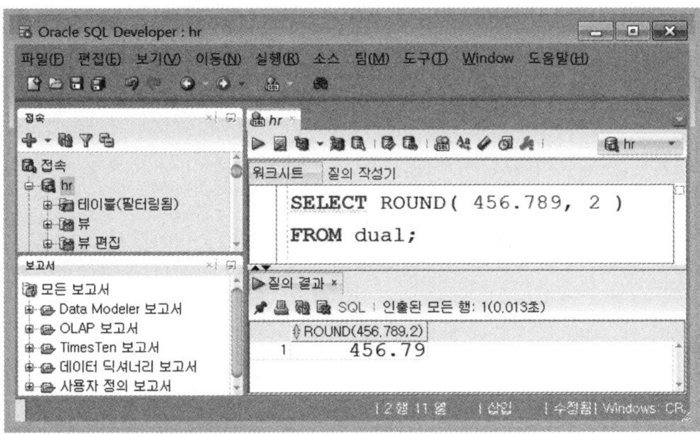

[그림 3.29] ROUND 함수(양수)

다음은 음수값을 지정하여 반올림된 결과를 정수 첫 째 자리까지 출력하는 SQL 문이다.

```
SELECT ROUND(456.789, -1)
FROM dual;
```

음수 -1로 지정하면 정수부 일의 자리에서 반올림하여 정수부분만 출력한다.

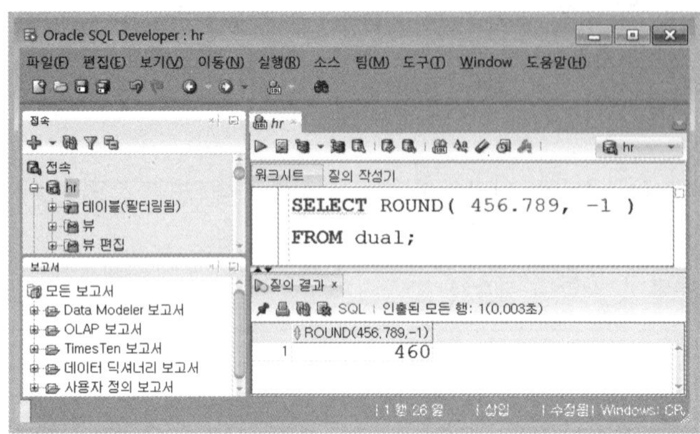

[그림 3.30] ROUND 함수(음수값)

다음은 반올림 자리수를 지정하지 않아서 소수점을 반올림하여 출력하는 SQL 문이다. 두 번째 인자 값을 설정하지 않으면 기본값으로 0이 적용되어 소수점 아래 첫 번째 자리에서 반올림되어 정수로 출력된다.

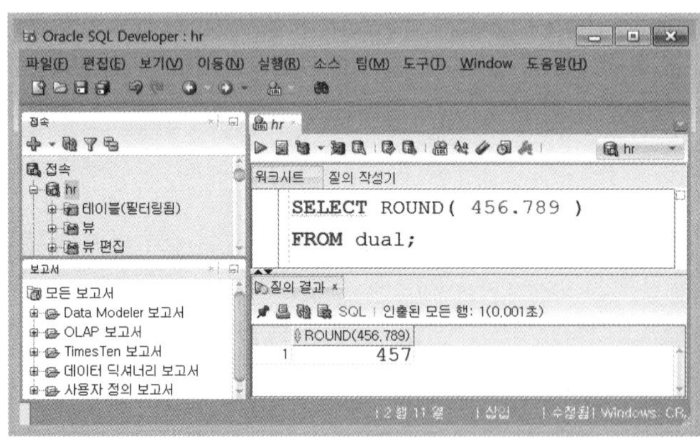

[그림 3.31] ROUND 함수

(2) TRUNC 함수

지정한 자리수 이하에서 절삭한 결과를 반환하는 함수이다. 기본 문법은 다음과 같다.

문법 TRUNC(칼럼명 | 표현식, [n])

- **사용 예** : TRUNC(456.789, 2)
- **실행 결과** : 456.78

TRUNC 함수의 문법에서 n은 절삭을 위한 자리수를 의미한다. 만약 n이 양수이면 소수 자리를 절삭하고 음수이면 정수 자리를 절삭한다. 생략하면 기본값은 0이기 때문에 소수점에서 절삭이 된다.

다음은 소수점 아래 세 번째 자리부터 절삭하여 소수점 두 번째 자리까지 출력하는 SQL 문이다.

```
SELECT TRUNC(456.789, 2)
FROM dual;
```

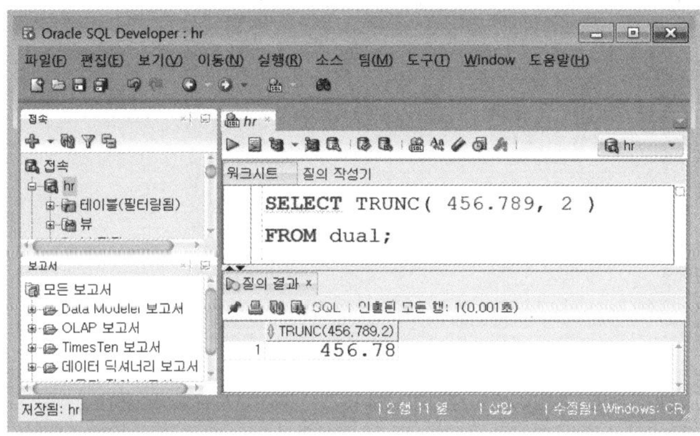

[그림 3.32] TRUNC 함수(양수 사용)

다음은 음수값을 지정하여 정수 첫 째 자리까지 절삭하여 출력하는 SQL 문이다.

```
SELECT TRUNC(456.789, -1)
FROM dual;
```

음수 -1로 지정하여 소수점의 왼쪽 첫째 자리 즉, 일의 자리까지 절삭하여 출력된다. 따라서 음수값을 지정하면 소수점 데이터를 정수 데이터로 절삭하여 출력할 수 있다.

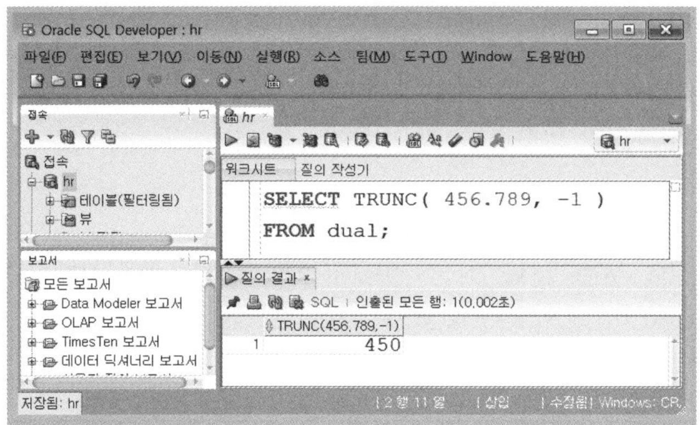

[그림 3.33] TRUNC 함수(음수 사용)

다음은 절삭 자리수를 지정하지 않아서 소수점을 절삭하여 출력하는 SQL 문이다.

```
SELECT TRUNC(456.789)
FROM dual;
```

두 번째 인자 값을 설정하지 않은 경우에는 0이 기본 값으로 소수점 이하를 절삭하여 정수로 출력된다.

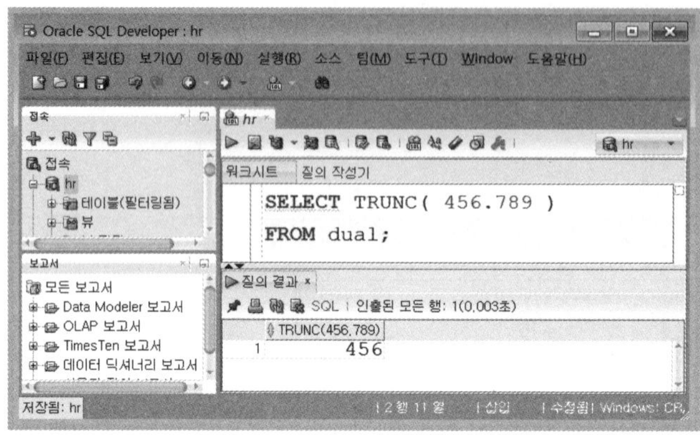

[그림 3.34] TRUNC 함수

(3) MOD 함수

나누기 연산을 한 후에 몫이 아닌 나머지를 반환하는 함수이다. 기본 문법은 다음과 같다.

문법 MOD (칼럼명 | 표현식, n)

- 사용 예 : MOD(10, 3)
- 실행 결과 : 1

MOD 함수의 문법에서 n은 나눌 값을 의미한다. 위의 사용 예는 10을 3으로 나누어 나머지를 반환하는 SQL 문이다. n이 0이면 값 자체를 반환한다.

다음은 정수값 10을 3으로 나눈 나머지와 0으로 나눈 나머지를 출력하는 SQL 문이다.

```
SELECT MOD(10, 3), MOD(10, 0)
FROM dual;
```

실행 결과는 정수 10을 3으로 나눈 나머지 결과값 1과 0으로 나눈 나머지 값을 출력한 결과이다. 0으로 나누면 MOD 함수의 첫 번째 인자값을 그대로 출력한다.

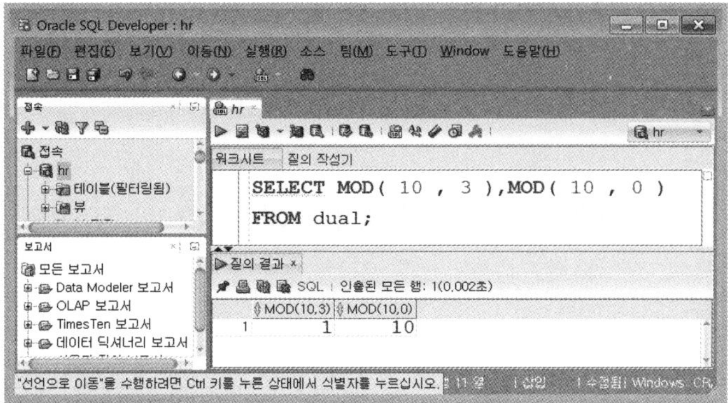

[그림 3.35] MOD 함수

다음은 employees 테이블에서 사원번호(employee_id)가 홀수인 사원만 출력하는 SQL 문이다.

```
SELECT employee_id, last_name, salary
FROM employees
WHERE MOD(employee_id, 2) = 1;
```

WHERE 절의 조건식에 MOD 함수를 사용하여 employee_id 칼럼의 값을 2로 나눈 나머지가 1인 홀수값만 출력한다.

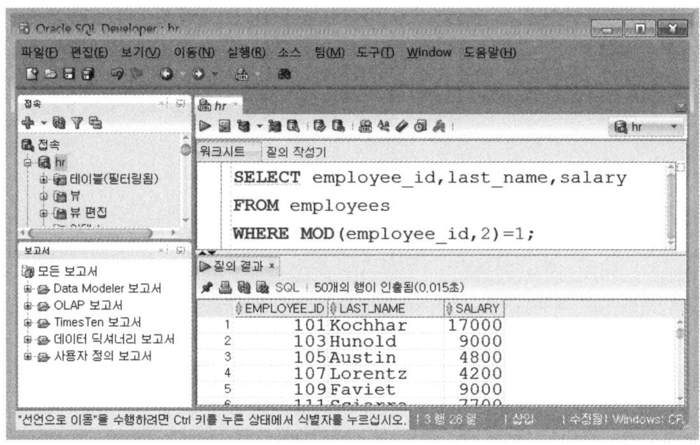

[그림 3.36] MOD 함수 활용

(4) CEIL 함수

소수점을 가진 실수값을 정수값으로 반환하는 함수로서, 주어진 숫자보다 크거나 같은 최소 정수값을 반환한다. 기본 문법은 다음과 같으며 음수값 설정도 가능하다.

문법 **CEIL(칼럼명 | 표현식)**

- **사용 예** : CEIL(10.6)
- **실행 결과** : 11

위의 사용 예는 지정된 실수값 10.6보다 크거나 같은 최소 정수값을 반환한다.

다음은 양수 10.6과 음수 –10.6을 CEIL 함수를 사용하여 결과를 출력하는 SQL 문이다.

```
SELECT CEIL(10.6), CEIL(-10.6)
FROM dual;
```

실행 결과는 10.6보다 크거나 같은 최소 정수값 11과 –10.6보다 크거나 같은 최소 정수값 –10이 반환된다.

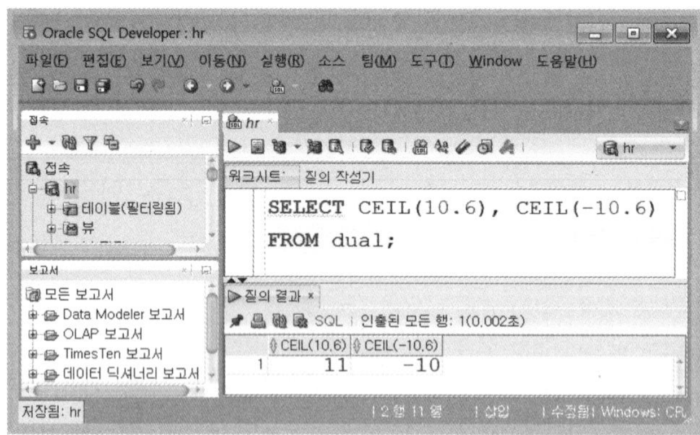

[그림 3.37] CEIL 함수

(5) FLOOR 함수

소수점을 가진 실수값을 정수값으로 반환하는 함수로서, 주어진 숫자보다 작거나 같은 최대 정수값을 반환한다. 기본 문법은 다음과 같으며 음수값 설정도 가능하다.

문법 **FLOOR(칼럼명 | 표현식)**

- **사용 예** : FLOOR(10.6)
- **실행 결과** : 10

위의 사용 예는 지정된 실수값 10.6보다 작거나 같은 최대 정수값을 반환한다.

다음은 양수 10.6과 음수 –10.6을 FLOOR 함수를 사용하여 결과를 출력하는 SQL 문이다.

```
SELECT FLOOR(10.6), FLOOR(-10.6)
FROM dual;
```

실행 결과는 10.6보다 작거나 같은 최대 정수값 10과 -10.6보다 작거나 같은 최대 정수값 -11이 반환된다.

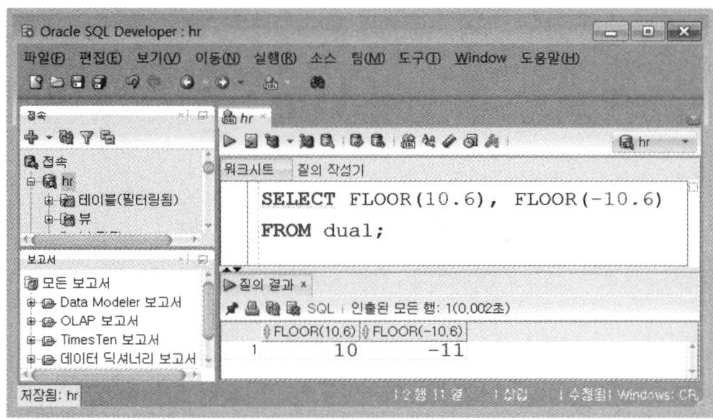

[그림 3.38] FLOOR 함수

(6) SIGN 함수

SIGN 함수는 지정된 값이 양수인지 음수인지 또는 0인지 판단하는 함수이다. 기본 사용 방법은 다음과 같다.

문법 SIGN(칼럼명 | 표현식)

- **사용 예** : SIGN(100), SIGN(-20), SIGN(0)
- **실행 결과** : 1, -1, 0

지정된 값이 양수이면 1을 반환하고 음수이면 -1을 반환한다. 지정된 값이 0이면 0을 반환한다.

다음은 100과 -20 그리고 0이 양수인지 음수인지 또는 0인지를 SIGN 함수를 사용하여 결과를 출력하는 SQL 문이다.

```
SELECT SIGN(100), SIGN(-20), SIGN(0)
FROM dual;
```

실행 결과는 양수인 100은 1을 반환하고, 음수인 -20은 -1을 반환한다. 값이 0인 경우에는 0을 반환한다.

[그림 3.39] SIGN 함수

SIGN 함수를 사용하여 employees 테이블에서 월급(salary)이 15,000보다 큰 사원만 출력하는 SQL 문을 부등호(>) 연산자를 사용하지 않고 다음과 같이 작성할 수 있다.

```
SELECT employee_id, last_name, salary
FROM employees
WHERE SIGN(salary - 15000) = 1;
```

월급(salary)에서 15,000을 뺄셈 한 결과가 양수이면 15,000보다 큰 값이기 때문에 WHERE 절의 조건식에 SIGN 함수를 적용할 수 있다. 실행 결과는 다음과 같이 3명의 사원이 출력된다.

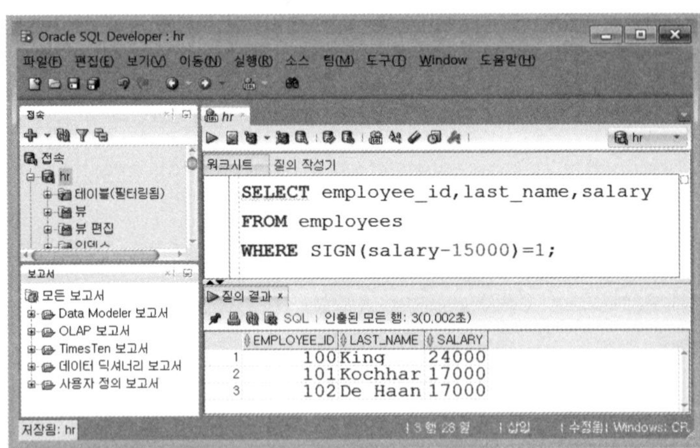

[그림 3.40] SIGN 함수 활용

1.3 날짜 함수

날짜 함수는 날짜 데이터 타입에 사용하기 위한 함수이며 단일 함수이다.

다음은 대표적인 날짜 함수들이다.

[표 3.3] 날짜 관련 함수

함수	설명	반환값
SYSDATE	데이터베이스 서버에 설정된 날짜를 반환한다.	날짜
MONTH_BETWEEN	두 날짜 사이의 개월수를 계산하여 반환한다.	숫자(개월 수)
ADD_MONTHS	특정 개월 수를 더한 날짜를 계산하여 반환한다. 만약 음수값을 지정하면 뺀 날짜를 반환한다.	날짜
NEXT_DAY	명시된 날짜로부터 다음 요일에 대한 날짜를 반환한다.	날짜
LAST_DAY	지정된 월의 마지막 날짜를 반환한다. 윤년 및 평년 모두 자동으로 계산된다.	날짜
ROUND	날짜를 가장 가까운 연도 또는 월로 반올림하여 반환한다.	날짜
TRUNC	날짜를 가장 가까운 연도 또는 월로 절삭하여 반환한다.	날짜

오라클은 세기, 년, 월, 일, 시, 분, 초를 내부적으로 7Byte 형식의 숫자로 관리한다. 따라서 기본적으로 날짜 데이터의 산술연산이 가능하다. 즉, 현재 날짜에 1을 더하면 내일 날짜를 반환하고, 1을 빼면 어제 날짜를 반환한다.

날짜 데이터를 표현하기 위한 기본적인 형식도 중요한데, 오라클은 기본적으로 RR/MM/DD 형식으로 날짜 데이터를 관리한다.

오라클에 설정된 여러 가지 파라미터 설정값을 알아보기 위해서 다음 SQL 문을 사용한다.

```
SELECT *
FROM NLS_SESSION_PARAMETERS;
```

실행 결과에서 날짜 데이터의 표현 형식인 NLS_DATE_FORMAT 파라미터의 값이 RR/MM/DD 형식으로 되어있음을 확인 할 수 있다.

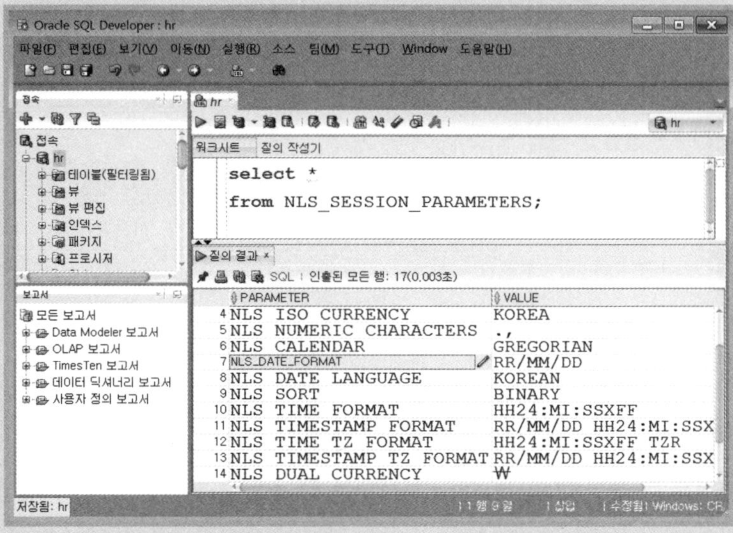

[그림 3.41] NLS_DATE_FORMAT 파라미터

오라클에서 연도를 표기하는 방법은 **RR 형식**과 **YY 형식** 두 가지가 있다. 이해하기 쉽게 설명하기 위해 간단한 예를 들어보자. 만약 EMPLOYESS 테이블에서 입사연도가 1995년인 사원을 찾기 위해서 두 자리 년도 값으로 '95'를 입력했다면, 오라클은 연도를 2095년으로 인식하여 처리한다. 이것은 오라클 데이터베이스 서버에서 현재 날짜를 표현하기위해 사용하는 세기(century)가 21세기, 즉 2000년이기 때문이다. 이렇게 입력 날짜를 오라클 데이터베이스 서버에서 현재 날짜를 표현하는 세기와 동일하게 처리하는 것이 YY 타입이다.

따라서 YY 타입은 다음과 같은 결과가 출력된다.

[표 3.4] YY 형식 년도 표기

현재 연도	명시된 날짜	YY 형식 반환 연도
1995	95/10/27(95년 10월 27일)	1995
1995	17/10/27(17년 10월 27일)	1917
2001	95/10/27(95년 10월 27일)	2095
2001	17/10/27(17년 10월 27일)	2017

위의 결과처럼 YY 형식으로 지정된 날짜는 항상 현재 연도와 동일하게 처리한다. 하지만 RR 타입은 오라클이 자동으로 반환 연도를 결정하며 계산 공식은 다음과 같다.

[표 3.5] RR 형식 계산 공식

현재 연도(뒤 두자리)	명시된 연도(뒤 두자리)	RR 형식 반환 연도
00~49	00~49	현재 세기
00~49	50~99	이전 세기
50~99	00~49	다음 세기
50~99	50~99	현재 세기

현재 연도가 2018년이기 때문에 위의 표에서 00~49 사이에 있다. 만약 '95'를 입력하면 위의 표에서 명시된 연도의 50~99에 해당된다. 따라서 계산 공식에 의해서 RR 형식 반환값은 이전 세기가 반환된다. 즉 1900년대로 계산하여 오라클은 95을 1995년으로 인식하게 된다.

RR 형식과 YY 형식을 종합하여 나타낸 표는 다음과 같다.

[표 3.6] YY 형식 년도 표기

현재 연도(뒤 두자리)	명시된 날짜	YY 형식 반환 연도	RR 형식 반환 연도
1995	95/10/27	1995	1995
1995	17/10/27	1917	2017
2001	95/10/27	2095	1995
2001	17/10/27	2017	2017
2048	52/10/27	2052	1952

지금부터 날짜 관련 함수에 관하여 살펴보도록 한다.

(1) SYSDATE 함수

오라클 데이터베이스가 설치된 시스템의 현재 날짜를 반환하는 함수이다. 기본 문법은 다음과 같다.

문법 SYSDATE

- **사용 예** : SELECT SYSDATE FROM dual
- **실행 결과** : 18/03/23 *(시스템의 현재 날짜)*

다음은 시스템에서 현재 날짜를 조회해서 출력하는 SQL 문이다.

```
SELECT SYSDATE
FROM dual;
```

오라클의 기본적인 날짜 형식은 RR/MM/DD이기 때문에 실행 결과는 SQL 문을 실행할 때의 시스템 날짜를 출력한다.

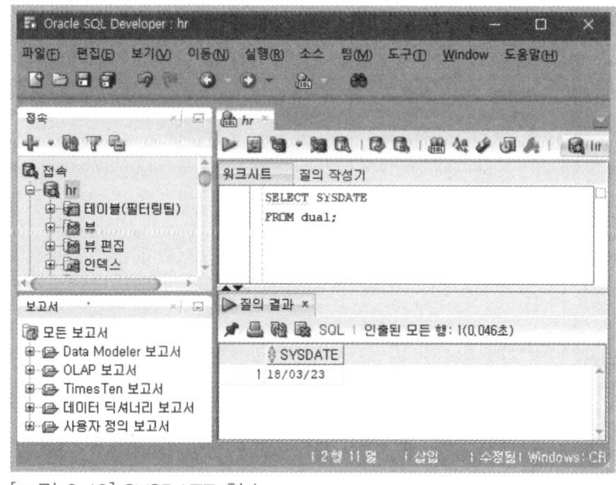

[그림 3.42] SYSDATE 함수

정보

오라클은 날짜 데이터를 숫자로 관리하기 때문에 덧셈 또는 뺄셈 연산이 가능하다. 날짜 데이터에 숫자를 더하면 지정된 날짜로부터 숫자 값만큼의 이후 날짜를 계산하여 반환한다. 날짜 데이터에 숫자를 빼면 지정된 날짜로부터 숫자 값만큼의 이전 날짜를 계산하여 반환한다.

기본적인 날짜 연산 결과는 다음과 같다.

[표 3.7] 날짜 연산

연산	결과	설명
날짜 + 숫자	날짜	날짜에 일수를 더하여 반환한다.
날짜 - 숫자	날짜	날짜에 일수를 빼고 반환한다.
날짜 - 날짜	숫자(일수)	두 날짜의 차이(일수)를 반환한다.
날짜 + 숫자 / 24	날짜	날짜에 시간을 더한다.

다음은 시스템의 현재 날짜와 내일 날짜 그리고 어제 날짜를 조회해서 출력하는 SQL 문이다.

```
SELECT SYSDATE 오늘, SYSDATE + 1 내일, SYSDATE - 1 어제
FROM dual;
```

실행 결과와 같이 내일 날짜와 어제 날짜 정보는 현재 날짜 정보인 SYSDATE 함수에 1을 더하거나 빼면 구할 수 있다.

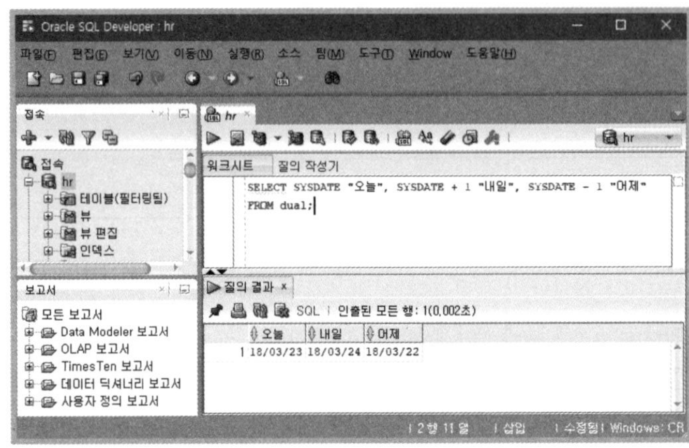

[그림 3.43] SYSDATE 함수 활용

다음은 employees 테이블에서 사원들의 근무일수가 몇 년인지를 출력하는 SQL 문이다.

```
SELECT last_name, hire_date,
       TRUNC((SYSDATE - hire_date) / 365) "년"
FROM employees
ORDER BY 3 desc;
```

사원들의 근무일수는 현재 날짜에서 입사 날짜를 빼고 365일로 나누면 근무연수가 출력된다. 소수점 이하의 숫자는 1년이 되지 못한 날짜를 의미하기 때문에 TRUNC 함수를 이용하여 절삭한다.

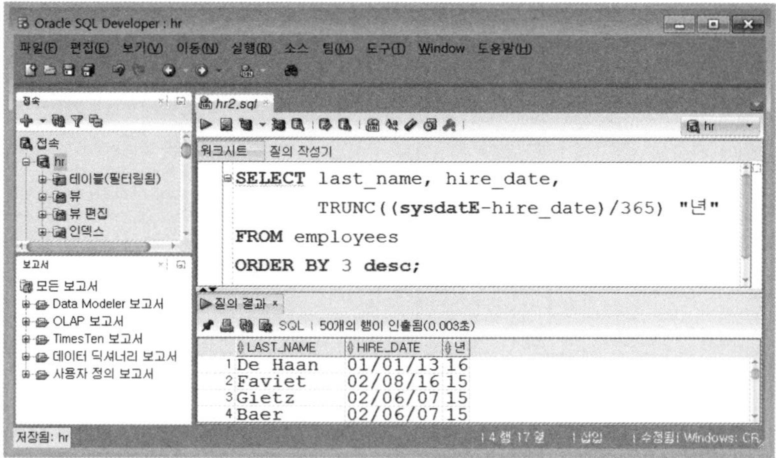

[그림 3.44] 사원들의 근무일수 구하기

(2) MONTHS_BETWEEN 함수

MONTHS_BETWEEN 함수는 날짜와 날짜 사이의 개월 수를 반환하는 함수이다. 기본 문법은 다음과 같다.

문법 `MONTHS_BETWEEN(date1, date2)`

- **사용 예** : MONTHS_BETWEEN(sysdate, hire_date)
- **실행 결과** : 232.0453

위의 실행 결과에서 232는 월을 나타내고 .0453는 월의 일부분을 나타낸다.

다음은 employees 테이블에서 사원들이 근무한 개월 수를 출력하는 SQL 문이다.

```
SELECT last_name, hire_date,
       MONTHS_BETWEEN(SYSDATE, hire_date) "근무 월수"
FROM employees
ORDER BY 3 desc;
```

실행 결과는 소수점을 포함하여 출력되는데 소수점 이하 자리는 한 달이 되지 못한 일수를 의미한다.

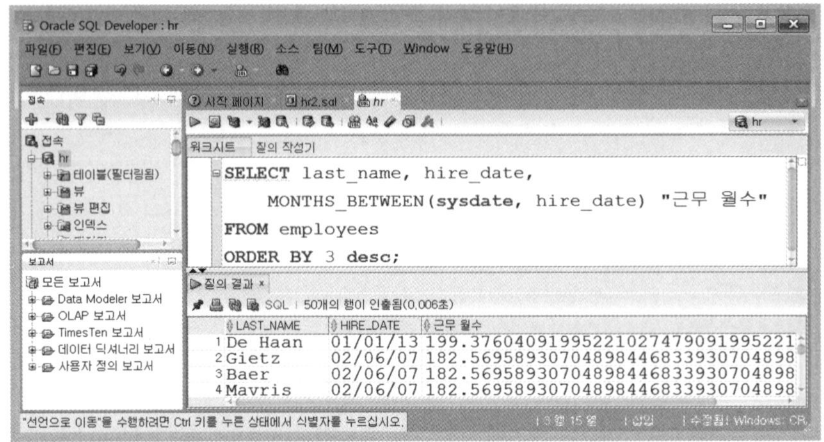

[그림 3.45] MONTH_BETWEEN 함수

소수점 이하를 포함하지 않은 개월수만 출력하기 위해서 다음과 같이 TRUNC 함수를 사용할 수 있다.

```
SELECT last_name, hire_date,
       TRUNC(MONTHS_BETWEEN(SYSDATE, hire_date)) "근무 월수"
FROM employees
ORDER BY 3 desc;
```

(3) ADD_MONTHS 함수

ADD_MONTHS 함수는 지정된 날짜에 특정 개월 수를 더하거나 뺀 날짜를 반환하는 함수이다. 기본 문법은 다음과 같다.

```
문법 ADD_MONTHS(date1, n)
```

- **사용 예** : ADD_MONTHS(hire_date, 5), ADD_MONTHS(hire_date, -5)
- **실행 결과** : 17/09/24, 17/07/24

ADD_MONTHS 함수의 문법에서 date1은 지정된 날짜를 의미하고, n은 더하거나 뺄 개월 수를 의미한다. n 값이 양수값이면 개월 수를 더하고 음수값이면 개월 수를 뺀 날짜값을 반환한다.

다음은 현재 날짜와 다음 달의 날짜 그리고 이전 달의 날짜를 출력하는 SQL 문이다.

```
SELECT SYSDATE 현재, ADD_MONTHS(SYSDATE, 1) 다음달,
       ADD_MONTHS(SYSDATE, -1) 이전달
FROM dual;
```

다음 달의 날짜를 구하기 위해서 ADD_MONTHS 함수에 양수값으로 1을 사용하고, 이전 달의 날짜를 구하기 위해서 음수값으로 -1을 사용한다.

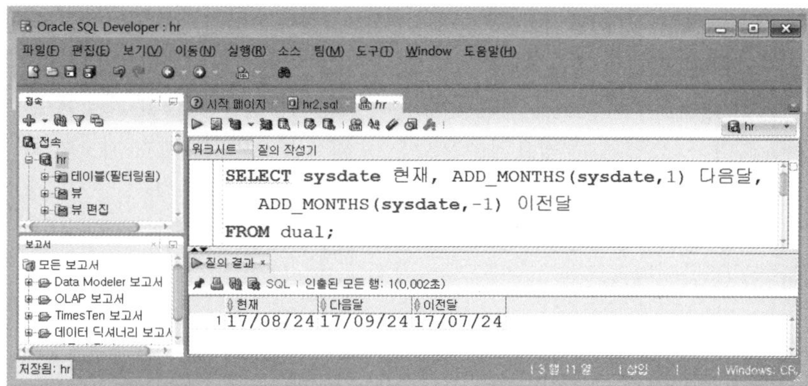

[그림 3.46] ADD_MONTHS 함수

다음은 사원들의 입사 날짜에서 5개월이 지난 후의 날짜를 출력하는 SQL 문이다.

```
SELECT last_name, hire_date, ADD_MONTHS(hire_date, 5)
FROM employees
ORDER BY 3 desc;
```

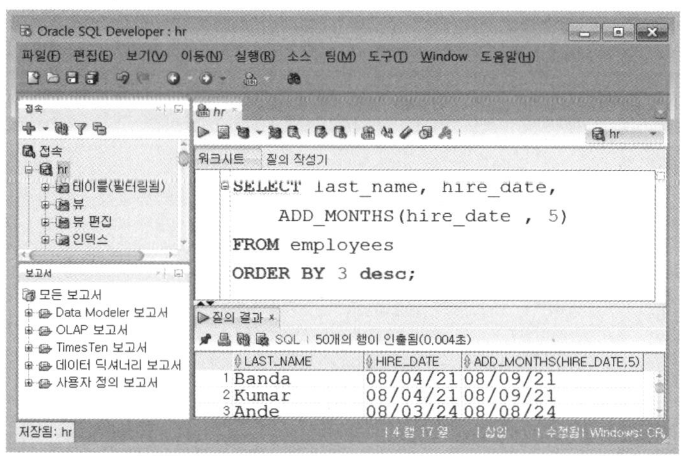

[그림 3.47] ADD_MONTHS 함수 활용

(4) NEXT_DAY 함수

NEXT_DAY 함수는 지정된 날짜를 기준으로 돌아오는 가장 가까운 지정된 요일에 해당하는 날짜를 반환하는 함수이다. 기본 문법은 다음과 같다.

```
문법 NEXT_DAY(date1, 'string' | n)
```

- 사용 예 : NEXT_DAY(hire_date, '금')
- 실행 결과 : 17/04/24

NEXT_DAY 함수의 문법에서 date1은 지정된 날짜를 의미하고, 'string'은 돌아오는 요일을 의미한다. 한글인 경우에는 '일', '월', '화' 또는 '일요일', '월요일', '화요일' 등으로 기술한다. 'string1'이 아닌 n을 사용하면 문자열로 기술하는 요일값 대신에 숫자값으로 표현 가능하다. 일요일은 1, 월요일은 2 등으로 해서 토요일의 7까지 기술할 수 있다.

다음은 사원들의 입사 날짜를 기준으로 최초로 돌아오는 '금요일'에 해당하는 날짜를 출력하는 SQL 문이다.

```
SELECT last_name, hire_date,
       NEXT_DAY(hire_date, '금'), NEXT_DAY(hire_date, 6)
FROM employees
ORDER BY 3 desc;
```

지정된 요일은 '금' 또는 '금요일'처럼 한글로 지정해도 되고, 숫자 6으로 지정해도 실행 결과는 동일하다.

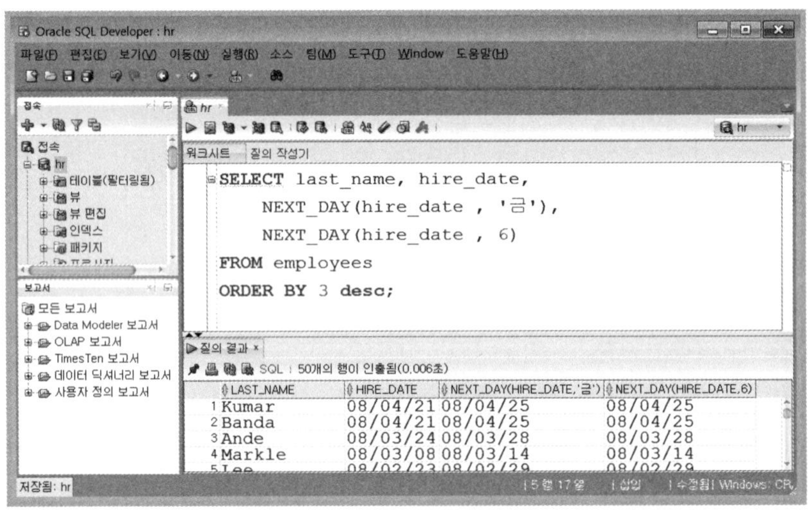

[그림 3.48] NEXT_DAY 함수

(5) LAST_DAY 함수

LAST_DAY 함수는 지정된 날짜가 속한 달의 마지막 날짜를 반환하는 함수로서 윤년 및 평년 날짜는 자동으로 계산한다. 기본 문법은 다음과 같다.

문법 `LAST_DAY(date1)`

- 사용 예 : LAST_DAY(hire_date)
- 실행 결과 : 17/04/30

다음은 사원들이 입사한 달의 마지막 날짜를 구하는 SQL 문이다.

```
SELECT last_name, hire_date, LAST_DAY(hire_date)
FROM employees
ORDER BY 2 desc;
```

대부분의 경우에는 마지막 날이 정해져 있으나 2월인 경우에는 28 또는 29로 달라질 수 있기 때문에 윤년과 평년을 자동으로 계산하는 LAST_DAY 함수를 사용하면 효율적이다.

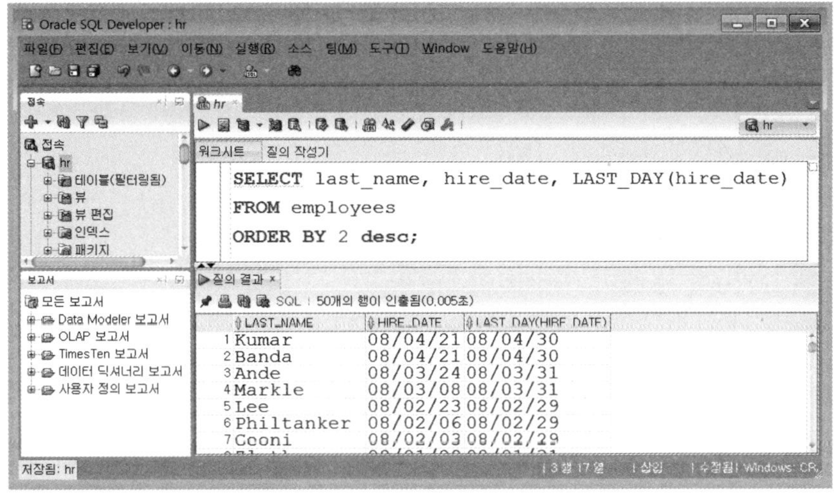

[그림 3.49] LAST_DAY 함수

다음은 함수를 중첩해서 사용하는 예제로 사원들이 입사 후 5개월이 지난 시점에 돌아오는 일요일의 날짜를 계산하여 반환하는 SQL 문이다.

```
SELECT last_name, hire_date,
       NEXT_DAY(ADD_MONTHS(hire_date, 5), '일')
FROM employees
ORDER BY 2 desc;
```

ADD_MONTHS 함수를 사용하여 입사 후 5개월이 지난 날짜의 결과값을 NEXT_DAY 함수의 첫 번째 전달인자로 지정한 후에 두 번째 인자로 요일을 '일'(일요일)로 설정한다.

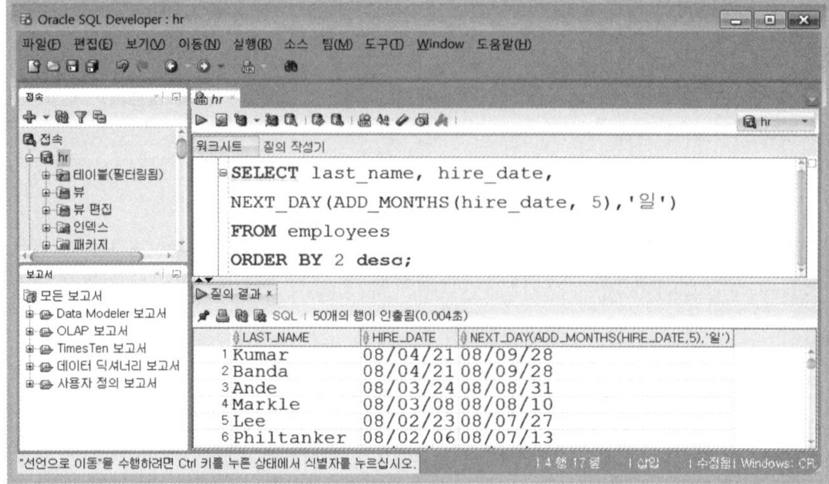

[그림 3.50] 날짜 함수 중첩

(6) ROUND 함수

날짜 데이터를 ROUND 함수를 사용하여 가장 가까운 연도 또는 월로 반올림이 가능하다. 기본 문법은 다음과 같다.

문법
```
ROUND(date1, 'YEAR'), ROUND(date1, 'MONTH')
```

- **사용 예** : ROUND(hire_date, 'YEAR'), ROUND(hire_date, 'MONTH')
- **실행 결과** : 06/01/01, 05/08/01

ROUND 함수의 문법에서 첫 번째 값으로 날짜 데이터를 지정하고, 두 번째 값으로 'YEAR'를 지정하면 년도를 반올림하고 'MONTH'를 지정하면 월을 반올림한다.

다음은 사원들의 입사 날짜를 연도 및 월로 반올림하여 날짜를 구하는 SQL 문이다.

```
SELECT last_name, hire_date,
       ROUND(hire_date, 'YEAR'),
       ROUND(hire_date, 'MONTH')
FROM employees;
```

last_name 칼럼의 값이 'Tobias'인 사원의 입사날짜는 05/07/24인데 연도를 반올림하여 06/01/01로 표현하고, 월을 반올림하여 05/08/01로 출력된다. 'Himuro' 사원은 입사 날짜가 06/11/15인데 연도를 반올림하여 07/01/01로 표현하고, 월은 반올림이 안 되어 06/11/01로 출력된다.

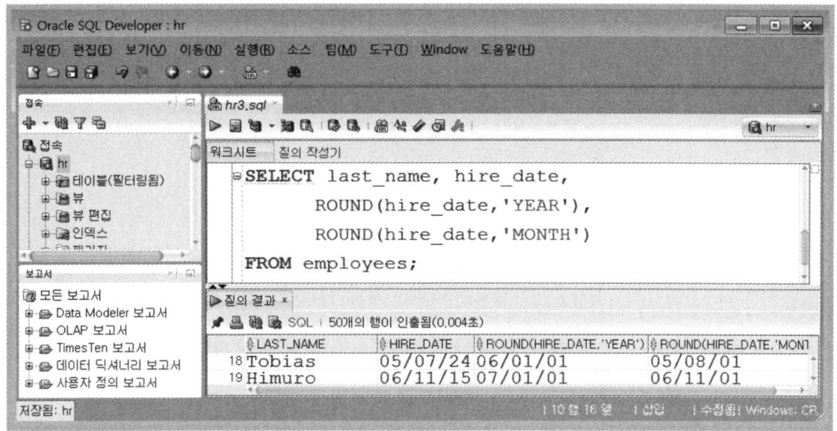

[그림 3.51] ROUND 함수

(7) TRUNC 함수

날짜 데이터를 TRUNC 함수를 사용하여 가장 가까운 연도 또는 월로 절삭이 가능하다. 기본 문법은 다음과 같다

문법 `TRUNC(date1, 'YEAR'), TRUNC(date1, 'MONTH')`

- **사용 예** : TRUNC(hire_date, 'YEAR'), TRUNC(hire_date, 'MONTH')
- **실행 결과** : 05/01/01, 05/07/01

TRUNC 함수의 문법에서 첫 번째 값으로 날짜 데이터를 지정하고, 두 번째 값으로 'YEAR'를 지정하면 년도를 절삭하고 'MONTH'를 지정하면 월을 절삭한다.

다음은 사원들의 입사 날짜를 연도 및 월로 절삭하여 날짜를 구하는 SQL 문이다.

```
SELECT last_name, hire_date,
       TRUNC(hire_date, 'YEAR'),
       TRUNC(hire_date, 'MONTH')
FROM employees;
```

last_name 칼럼의 값이 'Tobias'인 사원의 입사 날짜는 05/07/24인데 년도를 절삭하여 05/01/01로 표현하고, 월을 절삭하면 05/07/01로 출력된다. 'Himuro' 사원은 입사 날짜가 06/11/15인데 년도를 절삭하여 06/01/01로 표현하고, 월을 절삭하면 06/11/01로 출력된다.

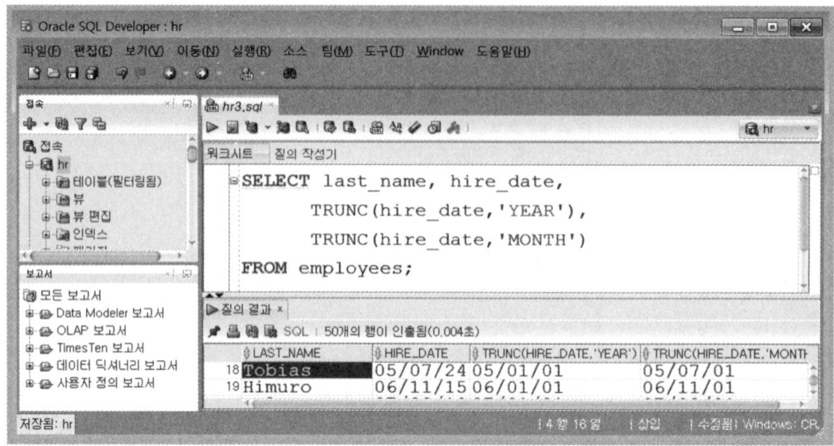

[그림 3.52] TRUNC 함수

1.4 형변환 함수

숫자, 문자, 날짜 데이터는 SQL 문에서 빈번하게 사용되는 데이터들이며 필요에 의해서 서로 간의 데이터형을 변환할 수 있다. 이때 사용되는 함수가 형변환 함수이고 다음과 같은 세 가지 종류의 함수가 있다.

[표 3.8] 형변환 함수

함수	설명	반환값
TO_NUMBER	문자 데이터를 숫자 데이터로 변환한다.	숫자
TO_DATE	문자 데이터를 날짜 데이터로 변환한다.	날짜
TO_CHAR	숫자 데이터를 문자 데이터로 변환하거나 날짜 데이터를 문자 데이터로 변환한다.	문자

[표 3.8]에 나열된 함수의 관계를 그림으로 나타내면 다음과 같다.

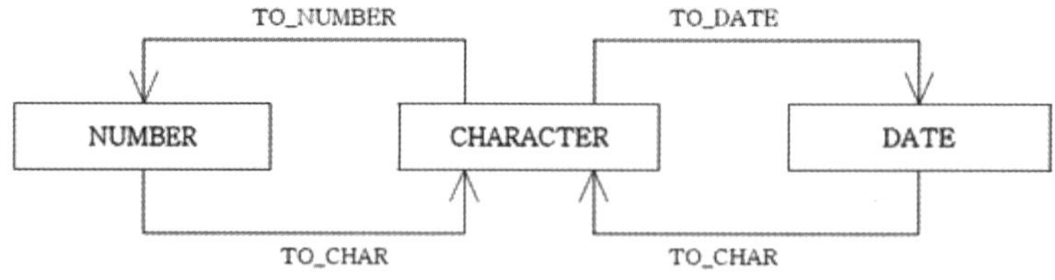

[그림 3.53] 형변환

문자 데이터는 TO_NUMBER 함수를 사용하여 숫자로 변경 가능하고, TO_DATE 함수를 사용하면 날짜로 변경이 가능하다. 숫자와 날짜는 공통적으로 TO_CHAR 함수를 사용하여 문자로 변경이 가능하다. 하지만 숫자를 날짜로 변경하거나 날짜를 숫자로 변경하는 것은 불가능하다.

정보

SQL 문의 **데이터 타입을 변환하는 방법**은 두 가지 방법이 있다. 하나는 **묵시적 방법**이고 다른 하나는 **명시적 방법**이다. 명시적 방법은 TO_NUMBER, TO_DATE, TO_CHAR 함수를 사용하여 데이터를 직접 변환하는 방법이고, 묵시적 방법은 오라클이 자동으로 데이터 타입을 변환하도록 하는 방법이다. 묵시적으로 처리되는 형변환 동작은 다음 그림과 같다.

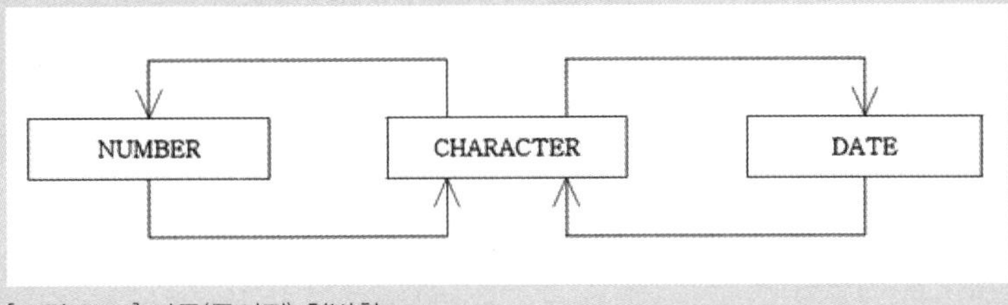

[그림 3.54] 자동(묵시적) 형변환

문자 데이터는 자동으로 숫자 또는 날짜 데이터로 변경이 가능하며, 반대로 숫자와 날짜 데이터는 자동으로 문자 데이터로 변경이 가능하다.

다음은 자동 형변환 되는 예제로서 월급(salary)이 17,000인 사원 정보를 출력하는 SQL 문이다.

```
SELECT last_name, salary
FROM employees
WHERE salary = '17000';
```

위의 SQL 문에서 중점적으로 살펴보아야 할 문장은 WHERE 절이다. salary 칼럼은 NUMBER 타입이기 때문에 비교할 값은 17,000과 같은 숫자값 이어야 한다. 하지만 '17000'과 같이 문자 형태로 지정해도 문제없이 SQL 문이 실행된다. 내부적으로 문자 '17000'를 숫자 17,000으로 자동으로 형변환하여 SQL 문이 실행되기 때문이다.

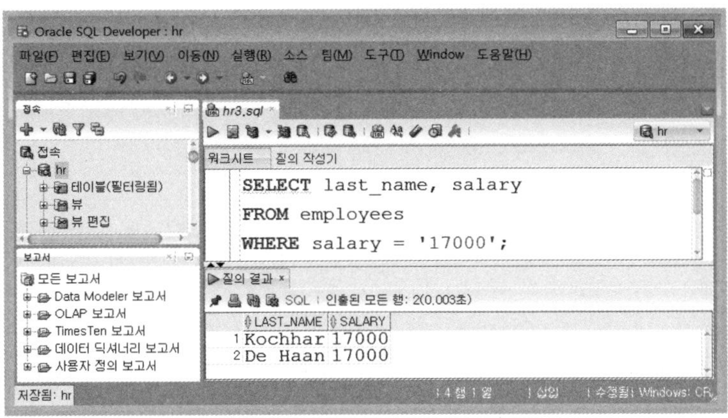

[그림 3.55] 자동 형변환

(1) TO_CHAR 함수

TO_CHAR 함수는 숫자 및 날짜를 문자로 변환하기 위해서 사용되며 데이터를 형변환할 때 추가로 출력 형식을 지정할 수 있다. 기본 문법은 다음과 같다.

```
문법 TO_CHAR(number | date, 'format')
```

- **사용 예** : TO_CHAR(hire_date, 'YYYY') , TO_CHAR(123456, '999,999')
- **실행 결과** : 2017 123,456

출력 형식(format)은 반드시 단일 따옴표(' ')내부에 기술해야 하며 날짜 형식, 시간 형식, 숫자 형식이 제공된다.

다음의 [표 3.9]는 날짜 출력 형식의 종류 나타낸다.

[표 3.9] 날짜 출력 형식

날짜 형식	설명
YYYY	년도 표현(4자리)
YY	년도 표현(2자리)
MM	월을 숫자로 표현
MON	월을 알파벳으로 표현
DAY	요일 표현
DY	요일을 약어로 표현
DD	일을 숫자로 표현

다음의 [표 3.10]은 시간 출력 형식의 종류를 나타낸다.

[표 3.10] 시간 출력 형식

시간 형식	설명
AM 또는 PM	오전(AM), 오후(PM) 시각 표시
A.M 또는 P.M	오전(A.M), 오후(P.M) 시각 표시
HH 또는 HH12	시간(1~12)
HH24	24시간으로 표현(0~23)
MI	분 표현
SS	초 표현

다음은 현재 날짜와 시간을 특정 형식에 맞게 출력하는 SQL 문이다.

```
SELECT TO_CHAR(SYSDATE, 'YYYY/MM/DD, (AM) DY HH24:MI:SS')
FROM dual;
```

TO_CHAR 함수의 첫 번째 자리에는 현재 날짜를 구하는 SYSDATAE를 입력하고, 두 번째 자리에는 원하는 출력 형식에 맞게 날짜 및 시간 형식을 지정하는 문자열을 설정한다.

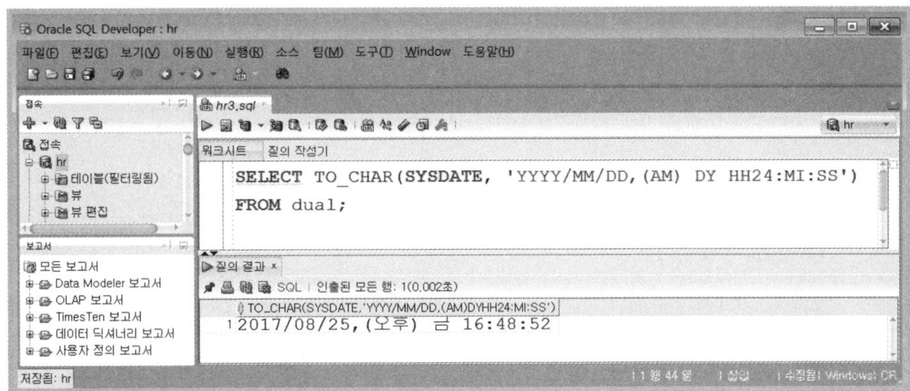

[그림 3.56] TO_CHAR 함수

다음은 입사 날짜가 9월인 사원들의 정보를 출력하는 SQL 문이다.

```
SELECT last_name, hire_date, salary
FROM employees
WHERE TO_CHAR(hire_date, 'MM') = '09';
```

TO_CHAR 함수의 첫 번째 위치에는 입사일(hire_date)를 설정하고 두 번째 위치에는 월(month)을 출력하기 위한 형식인 'MM'을 지정한다. 실행 결과는 다음과 같이 hire date 값이 09인 사원만 출력된다.

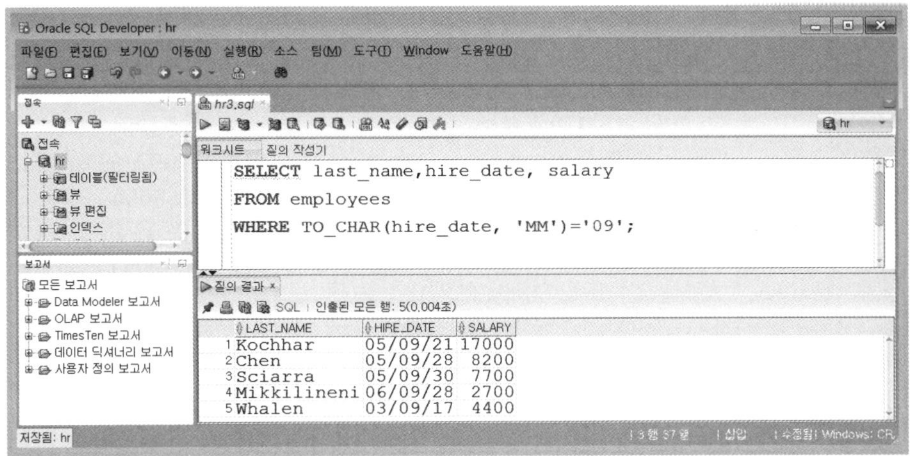

[그림 3.57] TO_CHAR 함수 활용

정보

날짜 및 시간 출력 형식에 한글 표현식을 추가하기 위해서는 다음과 같이 사용한다.

```
SELECT TO_CHAR(SYSDATE, ' YYYY "년" MM "월" DD "일" ') 날짜
FROM dual;
```

TO_CHAR 함수의 두 번째 위치인 작은 따옴표(' ') 안에 "년"과 같이 큰 따옴표를 사용하여 한글 표현식을 설정한다.

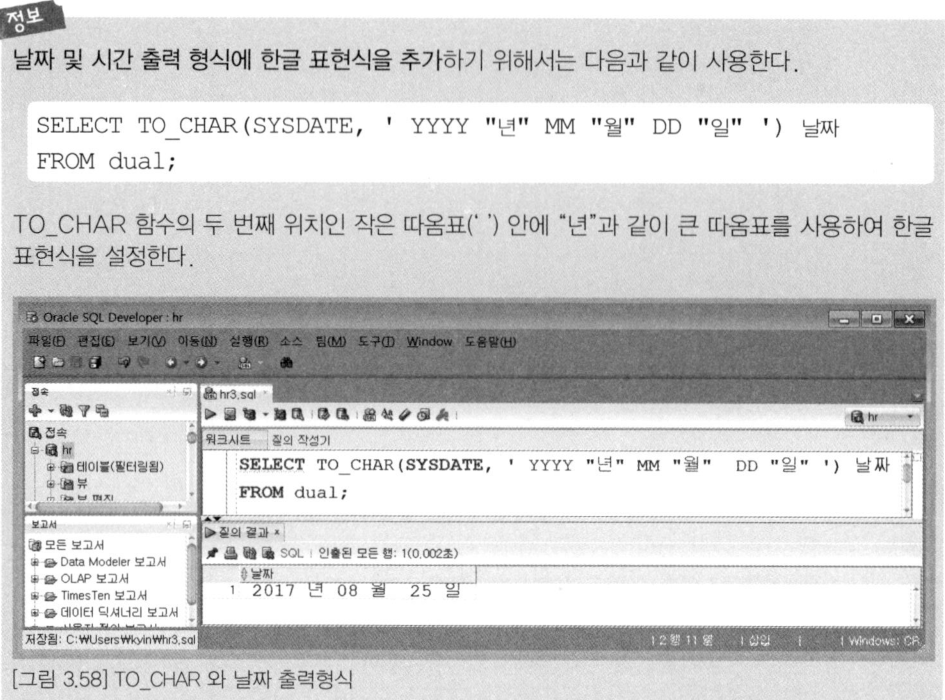

[그림 3.58] TO_CHAR 와 날짜 출력형식

숫자를 문자 형식으로 변환할 때도 다음과 같은 숫자 형식을 사용할 수 있다.

[표 3.11] 숫자 출력 형식

숫자 형식	설명	사용 예	실행 결과
9	한 자리의 숫자 표현	(1111, '99999')	1111
0	앞부분을 0으로 표현	(1111, '099999')	001111
$	달러 기호를 앞에 표현	(1111, '$99999')	$1111
.	소수점을 표시	(1111, '99999.99')	1111.00
,	특정 위치에 ,(콤마) 표시	(1111, '99,999')	1,111
B	공백을 0으로 표현	(1111, 'B9999.99')	1111.00
L	지역 통화(Local currency) 기호 표시	(1111, 'L99999')	₩1111

다음은 사원들의 월급(salary)을 6자리로 바꾸어 $ 또는 지역 화폐 기호를 붙여서 출력하는 SQL 문이다.

```
SELECT last_name, salary,
       TO_CHAR(salary, '$999,999') 달러,
       TO_CHAR(salary, 'L999,999') 원화
FROM employees;
```

TO_CHAR 함수의 첫 번째 위치에는 월급(salary) 칼럼를 설정하고, 두 번째 위치에는 숫자 출력 형식인 '999,999'를 지정한다. 이때 숫자 3자리마다 ,(쉼표)가 출력되고 화폐 단위까지 출력하기 위해서 맨 앞에 $ 또는 지역 화폐(L) 단위 기호를 사용한다.

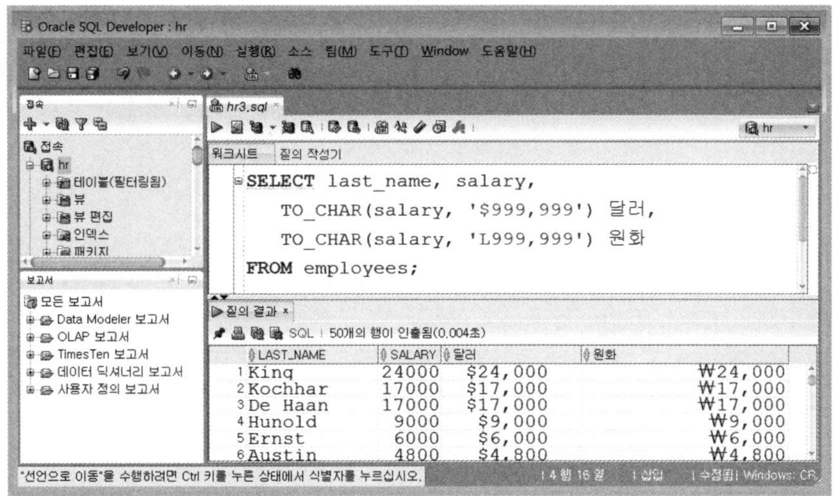

[그림 3.59] TO_CHAR 함수와 화폐 단위 출력형식 사용

(2) TO_NUMBER 함수

TO_NUMBER 함수는 숫자 형태의 문자열을 숫자로 변환하기 위해서 사용하며 기본 문법은 다음과 같다.

```
문법 TO_NUMBER(str)
```

- **사용 예** : TO_NUMBER('1234')
- **실행 결과** : 1234

문자 데이터는 숫자 데이터로 자동으로 형변환 되지만 명시적으로 TO_NUMBER 함수를 사용하는 것이 가독성을 높일 수 있다.

다음은 문자열 '123'을 TO_NUMBER 함수를 사용하여 숫자 123로 변환하여 100을 더하는 SQL 문이다.

```
SELECT TO_NUMBER('123') + 100
FROM dual;
```

문자열 '123'을 연산하기 위해서 TO_NUMBER 함수를 사용한다. 이때 TO_NUMBER 함수 사용 없이 '123' + 100을 사용해도 자동으로 숫자 데이터로 형변환되어 연산이 실행된다. 하지만 명시적으로 TO_NUMBER('123') + 100 형태로 사용하는 것이 가독성이 높기 때문에 권장한다.

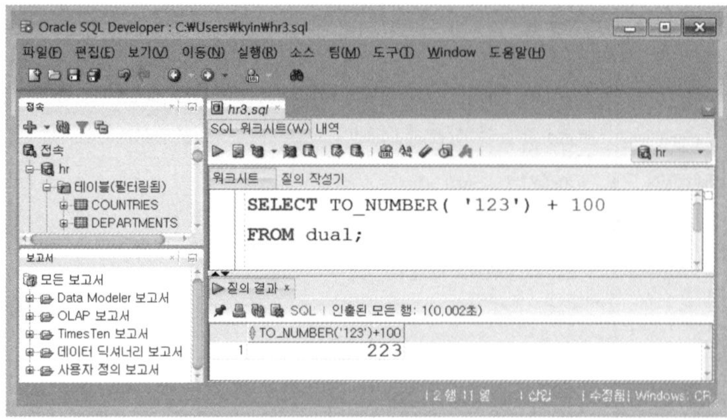
[그림 3.60] TO_NUMBER 함수

(3) TO_DATE 함수

TO_DATE 함수는 날짜 형태의 문자열을 명시된 형식의 날짜 데이터로 변환하기 위해서 사용하며 기본 문법은 다음과 같다.

```
문법 TO_DATE(str, 'format')
```

- **사용 예** : TO_DATE('20170802', 'YYYYMMDD')
- **실행 결과** : 17/08/02

위의 사용 예에서 '20170802'는 문자 데이터이다. 이 데이터를 날짜 데이터로 변환하기 위해 TO_DATE 함수를 사용하며, 함수의 두 번째 인자값으로 날짜의 출력 형식를 지정할 수 있다.

실행 결과가 '17/08/02' 형식으로 출력되는 이유는 오라클의 날짜 형식이 'RR/MM/DD'이기 때문이다.

기본 날짜 형식인 'RR/MM/DD' 형식을 다른 형식으로 변경하려면 다음과 같이 ALTER 명령문을 사용하여 NLS_DATE_FORMAT 파라미터의 값을 변경하면 된다.

```
ALTER SESSION SET NLS_DATE_FORMAT = 'YYYY/MM/DD HH24:MI:SS';
```

위 명령에 의해서 날짜 형식은 'RR/MM/DD'가 아닌 'YYYY/MM/DD HH24:MI:SS' 형식으로 변경된다.

다음은 문자 '20170802181030'을 TO_DATE 함수를 사용하여 날짜 형식으로 변환하는 SQL 문이다.

```
SELECT TO_DATE('20170802181030', 'YYYYMMDDHH24MISS')
FROM dual;
```

실행 결과는 NLS_DATE_FORMAT 파라미터값에 의해서 날짜와 시간 형식에 맞추어 출력된다.

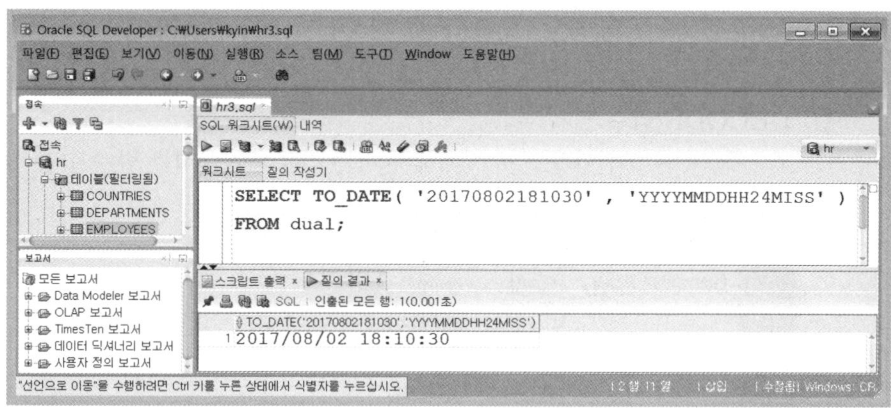

[그림 3.61] TO_DATE 함수

다음은 현재 날짜에서 '2017/01/01'을 뺀 결과를 출력하는 SQL 문이다.

```
SELECT SYSDATE, SYSDATE - TO_DATE('20170101', 'YYYYMMDD')
FROM dual;
```

현재 날짜가 2017/08/26이라면 2017년 1월 1일부터 237일이 지났다는 것을 알 수 있다.

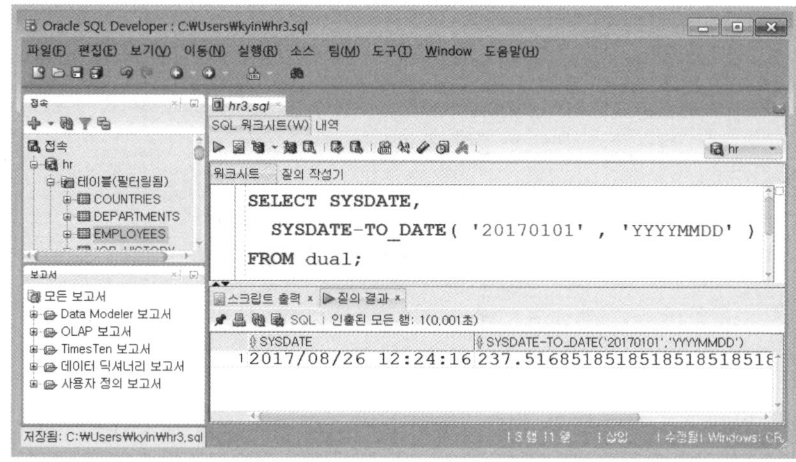

[그림 3.62] TO_DATE 함수와 날짜 출력형식

1.5 조건 함수

오라클은 Java와 같은 프로그래밍 언어에서 사용하는 if 문이나 case 문과 같이 조건에 따라서 SQL 문을 다르게 처리할 수 있는 DECODE 함수와 CASE 함수를 제공한다.

[표 3.12] 조건 함수

함수	설명
DECODE	조건이 반드시 일치하는 경우에 사용하는 함수
CASE	조건이 반드시 일치하지 않아도 범위 및 비교가 가능한 경우에 사용하는 함수

(1) DECODE 함수

DECODE 함수는 조건이 반드시 일치해야 하는 경우에 사용하는 함수이다. 즉 동등 연산자(=)에 대해서만 사용될 수 있으며 기본 문법은 다음과 같다.

문법

```
DECODE (칼럼, 비교값1, 결과값1,
              비교값2, 결과값2,
                 ...
              비교값n, 결과값n,
              기본결과값)
```

- **사용 예** : DECODE(salary, 1000, salary * 0.1,
  2000, salary * 0.2,
  3000, salary * 0.3
  salary * 0.4)
- **실행 결과** : salary와 일치하는 비교값에 해당되는 결과값을 반환

위의 사용 예는 salary가 1000이면 salary * 0.1을 실행하고, 2000이면 salary * 0.2를 실행한다. 그리고 3000인 경우에는 salary * 0.3이 실행되고, 모두 일치하지 않으면 salary * 0.4가 실행 된다. 실행 결과를 그림으로 표현하면 다음과 같다.

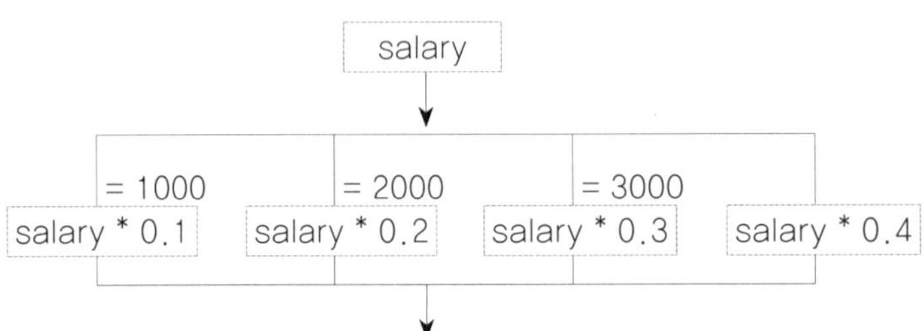

[그림 3.63] DECODE 함수의 조건식

다음은 월급(salary) 칼럼의 값에 따라서 보너스를 차등 지급하기 위해서 DECODE 함수를 사용하는 SQL 문이다. 월급이 24,000이면 30%, 17,000이면 20%로 처리하고 나머지 사원은 100% 지급 받는 형태이다.

```
SELECT last_name, salary,
       DECODE(salary, 24000, salary * 0.3,
                      17000, salary * 0.2,
                      salary) 보너스
FROM employees
ORDER BY 2 desc;
```

실행 결과는 salary가 24,000인 'King' 사원은 월급의 30%인 7,200을 보너스로 받고, 17,000인 'Kochhar' 사원과 'De Haan' 사원은 월급의 20%인 3,400을 보너스로 받는다. 모두 만족하지 않는 나머지 사원은 월급의 100%을 보너스로 지급 받는다.

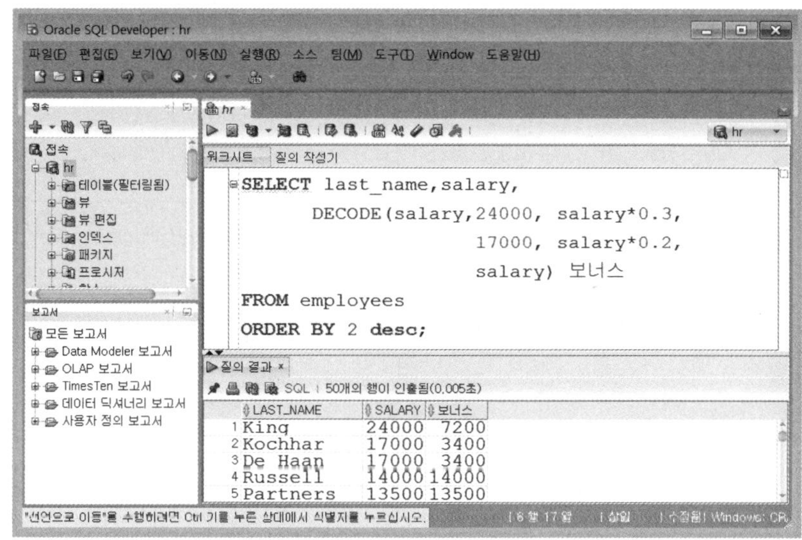

[그림 3.64] DECODE 함수

다음은 사원들의 입사연도 별로 사원들의 인원수를 구하는 SQL 문이다. employees 테이블에 사원들의 입사연도는 2001년부터 2008년까지 분포되어 있다.

```
SELECT COUNT(*) "총인원수",
  SUM(DECODE(TO_CHAR(hire_date, 'YYYY'), 2001, 1, 0)) "2001",
  SUM(DECODE(TO_CHAR(hire_date, 'YYYY'), 2002, 1, 0)) "2002",
  SUM(DECODE(TO_CHAR(hire_date, 'YYYY'), 2003, 1, 0)) "2003",
  SUM(DECODE(TO_CHAR(hire_date, 'YYYY'), 2004, 1, 0)) "2004",
  SUM(DECODE(TO_CHAR(hire_date, 'YYYY'), 2005, 1, 0)) "2005",
  SUM(DECODE(TO_CHAR(hire_date, 'YYYY'), 2006, 1, 0)) "2006",
  SUM(DECODE(TO_CHAR(hire_date, 'YYYY'), 2007, 1, 0)) "2007",
  SUM(DECODE(TO_CHAR(hire_date, 'YYYY'), 2008, 1, 0)) "2008"
FROM employees;
```

TO_CHAR 함수를 사용하여 사원들의 입사연도를 추출하고 DECODE 함수를 사용하여 입사연도를 비교한다. 일치하면 1을 반환 받고 일치하지 않으면 0을 반환 받아서 SUM 함수로 총합을 구한다. SUM 함수는 그룹 함수로서 사용 방법은 4장을 참조한다.

```
SELECT COUNT(*) "총인원수",
SUM(DECODE(TO_CHAR(hire_date, 'YYYY'), 2001, 1, 0)) "2001",
SUM(DECODE(TO_CHAR(hire_date, 'YYYY'), 2002, 1, 0)) "2002",
SUM(DECODE(TO_CHAR(hire_date, 'YYYY'), 2003, 1, 0)) "2003",
SUM(DECODE(TO_CHAR(hire_date, 'YYYY'), 2004, 1, 0)) "2004",
SUM(DECODE(TO_CHAR(hire_date, 'YYYY'), 2005, 1, 0)) "2005",
SUM(DECODE(TO_CHAR(hire_date, 'YYYY'), 2006, 1, 0)) "2006",
SUM(DECODE(TO_CHAR(hire_date, 'YYYY'), 2007, 1, 0)) "2007",
SUM(DECODE(TO_CHAR(hire_date, 'YYYY'), 2008, 1, 0)) "2008"
FROM employees;
```

	총인원수	2001	2002	2003	2004	2005	2006	2007	2008
1	107	1	7	6	10	29	24	19	11

[그림 3.65] 입사연도별 사원들의 인원수 구하기

(2) CASE 함수

CASE 함수는 DECODE 함수와 마찬가지로 여러 조건에 대해서 선택적으로 SQL 문을 실행할 수 있는 함수이다. 차이점으로 DECODE 함수는 반드시 조건이 일치하는 경우에 사용이 가능하지만 CASE 함수는 다양한 비교 연산자를 이용하여 조건을 설정할 수 있다. DECODE 함수와 마찬가지로 조건이 일치하는 경우에 사용되는 기본 문법은 다음과 같으며 반드시 END 키워드를 사용하여 끝난다.

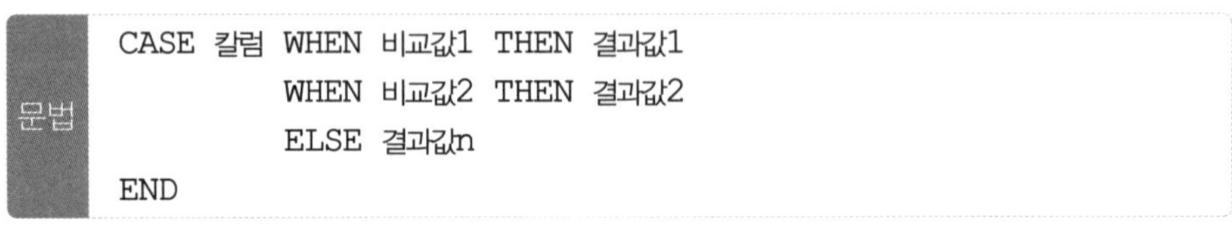

문법

```
CASE 칼럼 WHEN 비교값1 THEN 결과값1
          WHEN 비교값2 THEN 결과값2
          ELSE 결과값n
END
```

- **사용 예** : CASE salary WHEN 1000 THEN salary * 0.1
                    WHEN 2000 THEN salary * 0.2
                    WHEN 3000 THEN salary * 0.3
                    ELSE salary * 0.4
               END
- **실행 결과** : salary와 일치하는 비교값에 해당되는 결과값을 반환

위의 사용 예는 앞서 배운 DECODE 함수 사용 예를 CASE 함수로 변경하여 표현한 것이다. salary 칼럼의 값과 WHEN 뒤의 값을 비교하여 일치하면 THEN 뒤의 문장이 실행된다. 만약 모두 일치하지 않으면 ELSE 뒤의 문장이 실행되어 반환된다.

다음은 월급(salary) 칼럼의 값에 따라서 보너스를 차등 지급하기 위해서 CASE 함수를 사용하는 SQL 문이다. 월급이 24,000이면 30%, 17,000이면 20%로 처리하고 나머지 사원은 100% 그대로 지급 받는 형태이다. 앞서 실습한 DECODE 함수의 예제와 같다.

```
SELECT last_name,salary,
       CASE salary WHEN 24000 THEN salary * 0.3
                   WHEN 17000 THEN salary * 0.2
                   ELSE salary
       END 보너스
FROM employees
ORDER BY 2 desc;
```

실행 결과는 앞의 DECODE 함수 실행 결과와 같다.

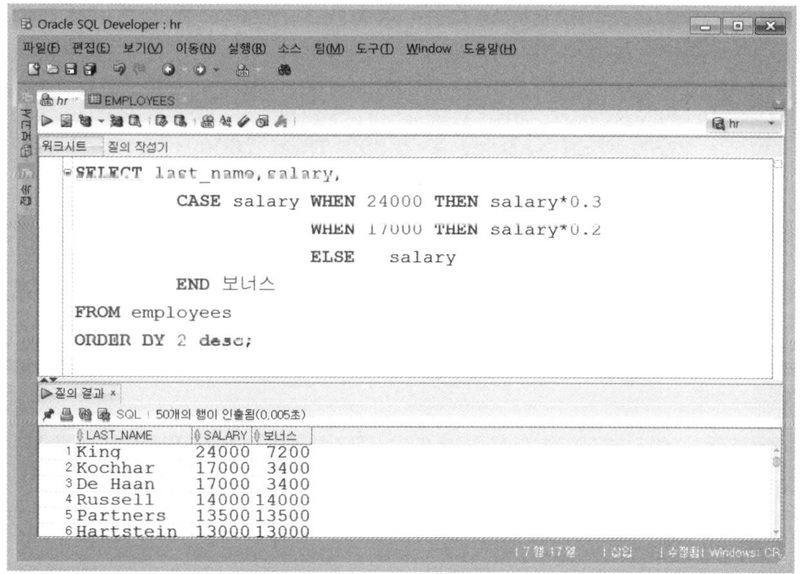

[그림 3.66] CASE 함수(동등 조건)

다음 문법은 조건이 반드시 일치하지 않는 경우에 사용되는 SQL 문으로서 대표적으로 부등 비교 연산자를 사용하는 형태이다. 앞의 문장과는 다르게 CASE 뒤에 칼럼을 지정하지 않고 WHEN 뒤에서 명시적으로 조건식을 지정한다.

문법

```
CASE WHEN 조건1 THEN 결과값1
     WHEN 조건2 THEN 결과값2
     ELSE  결과값n
END
```

- **사용 예** : CASE WHEN salary 〉 1000 THEN salary * 0.1
  WHEN salary 〉 2000 THEN salary * 0.2
  WHEN salary 〉 3000 THEN salary * 0.3
  ELSE salary * 0.4
  END
- **실행 결과** : 조건식과 일치하는 결과값을 반환

위의 문법처럼 = 연산자를 사용하지 않고 다른 부등 연산자를 사용하는 경우에는 CASE 뒤에 칼럼 이름을 빼고 WHEN 뒤에서 조건식을 명시한다. 이때 사용 가능한 연산자는 비교연산자(<>, >=, <, <=, !=, =)와 BETWEEN a AND b, IN 연산자, 논리 연산자(and, or) 등을 사용 할 수 있다.

위의 실행 예는 salary 칼럼의 값이 1,000보다 크면 salary * 0.1을 실행하고, 2,000보다 크면 salary * 0.2가 실행된다. 만약 모두 만족하지 않으면 salary * 0.4가 실행되어 반환된다.

다음은 월급(salary) 칼럼의 값이 20,000 이상이면 보너스를 1,000으로 하고, 15,000 이상이면 2,000으로 하며 10,000 이상이면 3,000으로 설정하고 모두 만족하지 않으면 4,000으로 설정하는 SQL 문이다.

```
SELECT last_name, salary,
       CASE WHEN salary >=20000 THEN 1000
            WHEN salary >=15000 THEN 2000
            WHEN salary >=10000 THEN 3000
            ELSE 4000
       END 보너스
FROM employees
ORDER BY 2 desc;
```

위와 같이 동등 연산자(=)를 사용하지 않는 조건인 경우에는 WHEN 뒤에 부등 연산자를 사용한 조건식을 지정한다.

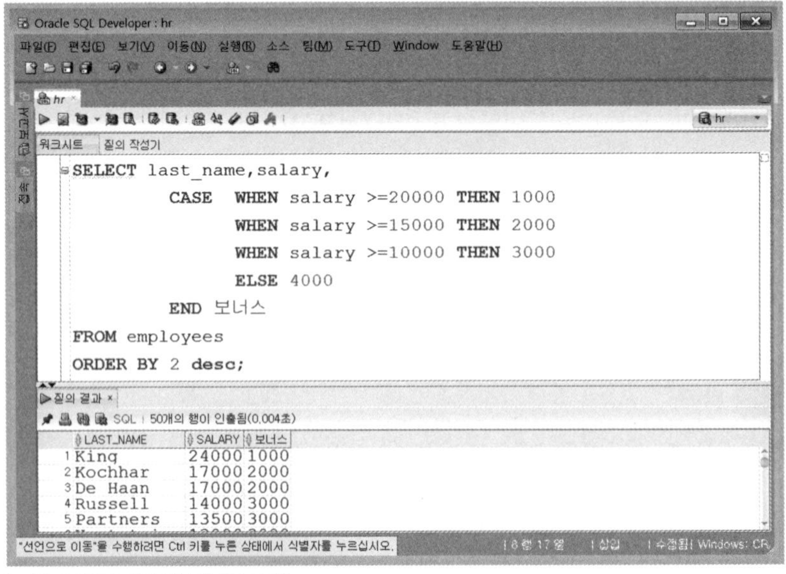

[그림 3.67] CASE 함수(부등 조건)

다음은 월급(salary) 칼럼의 값이 20,000부터 25,000 사이이면 '상' 등급을 반환하고, 10,000부터 20,001까지이면 '중' 등급을 반환하며, 모두 만족하지 않으면 '하' 등급을 반환하는 SQL 문이다.

```
SELECT last_name, salary,
       CASE WHEN salary BETWEEN 20000 AND 25000 THEN '상'
            WHEN salary BETWEEN 10000 AND 20001 THEN '중'
            ELSE '하'
       END 등급
FROM employees
ORDER BY 2 desc;
```

위의 예에서와 같이 조건식에 BETWEEN a AND b 연산자를 사용한 범위 조건도 사용할 수 있다.

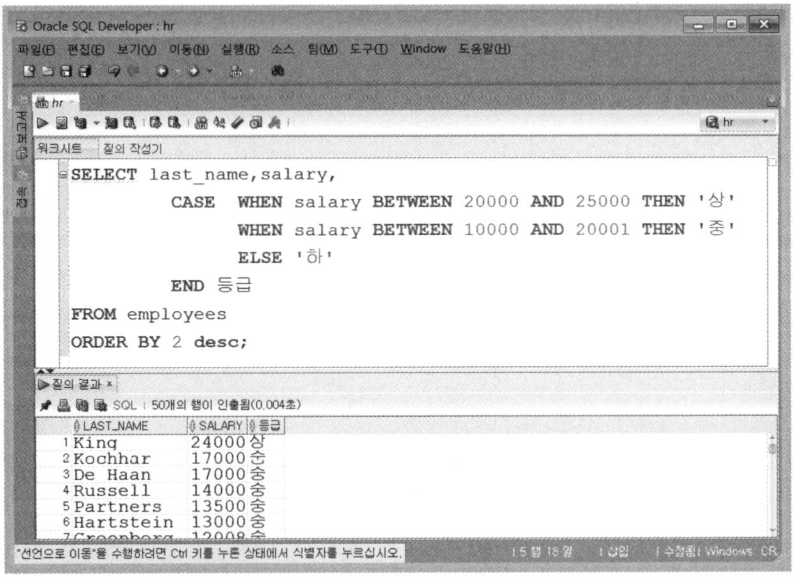

[그림 3.68] CASE 함수(부등 조건) : BETWEEN 연산자 사용

다음은 월급(salary) 칼럼의 값이 24,000, 17,000, 14,000이면 '상' 등급을 출력하고, 13,500, 13,000이면 '중' 등급을 출력하며, 모두 만족하지 않으면 '하' 등급을 출력하는 SQL 문이다.

```
SELECT last_name, salary,
       CASE WHEN salary IN ( 24000, 17000 , 14000) THEN '상'
            WHEN salary IN ( 13500, 13000) THEN '중'
            ELSE '하'
       END 등급
FROM employees
ORDER BY 2 desc;
```

위의 예에서와 같이 조건식에 IN 연산자를 사용한 조건도 사용할 수 있다.

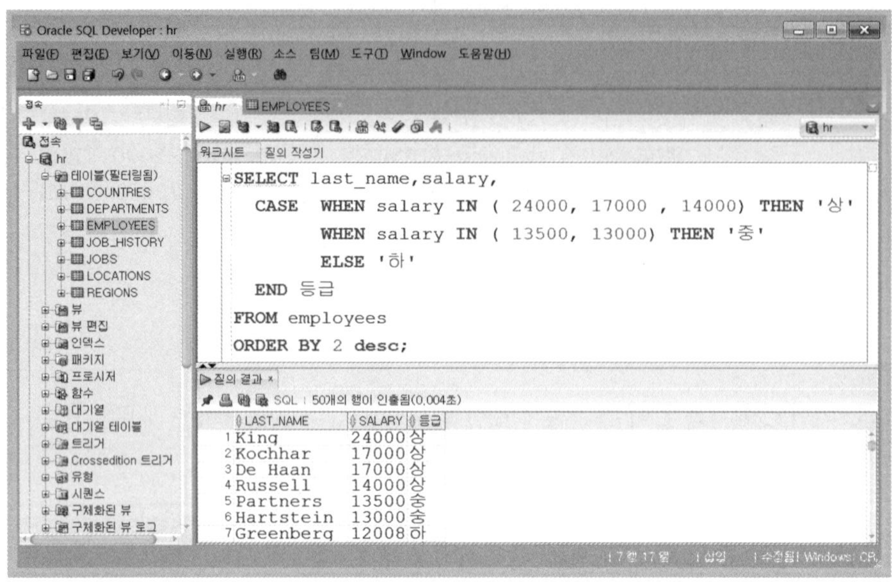

[그림 3.69] CASE 함수(부등 조건) : IN 연산자 사용

4장

그룹 함수

[학습목표]

- 오라클의 그룹 함수에 관하여 살펴본다.
- 그룹 함수 종류에 관하여 살펴본다.
- GROUP BY 절에 관하여 학습한다.
- HAVING 절에 관하여 학습한다.

1. 그룹 함수

단일 함수와는 달리 그룹 함수는 여러 행 또는 테이블 전체에 대해 함수가 적용되어 하나의 결과를 반환하는 함수를 의미한다.

다음 그림과 같이 그룹 함수는 입력 처리되는 행의 개수와 무관하게 단 하나의 결과만 반환된다.

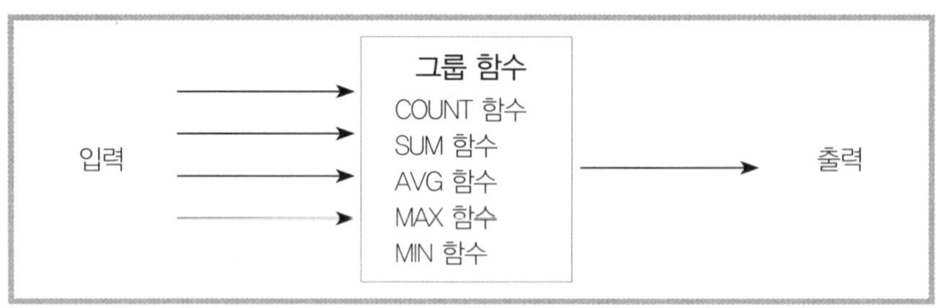

[그림 4.1]

[표 4.1]은 대표적인 그룹 함수이다. 레코드의 개수를 구하는 COUNT 함수, 합계를 구하는 SUM 함수, 평균을 구하는 AVG 함수, 최대값을 구하는 MAX 함수, 최소값을 구하는 MIN 함수가 있으며 그룹 함수는 기본적으로 널(null) 값은 제외하고 계산한다.

[표 4.1] 그룹 함수

함수	설명
SUM	해당 열의 총합계를 구한다.
AVG	해당 열의 평균을 구한다.
MAX	해당 열의 모든 행 중에 최대값을 구한다.
MIN	해당 열의 모든 행 중에 최소값을 구한다.
COUNT	행의 개수를 카운트한다.

1.1 SUM 함수

SUM 함수는 널(null) 값을 제외한 해당 칼럼 값들의 총합을 구하는 함수이며 기본 문법은 다음과 같다.

문법 **SUM([DISTINCT | ALL] 칼럼명)**

- **사용 예** : SUM(salary)
- **실행 결과** : salary 칼럼의 총합계

SUM 함수의 인자로 DISTINCT 키워드를 사용하면 중복된 값은 제외하고 총합 계산이 처리된다. ALL은 중복된 값을 모두 포함하여 총합 계산이 처리되며 일반적으로 생략하고 사용한다.

다음은 사원들의 월급(salary) 총액을 출력하기 위한 SQL 문이다.

```
SELECT SUM(DISTINCT salary), SUM(ALL salary), SUM(salary)
FROM employees;
```

DISTINCT 키워드를 사용하면 동일한 월급(salary)을 가진 사원들은 제외되고 총액 계산이 이루어져서 ALL 키워드를 사용한 총액보다 금액이 적게 출력된다.

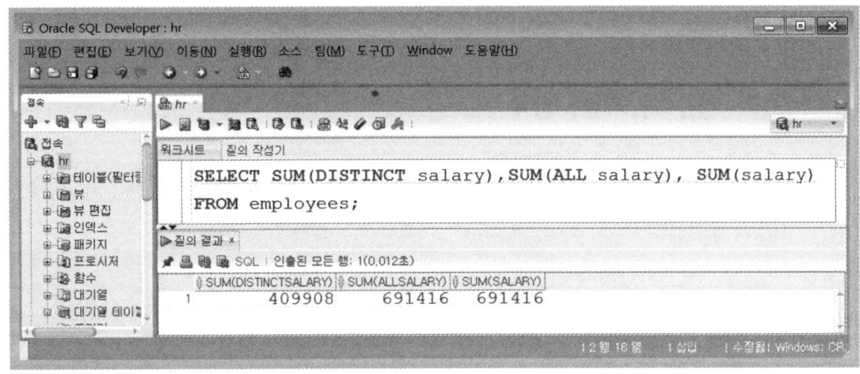

[그림 4.2] SUM 함수

1.2 AVG 함수

AVG 함수는 널(null) 값을 제외한 해당 칼럼 값들의 평균을 구하는 함수이며 기본 문법은 다음과 같다.

문법 **AVG([DISTINCT | ALL] 칼럼명)**

- **사용 예** : AVG(salary)
- **실행 결과** : salary 칼럼의 평균

AVG 함수의 인자로 DISTINCT 키워드를 사용하면 중복된 값은 제외하고 평균 계산이 처리된다. ALL은 중복된 값을 모두 포함하여 평균 계산이 처리되며 일반적으로 생략하고 사용한다.

다음은 사원들의 월급(salary) 총액과 평균을 출력하기 위한 SQL 문이다.

```
SELECT SUM(salary), AVG(salary)
FROM employees;
```

실행 결과는 SUM 함수에 의해서 월급의 총액이 출력되고 AVG 함수에 의해서 평균이 출력된다.

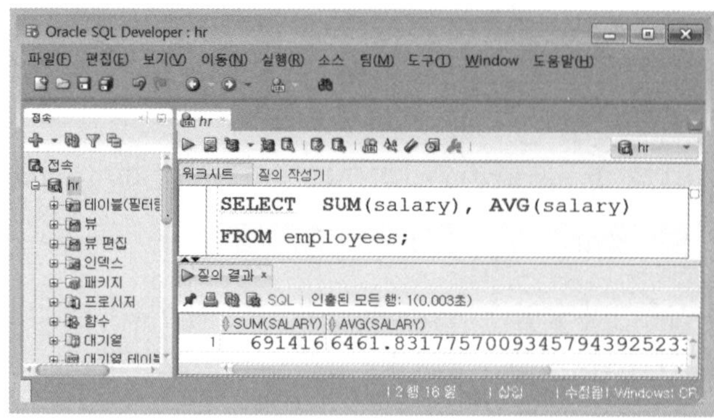

[그림 4.3] AVG 함수

1.3 MAX 함수와 MIN 함수

MAX 함수는 해당 칼럼의 값들 중에서 최대값을 구하는 함수이고, MIN 함수는 최소값을 구하는 함수이다. 기본 문법은 다음과 같다.

```
문법 MAX([DISTINCT | ALL] 칼럼명), MIN([DISTINCT | ALL] 칼럼명)
```

- **사용 예** : MAX(salary), MIN(salary)
- **실행 결과** : salary 칼럼 중에서 최대값과 최소값을 반환

MAX 함수 및 MIN 함수의 인자로 DISTINCT 키워드를 함께 사용하면 중복된 값은 제외하고 최대값 및 최소값을 구한다. ALL은 중복된 값을 모두 포함하여 처리되며 일반적으로 생략하고 사용한다. 다른 함수와 다르게 MAX 함수와 MIN 함수는 숫자 데이터뿐만 아니라 문자 데이터와 날짜 데이터에도 사용할 수 있다.

다음은 employees 테이블의 사원 정보 중에서 가장 높은 월급(salary)과 가장 낮은 월급을 출력하는 SQL 문이다.

```
SELECT MAX(salary), MIN(salary)
FROM employees;
```

실행 결과는 MAX 함수에 의해서 월급의 최대값이 출력되고 MIN 함수에 의해서 최소값이 출력된다.

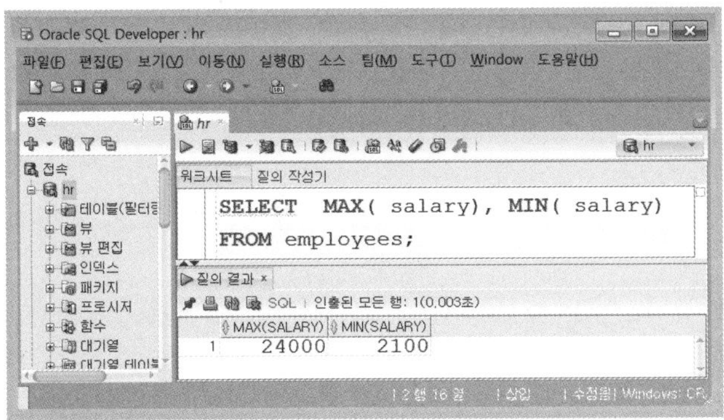

[그림 4.4] MAX 와 MIN 함수

다음은 사원들 중에서 입사년도가 가장 빠른 사원과 가장 늦은 사원을 출력하는 SQL 문이다. MIN과 MAX 함수에서 날짜 데이터를 사용한다.

```
SELECT MIN(hire_date), MAX(hire_date)
FROM employees;
```

입사일(hire_date)이 가장 작은 사원이 가장 빠르게 입사한 사원이고 가장 큰 사원이 가장 늦게 입사한 사원이다. 따라서 2001/01/13일이 가장 빠르게 입사한 사원의 입사일로 최소값이고, 2008/04/21일이 가장 늦게 입사한 사원의 입사일로 최대값이다.

[그림 4.5] 날짜 데이터에 MAX와 MIN 함수 활용

1.4 COUNT 함수

COUNT 함수는 테이블에서 조건을 만족하는 행의 개수를 반환하는 함수이다. 기본 문법은 다음과 같다.

문법 COUNT([DISTINCT | ALL] {칼럼명 | * })

- **사용 예** : COUNT(salary)
- **실행 결과** : salary 칼럼의 행의 개수 반환

COUNT 함수에 특정 칼럼을 지정하면 널(null) 값을 제외한 해당 칼럼값이 가지고 있는 행의 개수를 반환한다. 만약 DISTINCT 키워드를 사용하면 중복된 행을 제외하고 행의 개수를 반환하게 된다.

다음은 사원들 중에서 커미션을 받는 사원들의 인원 수를 구하는 SQL 문이다.

```
SELECT COUNT(last_name), COUNT(commission_pct)
FROM employees;
```

COUNT(last_name)는 last_name 칼럼에 저장된 널(null) 값을 제외한 행의 개수를 반환한다. last_name 칼럼에는 널(null) 값을 가진 사원이 없기 때문에 사원 테이블의 전체 행 개수인 107을 반환한다. 하지만 COUNT(commission_pct)는 commission_pct 칼럼에 저장된 널(null) 값을 제외한 행의 개수인 35를 반환된다.

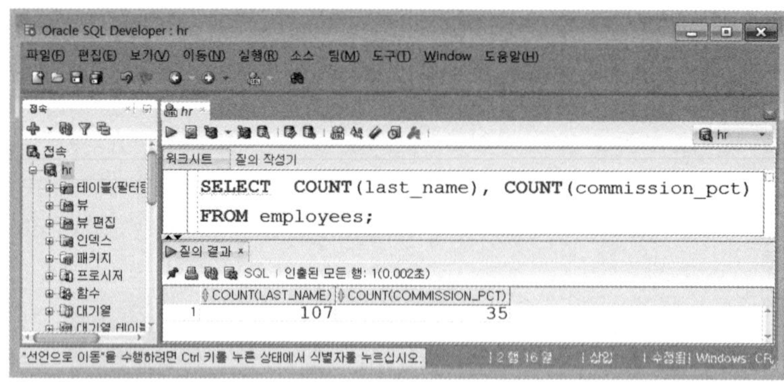

[그림 4.6] COUNT(칼럼) 함수

다음은 사원 테이블에서 사원들의 직업(job_id) 수를 구하는 SQL 문이다.

```
SELECT COUNT(job_id), COUNT(DISTINCT job_id)
FROM employees;
```

COUNT(job_id)는 직업(job_id) 칼럼에서 갖는 값의 중복 여부와 상관없이 널(null)을 제외한 모든 행의 개수를 반환한다. 하지만 DISTINCT 키워드를 함께 사용하면 직업(job_id) 칼럼에서 갖는 값 중에서 중복된 값은 제외하고 행의 개수를 반환하기 때문에 정확한 직업(job_id)의 종류를 구할 수 있다.

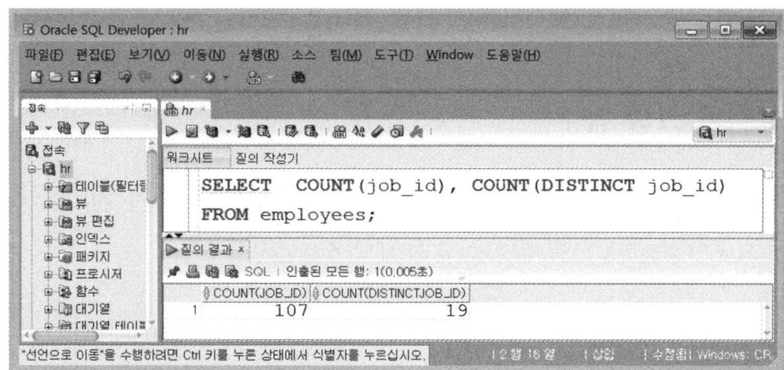

[그림 4.7] COUNT(DISTINCT 칼럼) 함수

COUNT 함수를 사용하여 테이블의 전체 행의 개수를 구할 수도 있다. 이 경우에는 특정 칼럼의 행의 개수를 구하는 것이 아니기 때문에 COUNT의 인자로 칼럼명 대신에 *를 사용하여 COUNT(*) 형식으로 사용한다. COUNT(*)는 특정 행에 널(null) 값이 있어도 포함하여 전체 행의 개수를 반환한다. 일반적으로 그룹 함수는 널(null) 값을 무시하지만 COUNT(*) 함수는 예외이다.

다음은 모든 사원들의 인원수를 구하는 SQL 문이다.

```
SELECT COUNT(*)
FROM employees;
```

테이블에 저장된 값과 상관없이 전체 행의 개수를 구하기 위해서는 COUNT(*) 함수를 사용한다.

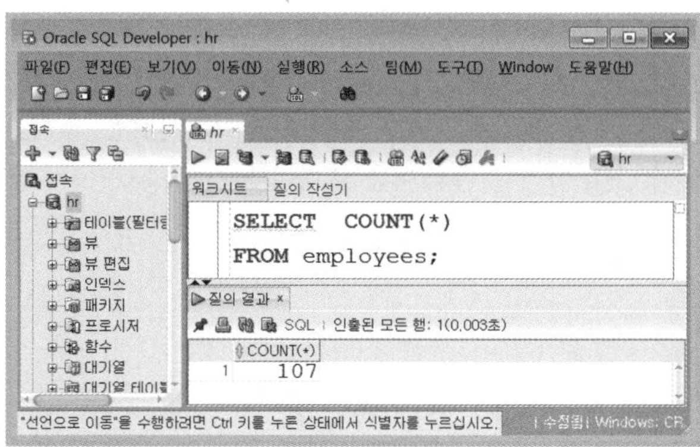

[그림 4.8] COUNT(*) 함수

2. GROUP BY

2.1 단순 칼럼과 그룹 함수

사원 테이블에서 가장 월급(salary)이 많은 사원 정보를 출력하기 위해서 다음과 같은 SQL 문을 실행하면 에러가 발생하는 것을 확인할 수 있다.

```
SELECT last_name, MAX(salary)
FROM employees;
```

에러가 발생되는 이유는 그룹 함수인 MAX(salary)의 실행 결과는 하나인데, 그룹 함수를 적용하지 않은 단순 칼럼인 last_name의 결과는 107이기 때문이다. 즉 둘의 실행 결과가 달라서 둘을 동시에 출력할 수 없기 때문이다.

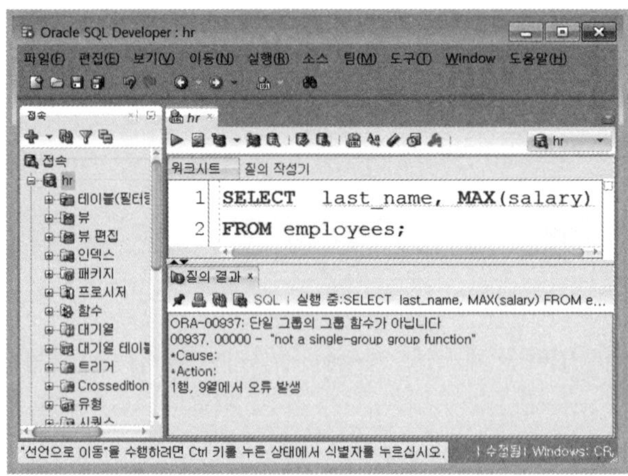

[그림 4.9] 단순 칼럼과 그룹 함수

결론적으로 그룹 함수와 단순 칼럼은 SELECT 절에서 동시 사용할 수 없다. 하지만 GROUP BY 절을 사용하여 단순 칼럼을 그룹으로 묶으면 동시 사용이 가능해진다.

2.2 GROUP BY 절

GROUP BY는 특정 칼럼값을 기준으로 그룹을 묶을 때 사용하는 방법이다. 대표적으로 부서별, 성별, 직급별 또는 학년별로 묶는 경우이다. 이렇게 단순 칼럼을 GROUP BY 절을 사용하여 그룹핑(Grouping)하면 SELECT 절에서 그룹 함수와 함께 단순 칼럼을 사용할 수 있다.

GROUP BY 절의 기본 문법은 다음과 같다.

문법

```
SELECT [단순칼럼 ,] 그룹함수1, 그룹함수2
FROM 테이블명
[WHERE 조건식]
[GROUP BY 단순칼럼]
[ORDER BY 표현식];
```

위 문법에서 주의할 점은 GROUP BY 절 다음에는 칼럼 별칭(alias)이나 SELECT의 순서값은 사용할 수 없고, 반드시 SELECT 절에서 명시한 표현식을 기술해야 된다. 이렇게 GROUP BY 절에 명시된 칼럼은 SELECT 절에서 그룹 함수와 같이 사용될 수 있다. ORDER BY 절을 사용하여 정렬할 때 다중 정렬이 가능한 것처럼 GROUP BY을 사용하여 그룹핑 할 때 다중 그룹핑도 가능하다.

주의

GROUP BY 절과는 다르게 ORDER BY 절 뒤에는 칼럼 별칭(alias) 및 SELECT의 칼럼 순서값을 사용할 수 있다.

다음은 GROUP BY 절을 작성할 때 알아야 될 작성 지침이다.

- SELECT 절 뒤에 사용할 수 있는 칼럼은 GROUP BY 절 뒤에 기술된 칼럼이거나 그룹 함수가 적용된 칼럼만 사용할 수 있다.
- WHERE 절을 사용하여 행을 그룹으로 그룹핑(Grouping)하기 전에 불필요한 데이터를 제외할 수 있다.
- 그룹으로 묶은 후 불필요한 행을 제외하려면 HAVING 절을 사용한다.
- GROUP BY 절 뒤에는 칼럼 별칭(alias) 및 칼럼 순서를 나타내는 위치값을 사용할 수 없다.
- WHERE 절에는 그룹 함수를 사용할 수 없다.

다음은 부서별 평균 월급을 구하는 SQL 문이다.

```
SELECT department_id 부서번호, AVG(salary) 평균월급
FROM employees
GROUP BY department_id
ORDER BY 1;
```

부서별로 평균 급여를 구하려면 먼저 전체 사원을 소속 부서별로 그룹핑(Grouping)해야 한다. 따라서 GROUP BY 뒤에 department_id를 지정하여 부서별로 그룹핑되고 AVG 함수에 의해서 그룹별 평균값을 반환하게 된다.

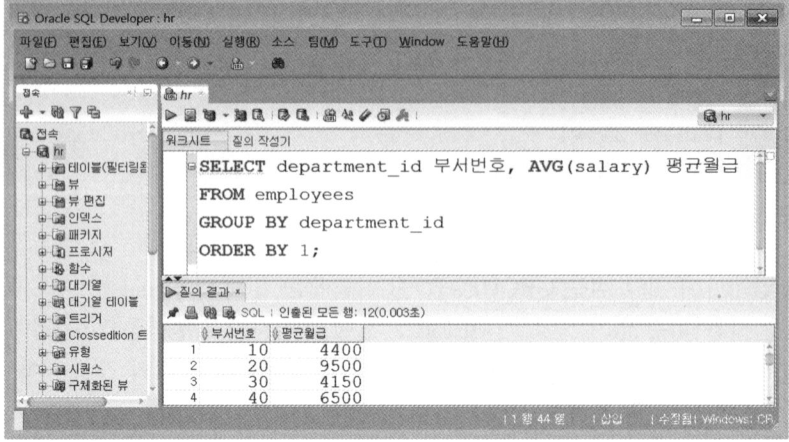

[그림 4.10] 부서별 GROUP BY(AVG 함수)

다음은 부서별 최대 월급과 최소 월급을 구하는 SQL 문이다.

```
SELECT department_id 부서번호, MAX(salary) 최대월급, MIN(salary) 최소월급
FROM employees
GROUP BY department_id
ORDER BY 1;
```

GROUP BY 절을 사용하여 부서별로 그룹핑(Grouping)하고, 최대값을 구하는 MAX 함수와 최소값을 구하는 MIN 함수를 사용한다.

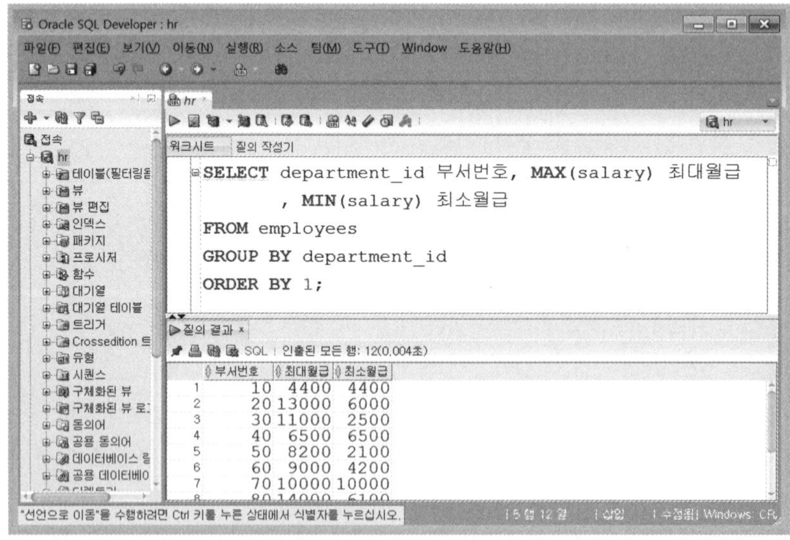

[그림 4.11] 부서별 GROUP BY(MAX 함수와 MIN 함수)

다음은 사원 테이블에서 연도별, 월별 월급의 합계를 출력하는 SQL 문으로 다중 그룹핑

(Grouping)을 사용하는 문장이다.

```
SELECT TO_CHAR(hire_date, 'YYYY') 년,
       TO_CHAR(hire_date, 'MM') 월, SUM(salary)
FROM employees
GROUP BY TO_CHAR(hire_date, 'YYYY'),
         TO_CHAR(hire_date, 'MM')
ORDER BY 년 ASC;
```

사원들의 입사일에서 연도만 추출하기 위하여 형변환 함수 TO_CHAR(hire_date, 'YYYY')를 사용한다. 이 함수의 결과인 연도를 그룹으로 묶기 위하여 GROUP BY 절을 사용한다. 이와 마찬가지로 월을 그룹핑하기 위하여 형변환 함수인 TO_CHAR(hire_date, 'MM') 함수와 GROUP BY 절을 사용한다. 실행 결과에서 볼 수 있듯이 GROUP BY 절에 여러 개의 칼럼을 사용하여 다중 그룹핑이 가능하다.

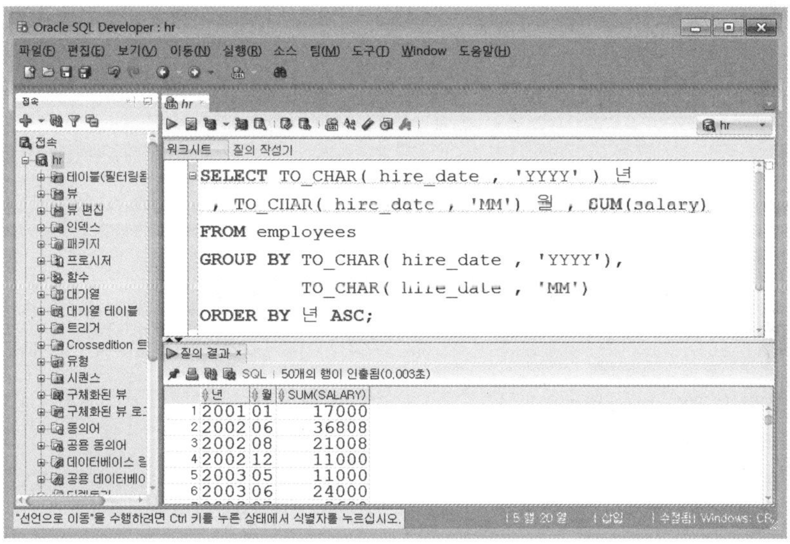

[그림 4.12] 다중 칼럼 GROUP BY

2.3 HAVING 절

테이블에 저장된 데이터를 조회하기 위해 사용되는 SQL 문은 SELECT 문이다. 이때 WHERE 절은 SELECT 문에서 조건을 지정하여 조건과 일치하는 데이터만 추출할 때 사용되며, HAVING 절은 GROUP BY 절에 의해서 생성된 결과 중에서 조건과 일치하는 데이터를 추출할 때 사용된다.

HAVING 절의 기본 문법은 다음과 같다.

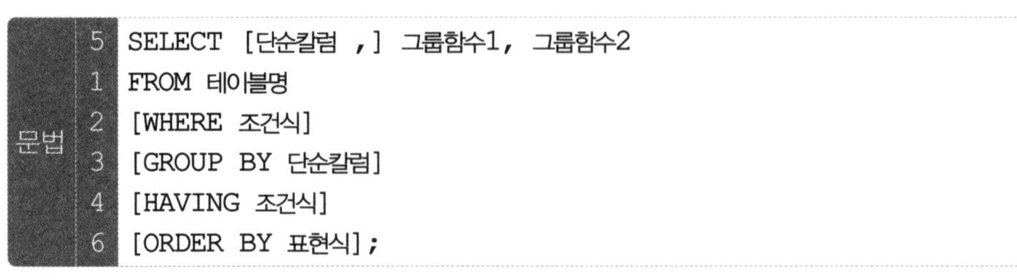

문법

```
5 SELECT [단순칼럼 ,] 그룹함수1, 그룹함수2
1 FROM 테이블명
2 [WHERE 조건식]
3 [GROUP BY 단순칼럼]
4 [HAVING 조건식]
6 [ORDER BY 표현식];
```

위의 문장이 SELECT 문에서 사용 가능한 SQL 문의 형식이며 SQL 문 앞에 적힌 숫자는 오라클이 SELECT 문을 실행하는 순서이다. 가장 먼저 FROM 절이 실행되어 테이블이 선택되고, 두 번째로 선택된 테이블에서 WHERE 절에 지정된 검색조건과 일치하는 행들을 추출하게 된다. 세 번째로 추출된 데이터들은 GROUP BY 절에 의해서 그룹핑(Grouping)되고 그룹으로 묶인 데이터들 중에서 네 번째로 HAVING 절에서 지정된 조건과 일치한 행들이 다시 추출된다.

HAVING 절까지 실행하면 테이블의 전체 행들에 대하여 2번의 필터링이 실행된다. 전체 행들을 WHERE 절에 의해서 1차로 추출되고, HAVING 절에 의해서 그룹핑된 행들을 2차로 추출하게 되는 것이다. HAVING 절에 의해서 추출된 행들 중에서 SELECT 절에서 명시된 칼럼을 ORDER BY 절에 의해서 정렬되어 보인다.

다음은 사원(employees) 테이블에서 부서별 월급 총액이 90,000 이상인 부서만 조회하는 SQL 문이다.

```
SELECT department_id, SUM(salary)
FROM employees
GROUP BY department_id
HAVING SUM(salary) >= 90000
ORDER BY 1;
```

부서별로 그룹핑(Grouping)을 위하여 GROUP BY department_id를 사용한다. 그룹핑(Grouping)된 결과 중에서 월급 총액(SUM(salary))이 90,000 이상인 검색 조건을 추가하기 위하여 HAVING 절을 사용한다. 다음과 같이 부서번호가 50과 80 부서가 월급총액이 90,000 이상인 부서들이다.

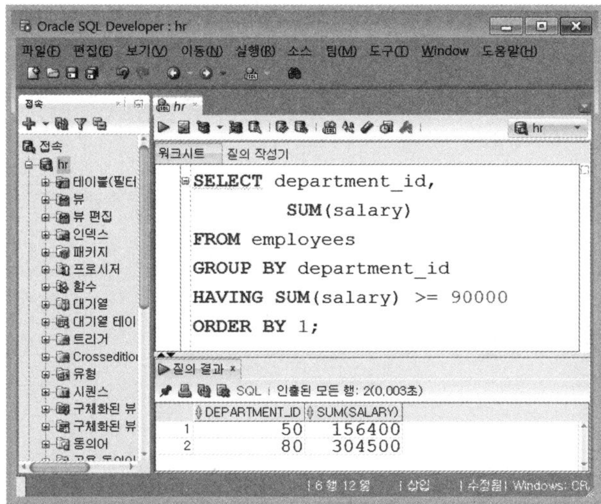
[그림 4.13] HAVING 절 사용 1

다음은 사원 테이블에서 부서별 인원수가 6명 이상인 부서명을 조회하는 SQL 문이다.

```
SELECT department_id, COUNT(department_id)
FROM employees
GROUP BY department_id
HAVING COUNT(salary) >= 6
ORDER BY 1;
```

부서별로 그룹핑(Grouping)을 위하여 GROUP BY department_id를 사용한다. 그룹핑(Grouping)된 결과의 행 개수를 구하기 위해서 COUNT 함수를 사용하고 6 이상인 검색 조건을 추가하기 위하여 HAVING 절을 사용한다. 다음과 같이 부서번호가 30, 50, 80, 100인 부서들이 사원수가 6 이상인 부서들이다.

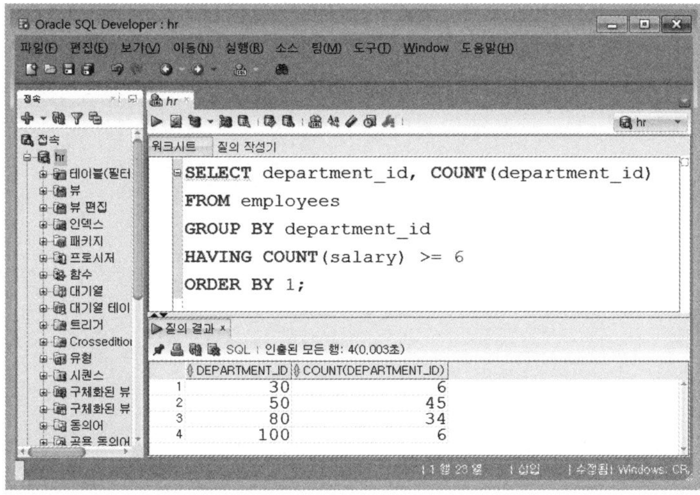
[그림 4.14] HAVING 절 사용 2

다음은 HAVING 절과 WHERE 절을 함께 사용하는 예제이다. 사원(employees) 테이블에서 월급(salary)이 3,000 이상인 사원들에 대해서만 부서별 월급 총액이 90,000 이상인 부서를 조회하는 SQL 문이다.

```
SELECT department_id, SUM(salary)
FROM employees
WHERE salary >= 3000
GROUP BY department_id
HAVING SUM(salary) >= 90000
ORDER BY 1;
```

[그림 4.13]과 비교해보면, WHERE 조건에 의해서 월급이 3,000보다 적은 사원들은 제외되어 부서번호가 50인 부서에 해당되는 월급 총액이 훨씬 작아진 것을 확인할 수 있다.

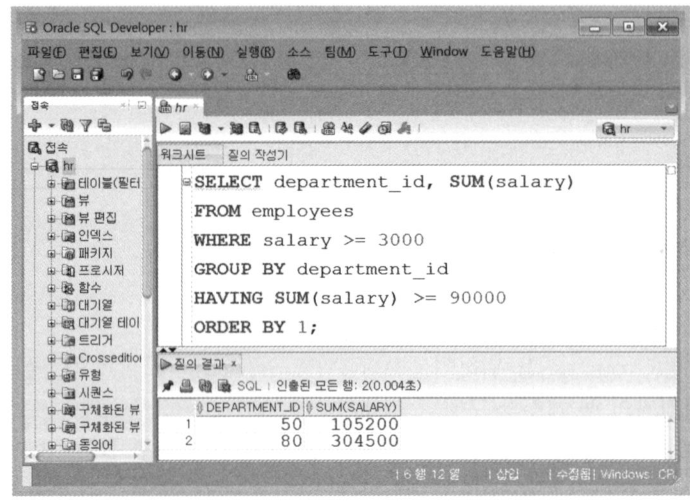

[그림 4.15] HAVING 절 사용 3

WHERE 절은 테이블에서 데이터를 조회할 때 지정된 테이블에서 특정 조건에 일치하는 데이터만 검색하고자 할 때 사용하는 절이고, HAVING 절은 GROUP BY 절에 의해서 나온 결과값 중에서 원하는 조건에 일치하는 데이터를 조회하고자 할 때 사용한다.

5장

조인

[학습목표]

- 조인(JOIN)의개념과 종류에 관하여 학습한다.
- 오라클 조인에 관하여 학습한다.
- ANSI 조인에 관하여 학습한다.
- Inner 조인과 Outer 조인에 관하여 학습한다.

1. 조인

지금까지는 하나의 테이블에 대해서만 SELECT 문을 사용하였다. 하나의 테이블만 사용한 이유는 검색하려는 데이터가 하나의 테이블 내에 모두 존재했기 때문이다. 하지만 검색하고자 하는 데이터가 여러 개의 테이블에 분산되어 있는 경우에는 여러 개의 테이블을 연결해서 필요한 데이터를 조회해야 한다. 이렇게 여러 개의 테이블을 연결해서 필요한 데이터를 조회하는 방법을 조인(join)이라고 한다.

1.1 조인 개념

hr 계정에서 사원정보를 가지고 있는 것은 employees 테이블이고 부서정보를 가지고 있는 것은 departments 테이블이다. 만약 사원들의 부서명을 출력하려면 employees 테이블과 departments 테이블을 모두 접근해야 된다. employees 테이블은 부서번호만 가지고 있기 때문에 먼저 employees 테이블에서 부서번호를 얻고, 다시 부서번호를 사용하여 departments 테이블에서 부서명을 얻을 수 있다. 이때 참조되는 departments 테이블을 부모 테이블 또는 master 테이블이라고 부르고, 참조하는 employees 테이블을 자식 테이블 또는 slave 테이블이라고 부른다.

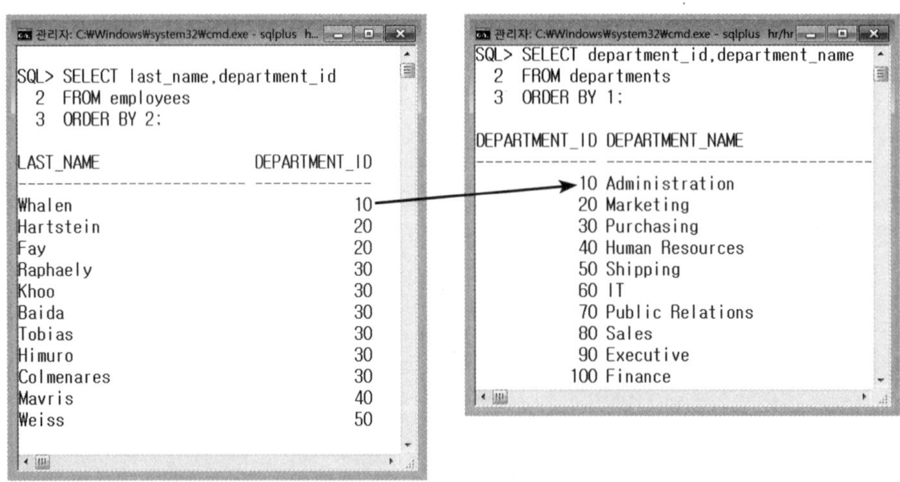

[그림 5.1] 사원 테이블과 부서 테이블 관계

만약 이름이 'Whalen'인 사원의 부서정보를 알기 위해서는 다음과 같이 'Whalen' 사원의 부서번호를 employees 테이블에서 먼저 조회해야 한다.

```
SELECT last_name, department_id
FROM employees
WHERE last_name = 'Whalen';
```

사원(employees) 테이블에서 'Whalen' 사원의 부서번호가 10인 것을 알았고, 이 부서번호를 사용하여 departments 테이블에서 부서명을 조회할 수 있다.

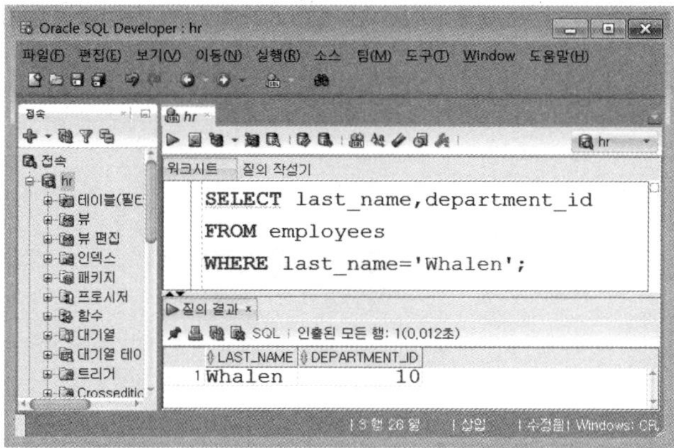

[그림 5.2] Whalen 사원의 부서번호 조회

다음은 부서(departments) 테이블에서 부서번호가 10인 부서명을 조회하는 SQL 문이다.

```
SELECT department_name
FROM departments
WHERE department_id = 10;
```

사원(employees) 테이블에서 알아낸 부서번호(10)로 부서(departments) 테이블에서 부서명 'Administration'을 조회할 수 있다.

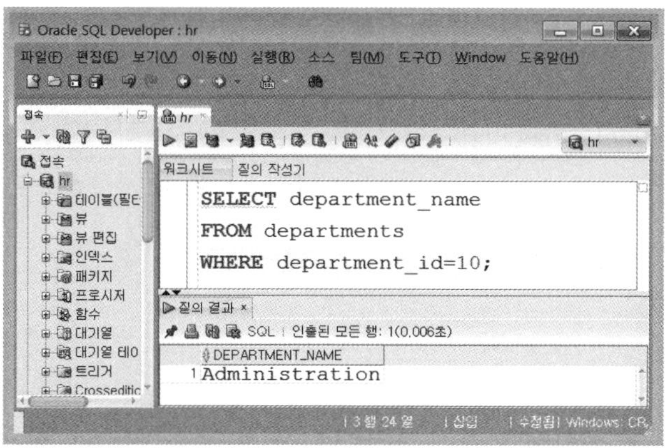

[그림 5.3] 부서번호를 이용한 부서명 조회

이렇게 필요한 데이터가 여러 테이블에 분산되어 있는 경우에, 여러 테이블의 공통된 칼럼을 연결하여 원하는 데이터를 검색하는 방법이 조인(join) 기능이다. 즉 조인은 검색하려는 칼럼이 한 개의 테이블이 아닌 여러 개의 테이블에 존재하는 경우에 사용된다.

1.2 조인 종류

오라클에서 사용 가능한 조인의 종류는 오라클에서만 사용되는 오라클 조인과 오라클 이외의 DBMS에서도 사용 가능한 ANSI 조인으로 2가지 종류가 있다. 2가지 방법은 문법만 다르고 동작 방식은 비슷하다.

[표 5.1] 조인 종류

조인 종류		설명
오라클 조인	catasian product	조인 조건을 생략하거나 조인이 잘못된 경우에 발생한다.
	equi 조인	기본키(Primary Key)와 참조키(Foreign Key)를 사용하여 반드시 조건이 일치하는 데이터만 조회하는 방법이다.
	non-equi 조인	조건이 반드시 일치하지 않더라고 범위에 포함되는 경우에 조회하는 방법이다.
	outer 조인	조건에 일치하지 않아도 조인 결과에 포함시키는 방법이다.
	self 조인	자신의 테이블과 조인하는 방법이다.
ANSI 조인	cross 조인	오라클 조인의 catasian product와 동일한 방법이다.
	natural 조인	오라클 조인의 equi 조인과 동일하며 자동으로 두 개의 테이블에서 일치하는 칼럼을 찾아서 조인한다.
	using(칼럼)	오라클 조인의 equi 조인과 동일하며 명시적으로 일치하는 칼럼을 작성한다.
	join ~ on 절	오라클 조인의 non-equi 조인과 동일한 조인 방법이다.
	left | right | full outer 조인	오라클 조인의 outer 조인과 동일한 방법이다.
	self 조인	오라클 조인의 self 조인과 동일한 방법이다.

2. 오라클 조인

오라클 조인은 MS-SQL, DB2와 같은 오라클 DBMS가 아닌 환경에서는 사용하면 안 되고 반드시 오라클에서만 사용 가능한 조인을 의미한다. 오라클 조인 방법의 특징은 여러 테이블을 연결하는 조인(jon) 조건을 WHERE 절에 명시한다.

2.1 Equi 조인

Equi 조인은 가장 많이 사용되는 조인 방법으로 조인 대상이 되는 두 테이블에서 공통적으로 존재하는 칼럼의 값이 일치하는 행을 연결하여 데이터를 반환하는 조인이다. 일치하지 않는 데이터가 존재하는 경우에는 제외되며 대부분 기본키(Primary Key)를 가진 테이블(master)과 참조키(Foreign Key)을 가진 테이블(slave)을 조인할 때 사용한다. 기본 문법은 다음과 같다.

```
SELECT 테이블1.칼럼, 테이블2.칼럼
FROM 테이블1, 테이블2
WHERE 테이블1.공통칼럼 = 테이블2.공통칼럼;
```

SELECT 절에는 두 개의 테이블로부터 검색할 칼럼의 이름을 명시하고 FROM 절에는 사용할 두 개의 테이블 이름을 명시한다. 마지막으로 WHERE 절에는 두 개의 테이블을 연결하는 조건인 '조인 조건'을 명시한다. 이때 사용하는 연산식이 동등 연산자(=)를 사용하기 때문에 Equi 조인이라고 한다. 양쪽 테이블에 공통으로 존재하는 칼럼명은 어떤 테이블의 칼럼인지를 구분하기 위하여 칼럼명 앞에 테이블명을 기술할 수도 있다.

다음은 사원 테이블(employees)과 부서 테이블(departments)로부터 Equi 조인을 사용하여 사원명과 부서명을 출력하는 SQL 문이다.

```
SELECT last_name, department_name
FROM employees, departments
WHERE employees.department_id = departments.department_id;
```

위의 문장에서 SELECT 절에 사용된 칼럼은 양쪽 테이블에 모두 존재하는 칼럼이 아니기 때문에 칼럼명 앞에 테이블명을 지정하지 않아도 되며 FROM 절에는 접근할 테이블명을 ,(쉼표)를 사용하여 나열하면 된다. WHERE 절에는 두 테이블의 공통 칼럼을 조인 조건으로 명시해야 된다.

만약 조인 조건을 명시하지 않으면 두 테이블의 각 행이 결합한 곱집합이 생성되기 때문에 잘못된 데이터가 반환된다. 만약 테이블 n개를 조인한다고 하면 n-1개의 조인 조건이 필요하다. 따라서 2개의 테이블을 할 때는 1개의 조인 조건이 필요한 것이다.

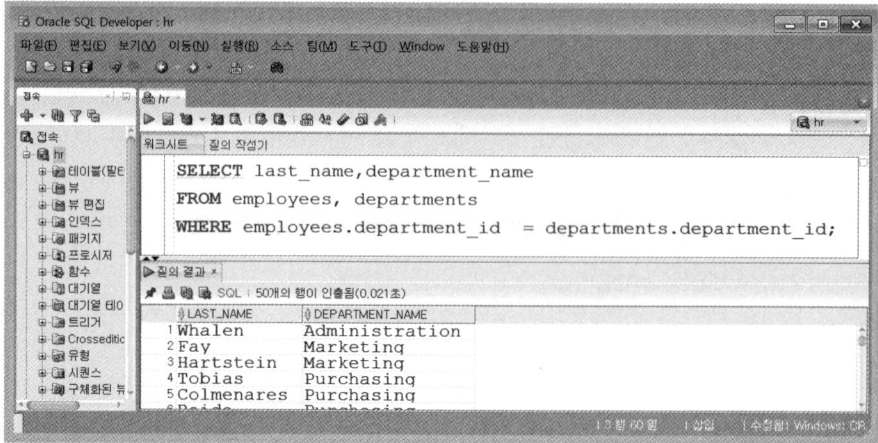

[그림 5.4] Equi 조인

Catasian Product

Catasian Product는 조인할 때 일치하는 데이터만 반환하지 않고 조인하는 각 테이블의 행 개수를 서로 곱한 결과가 반환된다. 따라서 유효한 데이터로 사용되지 못하며 일반적으로 조인 조건이 생략된 경우에 발생한다.

다음은 사원 테이블과 부서 테이블을 조인하기 위해서 작성한 SQL 문이다.

```
SELECT last_name, department_name
FROM employees, departments;
```

위의 SQL 문은 WHERE 절에 조인 조건을 명시하지 않았기 때문에 Catasian Product가 발생하며 실행 결과는 사원 테이블의 행 개수인 107과 부서 테이블의 행 개수인 27를 곱한 2,889개의 행이 반환된다. 따라서 출력된 2,889개의 데이터는 올바른 데이터가 아니기 때문에 데이터로서 가치가 없게 된다.

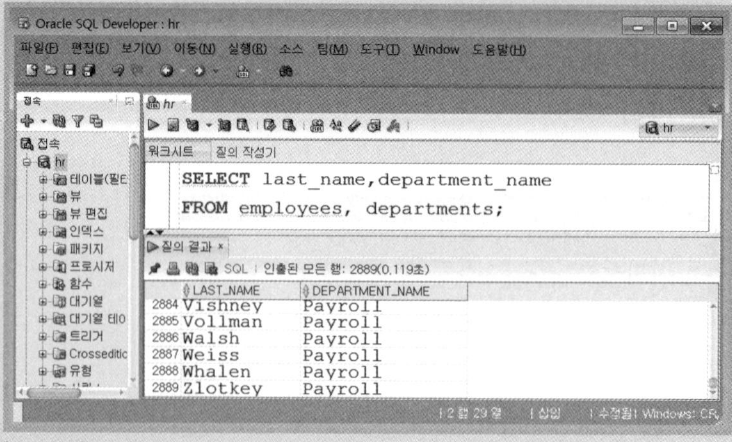

[그림 5.5] Catasian Product

2.1.1 공통 칼럼 사용시 모호성 제거

두 개 이상의 테이블을 조인하는 경우에는 두 테이블에 공통적으로 들어 있는 칼럼명이 존재하게 되는데 일반적으로 하나는 master 테이블의 기본키(Primary Key)가 되고 나머지는 slave 테이블의 참조키(Foreign Key)가 된다. 따라서 공통 칼럼을 사용하는 경우에는 어느 테이블의 칼럼인지 소속이 불분명할 경우가 있으며, 이 문제를 해결하기 위하여 반드시 칼럼명 앞에 테이블명을 지정해야 된다.

다음은 SELECT 절에서 두 테이블의 공통 칼럼인 department_id를 테이블명 사용 없이 작성한 SQL 문이다.

```
SELECT last_name, department_name, department_id
FROM employees, departments
WHERE employees.department_id = departments.department_id;
```

위의 예에서 SELECT 절에 사용된 department_id 칼럼이 공통 칼럼인데, 어떤 테이블의 칼럼인지를 명시하지 않았기 때문에 다음 그림에서와 같은 오류가 발생한다.

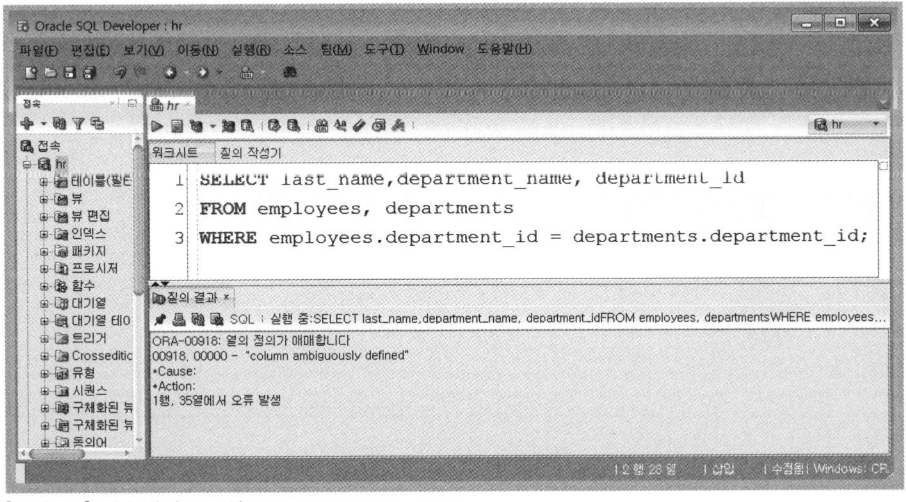

[그림 5.6] 공통 칼럼 모호성

발생한 오류를 해결하기 위해서는 칼럼명 앞에 테이블명을 명시적으로 지정함으로써 칼럼이 어느 테이블에 속하는지 구분할 수 있기 때문에 오류 없이 실행된다.

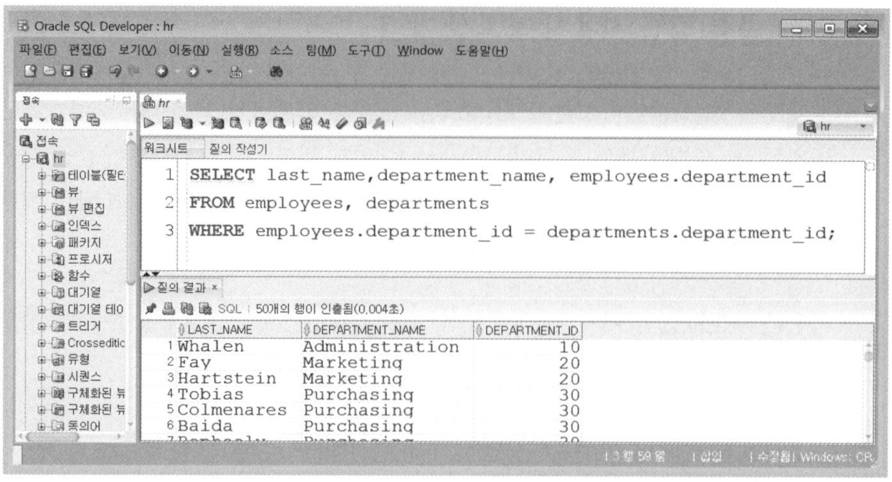

[그림 5.7] 공통 칼럼의 모호성 제거

2.1.2 테이블에 별칭(alias) 사용

SELECT 절에서 칼럼명에 대한 별칭(alias)을 사용할 수 있듯이 FROM 절에도 테이블명에 대한 별칭(alias)을 사용할 수 있다. 테이블명이 길거나 식별이 힘든 경우에 유용하게 사용한다.

사용 방법은 다음과 같이 FROM 절 뒤에 테이블명을 지정하고 공백을 둔 다음에 별칭(alias)를 지정하면 된다. 별칭을 지정한 후에는 칼럼 사용시 '별칭.칼럼명' 형식으로 사용한다.

문법

```
SELECT alias1.칼럼, alias2.칼럼
FROM 테이블1 alias1, 테이블2 alias2
WHERE alias1.공통칼럼 = alias2.공통칼럼;
```

다음은 사원(employees) 테이블과 부서(departments) 테이블을 조인할 때 테이블 별칭(alias)을 사용하는 SQL 문이다.

```
SELECT emp.last_name, department_name, emp.department_id
FROM employees emp, departments dept
WHERE emp.department_id = dept.department_id;
```

employees 테이블의 별칭을 emp로 지정하고, departments 테이블의 별칭을 dept로 지정한다. 별칭을 지정한 이후에는 테이블명 대신에 별칭을 사용하여 칼럼을 참조할 수 있다. 테이블명을 사용했을 경우와 별칭을 사용했을 경우 실행 결과는 동일하지만, 별칭을 사용한 SQL 문이 가독성이 훨씬 좋다는 것을 확인할 수 있다.

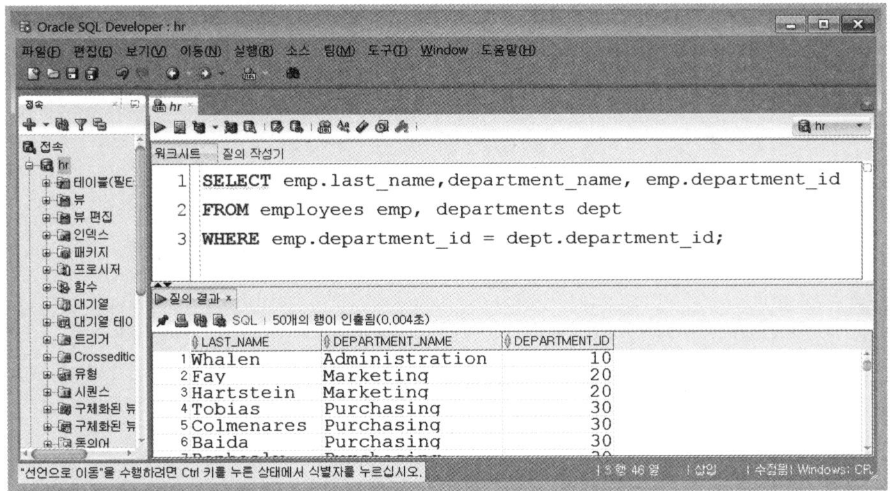

[그림 5.8] 테이블 별칭(alias) 사용

주의

테이블 별칭을 지정했을 경우에는 반드시 별칭을 사용하여 칼럼을 참조해야 한다. 만약 다음과 같이 테이블 별칭을 지정했음에도 불구하고 테이블명으로 칼럼을 참조하면 테이블명을 별칭으로 인식하기 때문에 오류가 발생된다.

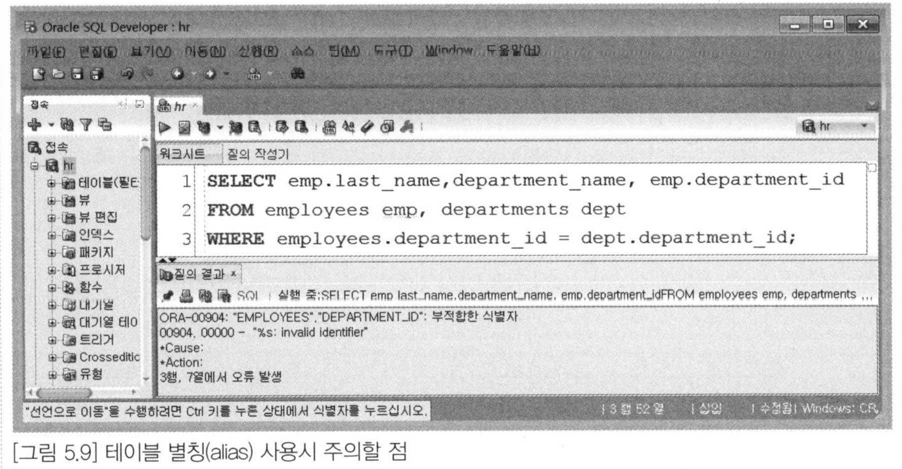

[그림 5.9] 테이블 별칭(alias) 사용시 주의할 점

2.1.3 검색 조건 추가

오라클 조인에서는 WHERE 절에 AND 연산자 및 OR 연산자를 사용하여 조인 조건에 검색 조건을 추가할 수 있다. WHERE 절에 조인 조건과 검색 조건을 같이 지정하기 때문에 어떤 문장이 조인 조건이고 검색 조건인지 쉽게 파악이 안 되어 가독성이 떨어질 수 있다. 따라서 조인 조건을 먼저 명시하고 나중에 검색조건을 명시하는 방법으로 가독성을 향상한다.

다음은 사원(employeees) 테이블과 부서(departments) 테이블을 조인하면서 검색 조건으로 이름이 'Whalen'인 사원만 검색하는 조건이 추가된 SQL 문이다.

```
SELECT emp.last_name, salary, department_name
FROM employees emp, departments dept
WHERE emp.department_id = dept.department_id
      AND last_name = 'Whalen';
```

사원 테이블과 부서 테이블을 조인하기 위해서 이전 SQL 문을 사용하고 AND 연산자를 사용하여 추가된 검색 조건을 지정한다. 실행 결과는 조인된 결과 중에서 이름이 'Whalen'인 사원 정보만 필터링되어 출력된다.

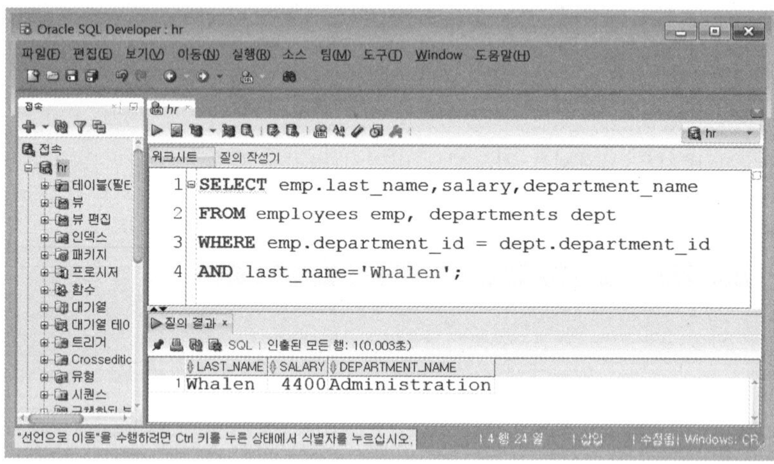

[그림 5.10] 검색 조건 추가

다음은 부서별로 2005년 이전에 입사한 직원들의 인원수를 출력하는 SQL 문이다.

```
SELECT d.department_name 부서명, COUNT(e.employee_id) 인원수
FROM employees e, departments d
WHERE e.department_id = d.department_id
      AND TO_CHAR(hire_date, 'YYYY') <= 2005
GROUP BY d.department_name;
```

사원 테이블과 부서 테이블을 Equi 조인하고 AND 연산자를 사용하여 검색 조건을 추가한다. 부서별로 그룹핑하기 위하여 GROUP BY 절을 사용하고, 2005년을 조회하기 위하여 형변환 함수 TO_CHAR 를 사용한다.

```
SELECT d.department_name 부서명, COUNT(e.employee_id) 인원수
FROM employees e, departments d
WHERE e.department_id = d.department_id
AND TO_CHAR( hire_date , 'YYYY') <= 2005
GROUP BY d.department_name;
```

	부서명	인원수
1	Administration	1
2	Accounting	2
3	Purchasing	4
4	Human Resources	1
5	IT	1
6	Public Relations	1
7	Executive	3

[그림 5.11] 검색 조건 추가

2.2 Non-Equi 조인

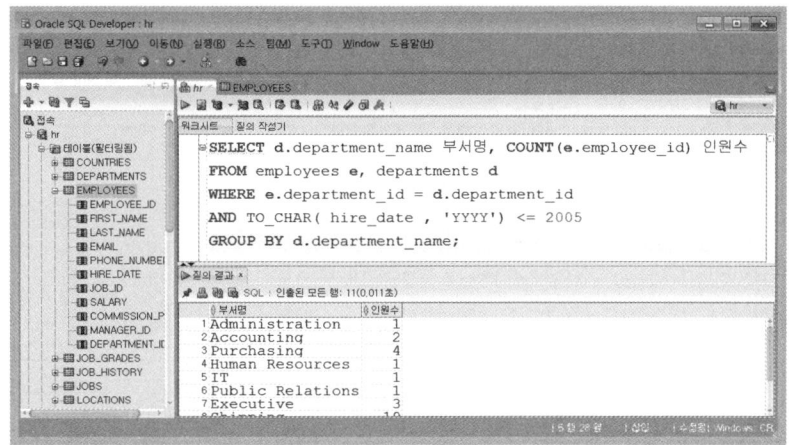

Non-Equi 조인은 WHERE 절에 조인 조건을 지정할 때 동등 연산자(=) 이외의 비교 연산자를 사용하는 조인을 의미한다. 먼저 실습하기 전에 hr 계정에 job_grades 테이블을 생성하기로 한다. 가메출판사 자료실에서 실습 파일을 다운로드하여 압축을 해제하면 jobs_grades.sql 파일을 찾을 수 있다.

먼저 제공된 jobs_grade.sql 파일의 내용을 복사하여 다음과 같이 SqlDeveloper의 SQL sheet 창에 붙여넣기 하고 SQL 문을 실행한다.

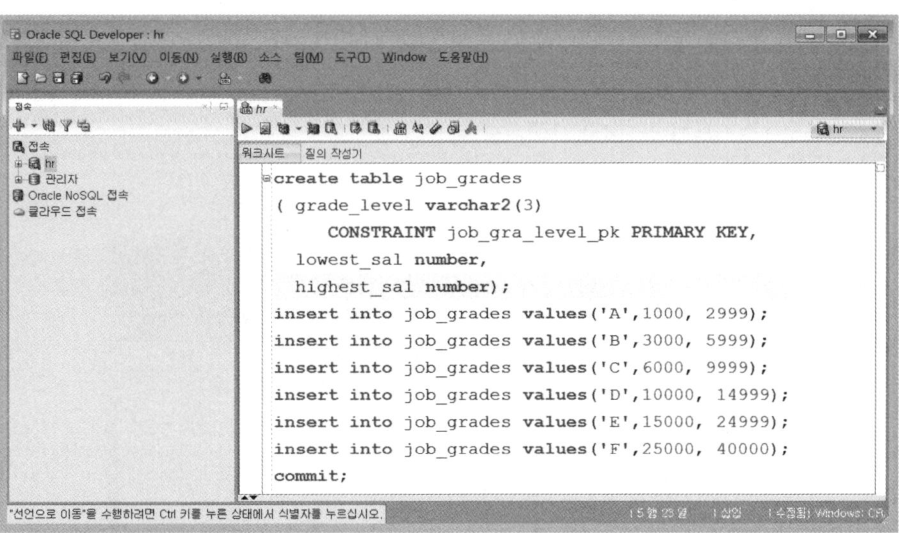

[그림 5.12] jobs_grade.sql 파일 실행

위의 SQL 문을 실행한 뒤 다음과 같이 hr 계정의 테이블 정보를 확인해보면 job_grades 테이블이 생성되어 있는 것을 확인할 수 있다.

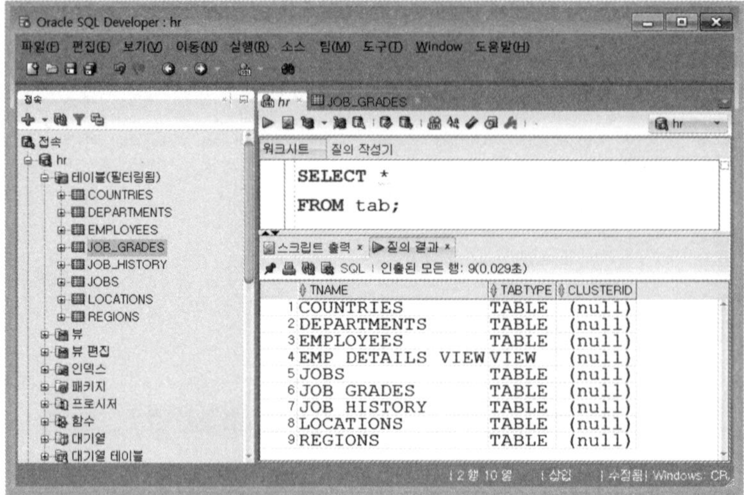

[그림 5.13] JOBS_GRADES 테이블 확인

JOB_GRADES 테이블은 다음과 같이 3개의 칼럼으로 구성되어 있다.

[표 5.2] JOB_GRADES 테이블의 구조

칼럼명	null 허용 여부	데이터형	설명
GRADE_LEVEL	NOT NULL	VARCHAR2(3)	월급에 대한 등급
LOWEST_SAL		NUMBER	최소 월급값
HIGHEST_SAL		NUMBER	최대 월급값

JOB_GRADES 테이블은 사원의 월급(salary)에 대한 등급을 구할 수 있는 테이블로서 'A'부터 'F'까지 모두 6등급으로 나누어져 있다. 'A' 등급은 월급이 1,000부터 2,999 사이이고, 'B' 등급은 3,000부터 5,999 사이이며, 'C' 등급은 6,000부터 9,999 사이, 'D' 등급은 10,000부터 14,999 사이, 'E' 등급은 15,000부터 24,999 사이, 'F' 등급은 25,000부터 40,000 사이이다.

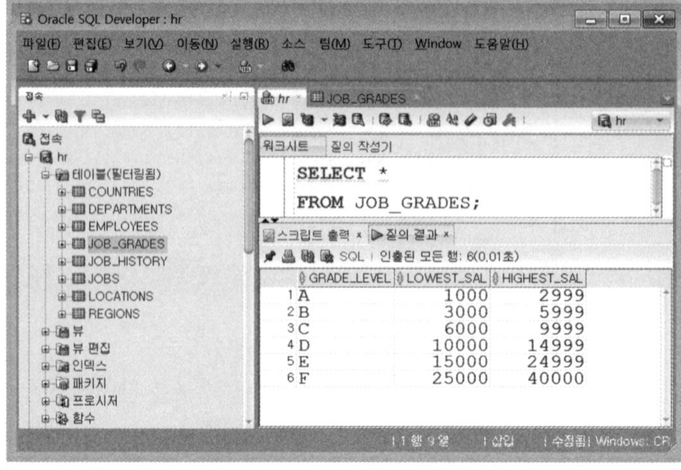

[그림 5.14] JOBS_GRADES 테이블의 데이터

JOB_GRADES 테이블에 저장된 정보를 이용하면 각 사원의 월급에 대한 등급을 알 수 있다. 다음은 사원들의 월급에 대한 등급을 조회할 수 있는 SQL 문이다.

```
SELECT last_name, salary, grade_level
FROM employees e, job_grades g
WHERE e.salary BETWEEN g.lowest_sal AND g.highest_sal;
```

사원의 월급(salary)이 JOB_GRADES 테이블의 어떤 lowest_sal 칼럼값과 highest_sal 칼럼값 사이에 포함되는지를 확인하기 위하여 BETWEEN a AND b 연산자를 사용한다. 이때 동등 연산자 이외의 연산자를 사용했기 때문에 Non-Equi 조인이라고 한다.

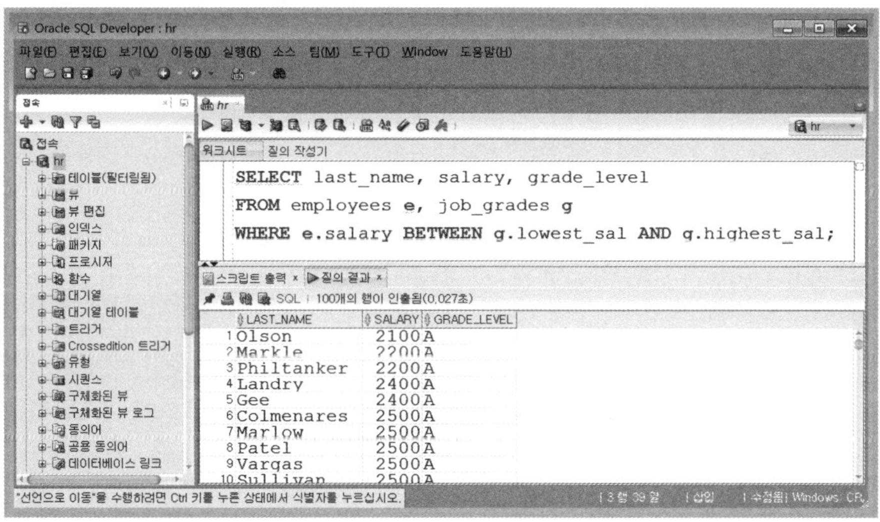

[그림 5.15] Non-Equi 조인

추가로 사원들의 월급 등급과 부서명까지 조회하려면 3개의 테이블을 조인해야 한다. 다음은 3개의 테이블을 조인하는 SQL 문이다.

```
SELECT last_name, salary, department_name, grade_level
FROM employees e, departments d, job_grades g
WHERE e.department_id = d.department_id
      AND e.salary BETWEEN g.lowest_sal AND g.highest_sal;
```

3개의 테이블을 조인하기 위하여 FROM 절에 테이블명을 지정하고 WHERE 절에는 employees 테이블과 departments 테이블에 대해서 Equi 조인을 하고 employees 테이블과 job_grades 테이블은 Non-Equi 조인으로 처리한다.

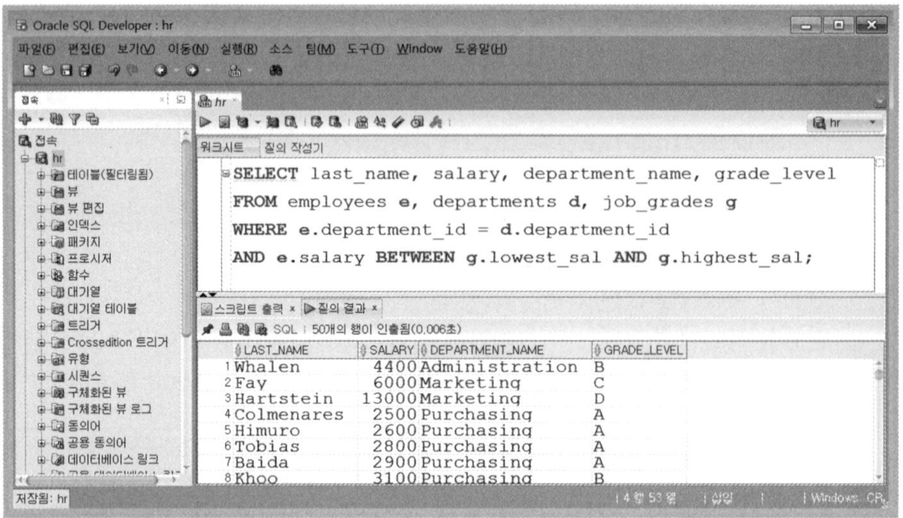

[그림 5.16] 3개의 테이블 조인

2.3 self 조인

앞서 살펴봤던 Equi 조인과 Non-Equi 조인은 모두 2개 또는 3개의 테이블을 사용하여 조인하는 방법이다. 일반적으로 조인은 하나 이상의 테이블을 연결하여 원하는 데이터를 조회할 때 사용하지만 필요에 의해서 하나의 테이블만 사용하여 자기 자신을 조인할 수도 있는데 이것을 self 조인이라고 한다. 어떤 경우에 self 조인이 필요한지를 실습 예제를 통해서 확인해보자.

사원 테이블에서 사원의 이름과 담당 관리자의 사원번호를 조회하는 SQL 문은 다음과 같다.

```
SELECT last_name, manager_id
FROM employees;
```

실행 결과를 보면 last_name 칼럼의 값이 'King'인 사원은 회사의 사장이기 때문에 관리자 사원번호가 없으며 나머지 사원들은 모두 관리자의 사원번호가 출력된다.

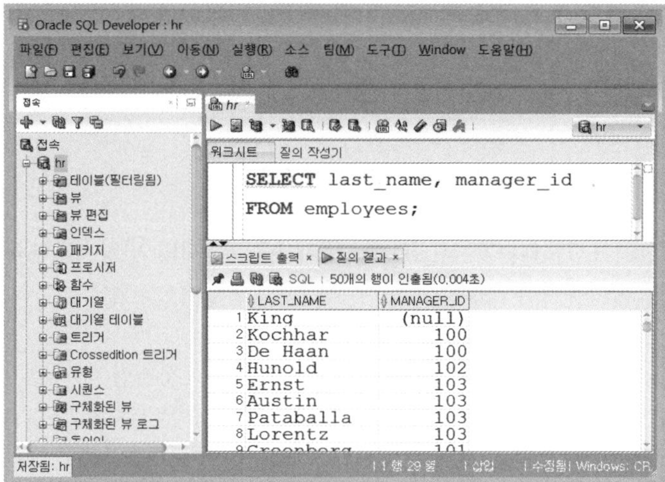

[그림 5.17] 사원 테이블의 데이터 출력

만약 사원의 이름과 담당 관리자의 사원번호가 아닌 담당 관리자의 이름을 조회하고자 할 때는 사원 테이블 하나로는 불가능하다. 하지만 만약에 사원 테이블과 동일한 구조를 가진 관리자 테이블이 있다고 가정하면 두 개의 테이블을 조인하여 원하는 데이터를 조회할 수 있다. 실제로 존재하지 않는 관리자 테이블을 생성하는 방법은 테이블의 별칭(alias)을 사용하여 가상의 관리자 테이블을 생성하면 된다.

다음 그림에서 왼쪽은 employees 테이블에서 사원이름과 해당 사원의 관리자 사원의 사원번호만 조회한 것이고, 오른쪽은 employees 테이블에서 관리자인 사원의 사원번호와 사원이름을 조회한 것이다.

왼쪽 화면의 관리자 번호(manager_id) 100을 이용하여 오른쪽 화면의 사원번호와 일치하는 데이터의 이름(last_name)을 조회할 수 있다.

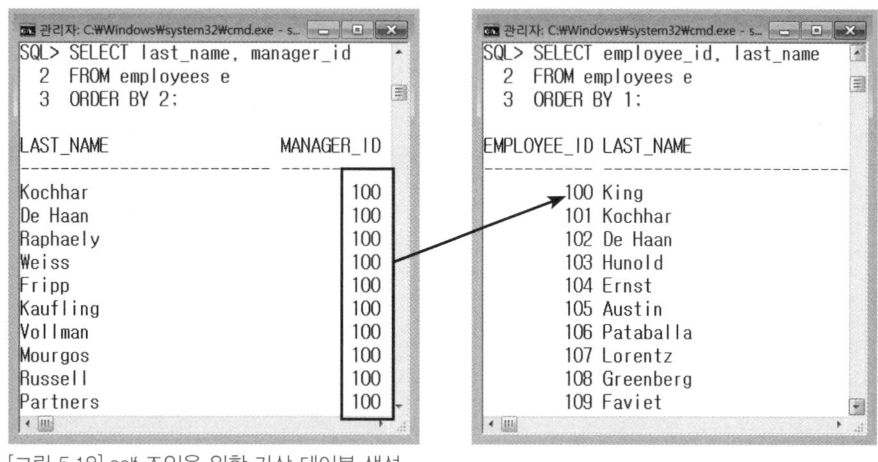

[그림 5.18] self 조인을 위한 가상 테이블 생성

다음은 사원이름과 담당 관리자의 이름을 출력하는 SQL 문이다.

```
SELECT e.last_name 사원명, m.last_name 관리자명
FROM employees e, employees m
WHERE e.manager_id = m.employee_id;
```

위의 SQL 문을 살펴보면 하나의 employees 테이블을 두 개의 별칭으로 e와 m을 사용하여 마치 두 개의 테이블처럼 사용하고 있다.

이렇게 하나의 테이블을 마치 여러 개의 테이블을 사용하는 것처럼 테이블 별칭을 사용하여 조인하는 방법을 self 조인이라고 한다. FROM 절에 같은 테이블명을 사용해야 하기 때문에 반드시 테이블 별칭을 사용해야 한다. 이렇게 테이블 하나를 두 개 또는 그 이상으로 별칭을 사용하여 self 조인할 수 있다.

실행 결과를 살펴보면 employees 테이블의 전체 행의 개수는 107개인데 다음과 같이 106개가 출력된다. King 사원은 회사 사장이기 때문에 관리자가 없다. 따라서 조인할 때 일치하는 데이터가 없기 때문에 검색 결과에 누락되어 출력된다.

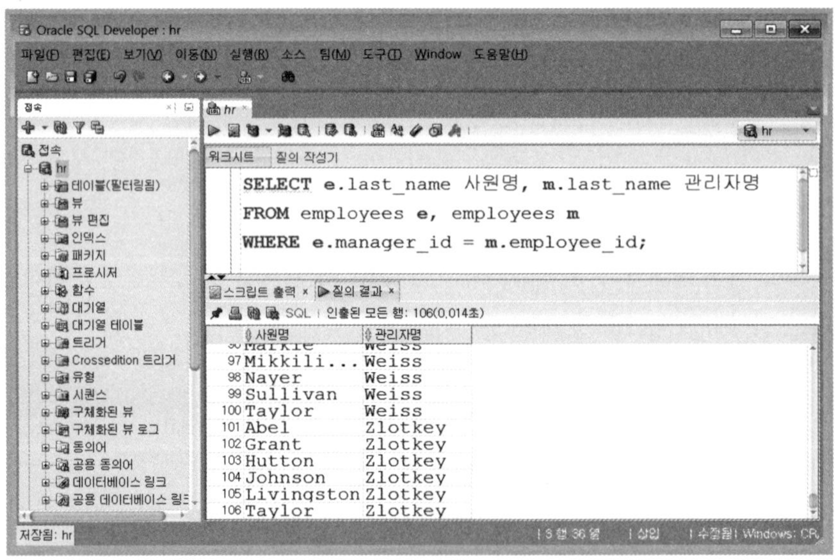

[그림 5.19] self 조인

2.4 Outer 조인

조인의 실행 결과는 반드시 조인 조건에 만족하는 데이터만 조회된다. 조인 조건에 위배되면 누락되는데 이렇게 조인 조건에 일치하는 데이터만 조회하는 조인을 Inner 조인이라고 한다. 앞서 배웠던 Equi 조인, Non-Equi 조인, Self 조인 등이 모두 Inner 조인이라고 할 수 있다.

Outer 조인은 조인 조건에 만족하지 않아도 결과 값에 포함시키는 조인 방법으로 (+) 연산자를 사용한다. (+) 연산자는 조인하고자 하는 테이블 중에서 한번만 사용할 수 있으며 일치하는 데이터가 없는 쪽에 지정한다. (+) 연산자를 지정하면 내부적으로 한 개 이상의 널(null)을 가진 행이 생성되고 이렇게 생성된 널(null) 행들과 데이터를 가진 테이블의 행들이 조인하게 되어 조건이 일치하지 않아도 결과값에 포함이 된다.

Outer 조인의 사용 문법은 다음과 같다.

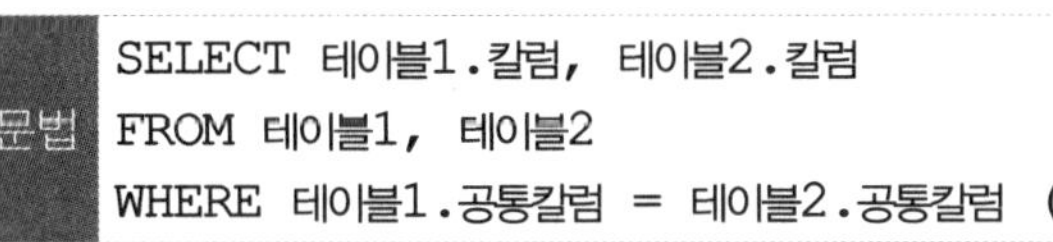
문법

```
SELECT 테이블1.칼럼, 테이블2.칼럼
FROM 테이블1, 테이블2
WHERE 테이블1.공통칼럼 = 테이블2.공통칼럼 (+);
```

위의 문법에서 테이블2에 (+) 연산자를 지정했기 때문에 조인 조건과 일치하지 않는 테이블1의 데이터도 결과에 포함되어 출력된다. 만약 테이블1에 (+) 연산자를 지정하면 조인 조건과 일치하지 않는 테이블2의 데이터가 결과에 포함되어 출력된다. 양쪽 테이블에 (+) 연산자를 동시에 사용할 수는 없으며 반드시 하나의 테이블에만 지정해야 한다.

다음은 관리자가 없는 사원 정보도 모두 포함하여 사원의 이름과 담당 관리자의 사원번호를 조회하는 SQL 문이다.

```
SELECT e.last_name 사원명, m.last_name 관리자명
FROM employees e, employees m
WHERE e.manager_id = m.employee_id (+);
```

관리자 테이블에 일치하는 데이터가 없기 때문에 m.employee_id에 (+) 연산자를 지정해야 하며, 실행 결과는 다음과 같이 관리자가 없는 'King' 사원의 정보도 포함되어 출력된다.

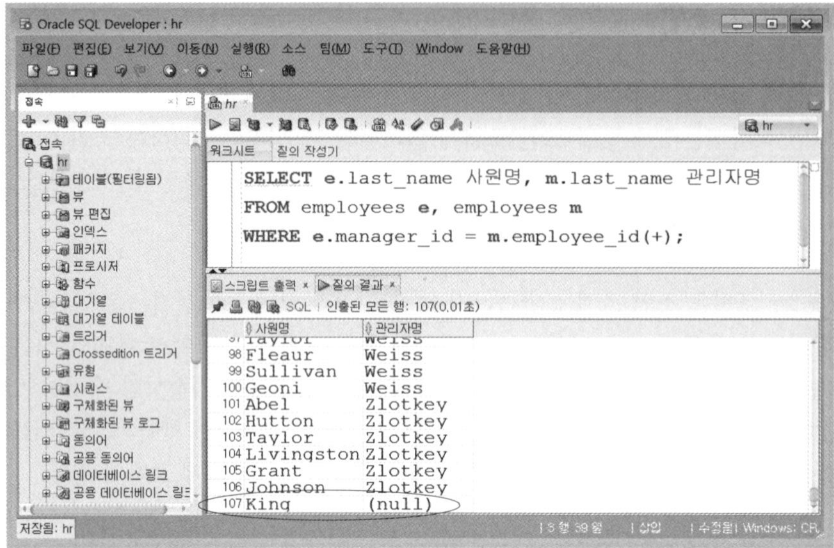

[그림 5.20] Outer 조인

다음은 사원명과 관리자명, 그리고 관리자의 관리자명을 출력하는 SQL 문이다.

```
SELECT e.last_name 사원명,
       m.last_name 관리자명, mm.last_name "관리자의 관리자명"
FROM employees e, employees m, employees mm
WHERE e.manager_id = m.employee_id
     AND m.manager_id = mm.employee_id;
```

사원명, 관리자명 그리고 관리자의 관리자명을 구하기 위해서는 3개의 테이블을 조인해야 하며 다음과 같이 세 개의 별칭 e, m, mm을 사용하여 self 조인한다. 실행 결과는 92개의 데이터가 출력된다.

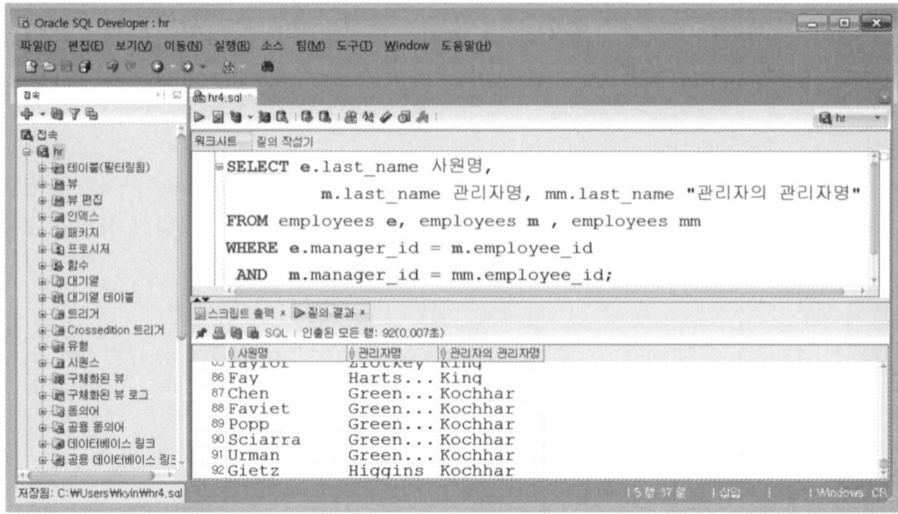

[그림 5.21] self 조인

만약 위 실습 예제에서 상위 관리자가 없는 모든 사원의 이름까지 출력하기 위해서는 다음과 같이 Outer 조인을 해야 한다.

```
SELECT e.last_name 사원명,
    m.last_name 관리자명, mm.last_name "관리자의 관리자명"
FROM employees e, employees m, employees mm
WHERE e.manager_id = m.employee_id (+)
   AND m.manager_id = mm.employee_id (+);
```

사원 중에서 관리자가 없는 사원의 정보를 출력하기 위해서 m.employee_id (+)로 지정하고, 관리자 중에서 관리자가 없는 정보를 출력하기 위해서 mm.employee_id (+)로 Outer 조인한다. 따라서 실행 결과는 관리자가 없는 사원 정보까지 포함하여 출력된다.

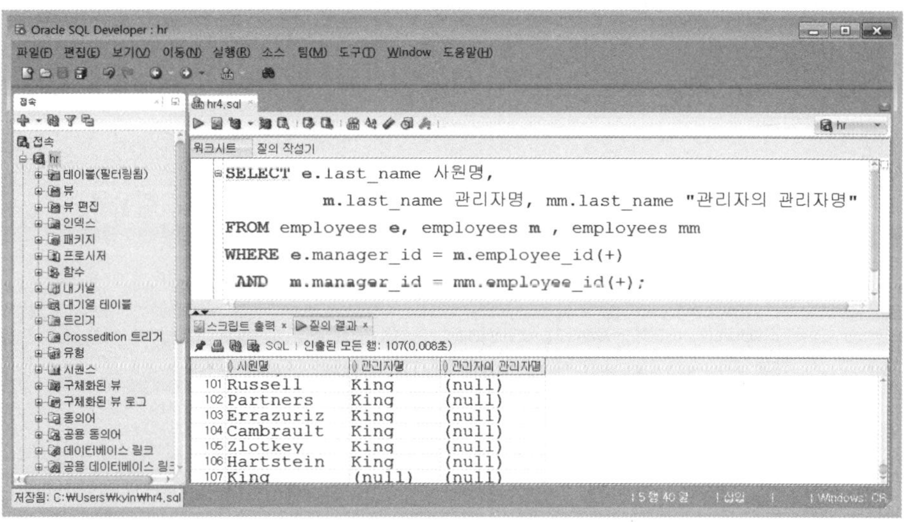

[그림 5.22] Outer 조인과 self 조인

3. ANSI 조인

ANSI 조인은 MS-SQL, DB2와 같은 오라클 DBMS가 아닌 환경에서도 사용 가능한 표준화된 조인을 의미한다. ANSI 조인의 특징은 여러 테이블을 연결하는 조인 조건을 WHERE 절에 명시하지 않고 다른 방법을 통하여 기술하며, 검색 조건을 지정하는 경우에 WHERE 절을 사용한다. 따라서 조인 조건과 검색 조건을 분리하여 지정하기 때문에 가독성이 향상된다.

3.1 Natural 조인

Natural 조인은 오라클 조인의 Equi 조인과 기능이 동일하다. 즉, 같은 이름을 가진 칼럼에 기반하여 동작한다. 따라서 조인에 참여하는 테이블에는 반드시 한 개의 공통 칼럼이 있어야 하며, 만약 두 개 이상의 공통 칼럼이 있다면 오류는 아니지만 엉뚱한 실행 결과가 출력된다. 즉, 두 개의 공통 칼럼 값이 서로 같은 것만 조회된다. 기본 문법은 다음과 같으며 테이블 별칭(alias)도 사용 가능하다.

```
SELECT 테이블1.칼럼, 테이블2.칼럼
FROM 테이블1 NATURAL JOIN 테이블2
[WHERE 검색조건];
```

오라클 조인의 Equi 조인에서는 조인 조건을 WHERE 절에 명시하지만 ANSI 조인의 Natural 조인은 WHERE 절에 명시하지 않고 FROM 절에서 NATURAL JOIN 키워드를 사용한다. 오라클은 자동으로 테이블1과 테이블2에서 공통 칼럼을 찾아서 조인이 실행된다.

다음은 오라클 조인에서 실습했던 예제로 사원 테이블과 부서 테이블을 Natural 조인으로 처리한 SQL 문이다.

```
SELECT last_name, department_name, department_id
FROM employees NATURAL JOIN departments;
```

오라클은 employees 테이블과 departments 테이블의 공통 칼럼을 자동으로 찾아서 조인을 실행한다. 이전에 실습했던 오라클 조인의 Equi 조인은 106개의 데이터가 출력되었다. 하지만, Natural 조인에서는 32개의 데이터가 출력되는데, 이유는 employees 테이블과 departments 테이블 간 공통 칼럼이 department_id와 manager_id 칼럼으로 두 개의 공통 칼럼이 존재하기 때문이다. 따라서 두 개의 칼럼이 모두 만족하는 32개의 데이터가 출력되는 것이다. 만약 manager_id 칼럼이 없다면 자동으로 department_id 칼럼으로 조인하여 Equi 조인과 동일한 106개의 데이터가 반환될 것이다.

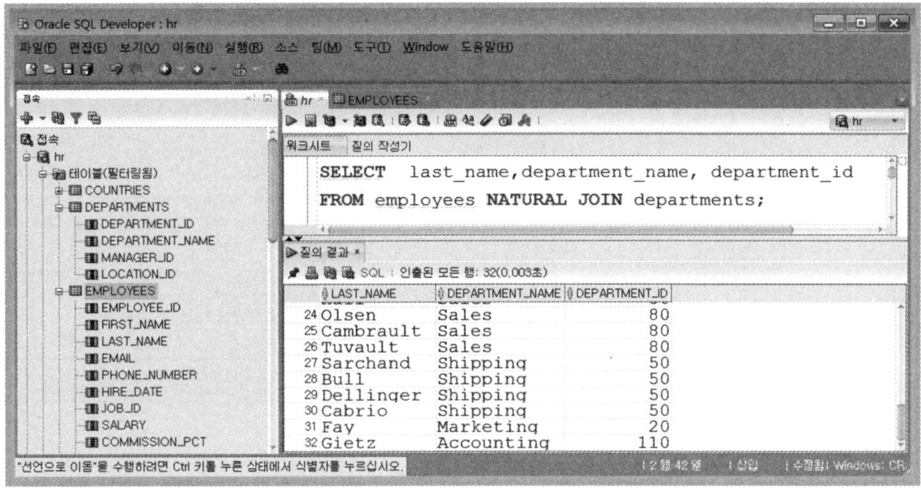

[그림 5.23] Natural 조인

이렇게 두 개의 공통 칼럼을 찾아서 자동으로 조인하는 방법이 Natural 조인인데, 실습 결과에서 확인해본 것처럼 공통된 칼럼이 여러 개인 경우에는 의도하지 않은 데이터가 출력될 수 있기 때문에 Natural 조인을 사용할 때는 주의해야 한다.

주의

Natural 조인을 사용할 때 주의할 점으로 공통 칼럼을 사용할 때 테이블명이나 테이블명의 별칭(alias)을 사용하면 안 된다. 자동으로 공통 칼럼을 인지하기 때문에 명시적으로 테이블명이나 테이블의 별칭(alias)을 사용하면 에러가 발생한다.

다음은 공통 칼럼인 department_id 칼럼에 명시적으로 테이블명의 별칭을 사용한 예제로 실행하면 에러가 발생한다.

```
SELECT last_name, department_name, e.department_id
FROM employees e NATURAL JOIN departments d;
```

SELECT 절에 사용된 e.department_id는 Natural 조인에서 사용된 공통 칼럼이기 때문에 테이블의 별칭 e를 사용하지 못한다. 따라서 e.department_id 대신에 그냥 department_id를 사용해야 한다.

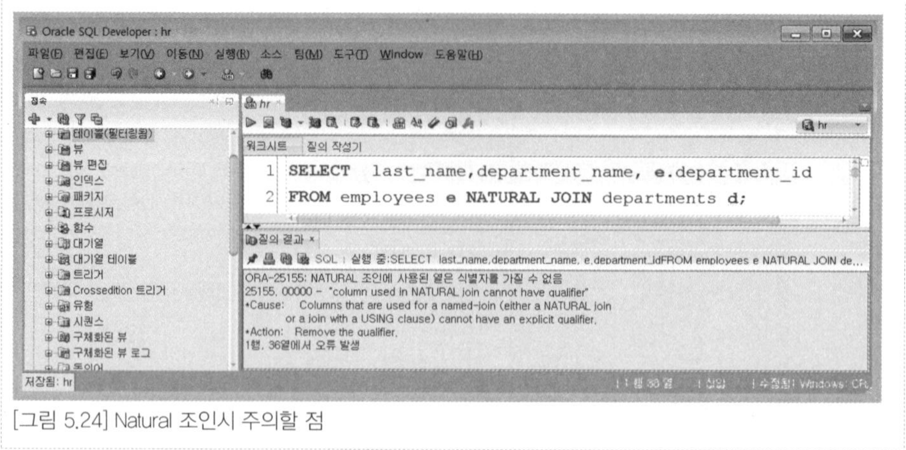

[그림 5.24] Natural 조인시 주의할 점

다음은 오라클 조인에서 실습했던 예제로서 사원 테이블과 부서 테이블을 조인할 때 검색 조건으로 부서번호가 90인 사원만 검색하는 조건이 추가된 Natural 조인 SQL 문이다.

```
SELECT last_name, department_name, department_id
FROM employees e NATURAL JOIN departments d
WHERE department_id = 90;
```

검색 조건을 추가하기 위해서 WHERE 절을 사용한다. 필요하다면 WHERE 절에서 AND 및 OR 연산자를 사용하여 여러 검색 조건을 추가 지정할 수 있다.

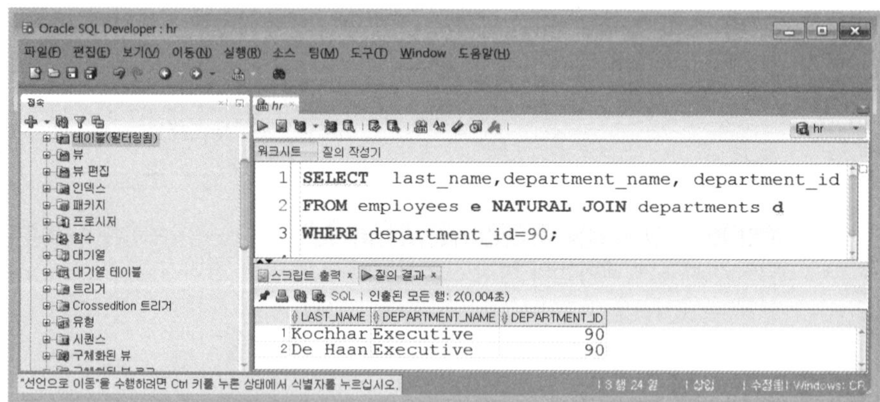

[그림 5.25] WHERE 절을 이용한 검색 조건 추가

Cross 조인

Cross 조인은 조인할 때 일치하는 데이터만 반환하지 않고 조인하는 각 테이블의 행 개수를 서로 곱한 결과가 반환된다. 오라클 조인의 Catasian Product와 동일하게 동작하며 데이터로서의 가치는 없다.

다음은 오라클 조인의 Catasian Product와 동일한 결과를 출력하는 Cross 조인 SQL 문이다.

```
SELECT last_name, department_name, e.department_id
FROM employees e CROSS JOIN departments d;
```

위의 SQL 문은 Catasian Product와 동일하게 사원 테이블의 행 개수인 107과 부서 테이블의 행 개수인 27를 곱한 2,889개의 행이 반환된다. Natural 조인과는 다르게 공통 칼럼을 사용할 때는 반드시 별칭을 지정해야 한다.

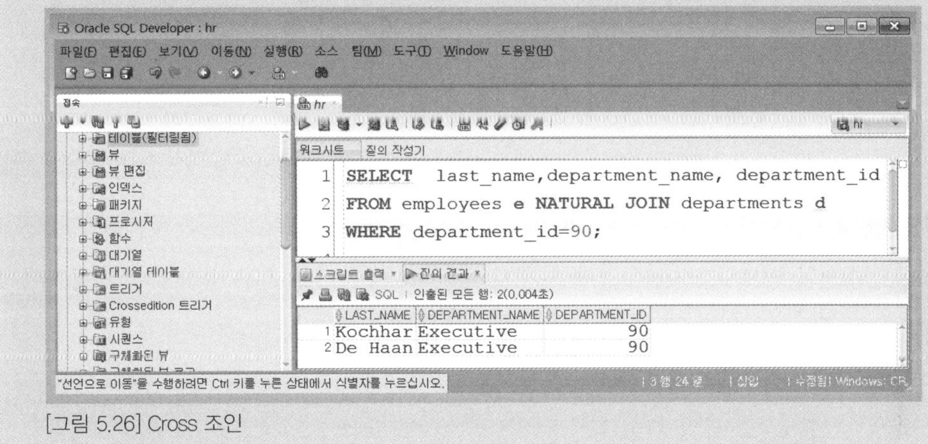

[그림 5.26] Cross 조인

3.2 USING 절

Natural 조인을 사용할 때 두 개 이상의 공통 칼럼이 있다면 오류는 아니지만 엉뚱한 실행 결과가 출력된다. 이러한 경우에는 using 절을 사용하여 명시적으로 어떤 칼럼으로 조인할지를 지정할 수 있다. 주의할 점은 Natural 조인과 동일하게 공통 칼럼에는 별칭(alias)을 사용할 수 없으며, 기본 문법은 다음과 같으며 INNER 키워드는 생략할 수 있다.

문법

```
SELECT 테이블1.칼럼, 테이블2.칼럼
FROM 테이블1 [INNER] JOIN 테이블2 USING(공통칼럼)
[WHERE 검색조건];
```

다음은 사원 테이블과 부서 테이블을 using 절을 이용하여 조인하는 SQL 문으로, using 절에 지정된 department_id 칼럼으로 조인된다.

```
SELECT last_name, department_name, department_id
FROM employees e JOIN departments d
     USING(department_id);
```

앞서 배운 오라클 조인의 Equi 조인과 동일한 실행 결과로서 106개의 데이터가 출력된다.

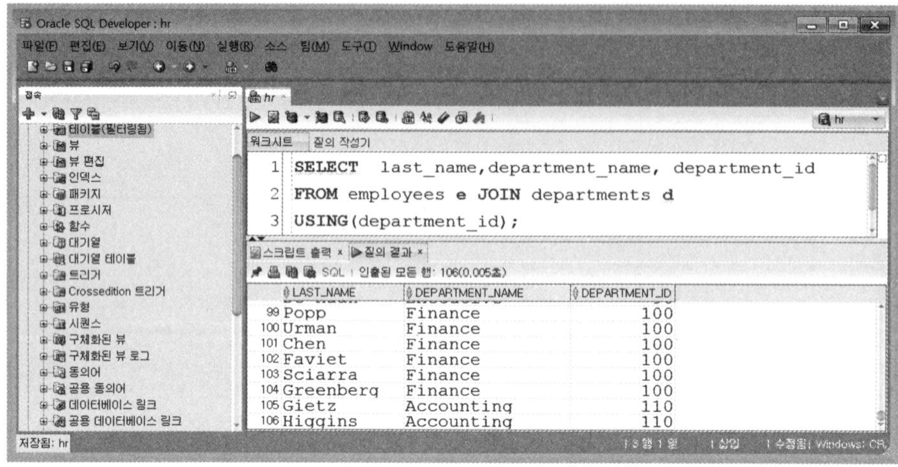

[그림 5.27] USING 절 사용

주의할 점으로 USING 절에 사용된 department_id 칼럼은 별칭 없이 사용해야 한다. 만약 별칭을 사용하면 다음과 같이 에러가 발생한다.

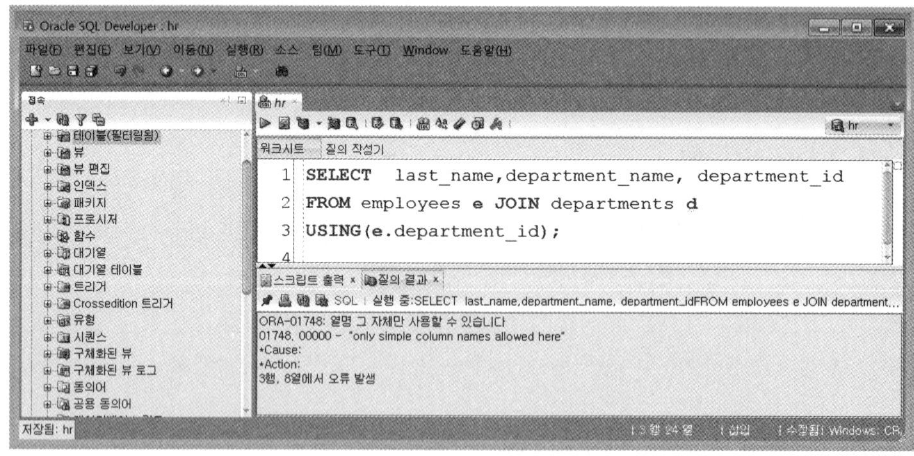

[그림 5.28] USING 절 사용시 주의할 점

위의 코드는 using 절에 e.department_id로 별칭을 사용했기 때문에 에러가 발생하며 별칭을 사용하지 않는 department_id만을 사용해야 한다.

3.3 ON 절

Natural 조인이나 USING 절은 조인할 때 내부적으로 공통 칼럼값이 반드시 일치하는 Equi 조인 형식으로 실행된다. Non-Equi 조인이나 임의의 조건으로 조인할 경우에는 ON 절을 사용해야 된다. 기본 문법은 다음과 같다.

문법

```
SELECT 테이블1.칼럼, 테이블2.칼럼
FROM 테이블1 [INNER] JOIN 테이블2 ON 조인 조건
[WHERE 검색조건];
```

다음은 사원 테이블과 부서 테이블을 ON 절을 이용하여 조인하는 SQL 문이다.

```
SELECT last_name, department_name, e.department_id
FROM employees e JOIN departments d
     ON e.department_id = d.department_id;
```

FROM 절에서는 JOIN 키워드 앞뒤로 조인에 참가할 테이블명을 지정하고, ON 절에서 조인 조건을 명시적으로 설정한다. 실습에서는 사원 테이블과 부서 테이블의 공통 칼럼인 department_id가 일치하도록 조건을 지정한다.

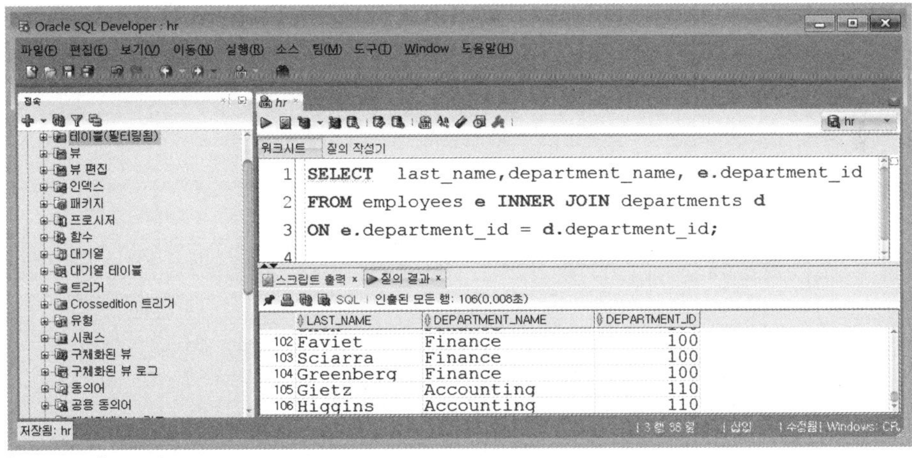

[그림 5.29] ON 절

다음은 오라클 조인에서 실습했던 예제로서 사원 테이블과 부서 테이블을 조인할 때 검색 조건으로 부서번호가 90인 사원만 검색하는 조건이 추가된 ON 절을 사용하는 SQL 문이다.

```
SELECT last_name, department_name, e.department_id
FROM employees e INNER JOIN departments d
     ON e.department_id = d.department_id
WHERE e.department_id = 90;
```

ON 절에 조인 조건을 지정하고 검색 조건을 추가하기 위해서 WHERE 절을 사용한다. 오라클 조인과는 다르게 조인 조건과 검색 조건 지정을 분리해서 표현할 수 있다.

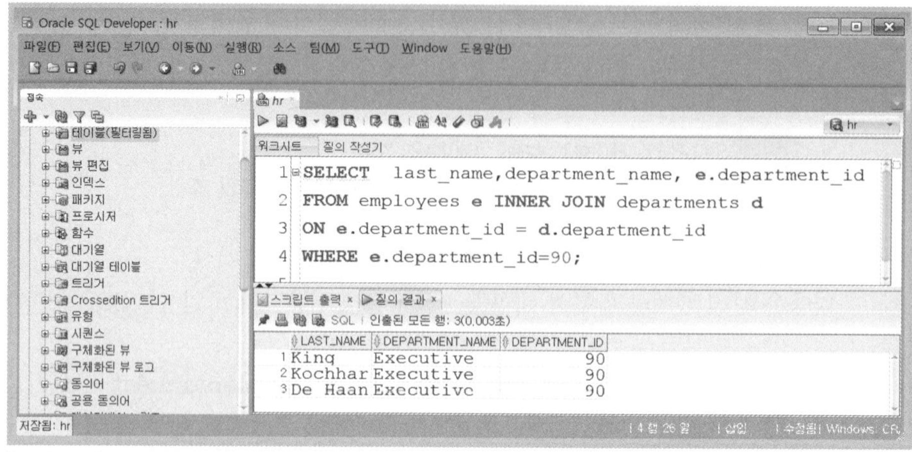

[그림 5.30] WHERE 절을 이용한 검색 조건 추가

정보

ON 절에 다음과 같이 조인 조건 및 검색 조건을 같이 사용해도 문법적으로 문제가 없고 실행 결과도 동일하다. 하지만 가독성 및 기능성을 위하여 [그림 5.30]에서와 같이 조인 조건은 ON 절에서 설정하고 검색 조건은 WHERE 절을 사용할 것을 권장한다.

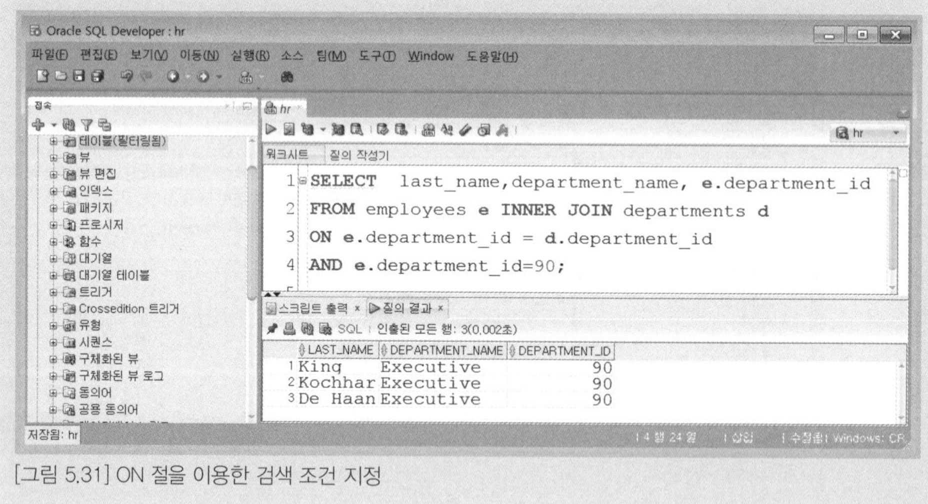

[그림 5.31] ON 절을 이용한 검색 조건 지정

다음은 ANSI 조인에서 사용하는 self 조인 실습 예제로서 사원과 담당 관리자의 이름을 출력하는 SQL 문이다.

```
SELECT e.last_name 사원명, m.last_name 관리자
FROM employees e INNER JOIN employees m
ON e.manager_id = m.employee_id;
```

하나의 사원 테이블로 별칭(alias) e와 m을 사용하여 self 조인한다. 실행 결과는 다음과 같이 106개의 데이터가 출력된다.

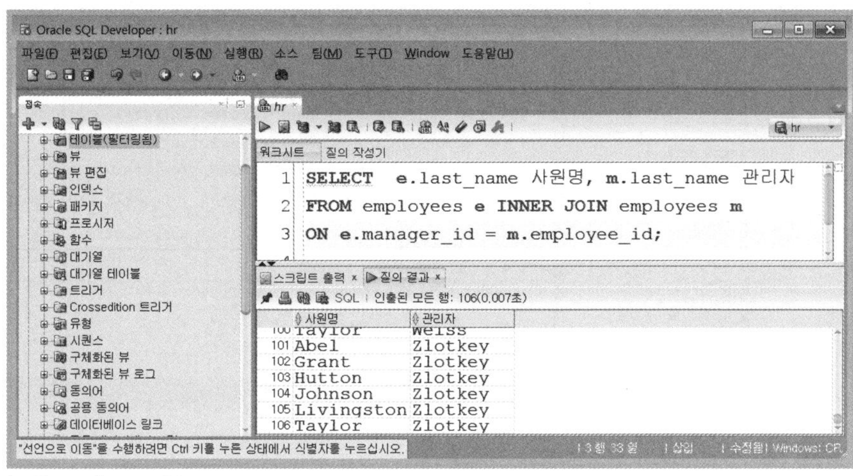

[그림 5.32] self 조인

다음은 3 개의 테이블을 조인해야 하는 예제로 사원 정보, 부서 정보 및 월급 등급을 조회하는 SQL 문이다.

```
SELECT e.last_name 사원명, d.department_name 부서명,
    g.grade_level 등급
FROM employees e INNER JOIN departments d
ON e.department_id = d.department_id
            INNER JOIN job_grades g
ON e.salary BETWEEN g.lowest_sal AND g.highest_sal;
```

사원 테이블과 부서 테이블을 먼저 ON 절을 사용하여 조인하고, 나중에 추가로 ON 절을 사용하여 등급 테이블과 조인한다. ANSI 조인에서도 두 개 이상의 테이블과 조인이 가능하며 BETWEEN a AND b와 같은 Non-Equi 조인을 사용하는 경우에는 ON 절을 이용하면 된다.

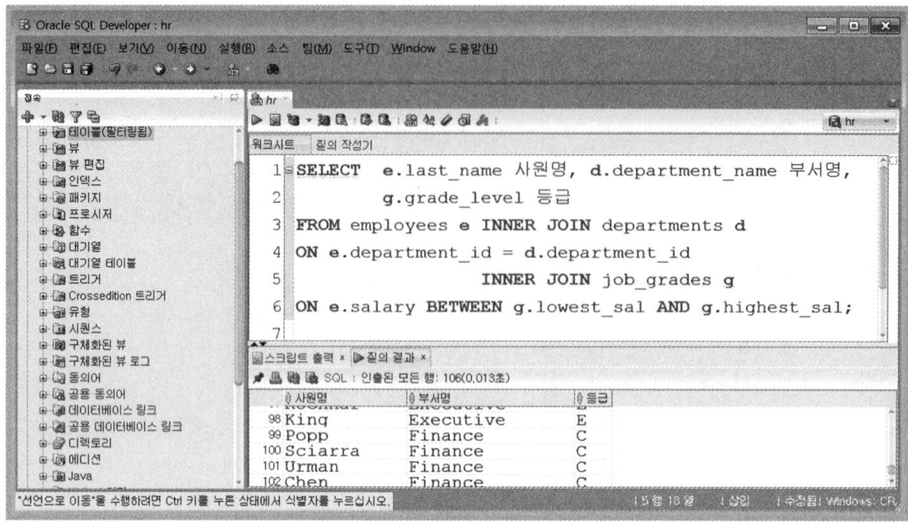

[그림 5.33] 3개의 테이블 조인

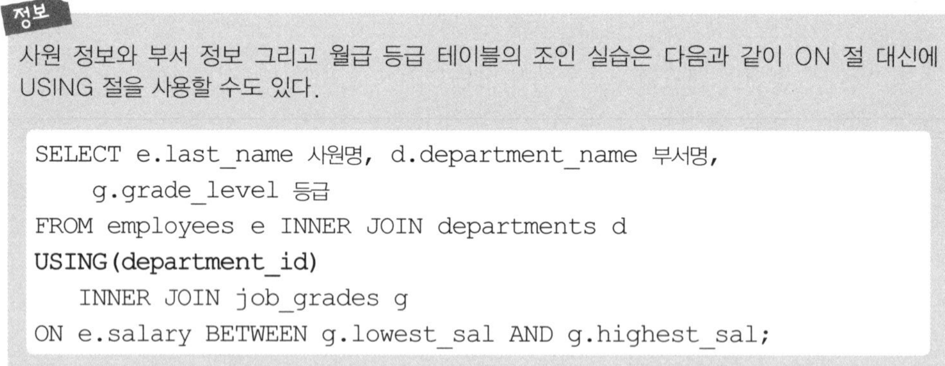

정보

사원 정보와 부서 정보 그리고 월급 등급 테이블의 조인 실습은 다음과 같이 ON 절 대신에 USING 절을 사용할 수도 있다.

```
SELECT e.last_name 사원명, d.department_name 부서명,
    g.grade_level 등급
FROM employees e INNER JOIN departments d
USING(department_id)
   INNER JOIN job_grades g
ON e.salary BETWEEN g.lowest_sal AND g.highest_sal;
```

3.4 LEFT OUTER | RIGHT OUTER | FULL OUTER 조인

오라클 조인에서는 Outer 조인을 사용할 때 (+) 연산자를 이용하고 반드시 한 쪽 테이블에서만 사용할 수 있었다.

ANSI 조인에서의 Outer 조인은 (+) 연산자 대신에 LEFT | RIGHT | FULL 키워드를 이용하며 한 쪽 테이블 또는 양쪽 테이블에 모두 지정이 가능하다. 기본 문법은 다음과 같다.

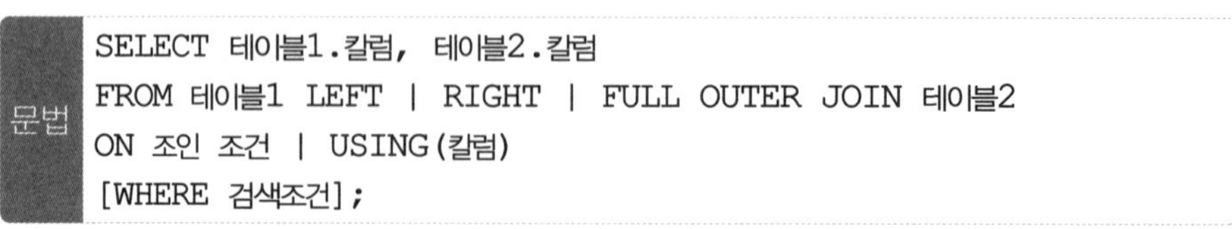

문법

```
SELECT 테이블1.칼럼, 테이블2.칼럼
FROM 테이블1 LEFT | RIGHT | FULL OUTER JOIN 테이블2
ON 조인 조건 | USING(칼럼)
[WHERE 검색조건];
```

LEFT OUTER 조인은 LEFT로 지정된 테이블1의 데이터를 테이블2의 조인 조건 일치 여부와 상관없이 모두 출력한다는 의미이다. 마찬가지로 RIGHT OUTER 조인은 RIGHT로 지정된 테이블2의 데이터를 테이블1의 조인 조건 일치 여부와 상관없이 모두 출력한다는 의미이다.

마지막으로 FULL OUTER 조인은 LEFT OUTER 조인 결과와 RIGHT OUTER 조인 결과를 합친 결과로서, 양쪽 테이블1과 테이블2의 데이터를 조인 조건 일치여부와 상관없이 모두 출력한다는 의미이다. 한쪽만 지정 가능했던 오라클 조인보다 기능이 향상되었으며 조인 조건을 명시할 때는 ON 절 또는 USING 절을 사용할 수 있다.

다음은 오라클 조인에서 실습했던 예제로서, 관리자가 없는 사원 정보도 모두 포함하여 사원의 이름과 담당 관리자의 사원번호를 Outer 조인을 사용하여 조회하는 SQL 문이다.

```
SELECT e.last_name 사원명, m.last_name 관리자명
FROM employees e LEFT OUTER JOIN employees m
ON e.manager_id = m.employee_id;
```

일치하는 데이터가 없는 테이블이 별칭 e를 가진 LEFT이기 때문에 LEFT OUTER JOIN으로 지정하고 ON 절을 사용하여 조인 조건을 명시한다. 실행 결과를 살펴보면 관리자가 없는 회사 사상 King도 출력되는 것을 확인할 수 있다.

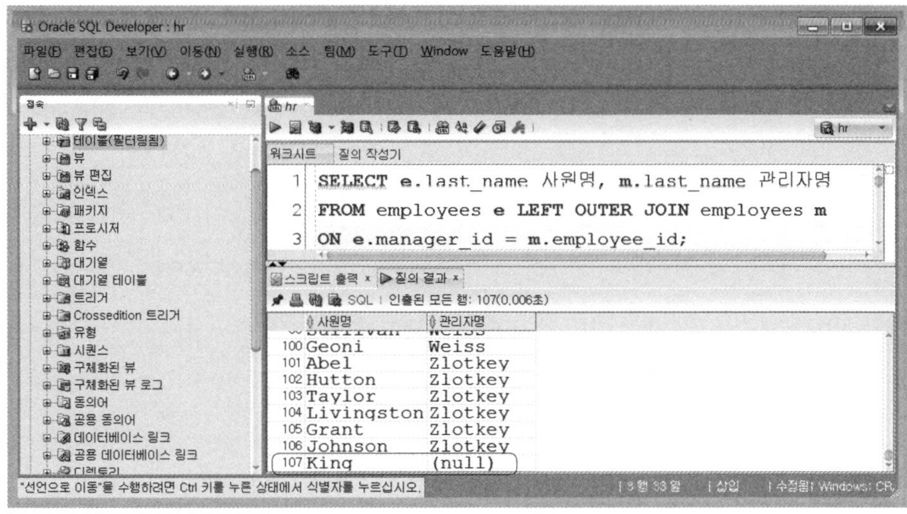

[그림 5.34] LEFT OUTER 조인

6장

서브 쿼리

[학습목표]

- 서브 쿼리의 개념 및 종류에 관하여 학습한다.
- 단일 행 서브 쿼리에 관하여 학습한다.
- 복수 행 서브 쿼리에 관하여 학습한다.
- 다중 칼럼 서브 쿼리에 관하여 학습한다.
- 인라인 뷰(in-line View)에 관하여 학습한다.

1. 서브 쿼리(sub query)

앞서 배운 조인은 하나 이상의 테이블에서 원하는 데이터를 조회할 때 사용하는 방법이고, 서브 쿼리는 하나의 SELECT만으로 원하는 데이터를 조회할 수 없을 때 사용하는 방법이다. 서브 쿼리는 여러 개의 SELECT 문을 하나로 합쳐서 하나의 실행 가능한 SQL 문으로 만들어 원하는 데이터를 조회할 수 있다.

1.1 서브 쿼리 개념

서브 쿼리 개념을 좀 더 쉽게 이해하기 위하여 간단한 실습 예제를 살펴보자. 사원 테이블에서 이름이 'Whalen'인 사원보다 많은 월급을 받는 사원을 조회하기 위해서는 어떤 SQL 문이 필요한지 생각해보자. 우선 하나의 SELECT 문으로는 불가능하다. 왜냐하면 먼저 'Whalen' 사원의 월급이 얼마인지를 조회하는 SELECT 문이 필요하고, 조회한 월급보다 많은 월급을 받는 사원을 출력하기 위한 또 다른 SELECT 문이 필요하기 때문이다.

먼저 다음과 같이 'Whalen' 사원의 월급을 구하는 SQL 문을 작성해야 한다.

```
SELECT salary
FROM employees
WHERE last_name = 'Whalen';
```

실행 결과는 'Whalen' 사원의 월급이 4,400인 것을 확인할 수 있다.

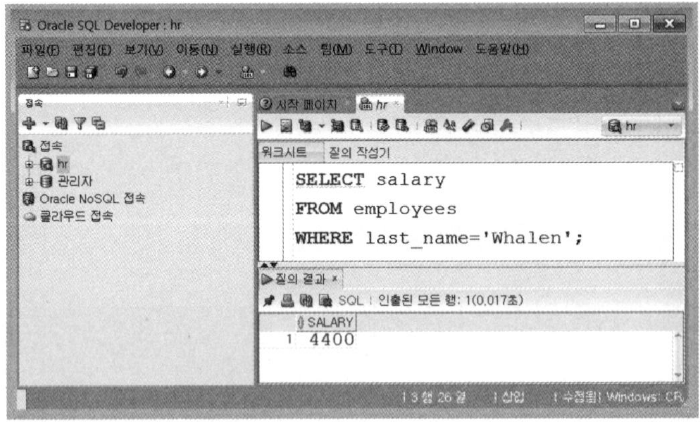

[그림 6.1] Whalen 사원의 월급 구하기

추가로 다음과 같이 월급이 4,400보다 많은 사원을 조회하기 위한 또 다른 SQL 문을 작성한다.

```
SELECT last_name, salary
FROM employees
WHERE salary >= 4400;
```

실행 결과를 확인하면 사원 테이블에서 'Whalen' 사원의 월급보다 많이 받는 사원은 61명이다.

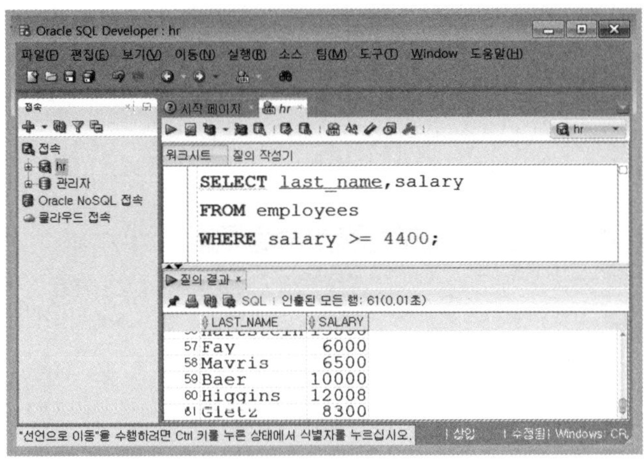

[그림 6.2] 'Whalen' 사원보다 월급을 많이 받는 사원 조회

이렇게 하나의 SELECT 문이 아닌 여러 개의 SELECT 문을 사용해야 원하는 결과를 조회할 수 있는 경우가 있는데 이러한 경우에 서브 쿼리를 사용할 수 있다. 즉, 서브 쿼리는 여러 번의 SELECT 문을 수행해야 얻을 수 있는 결과를 하나의 중첩된 SELECT 문으로 쉽게 얻을 수 있도록 한다.

다음은 서브 쿼리의 기본 문법이다.

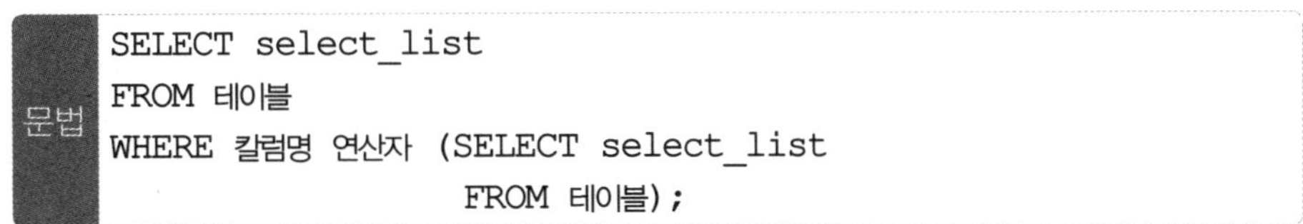
문법

```
SELECT select_list
FROM 테이블
WHERE 칼럼명 연산자 (SELECT select_list
                     FROM 테이블);
```

바깥 쪽 SELECT 문을 메인 쿼리(Main query)라고 하고, 안쪽 SELECT 문을 서브 쿼리(Sub query)라고 부른다. 서브 쿼리는 반드시 괄호를 사용해야 하며 실행 순서는 서브 쿼리가 먼저 실행되고, 실행된 결과가 메인 쿼리에 전달되어 메인 쿼리가 실행된다. 따라서 메인 쿼리에서는 서브 쿼리의 칼럼을 사용할 수 없다. 서브 쿼리는 WHERE 절 뿐만 아니라 SELECT 절, FROM 절, HAVING 절, ORDER BY 절, UPDATE 문, INSERT 문, DELETE 문에 사용될 수 있는데 일반적으로 서브 쿼리라고 하면 WHERE 절에 사용되는 서브 쿼리를 의미한다.

앞서 실습했던 'Whalen' 사원의 월급보다 많은 월급을 받는 사원을 조회하기 위한 SQL 문을 서브 쿼리로 작성하면 다음과 같다.

```
SELECT last_name, salary
FROM employees
WHERE salary >= (SELECT salary
                 FROM employees
                 WHERE last_name = 'Whalen');
```

서브 쿼리에서 이름이 'Whalen'인 사원의 월급을 조회하고, 조회 결과를 메인 쿼리로 전달하여 전달된 월급보다 크거나 같은 사원 정보를 조회한다.

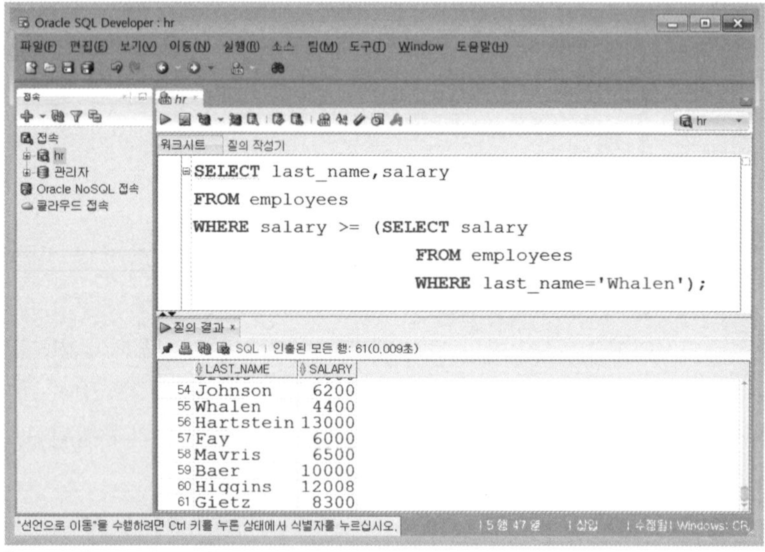

[그림 6.3] 서브 쿼리 사용

이렇게 여러 번 SELECT 문을 나누어 작성해야 되는 검색 작업을 중첩된 SELECT 문을 사용하여 하나의 실행 가능한 SQL 문으로 만들 수 있으며 이것을 서브 쿼리(sub query)라고 한다.

1.2 서브 쿼리 종류

오라클에서 사용 가능한 서브 쿼리는 서브 쿼리가 실행되어 반환된 행의 개수에 따라서 단일 행 서브 쿼리와 복수 행 서브 쿼리로 구분된다.

[표 6.1] 서브 쿼리 종류

종류	설명	사용 가능 연산자
단일 행 서브 쿼리	서브 쿼리 실행 결과가 한 개의 행을 반환한다.	=, 〉, 〉=, 〈, 〈=, != 와 같은 비교 연산자
복수 행 서브 쿼리	서브 쿼리 실행 결과가 복수 개의 행을 반환한다.	IN, ANY, ALL, EXIST 연산자

서브 쿼리를 사용할 경우에 가장 주의해야 할 점은 메인 쿼리와 서브 쿼리 사이에서 사용되는 연산자이다. 단일 행 서브 쿼리인 경우에는 반드시 =, 〉, 〉=, 〈, 〈=, != 같은 비교 연산자만 사용할 수 있고 복수 행 서브 쿼리인 경우에는 IN, ANY, ALL, EXISTS 같은 복수 행 연산자만 사용할 수 있다.

1.3 단일 행 서브 쿼리

단일 행 서브 쿼리는 서브 쿼리가 실행되어 결과로 반드시 한 개의 행을 반환하는 서브 쿼리를 의미한다. 대표적으로 기본키(Primary Key)를 이용하거나 MAX, MIN, SUM 같은 그룹 함수를 사용하여 검색하는 경우로 반드시 단일 행 연산자를 사용하여 메인 쿼리와 연산되어야 한다.

다음은 사원들의 평균 월급보다 더 많은 월급을 받는 사원을 조회하는 SQL 문이다.

```
SELECT last_name, salary
FROM employees
WHERE salary >= (SELECT AVG(salary)
                 FROM employees);
```

사원들의 평균 월급을 구하는 SELECT 문은 결과값이 하나의 행이기 때문에 단일 행 서브 쿼리이다. 따라서 단일 행 연산자 〉=을 사용하여 메인 쿼리와 비교할 수 있다. 사원들의 평균 월급보다 많은 사원들은 모두 51명이다.

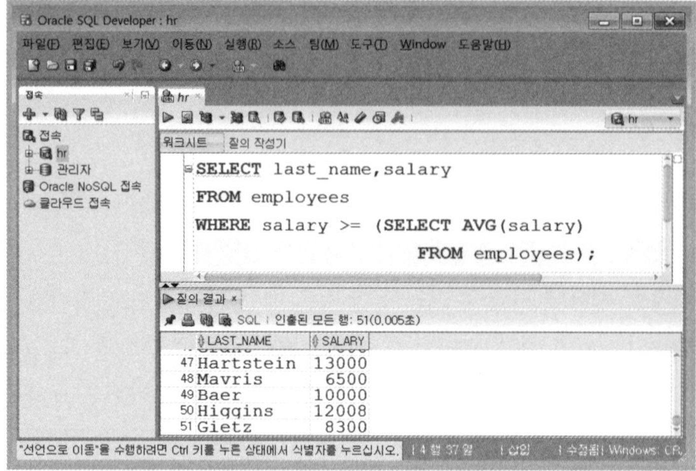

[그림 6.4] 단일 행 서브 쿼리 1

다음은 부서번호가 100인 사원들 중에서 최대 월급을 받는 사원과 동일한 월급을 받는 사원을 조회하는 SQL 문이다.

```
SELECT last_name, salary
FROM employees
WHERE salary = (SELECT MAX(salary)
                FROM employees
                WHERE department_id = 100);
```

부서번호가 100인 사원들 중에서 최대 월급을 구하는 SELECT 문은 결과값이 하나의 행이기 때문에 단일 행 서브 쿼리이고, 최대 월급은 12,008 값이다. 따라서 단일 행 연산자 =을 사용하여 메인 쿼리를 실행 할 수 있으며 사원들의 평균 월급보다 많은 사원들은 모두 2명이다.

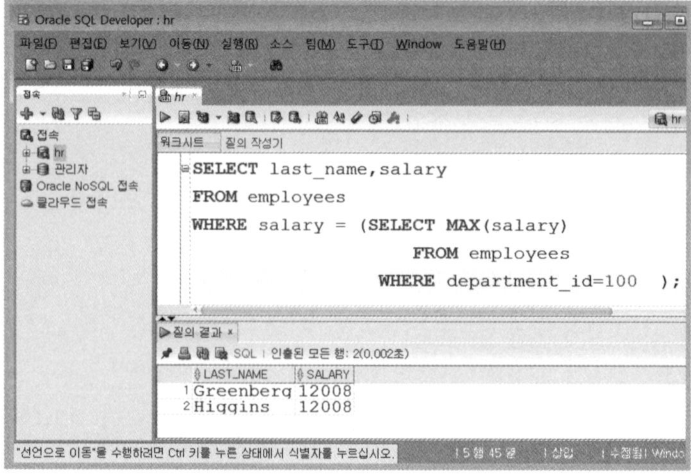

[그림 6.5] 단일 행 서브 쿼리 2

다음은 사원 테이블에서 100번 부서의 최대 월급보다 많은 모든 부서 정보를 출력하는 SQL 문이다.

```
SELECT department_id, MIN(salary)
FROM employees
GROUP BY department_id
HAVING MIN(salary) > (SELECT MAX(salary)
                      FROM employees
                      WHERE department_id = 100 );
```

부서번호가 100인 사원의 최대 월급을 서브 쿼리에서 구하고, 서브 쿼리에서 구한 월급보다 많은 모든 부서 정보를 얻기 위하여 부서번호로 그룹핑한다. 그룹핑된 부서들 중에서 최대 월급보다 많은 조건을 지정하기 위하여 HAVING 절을 사용한다.

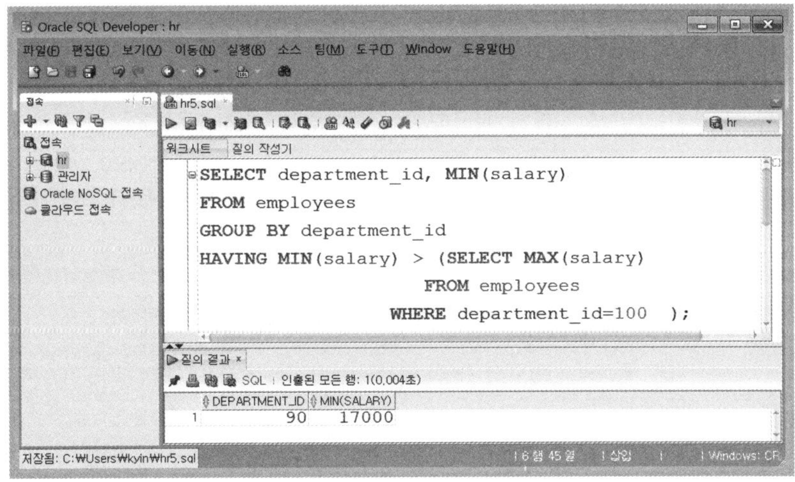

[그림 6.6] 단일 행 서브 쿼리 3

다음은 사원 테이블에서 'Whalen' 사원보다 늦게 입사한 사원 정보를 출력하는 SQL 문이다.

```
SELECT last_name, hire_date
FROM employees
WHERE hire_date > (SELECT hire_date
                   FROM employees
                   WHERE last_name = 'Whalen');
```

실행 결과는 다음과 같이 'Whalen' 사원보다 늦게 입사한 사원 94명이 출력된다.

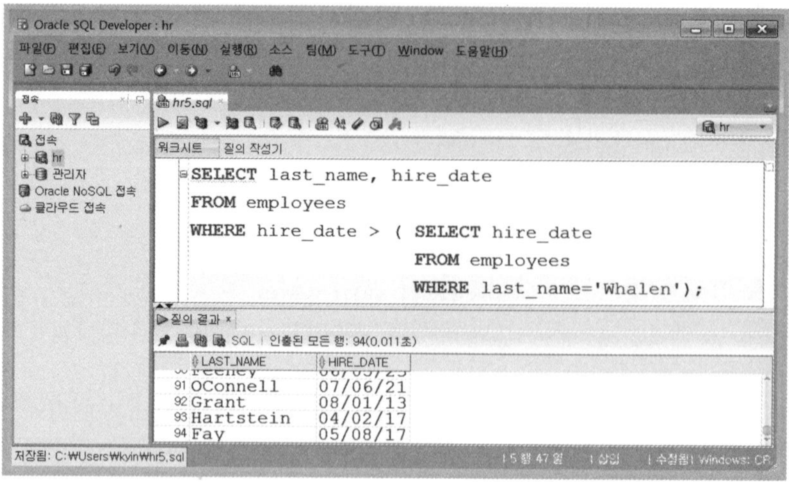

[그림 6.7] 단일 행 서브 쿼리 4

1.4 복수 행 서브 쿼리

복수 행 서브 쿼리는 서브 쿼리가 실행되어 반환되는 결과가 하나 이상의 행일 때 사용하는 서브 쿼리이다. 반드시 복수 행 연산자와 함께 사용해야 되며 사용 가능한 복수 행 연산자는 다음과 같다.

[표 6.2] 복수 행 연산자

종류	사용 가능 연산자
IN	메인 쿼리와 서브 쿼리가 IN 연산자로 비교한다. 서브 쿼리 결과값이 복수 개인 경우에 사용된다.
ANY	ANY 연산자는 복수 행 서브 쿼리에서 〉 또는 〈의 비교 연산자를 사용하고자 할 때 사용되며 검색 조건이 하나라도 일치하면 참이다.
ALL	ALL 연산자는 복수 행 서브 쿼리에서 〉 또는 〈의 비교 연산자를 사용하고자 할 때 사용되며 검색 조건의 모든 값이 일치하면 참이다.
EXIST	서브 쿼리의 반환값이 존재하면 메인 쿼리를 실행하고, 반환값이 없으면 메인 쿼리를 실행하지 않는다.

1.4.1 IN 연산자

IN 연산자는 서브 쿼리의 반환값이 복수 개이고, 복수 개의 결과값 각각이 메인 쿼리와 동등 연산자(=) 방식으로 비교할 때 사용하는 연산자이다.

다음은 이름인 'Whalen' 또는 'Fay'인 사원과 같은 월급을 받는 모든 사원들의 정보를 출력하는 SQL 문이다.

```
SELECT last_name, salary
FROM employees
WHERE salary IN (SELECT salary
                 FROM employees
                 WHERE last_name IN ('Whalen', 'Fay'));
```

서브 쿼리가 이름이 'Whalen' 또는 'Fay' 사원의 월급을 조회했기 때문에 결과값은 복수 개가 반환된다. 따라서 복수 행 연산자인 IN을 사용해서 메인 쿼리와 비교한다.

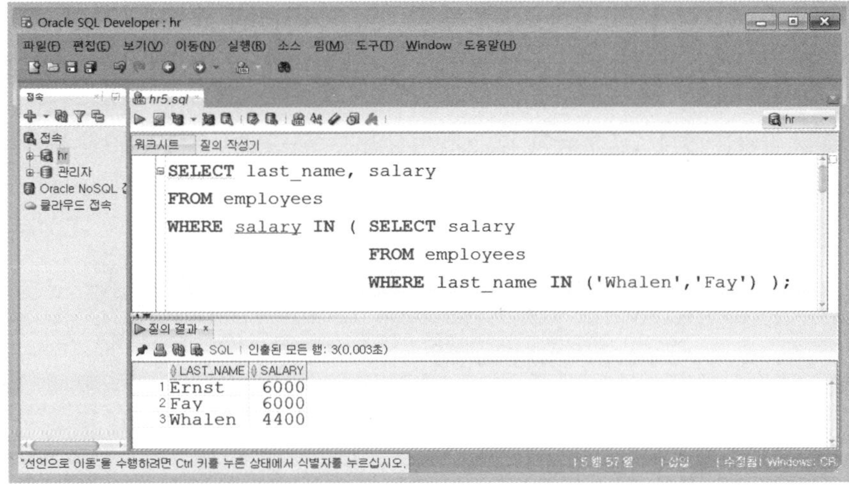

[그림 6.8] IN 연산자를 사용한 복수 행 서브 쿼리 1

만약 다음과 같이 IN 연산자 대신에 단일 행 연산자인 동등 연산자(=)를 사용하면 연산자 사용이 부적합하여 에러가 발생한다.

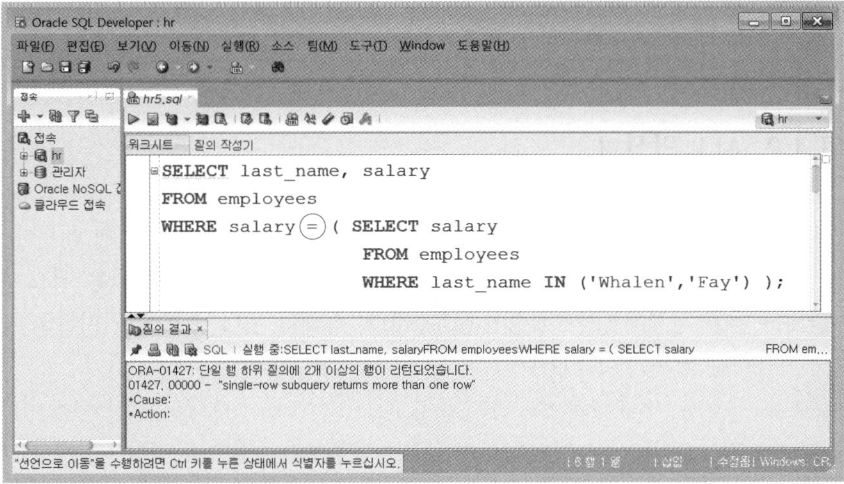

[그림 6.9] 복수 행에 단일 행 연산자를 사용한 경우

다음은 월급이 13,000 이상 받는 사원이 소속된 부서와 동일한 부서에서 근무하는 모든 사원들의 정보를 출력하는 SQL 문이다.

```
SELECT last_name, department_id, salary
FROM employees
WHERE department_id IN (SELECT department_id
                        FROM employees
                        WHERE salary > 13000);
```

월급이 13,000 이상인 부서를 조회하기 위한 서브 쿼리를 작성하고, 조회된 서브 쿼리의 결과값이 복수 행이기 때문에 메인 쿼리와 비교시 복수 행 연산자 IN을 사용한다.

실행 결과를 살펴보면 월급이 13,000 이상인 부서는 80번 부서와 90번 부서이기 때문에 80번 부서와 90번 부서에서 근무하는 사원 정보가 출력된다.

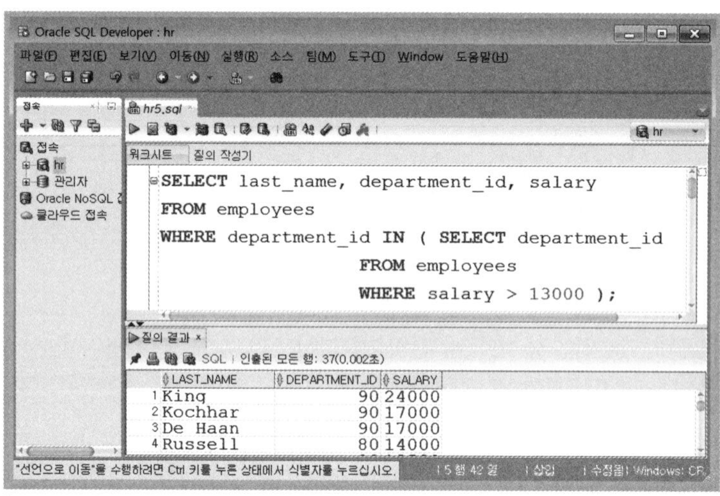

[그림 6.10] IN 연산자를 사용한 복수 행 서브 쿼리 2

1.4.2 ALL 연산자

ALL 연산자는 복수 행 서브 쿼리에서 〉 또는 〈의 비교 연산자를 사용하고자 할 때 사용된다. 앞에서 배웠던 것처럼 〉 또는 〈의 연산자는 단일 행 연산자이기 때문에 복수 행 연산자에서 ALL 키워드 없이 사용하면 에러가 발생한다. ALL 연산자는 서브 쿼리에서 반환되는 행들 전체에 대한 조건이 모두(all) 만족해야 된다는 것을 의미하고 ALL 연산자를 사용하는 경우는 다음과 같다.

[표 6.3] ALL 연산자

종류	사용 가능 연산자
> ALL (서브 쿼리)	서브 쿼리에서 반환된 모든(all) 데이터보다 큰 데이터를 메인 쿼리에서 조회한다. 결국 서브 쿼리에서 반환된 최대값보다 큰 데이터를 조회할 때 사용하는 서브 쿼리이다.
< ALL (서브 쿼리)	서브 쿼리에서 반환된 모든(all) 데이터보다 작은 데이터를 메인 쿼리에서 조회한다. 결국 서브 쿼리에서 반환된 최소값보다 작은 데이터를 조회할 때 사용하는 서브 쿼리이다.

실습을 통해서 ALL 연산자를 이해해 보자. 사원 테이블에서 직업이 'IT_PROG'인 사원의 최소 월급보다 적은 월급을 받는 사원들의 정보를 출력한다고 가정하자. 직접 서브 쿼리를 사용하지 말고 단계별로 살펴보도록 한다.

먼저 직업이 'IT_PROG'인 사원들의 월급을 출력하기 위하여 다음 SQL 문을 실행한다.

```
SELECT salary
FROM employees
WHERE job_id = 'IT_PROG'
ORDER BY 1;
```

실행 결과를 살펴보면 IT_PROG 직업을 가진 사원들의 월급은 다음과 같이 5개의 복수 행이 반환된다.

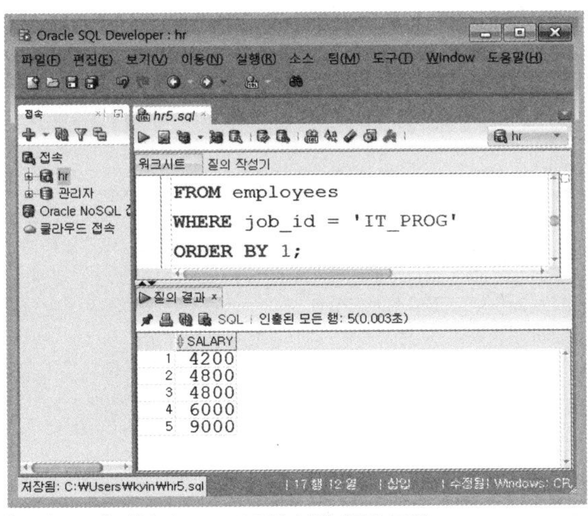

[그림 6.11] 직업이 IT_PROG인 사원 월급 조회

위의 5개의 월급보다 작은 월급을 가진 사원을 조회하기 위하여 다음과 같이 < 연산자만 사용하여 SQL 문을 작성하면 에러가 발생한다.

```
SELECT last_name, department_id, salary
FROM employees
WHERE salary < (SELECT salary
                FROM employees
                WHERE job_id = 'IT_PROG');
```

< 연산자는 단일 행 연산자이기 때문에 복수 행 서브 쿼리에서는 사용이 불가능하기 때문이다. 서브 쿼리가 반환한 결과는 5개인데, 이 5개의 값 중에서 어떤 값보다 작아야 되는지를 오라클은 모르기 때문이다.

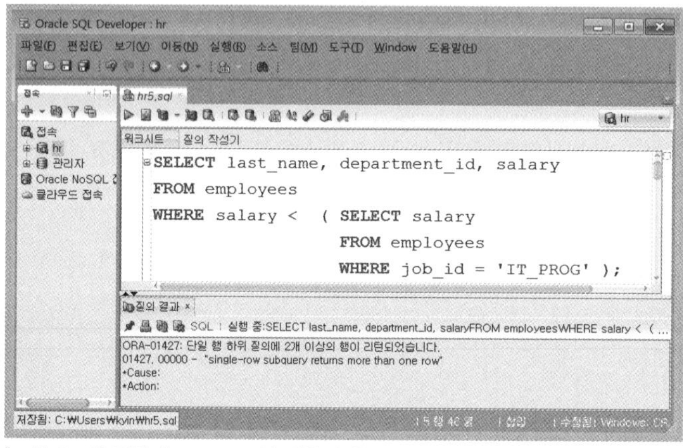

[그림 6.12] 직업이 IT_PROG인 사원의 월급보다 작은 사원 정보 조회

따라서 최소 월급보다 적은 월급을 가진 사원정보를 얻기 위해서는 서브 쿼리가 반환된 5개의 모든 값(ALL)보다 작아야 조건이 일치하기 때문에 다음과 같이 ALL 연산자를 사용한다.

```
SELECT last_name, department_id, salary
FROM employees
WHERE salary < ALL (SELECT salary
                    FROM employees
                    WHERE job_id = 'IT_PROG');
```

실행 결과를 살펴보면 조건이 일치된 사원이 44명인 것을 확인할 수 있다.

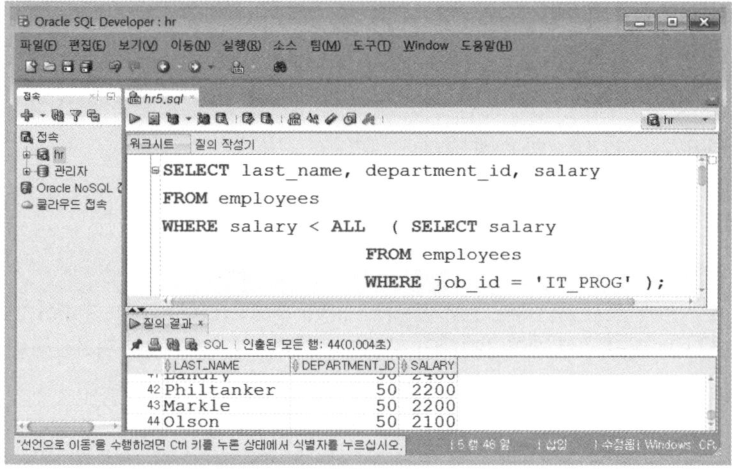

[그림 6.13] ALL 연산자를 사용한 복수 행 서브 쿼리 1

다음은 사원 테이블에서 직업이 'IT_PROG'인 사원의 최대 월급보다 많은 월급을 받는 사원들의 정보를 출력하는 SQL 문이다.

```
SELECT last_name, department_id, salary
FROM employees
WHERE salary > ALL (SELECT salary
                    FROM employees
                    WHERE job_id = 'IT_PROG');
```

서브 쿼리가 반환한 5개의 값보다 많은 월급을 조회하려면, 서브 쿼리가 반환한 모든(ALL) 값들보다 커야 된다. 따라서 〉 ALL 연산자를 사용하면 된다.

실행 결과를 살펴보면 회사의 사장인 'King'을 포함하여 모두 23명의 사원이 출력되는 것을 확인할 수 있다.

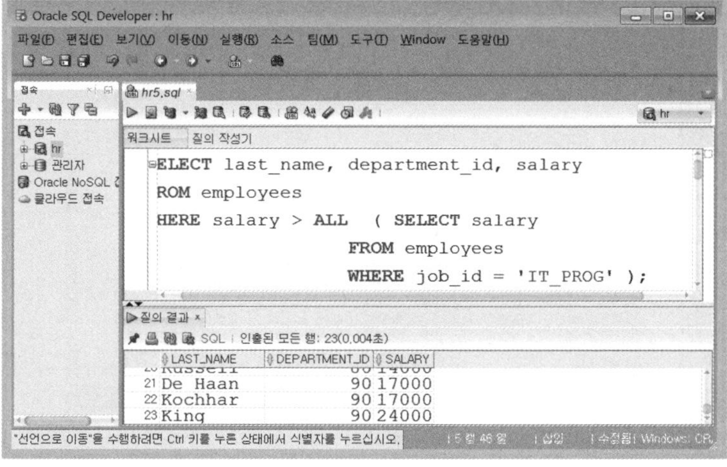

[그림 6.14] ALL 연산자 사용한 복수 행 서브 쿼리 2

1.4.3 ANY 연산자

ANY 연산자는 앞서 배웠던 ALL 연산자와 사용 방법이 비슷하다. 차이점은 서브 쿼리에서 반환되는 행들 전체에 대해 조건이 하나 이상만 만족하면 된다는 것을 의미하며 ANY 연산자를 사용하는 경우는 다음과 같다.

[표 6.4] ANY 연산자

종류	설명
> ANY (서브 쿼리)	서브 쿼리에서 반환된 데이터 중에서 하나 이상만 조건이 일치하면 되는 큰 데이터를 메인 쿼리에서 조회한다. 결국 서브 쿼리에서 반환된 **최소값보다 큰 데이터**를 조회할 때 사용하는 서브 쿼리이다.
< ANY (서브 쿼리)	서브 쿼리에서 반환된 데이터 중에서 하나 이상만 조건이 일치하면 되는 작은 데이터를 메인 쿼리에서 조회한다. 결국 서브 쿼리에서 반환된 **최대값보다 작은 데이터**를 조회할 때 사용하는 서브 쿼리이다.

다음은 사원 테이블에서 직업이 'IT_PROG'인 사원의 최소 월급보다 많은 월급을 받는 사원들의 정보를 출력하는 SQL 문이다.

```
SELECT last_name, department_id, salary
FROM employees
WHERE salary > ANY (SELECT salary
                    FROM employees
                    WHERE job_id = 'IT_PROG');
```

서브 쿼리에서 반환된 값들 중에서 어느 하나의 값보다 크기만 하면 된다. 따라서 서브 쿼리의 반환된 값들 중에서 최소값보다 크기만 하면 원하는 결과를 조회할 수 있으며 61 명의 사원이 해당된다.

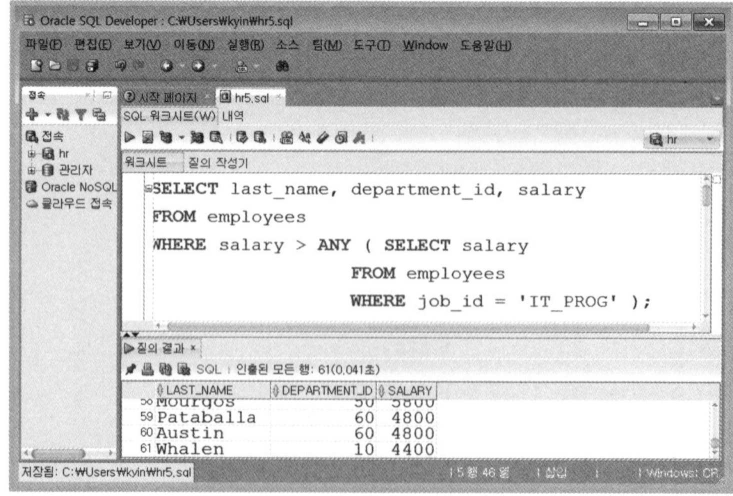

[그림 6.15] ANY 연산자 사용한 복수 행 서브 쿼리

다음은 사원 테이블에서 직업이 'IT_PROG'인 사원의 최대 월급보다 작은 월급을 받는 사원들의 정보를 출력하는 SQL 문이다.

```
SELECT last_name, department_id, salary
FROM employees
WHERE salary < ANY (SELECT salary
                    FROM employees
                    WHERE job_id = 'IT_PROG');
```

서브 쿼리에서 반환된 값들 중에서 어느 하나의 값보다 작기만 하면 된다. 따라서 서브 쿼리의 반환된 값들 중에서 최대값보다 작기만 하면 원하는 결과를 조회할 수 있으며 80명의 사원이 해당된다.

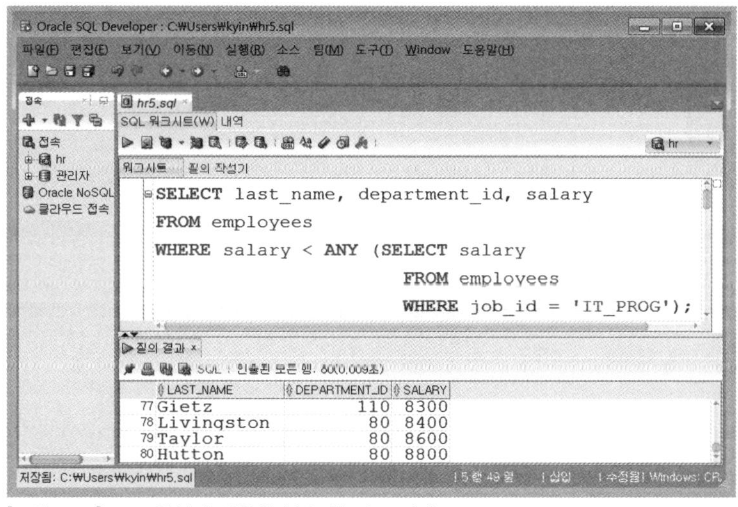

[그림 6.16] ANY 연산자 사용한 복수 행 서브 쿼리

1.4.4 EXISTS 연산자

EXISTS 연산자는 서브 쿼리에서 실행된 결과가 하나라도 존재하는지 여부를 확인할 때 사용하는 복수 행 연산자이다. 만일 서브 쿼리에서 검색된 결과가 하나도 없으면 메인 쿼리에 전달되는 값이 false이기 때문에 조건과 일치하지 않아서 메인 쿼리가 실행되지 않는다. 하지만 서브 쿼리에서 검색된 결과가 하나라도 있으면 메인 쿼리에 전달되는 값이 true이기 때문에 메인 쿼리가 실행되어 검색 결과가 출력된다.

다음과 같은 예제에서 EXISTS 연산자를 사용할 수 있다. 사원들 중에서 커미션을 받는 사원이 한 명이라도 있으면 모든 사원 정보를 출력하는 SQL 문은 다음과 같다.

```
SELECT last_name, department_id, salary
FROM employees
WHERE EXISTS (SELECT employee_id
              FROM employees
              WHERE commission_pct IS NOT NULL);
```

사원들 중에는 커미션을 받는 사원들이 존재하기 때문에 서브 쿼리의 실행 결과는 true가 반환된다. 따라서 메인 쿼리가 실행되어 다음과 같이 107명의 사원 정보가 출력된다.

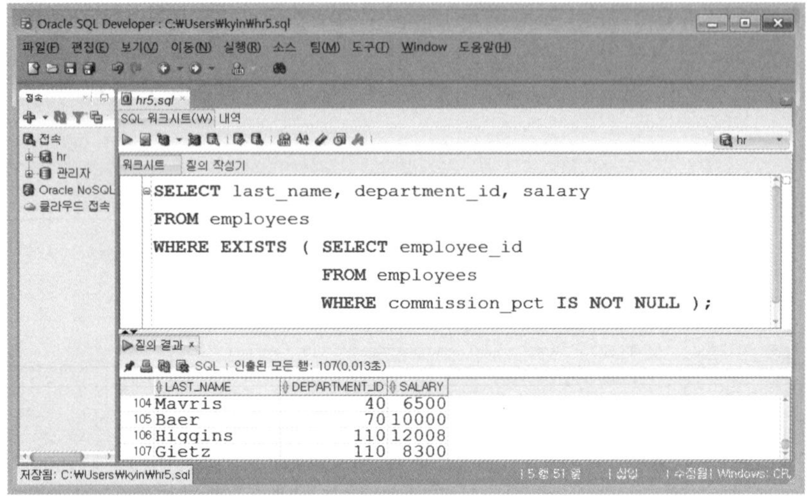

[그림 6.17] EXISTS 연산자 사용한 복수 행 서브 쿼리 1

다음은 서브 쿼리의 실행 결과가 false를 반환하여 메인 쿼리가 실행되지 않는 SQL 문이다.

```
SELECT last_name, department_id, salary
FROM employees
WHERE EXISTS (SELECT employee_id
              FROM employees
              WHERE salary > 500000 );
```

사원들 중에는 월급이 500,000 이상 받는 사원이 한 명도 없기 때문에 서브 쿼리가 false를 반환한다. 따라서 메인 쿼리가 실행되지 않는다.

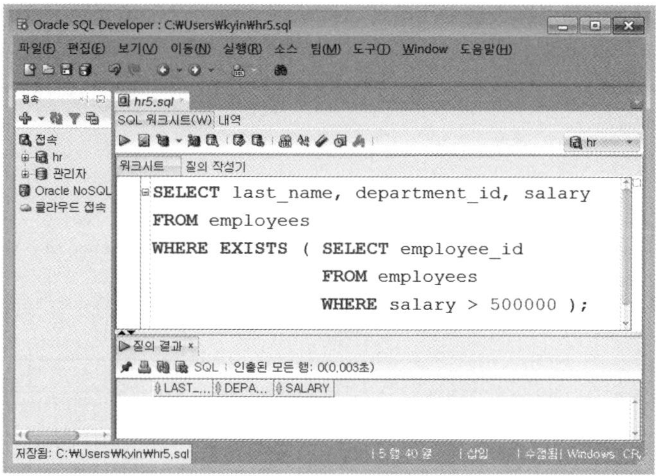

[그림 6.18] EXISTS 연산자 사용한 복수 행 서브 쿼리 2

이렇게 서브 쿼리 실행 결과에 따라서 메인 쿼리를 실행하거나 또는 실행하지 않는 SQL 문을 작성할 때 EXISTS 연산자를 사용할 수 있다.

1.5 다중 칼럼 서브 쿼리

다중 칼럼 서브 쿼리는 서브 쿼리에서 여러 개의 칼럼값을 검색하여 메인 쿼리의 조건절과 비교하는 서브 쿼리이다. 메인 쿼리의 조건절은 서브 쿼리의 칼럼과 일대일 매칭이 되어야 한다.

다중 칼럼 서브 쿼리에는 칼럼을 쌍으로 묶어서 동시에 비교하는 pairwise 방식이 있고, 칼럼별로 나누어 비교하고 나중에 AND 연산으로 처리하는 unpairwise 방식이 있다.

부서별로 가장 많은 월급을 받는 사원정보를 출력하기 위해서는 다음과 같은 pairwise 다중 칼럼 서브 쿼리를 사용할 수 있다.

```
SELECT last_name, department_id, salary
FROM employees
WHERE (department_id, salary)
       IN (SELECT department_id, MAX(salary)
           FROM employees
           GROUP BY department_id)
ORDER BY 2;
```

서브 쿼리에서 검색된 department_id와 MAX(salary) 값과 메인 쿼리의 department_id와 salary 칼럼을 pairwise 방식으로 비교하여 동시에 만족하는 경우에만 출력하는 방법이다.

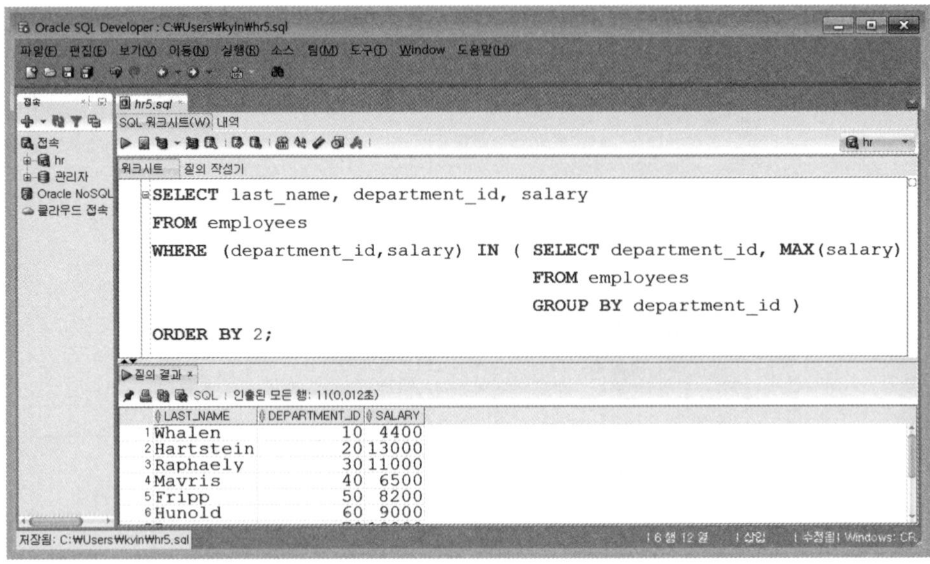

[그림 6.19] 다중 칼럼 서브 쿼리

1.6 인라인 뷰(in-line view)

앞서 배웠던 서브 쿼리는 메인 쿼리의 WHERE 절에 사용되는 서브 쿼리이다. 하지만 FROM 절에도 서브 쿼리를 사용할 수 있다. FROM 절에서 사용되는 서브 쿼리를 '인라인 뷰(in-line view)'라고 부른다. 뷰(view) 관련 내용은 9장에서 확인할 수 있는데, FROM 절에서 사용된 서브 쿼리가 뷰(view)와 비슷하게 동작하기 때문에 붙여진 이름이다.

인라인 뷰의 기본 문법은 다음과 같다.

문법
```
SELECT select_list
FROM (서브 쿼리) alias
WHERE 조건식;
```

위의 문법처럼 FROM 절에 서브 쿼리를 지정하고 별칭(alias)을 설정한다. 일반적으로 FROM 절에는 테이블명이 와야 되지만 서브 쿼리가 하나의 가상 테이블 형태로 사용될 수 있다. 실제로 인라인 뷰는 FROM 절에서 참조하는 테이블의 크기가 클 경우에 필요한 행과 칼럼만으로 구성된 집합을 재정의하여 쿼리문을 효율적으로 사용할 수 있는 장점이 있다. 실습을 통해서 인라인 뷰를 사용했을 경우의 장점을 확인하자.

다음은 사원 테이블과 부서 테이블에서 부서별 월급 총합과 평균 그리고 부서별 인원수를 출력하는 SQL 문이다.

```
SELECT e.department_id,
       SUM(salary) 총합, AVG(salary) 평균, COUNT(*) 인원수
FROM employees e, departments d
WHERE e.department_id = d.department_id
GROUP BY e.department_id
ORDER BY 1;
```

사원 테이블과 부서 테이블을 Equi 조인하고 salary의 총합과 평균 그리고 인원수를 조회한다. FROM 절에 employees 테이블과 departments 테이블을 지정했기 때문에 107개의 데이터를 가진 EMPLOYEES 테이블과 27개의 데이터를 가진 DEPARTMENTS 테이블의 데이터가 조인에 참여하게 되는데, 다음과 같이 인라인 뷰를 이용하면 훨씬 적은 수의 데이터로 조인에 참여하기 때문에 매우 효율적으로 처리할 수 있다.

```
SELECT e.department_id, 합계, 평균, 인원수
FROM (SELECT department_id, SUM(salary) 합계,
             AVG(salary) 평균,
            COUNT(*) 인원수
      FROM employees
      GROUP BY department_id) e, departments d
WHERE e.department_id = d.department_id
ORDER By 1;
```

먼저 서브 쿼리에서 부서번호(department_id)을 사용하여 그룹핑을 하고 월급의 총합, 평균 그리고 부서별 인원수를 구한다. 다음은 서브 쿼리 SQL 문만 따로 실행했을 경우의 실행 결과이다.

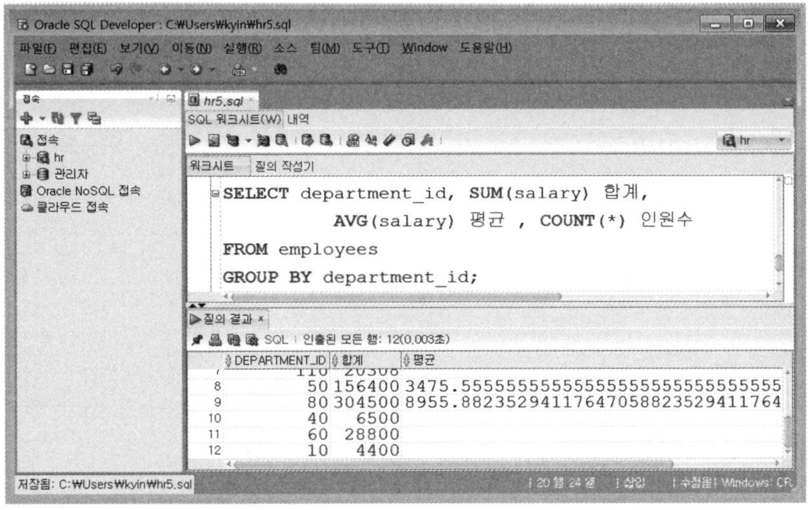

[그림 6.20] 서브 쿼리만 따로 실행한 경우

위의 실행 결과는 12개의 행이 반환된다. 즉 서브 쿼리를 사용한 경우에는 12개의 데이터를 가진 가상 테이블(별칭 e로 된 인라인 뷰)과 27개의 데이터를 가진 부서 테이블이 조인에 참여하게 된다. 따라서 서브 쿼리를 사용하는 것보다, 인라인 뷰를 사용하는 것이 적은 수의 데이터로 조인이 처리되어 효율적이다.

7장

DML

[학습목표]

- 데이터 조작어인 DML 문에 관하여 학습한다.
- 단일 행 INSERT 문에 관하여 학습한다.
- 복수 행 INSERT 문에 관하여 학습한다.
- 무조건 INSERT ALL 문에 관하여 학습한다.
- 조건 INSERT ALL 문에 관하여 학습한다.
- INSERT FIRST 문에 관하여 학습한다.
- UPDATE 문에 관하여 학습한다.
- INSERT 문에 관하여 학습한다.
- MERGE 문에 관하여 학습한다.
- 트랜잭션에 관하여 학습한다.
- COMMIT과 ROLLBACK 명령에 관하여 학습한다.

1. DML

앞서 배운 SELECT 문은 테이블에 저장된 데이터를 검색할 때 사용되는 SQL 문으로 일반적으로 쿼리(query) 문이라고 부른다. 이 장에서 살펴볼 DML(Data Manipulation Language)은 데이터베이스의 테이블에 새로운 데이터를 저장(INSERT)하거나 삭제(DELETE) 또는 수정(UPDATE) 및 병합(MERGE)할 때 사용하는 데이터 조작어를 의미한다.

[표 7.1] DML 및 TCL 문 종류

SQL 종류	명령문	설명
Data Manipulation Language (DML : 데이터 조작어)	INSERT UPDATE DELETE MERGE	데이터 입력 데이터 수정 데이터 삭제 데이터 병합
Transaction Control Language (TCL : 트랜잭션 처리어)	COMMIT ROLLBACK SAVEPOINT	트랜잭션 작업 반영 트랜잭션 작업 취소 트랜잭션내 책갈피 설정

환경설정

DML 문법을 실습하기 위한 SCOTT 계정 생성

앞서 사용했던 hr 계정의 employees 테이블과 departments 테이블은 DML 문을 실습하기에는 칼럼과 데이터가 많은 관계로 DML 문 실습에 최적화된 scott 계정의 emp 테이블과 dept 테이블을 사용하기로 한다. scott 계정은 오라클 11g까지는 자동으로 생성되었으나 Oracle 12c부터는 관리자가 직접 생성해서 사용해야 한다.

다음 순서대로 scott 계정의 실습 환경을 구축해 보자.

1 다음 경로에서 scott 계정을 생성할 수 있는 scott.sql 파일을 찾을 수 있다.

```
C:\app\사용자명\product\12.2.0\dbhome_1\RDBMS\ADMIN\scott.sql
```

scott.sql 파일에는 scott 계정을 생성하고 권한을 설정하며 테이블을 생성하는 등의 SQL 명령이 포함되어 있다. scott.sql 파일을 SQL*PLUS 또는 SQLDeveloper 툴을 사용하여 실행하면 scott 계정이 생성된다. scott 계정의 비밀번호는 'TIGER'(대문자)로 지정되어 있다.

2 SQLDeveloper 툴에서 관리자 계정으로 접속하여 SQL Sheet 화면을 열고 scott.sql 파일을 읽어 들인다. SQL 문으로 작성된 외부 파일을 읽어 실행하려면, @ 기호를 사용하여 scott.sql 파일 경로를 다음과 같이 지정하여 파일의 내용을 직접 실행할 수 있다.

```
@C:\app\사용자명\product\12.2.0\dbhome_1\rdbms\admin\scott.sql
```

scott.sql 파일에 입력된 명령어를 실행하면 다음과 같이 "CONNECT 스크립트 명령으로 생성된 접속이 해제되었습니다."라는 문구가 나오면서 실행이 종료된다.

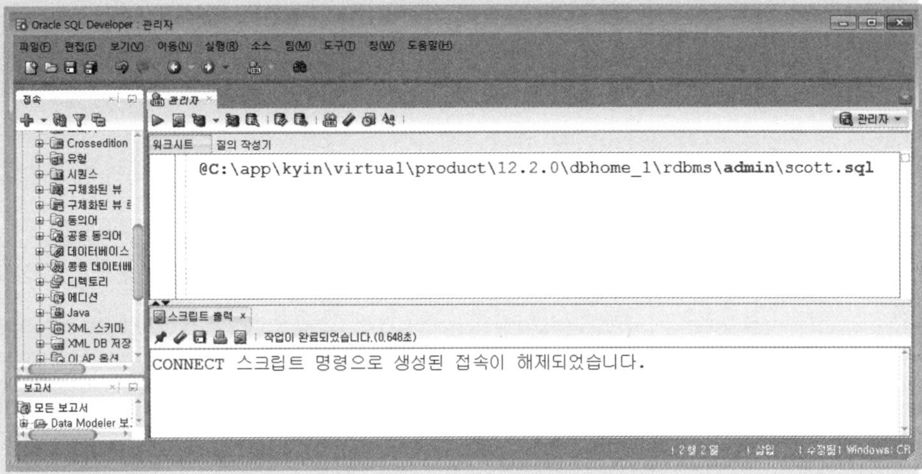

[그림 7.1] scott.sql 파일 실행

3 SQLDeveloper 툴에서 scott 계정으로 접속하기 위하여 접속 이름은 식별 가능한 값을 입력하고, 사용자 이름에 'SCOTT'을 입력하고 비밀번호는 대문자로 'TIGER'를 입력한다. 호스트 이름은 오라클 데이터베이스가 설치된 컴퓨터의 IP 주소(예에서는 localhost)를 입력하고 포트 번호는 1521를 입력한다. SID에는 orcl 값을 입력한 후 [테스트] 버튼을 클릭하여 접속 가능 여부를 확인한다. 상태값에 문자열 '성공'이 보이면 연결에 성공한 것이다.

새로 만들기/데이터베이스 접속 선택

접속 이름	접속 세부 정보
hr	hr@//localhost...
관리자	sys@//localho...

접속 이름(N) scott계정
사용자 이름(U) SCOTT
비밀번호(P) •••••
☑비밀번호 저장(V) 접속 색상
Oracle
접속 유형(Y) 기본 롤(L) 기본값
호스트 이름(A) localhost
포트(R) 1521
◉ SID(I) orcl
○ 서비스 이름(E)
☐OS 인증 ☐Kerberos 인증 고급...
상태: 성공
도움말(H) 저장(S) 지우기(C) 테스트(T) 취소

[그림 7.2] SCOTT 계정으로 접속 화면

4 SCOTT 계정으로 접속한 후에 다음과 같이 테이블 정보를 확인한다.

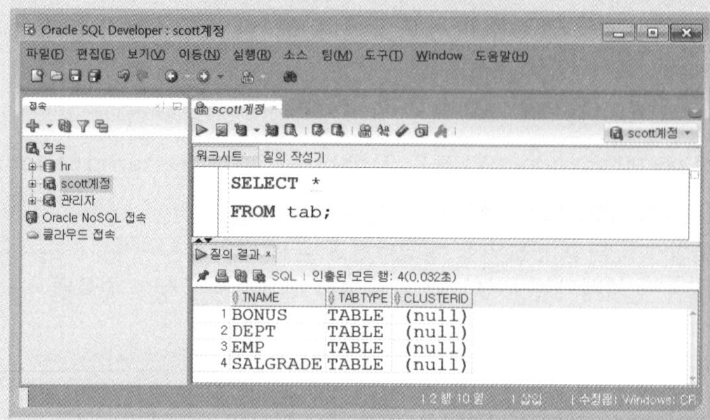

[그림 7.3] SCOTT계정의 테이블 정보 확인

SCOTT 계정에는 사원 테이블인 emp와 부서 테이블인 dept 그리고 월급 등급 테이블인 salgrade 등을 포함하고 있다.

다음은 SCOTT 계정에 포함된 사원 테이블인 emp 테이블의 구조로서 hr 계정의 employees 테이블과 비슷한 구조를 가지고 있으며 empno 칼럼이 기본키(Primary Key)이고 deptno 칼럼이 참조키(Foreign Key)이다.

[표 7.2] emp 테이블의 구조

칼럼명	null 허용 여부	데이터형	설명
EMPNO	NOT NULL	NUMBER(4)	사원 번호
ENAME		VARCHAR2(10)	이름
JOB		VARCHAR2(9)	직업
MGR		NUMBER(4)	관리자 번호
HIREDATE		DATE	입사일
SAL		NUMBER(7,2)	월급
COMM		NUMBER(7,2)	커미션(수수료)
DEPTNO		NUMBER(2)	부서 번호

emp 테이블에는 총 12명의 사원 정보가 저장되어 있으며 hr 계정의 employees 테이블의 데이터보다 훨씬 간략하다.

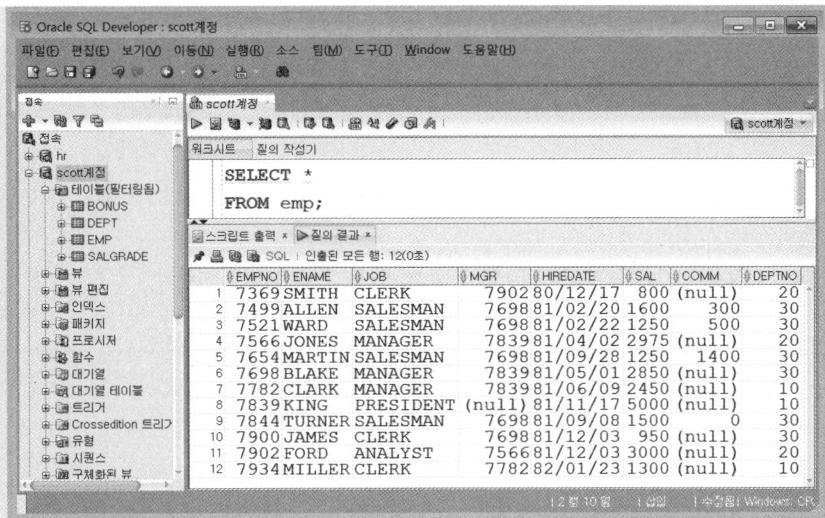

[그림 7.4] emp 테이블의 사원 정보

다음은 부서 정보가 저장된 dept 테이블의 구조로서 hr 계정의 departments 테이블과 비슷한 구조를 가지고 있으며, deptno 칼럼이 기본키(Primary Key)이다.

[표 7.3] dept테이블의 구조

칼럼명	null 허용 어부	데이터형	설명
DEPTNO	NOT NULL	NUMBER(2)	부서 번호
DNAME		VARCHAR2(14)	부서 이름
LOC		VARCHAR2(13)	부서 위치

다음과 같이 dept 테이블에는 총 4개의 부서 정보가 저장되어 있다.

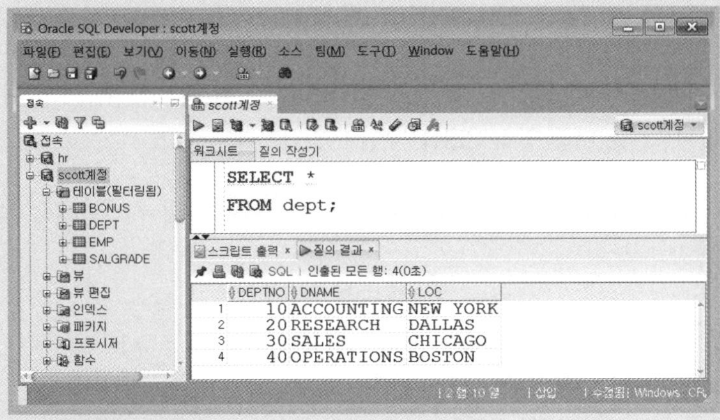

[그림 7.5] dept 테이블 부서 정보

다음은 월급 등급 정보가 저장된 salgrade 테이블의 구조로서 hr 계정의 job_gades 테이블과 비슷한 구조를 가지고 있다.

[표 7.4] salgrade 테이블 구조

칼럼명	null 허용 여부	데이터형	설명
GRADE		NUMBER	월급 등급
LOSAL		NUMBER	월급 최소값
HISAL		NUMBER	월급 최대값

salgrade 테이블에는 총 5개의 등급 정보가 저장되어 있다.

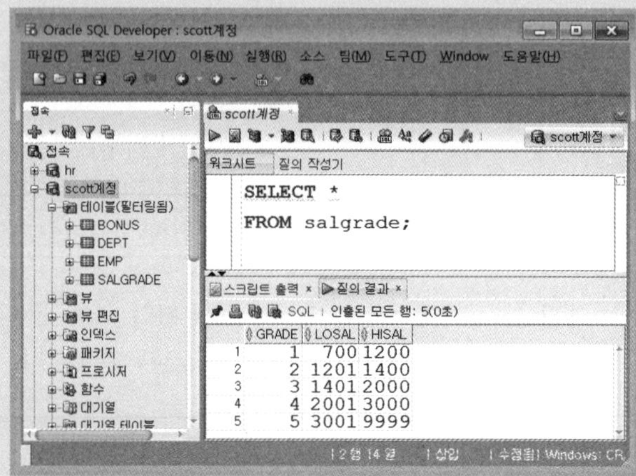

[그림 7.6] salgrade 테이블의 월급 등급 정보

이상으로 SCOT 계정을 사용하기 위한 설정 방법을 살펴봤으며, 이 장에서 DML 문과 관련된 실습은 SCOTT 계정을 사용할 것이다.

1.1 단일 행 INSERT 문

INSERT 문은 테이블에 데이터를 저장하기 위한 데이터 조작어이다. 한 번에 하나의 행을 테이블에 저장하는 단일 행 INSERT 방법과 서브 쿼리를 이용하여 한꺼번에 여러 행을 동시에 저장하는 다중 행 INSERT 방법이 있다.

다음은 INSERT 문의 기본 문법으로 한 번에 하나의 행을 저장하는 단일 행 INSERT 문이다.

문법
```
INSERT INTO 테이블명 [(칼럼명1, 칼럼명2, ...)]
VALUES (값, 값2, ...);
```

INSERT 문을 실행하면 INTO 다음에 기술한 테이블에 새로운 행이 삽입된다. INTO 절에서 명시한 칼럼은 VALUES 절에서 지정한 칼럼값과 일대일 대응이 되도록 순서대로 입력해야 한다. INTO 절의 칼럼명은 생략할 수 있으며 생략하면 테이블을 생성할 때 정의한 칼럼 순서와 동일한 순서로 모든 칼럼값의 값을 VALUES 절에 지정해야 한다. 저장되는 데이터의 타입은 칼럼의 데이터 타입과 같아야 되고, 입력되는 데이터의 크기는 지정된 칼럼의 크기보다 작아야 된다.

또한 기본키(Primary Key) 또는 UNIQUE로 지정된 칼럼은 동일한 값을 저장할 수 없으며 INTO 절에서 생략된 칼럼은 자동으로 널(null) 값이 저장된다. 따라서 NOT NULL 제약조건이 아닌 칼럼만 INTO 절에서 생략될 수 있다. 제약조건과 관련된 내용은 8장을 참조한다.

SCOTT 계정의 dept 테이블에 새로운 부서 정보를 저장하는 SQL 문은 다음과 같다.

```
INSERT INTO dept(deptno, dname, loc)
VALUES (50, '개발', '서울');
```

위의 SQL 문은 INTO 절에 칼럼명을 명시하는 방법으로서 기술된 칼럼의 수와 VALUES 절에서 명시된 값의 개수와 데이터 타입이 일치해야 한다. 따라서 deptno 칼럼에는 50이 서장되고, dname 칼럼에는 '개발', loc 칼럼에는 '서울'이 저장된다.

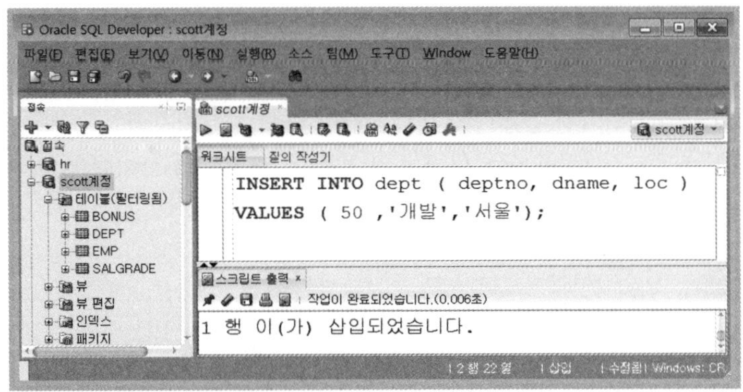

[그림 7.7] 칼럼명을 명시한 INSERT 문

deptno 칼럼은 기본키(Primary Key)이기 때문에 중복값이 허용되지 않으며 실행 결과는 INSERT 문이 실행되어 생성된 행의 개수가 반환된다. 하나의 행이 생성되었기 때문에 반환값은 1이 되고 따라서 '1 행 이(가) 삽입되었습니다.'는 콘솔 메시지가 출력된다.

삽입된 데이터를 확인하기 위하여 SELECT 문을 실행하면 다음과 같이 deptno가 50인 새로운 행이 생성된 것을 확인할 수 있다.

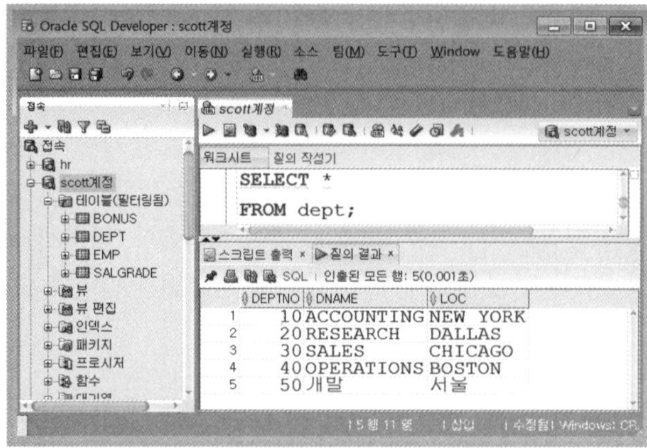
[그림 7.8] INSERT 문 확인하기 위한 사원 테이블 조회

다음은 칼럼명을 생략한 dept 테이블 삽입 SQL 문이다.

```
INSERT INTO dept
VALUES (60, '인사', '경기');
```

위의 SQL 문은 INTO 절에 칼럼명을 명시하지 않는 방법으로서 반드시 VALUES 절에는 테이블 생성시 사용했던 칼럼 순서와 일치되는 데이터를 설정해야 한다. dept 테이블의 칼럼 순서는 deptno, dname, loc 순서이기 때문에 deptno 칼럼에는 60이 저장되고 dname 칼럼에는 '인사'가 loc 칼럼에는 '경기' 값이 순서대로 저장된다. 실행 결과는 하나의 행이 생성되기 때문에 이전 실습 결과와 똑같이 '1 행 이(가) 삽입되었습니다.'는 콘솔 메시지가 출력된다.

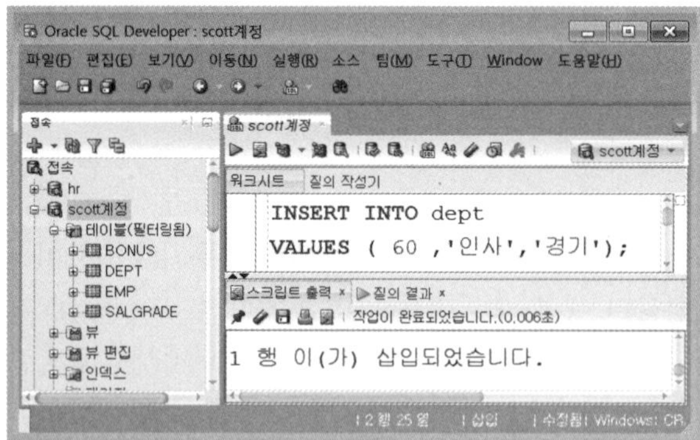
[그림 7.9] 칼럼명을 생략한 INSERT 문

삽입된 데이터를 확인하기 위하여 SELECT 문을 실행하면 다음과 같이 deptno가 60을 가진 새로운 행이 생성된 것을 확인할 수 있다.

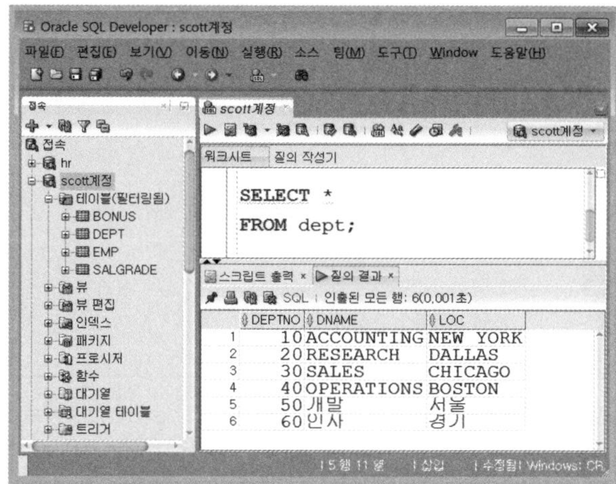

[그림 7.10] INSERT 문 확인하기 위한 사원 테이블 조회

1.1.1 널(null) 값 저장

데이터를 저장하는 시점에서 해당 칼럼에 저장할 값을 모르거나 값이 확정되지 않았을 경우에는 해당 칼럼값에 널(null) 값을 저장해야 된다. 기본적으로 모든 칼럼에는 널(null) 값을 저장할 수 있으며, 특정 칼럼에 널(null) 값을 저장하는 방법에는 묵시적 방법과 명시적 방법이 있다.

(1) 묵시적 방법

묵시적 방법은 자동으로 칼럼값에 널(null) 값을 저장하는 방법으로서 INTO 절에서 해당 칼럼을 생략하면 된다. 생략된 칼럼에는 자동으로 널(null) 값이 저장된다. 그러나 NOT NULL 제약 조건이 설정된 칼럼에는 널(null) 값을 저장할 수 없다. 따라서 NOT NULL 제약 조건이 설정된 칼럼은 INTO 절에서 생략할 수 없다.

다음은 dept 테이블의 loc 칼럼에 묵시적으로 널(null) 값을 저장하는 SQL 문이다.

```
INSERT INTO dept(deptno, dname )
VALUES (70, '인사');
```

위의 SQL 문을 살펴보면 INTO 절에 loc 칼럼이 생략되었기 때문에 자동으로 널(null) 값이 저장된다. emp 테이블을 조회하면 loc 칼럼에 널(null) 값이 저장된 것을 확인할 수 있다.

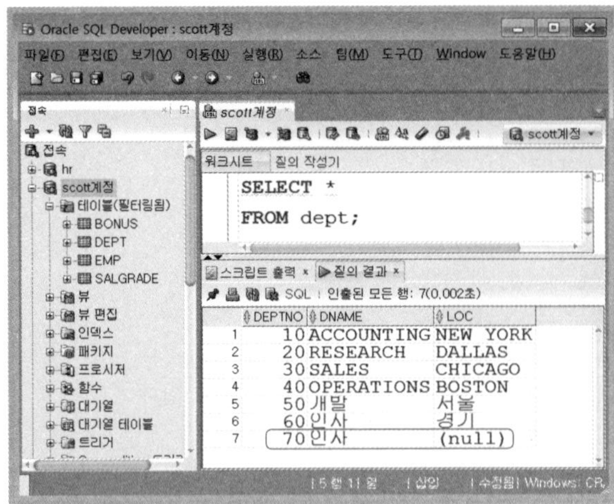

[그림 7.11] 널(null) 값 확인

(2) 명시적 방법

명시적 방법은 VALUES 절의 칼럼값에 널(null) 값 또는 ''(빈 문자열)을 직접 지정하는 것이다.

다음은 dept 테이블의 loc 칼럼에 명시적으로 널(null) 값을 설정하는 SQL 문이다.

```
INSERT INTO dept(deptno, dname, loc)
VALUES (80, '인사', NULL);
```

INTO 절의 칼럼과 VALUES 절의 칼럼값이 일대일 대응이 되기 때문에 loc 칼럼에 널(null) 값이 저장된다.

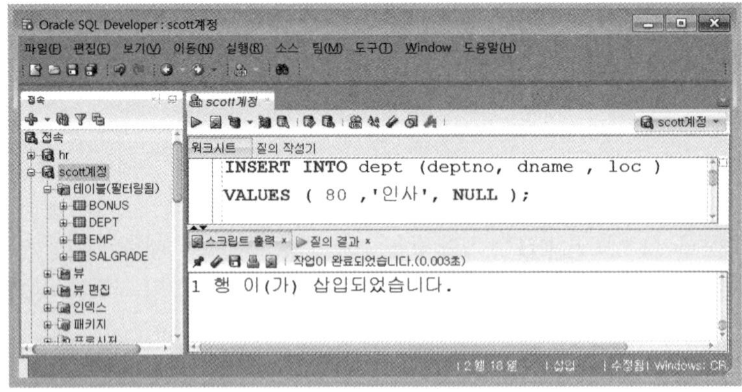

[그림 7.12] 명시적으로 널(null) 값 저장

저장된 데이터를 확인하기 위하여 SELECT 문을 실행하면 다음과 같이 deptno 칼럼값이 80인 레코드의 loc 칼럼값은 널(null)인 것을 확인할 수 있다.

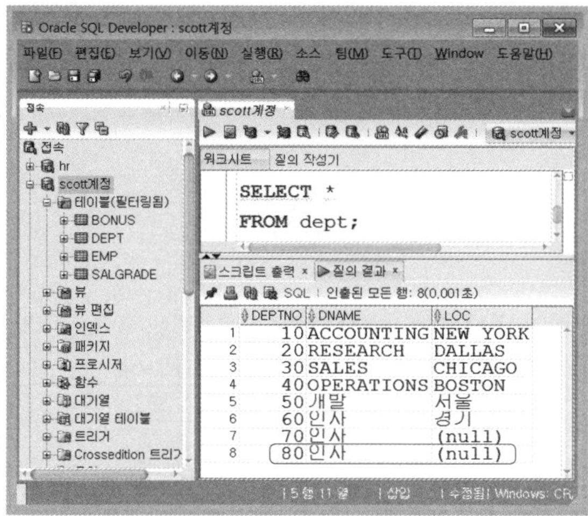
[그림 7.13] 널(null) 값 확인

1.1.2 INSERT 문 사용시 에러 발생 예

다음은 INSERT 문을 사용할 때 에러가 발생할 수 있는 대표적인 형태로 어떤 경우에 에러가 발생하는지 살펴보자.

1 INTO 절에 명시된 칼럼의 수와 VALUES 절에 명시된 칼럼값의 개수가 일치하지 않는 경우에 에러가 발생한다.

```
INSERT INTO dept(deptno, dname, loc )
VALUES (11, '인사');
```

INTO 절에는 deptno, dname, loc 3개의 칼럼을 지정했는데, VALUES 절에는 11과 '인사'처럼 2개의 값만 지정했기 때문에 개수가 일치하지 않는다. 따라서 SQL 문 실행시 '값의 수가 충분하지 않습니다'라는 에러 메시지가 출력된다.

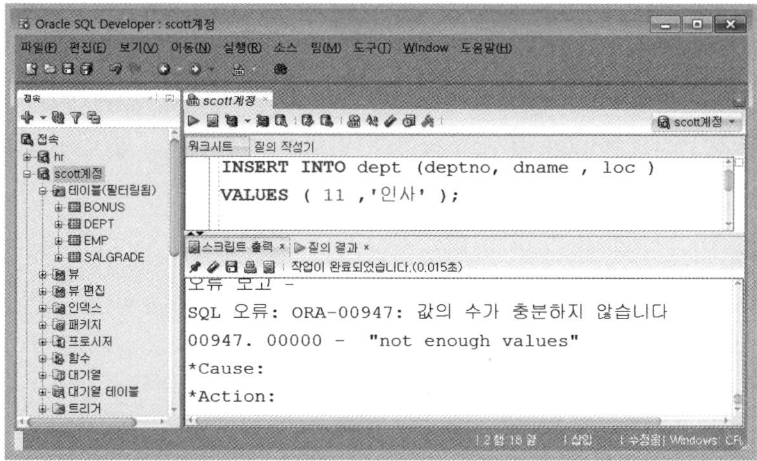
[그림 7.14] 값의 개수가 일치하지 않은 에러

2 INTO 절에서 칼럼명을 생략하는 경우에는 반드시 VALUES 절에서 테이블의 모든 칼럼값을 누락하지 않고 순서대로 지정해 주어야 한다. 만약에 누락되어 지정하지 않으면 에러가 발생한다.

```
INSERT INTO dept
VALUES (12, '인사' );
```

INTO 절에는 칼럼명이 생략되었기 때문에 VALUES 절에는 반드시 dept 테이블의 모든 칼럼값을 명시적으로 지정해야 한다. 하지만 loc 칼럼값이 누락되어 '값의 수가 충분하지 않습니다'는 에러 메시지가 출력된다.

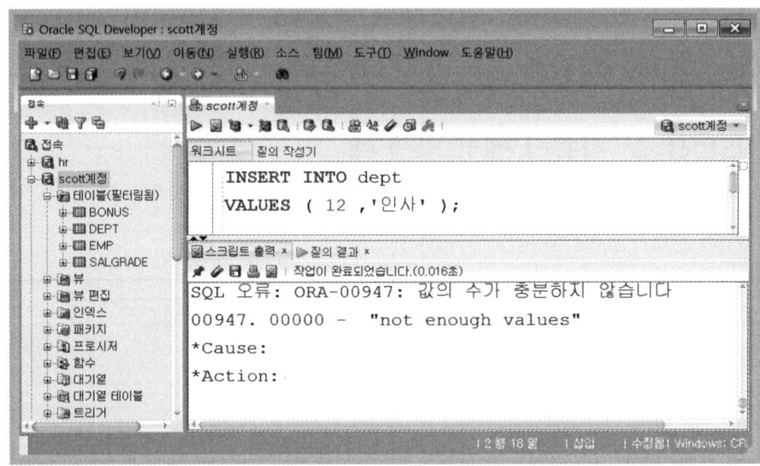

[그림 7.15] 값의 수가 부족한 에러

3 INTO 절에 칼럼명의 데이터 타입과 VALUES 절의 칼럼값의 데이터 타입이 일치하지 않으면 에러가 발생한다.

```
INSERT INTO dept(deptno, dname, loc)
VALUES ('개발', 13, '인사');
```

INTO 절의 목록과 VALUES 절의 목록 개수는 같지만, deptno 칼럼은 NUMBER 타입이기 때문에 수치 데이터만 저장할 수 있다. 하지만 '개발'이라는 문자열이 매칭되어 '수치가 부적합 합니다'는 에러 메시지가 출력된다.

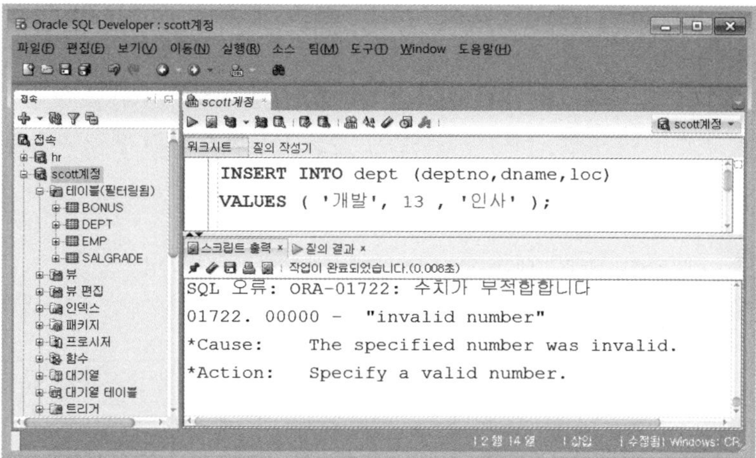

[그림 7.16] 일치하지 않은 데이터 타입 에러

4 VALUES 절의 칼럼값을 지정할 때 반드시 리터럴(literal) 형식에 맞춰 설정해야 한다. 문자와 날짜 리터럴을 지정할 때는 반드시 ''(단일 따옴표)로 묶어야 되고 수치 리터럴은 ''(단일 따옴표) 없이 사용한다.

```
INSERT INTO dept(deptno, dname, loc)
VALUES ('개발', 14, 인사);
```

VALUES 절에는 실제 데이터인 리터럴(literal) 표현식으로 설정해야 한다. 위의 SQL 문에서 VALUE 절의 세 번째 값을 단일 따옴표를 사용하여 '인사'로 표현해야 한다. ''(단일 따옴표)를 생략하면 주어진 값을 리터럴로 인식하지 않고 식별자로 인식하기 때문에 '열을 사용할 수 없습니다'는 에러 메시지가 출력된다.

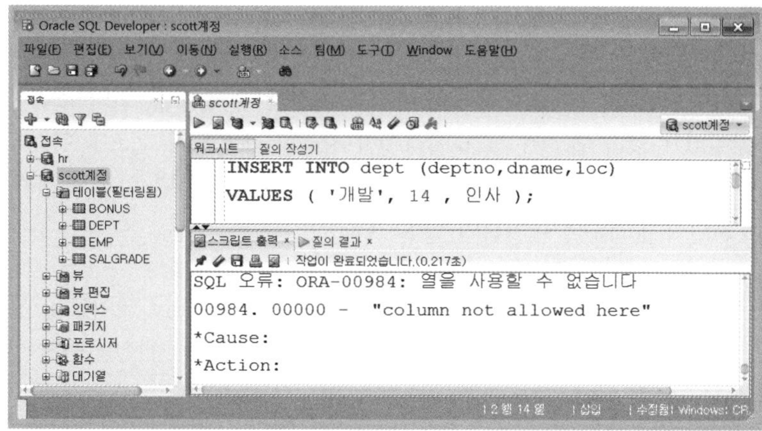

[그림 7.17] 리터럴 에러

1.2 복수 행 INSERT 문

앞에서는 INSERT 문을 사용하여 하나의 새로운 행을 생성하는 단일 행 INSERT 문에 관하여 학습했다. 이번에는 하나의 INSERT 문을 사용하여 여러 행을 저장하는 복수 행 INSERT 문이다.

```
INSERT INTO 테이블명 [(칼럼명1, 칼럼명2, ...)]
Subquery;
```

VALUES 절을 사용하는 대신에 서브 쿼리를 이용하면 하나의 INSERT 문을 사용하여 한꺼번에 여러 행을 생성할 수 있다. 즉 기존의 테이블에 저장된 데이터를 서브 쿼리를 이용하여 복사한 후에 INSERT 문으로 새로운 행을 생성하는 것이다. 주의할 점은 반드시 INTO 절에서 지정한 칼럼의 개수와 데이터 타입이 서브 쿼리를 수행한 결과와 같아야 한다.

먼저 새로운 테이블을 생성하고 생성된 테이블에 서브 쿼리를 사용하여 복수 행 INSERT 문을 실습하도록 한다.

새로운 테이블을 생성하는 방법은 여러 가지가 있으나 기존에 존재하는 테이블을 사용하여 새로운 테이블을 생성하는 방법이 있다. 자세한 테이블 생성 방법은 8장을 참조하도록 한다. 기존에 존재하는 테이블을 사용하여 새로운 테이블을 생성하는 방법은 다음과 같이 서브 쿼리를 사용하며 각 단어의 첫 글자만 따서 CTAS(씨탁스)라고 부른다.

```
CREATE TABLE 테이블명 [(칼럼명1, 칼럼명2)]
AS
Subquery;
```

서브 쿼리에서 WHERE 절을 이용하여 조건을 지정할 수 있는데, 만약 조건이 false이면 검색된 데이터가 없기 때문에 서브 쿼리에서 사용한 테이블의 구조만 복사되어 새로운 테이블을 생성하고, 조건이 true이거나 WHERE 절을 생략하면 서브 쿼리가 실행된 데이터까지 포함하여 새로운 테이블이 생성된다.

먼저 다음과 같이 dept 테이블을 서브 쿼리하여 새로운 mydept 테이블을 생성한다. 이때 WHERE 절의 조건을 false로 설정하여 데이터 없이 테이블 구조만 복사한다.

```
CREATE TABLE mydept
AS
SELECT * FROM dept
WHERE 1 = 2;
```

테이블 구조만 복사하기 위하여 WHERE 절의 조건식이 false가 되도록 1 = 2와 같이 설정한다.

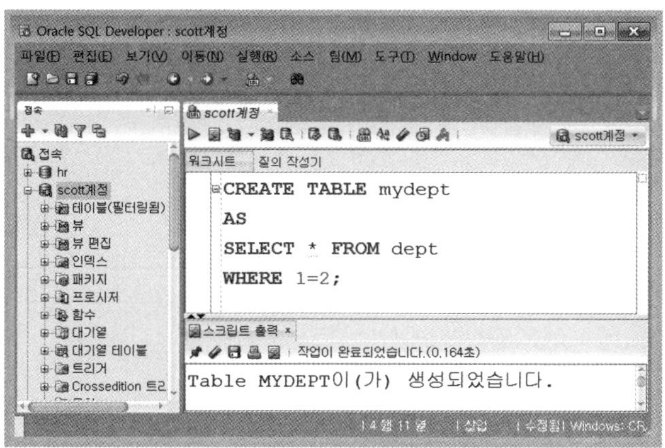

[그림 7.18] CTAS를 이용한 테이블 생성

생성된 mydept 테이블의 데이터를 확인하기 위하여 SELECT 문으로 조회하면 데이터 없이 dept 테이블의 구조만 복사된 것을 확인할 수 있다. CTAS는 테이블을 생성할 때 NOT NULL 제약조건을 제외한 다른 제약조건은 복사되지 않는다. 따라서 mydept 테이블의 deptno 칼럼은 기본키(Primary Key) 제약조건이 설정되어 있지 않은 상태이다.

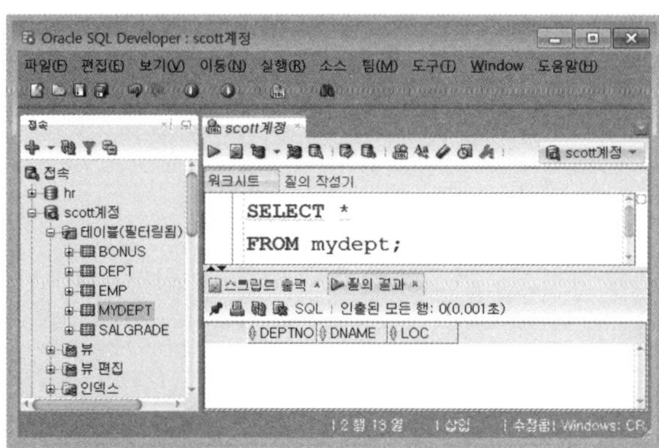

[그림 7.19] CTAS를 이용하여 테이블 구조만 복사

테이블 구조만 복사해서 데이터가 없는 mydept 테이블에 다음과 같이 복수 행 INSERT 문을 사용하여 여러 행의 데이터를 추가해 보자.

```
INSERT INTO mydept
SELECT deptno, dname, loc
FROM dept;
```

INTO 절에는 테이블명을 지정하고 INTO 절 다음에는 데이터를 가져오는 서브 쿼리를 작성한다. 서브 쿼리의 실행 결과를 이용하여 INSERT 문이 실행되기 때문에 서브 쿼리의 실행 결과가 여러 개면 자동으로 여러 개의 데이터가 INSERT 된다. 따라서 다음과 같이 '8개 행 이(가) 삽입되었습니다.'는 결과 메시지를 확인할 수 있다.

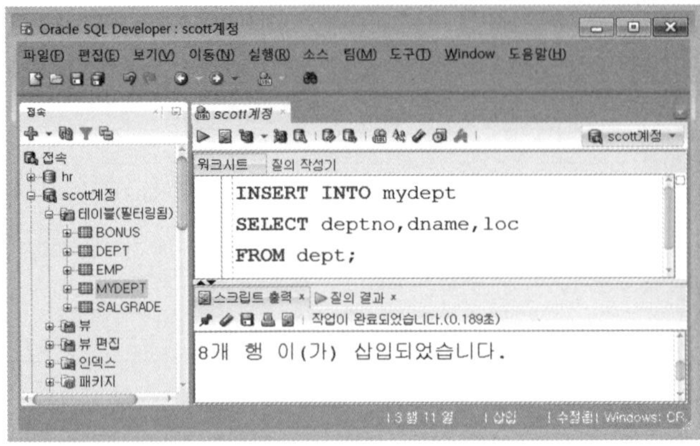

[그림 7.20] 다중 행 INSERT 문

마지막으로 mydept 테이블을 조회하여 저장된 데이터를 확인한다. 실행 결과를 살펴보면 dept 테이블의 내용과 동일한 것을 확인할 수 있다.

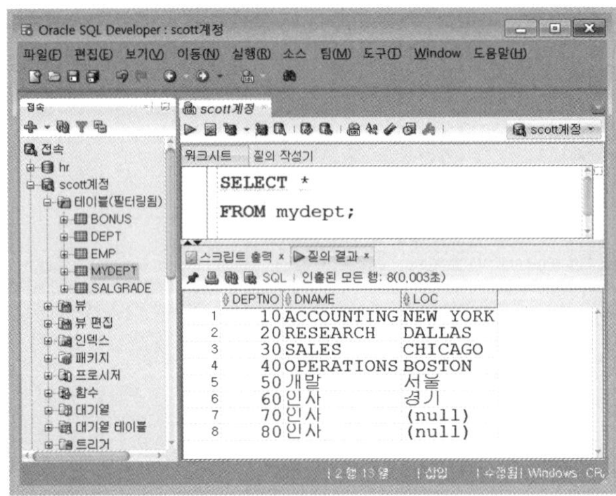

[그림 7.21] mydept 테이블 데이터 조회

1.3 다중 테이블 다중 행 INSERT 문

앞 절에서는 단일 테이블에 하나의 행을 저장하는 단일 행 INSERT 문과 단일 테이블에 여러 행을 저장하는 복수 행 INSERT 문을 살펴보았다. 이번에는 한 번의 INSERT 문 실행으로 여러 테이블에 복수의 데이터를 저장하는 방법을 살펴보도록 한다. INSERT ALL이라고 부르며 기본 문법은 다음과 같다.

문법

```
INSERT ALL
  [WHEN 조건식1 THEN]
    INTO 테이블1 VALUES (칼럼명1, 칼럼명2, ..., 칼럼명n)
  [WHEN 조건식2 THEN]
    INTO 테이블2 VALUES (칼럼명1, 칼럼명2, ..., 칼럼명n)
  Subquery;
```

서브 쿼리를 실행한 조회 결과가 INTO 절에서 지정한 테이블1과 테이블2에 자동으로 INSERT된다. WHEN 절은 생략할 수 있으며 생략하면 **무조건 INSERT ALL**이라고 부르고, WHEN 절이 있으면 조건식이 true인 경우에만 INSERT 되기 때문에 **조건 INSERT ALL**이라고 부른다.

먼저 무조건 INSERT ALL을 실행하기 위하여 사원 테이블인 emp에서 4개의 칼럼(사원번호, 이름, 입사일, 월급)으로 구성된 새로운 테이블 myemp_hire를 생성한다. 데이터 없이 테이블 구조만 복사하기 위하여 WHERE 절의 조건식을 false가 되도록 1 = 2로 설정한다.

```
CREATE TABLE myemp_hire
AS
SELECT empno, ename, hiredate, sal
FROM emp
WHERE 1 = 2;
```

myemp_hire 테이블이 생성되었음을 나타내는 메시지를 확인할 수 있다. 구조만 복사했기 때문에 데이터는 없다.

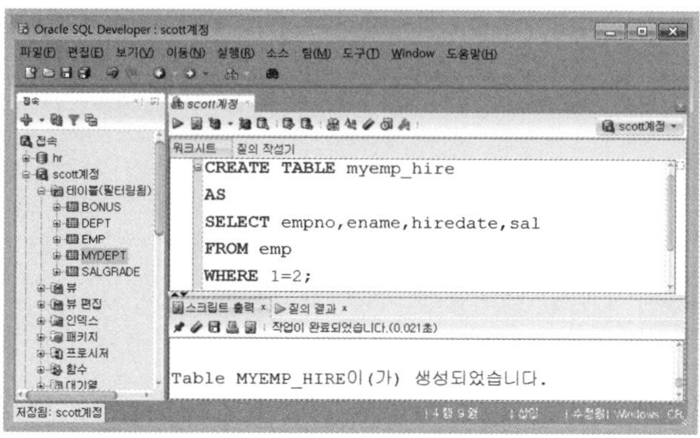

[그림 7.22] CTAS를 이용한 myemp_hire 테이블 생성

이번에는 사원 테이블인 emp에서 3개의 칼럼(사원번호, 이름, 관리자 번호)으로 구성된 새로운 테이블 myemp_mgr을 생성한다. 데이터 없이 테이블 구조만 복사하기 위하여 WHERE 절의 조건식을 1 = 2로 설정한다.

```
CREATE TABLE myemp_mgr
AS
SELECT empno, ename, mgr
FROM emp
WHERE 1 = 2;
```

실행 결과를 보면 myemp_mgr 테이블이 생성되었음을 확인할 수 있다.

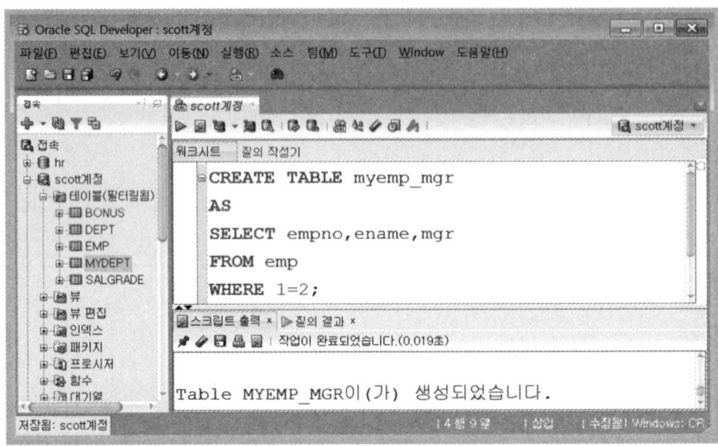

[그림 7.23] CTAS를 이용한 myemp_mgr 테이블 생성

마지막으로 서브 쿼리를 사용하여 myemp_hire 테이블에 사원번호, 이름, 입사일, 월급 데이터를 저장하고, myemp_mgr 테이블에는 사원번호, 이름, 관리자번호 데이터를 저장한다.

```
INSERT ALL
  INTO myemp_hire VALUES (empno, ename, hiredate, sal)
  INTO myemp_mgr VALUES (empno, ename, mgr)
  SELECT empno, ename, hiredate, sal, mgr
  FROM emp;
```

여러 번의 SELECT 문이나 INSERT 문을 사용하지 않아도 INSERT ALL을 사용하면 한 번의 INSERT 문을 사용하여 다중 테이블에 다중 데이터를 저장할 수 있다. WHEN 절이 생략되었기 때문에 특별한 조건 없이 여러 테이블에 데이터가 저장된다. 주의할 점은 반드시 VALUES 절에 사용된 칼럼명과 서브 쿼리에서 사용된 칼럼명이 같아야 한다. 실행 결과를 살펴보면 두 개의 테이블에 서브 쿼리가 반환한 12행의 데이터가 각각 저장되어 24행의 데이터 삽입이 발생하였음을 확인할 수 있다.

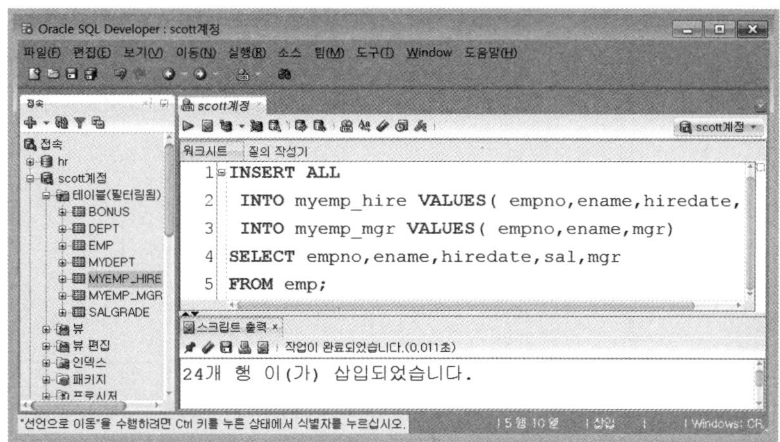

[그림 7.24] 무조건 INSERT ALL 문

먼저 myemp_hire 테이블에 저장된 데이터를 확인한다. 실행 결과를 살펴보면 사원번호, 이름, 입사일, 월급의 4가지 칼럼에 12개 행의 데이터가 저장된 것을 확인할 수 있다.

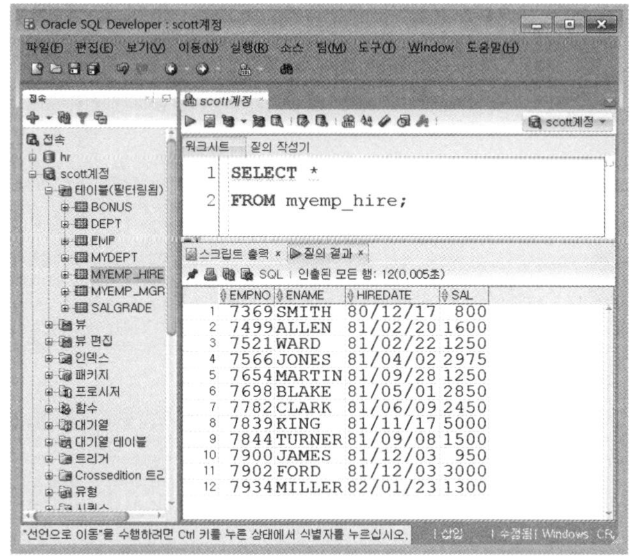

[그림 7.25] myemp_hire 테이블 데이터 조회

다음은 myemp_mgr 테이블에 저장된 데이터를 확인한다. 실행 결과를 살펴보면 사원번호, 이름, 관리자 번호의 3가지 칼럼에 12개 행의 데이터가 저장된 것을 확인할 수 있다.

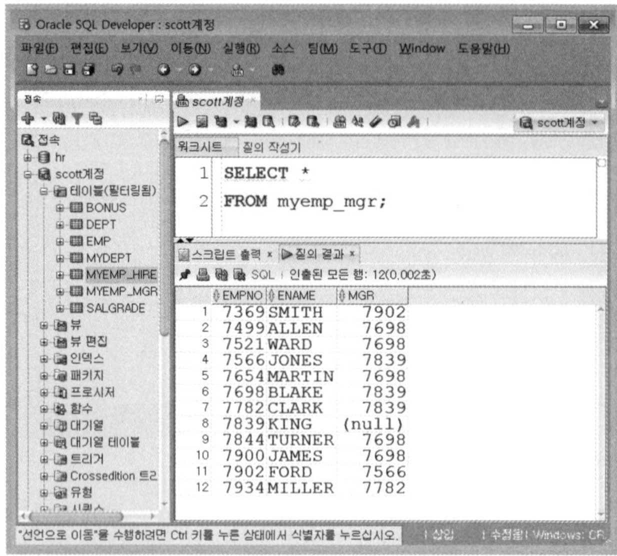

[그림 7.26] myemp_mgr 테이블 데이터 조회

이번에는 조건 INSERT ALL을 실행하기 위하여 사원 테이블 emp로부터 4개의 칼럼(사원번호, 이름, 입사일, 월급)으로 구성된 새로운 테이블 myemp_hire2를 생성한다. WHERE 절에 false 조건(1 = 2)을 지정하여 테이블의 구조만 복사한다.

```
CREATE TABLE myemp_hire2
AS
SELECT empno, ename, hiredate, sal
FROM emp
WHERE 1 = 2;
```

계속해서 사원 테이블인 emp로부터 3개의 칼럼(사원번호, 이름, 관리자 번호)으로 구성된 새로운 테이블 myemp_mgr2을 생성한다. WHERE 절에 false 조건(1 = 2)을 지정하여 테이블의 구조만 복사한다.

```
CREATE TABLE myemp_mgr2
AS
SELECT empno, ename, mgr
FROM emp
WHERE 1 = 2;
```

조건 INSERT ALL은 WHEN 절에서 지정한 조건을 만족하는 행만 INSERT하는 방법이다.

마지막으로 서브 쿼리를 사용하여 myemp_hire2 테이블에는 월급이 3,000보다 큰 사원만 저장하고, myemp_mgr2 테이블에는 관리자 번호가 7698인 사원만 저장하는 조건을 WHEN 절에 지정한다.

```
INSERT ALL
  WHEN sal > 3000 THEN
    INTO myemp_hire2 VALUES (empno, ename, hiredate, sal)
  WHEN mgr = 7698 THEN
    INTO myemp_mgr2 VALUES (empno, ename, mgr)
  SELECT empno, ename, hiredate, sal, mgr
  FROM emp;
```

서브 쿼리가 반환한 결과값과 WHEN 절에 지정한 조건식과 일치하는 6개의 데이터가 있음을 확인할 수 있다.

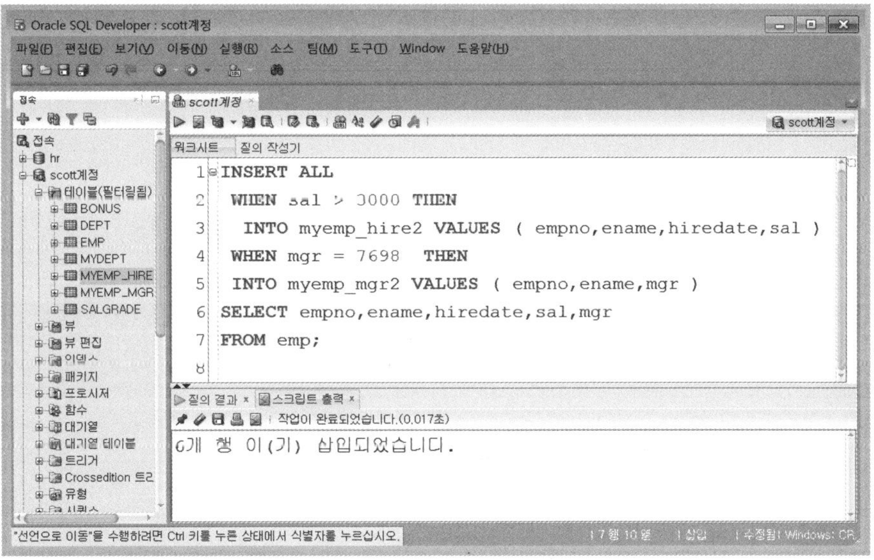

[그림 7.27] 조건 INSERT ALL 문

먼저 myemp_hire2 테이블에 저장된 데이터를 확인한다. 실행 결과를 살펴보면 월급이 3,000보다 큰 사원은 이름이 'KING'인 사원 한 명인 것을 확인할 수 있다.

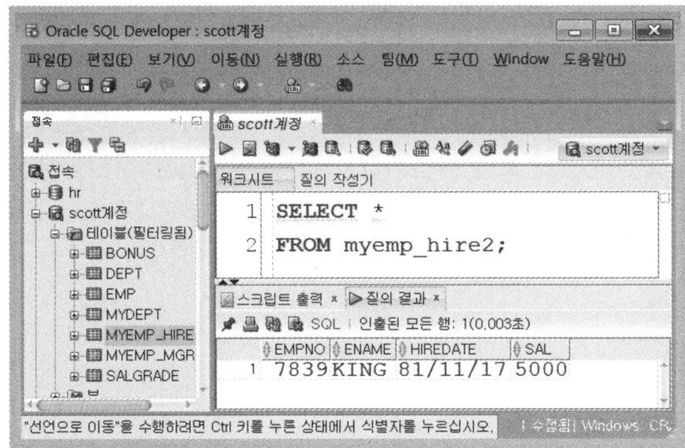

[그림 7.28] myemp_hire2 테이블 조회

다음은 myemp_mgr2 테이블에 저장된 데이터를 확인한다. 실행 결과를 살펴보면 관리자 번호가 7698인 사원은 모두 5명인 것을 확인할 수 있다.

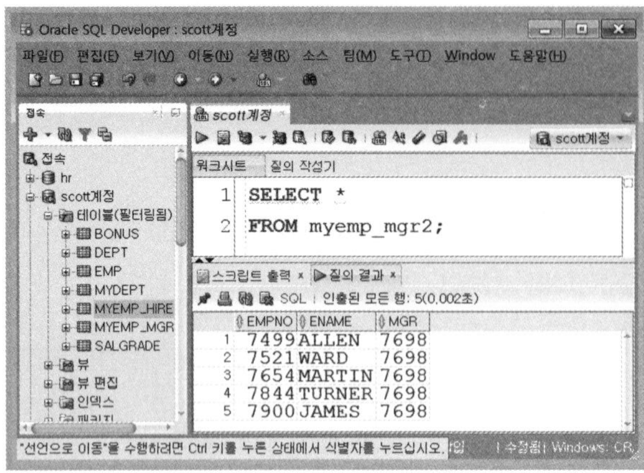

[그림 7.29] myemp_mgr2 테이블 조회

조건 INSERT FIRST 문

조건 INSERT FIRST는 WHEN 절에 지정된 조건이 중복되는 경우에 처음 조건에 일치하는 테이블에만 저장하고, 이후에는 조건이 일치해도 테이블에 저장하지 않는 방법이다.

만약 다음과 같은 조건으로 설정된 INSERT ALL 문장이 있다고 가정하자.

```
INSERT ALL
  WHEN sal = 800 THEN
    INTO table1 VALUES (empno, ename, hiredate, sal)
  WHEN sal < 2500 THEN
    INTO table2 VALUES (empno, ename, mgr)
  SELECT empno, ename, hiredate, sal, mgr
  FROM emp;
```

월급(sal)이 800이면 첫 번째 WHEN 절에 지정된 조건도 만족하고 두 번째 WHEN 절에 지정된 조건도 만족하게 된다. 따라서 월급(sal)이 800인 사원은 table1과 table2, 두 개의 테이블에 모두 저장된다. 위의 SQL 문장에서 INSERT ALL을 INSERT FIRST로 수정하면 월급이 800인 사원은 table1에만 저장되고, 이후의 조건도 만족하지만 table2에는 저장되지 않는다. 이렇게 조건의 중복 여부와 상관없이 조건이 일치하면 매번 실행되는 경우에는 INSERT ALL 문을 사용하고 첫 번째 조건이 일치하면 이후의 조건은 실행되지 않는 것이 INSERT FIRST 문이다.

1.4 UPDATE 문

UPDATE 문은 테이블에 저장된 데이터를 수정하기 위해서 사용하며 한 번에 여러 개의 행들을 변경할 수 있다. 기본적인 UPDATE 문의 형식은 다음과 같다.

문법
```
UPDATE 테이블명
SET 칼럼명1 = 변경할값[, 칼럼명2 = 변경할값]
[WHERE 조건식];
```

UPDATE 절에는 변경하고자 하는 테이블명을 지정하고 SET 절에는 '칼럼명 = 변경할값' 형식으로 지정한다. 변경할 칼럼이 여러 개인 경우에는 ,(쉼표)를 구분자로 나열하면 된다. WHERE 절은 생략할 수 있으며 생략할 경우에는 지정된 조건이 없기 때문에 테이블의 모든 데이터가 변경된다. 하지만 일반적으로 WHERE 절을 사용하여 조건에 일치하는 데이터만 변경하는 작업이 대부분이다.

INSERT 문에서 생성했던 mydept 테이블의 데이터를 확인해보고, 특정 데이터를 수정하는 SQL 문을 작성하도록 한다. mydept 테이블에는 다음과 같이 8개의 부서 정보가 저장되어 있다.

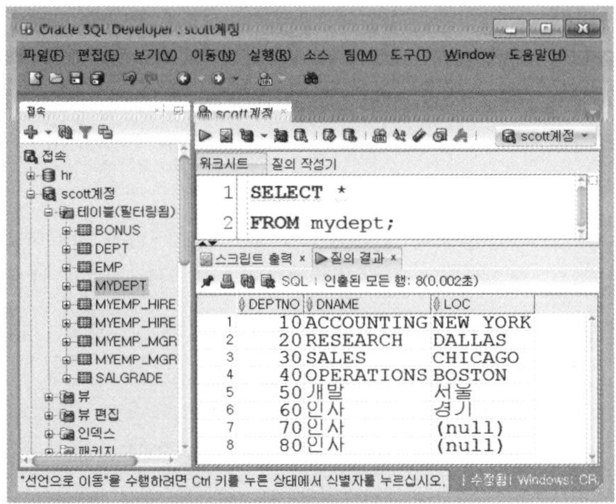

[그림 7.30] mydept 테이블 정보 조회

먼저 deptno 칼럼의 값이 50인 데이터의 부서명(dname)을 '개발'에서 '영업'으로 변경하고 지역(loc)을 '서울'에서 '경기'로 변경하는 SQL 문을 작성한다.

```
UPDATE mydept
SET dname = '영업', loc = '경기'
WHERE deptno = 50;
```

WHERE 절을 지정했기 때문에 부서번호(deptno)가 50인 사원만 찾아서 부서명을 '영업'으로 변경하고 위치는 '경기'로 변경한다.

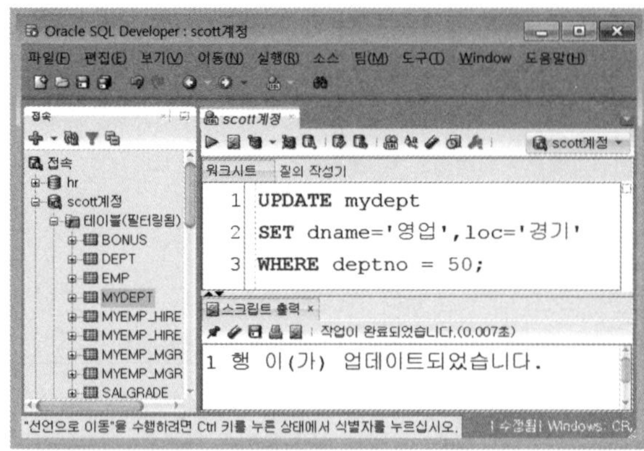

[그림 7.31] UPDATE 문 실행

실행 결과에서는 UPDATE 문에 의해서 테이블에 반영된 행의 개수가 반환된다. 위의 SQL 문에서는 부서번호가 50인 사원이 한 명만 있기 때문에 '1 행 이(가) 업데이트되었습니다.' 는 메시지가 출력된다. 만약 WHERE 절에 조건식이 없으면 mydept 테이블의 모든 데이터가 변경되기 때문에 주의해서 사용해야 한다.

UPDATE 문에서도 서브 쿼리를 이용할 수 있다. UPDATE 문의 SET 절에서 서브 쿼리를 사용하면 서브 쿼리가 실행된 결과값으로 테이블을 수정할 수 있다. 이 방법을 사용하면 다른 테이블에 저장된 데이터를 사용하여 특정 칼럼값 변경이 가능해진다.

다음은 mydept 테이블의 부서번호(deptno)가 60인 사원의 부서이름(dname)을 dept 테이블의 부서번호가 10인 부서의 부서명으로 수정하고, 부서위치는 dept 테이블의 부서번호가 20인 부서위치로 수정하는 SQL 문이다.

```
UPDATE mydept
SET dname = (SELECT dname
              FROM dept
              WHERE deptno = 10)
   , loc = (SELECT loc
             FROM dept
             WHERE deptno = 20)
WHERE deptno = 60;
```

UPDATE 문에서도 서브 쿼리를 사용하여 위의 예와 같이 다른 테이블의 칼럼값으로 기존 칼럼값을 변경할 수 있다.

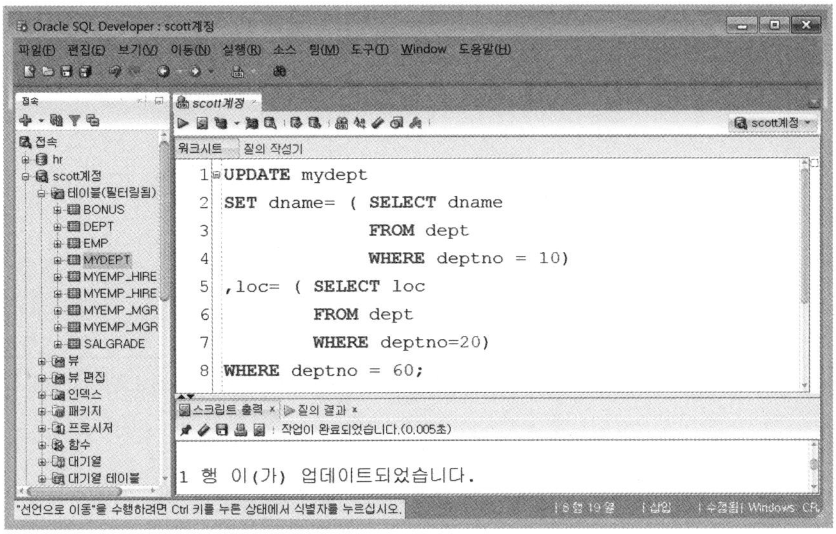

```
UPDATE mydept
SET dname= ( SELECT dname
             FROM dept
             WHERE deptno = 10)
,loc= ( SELECT loc
        FROM dept
        WHERE deptno=20)
WHERE deptno = 60;
```

1 행 이(가) 업데이트되었습니다.

[그림 7.32] 서브 쿼리를 사용한 UPDATE 문 실행

실행 결과를 살펴보면 mydept 테이블의 부서명은 dept 테이블에서 부서번호가 10인 부서의 부서명인 'ACCOUNTING'으로 변경되었으며, 부서위치는 dept 테이블에서 부서번호가 20인 부서의 부서위치인 'DALLAS'로 변경된 것을 확인할 수 있다.

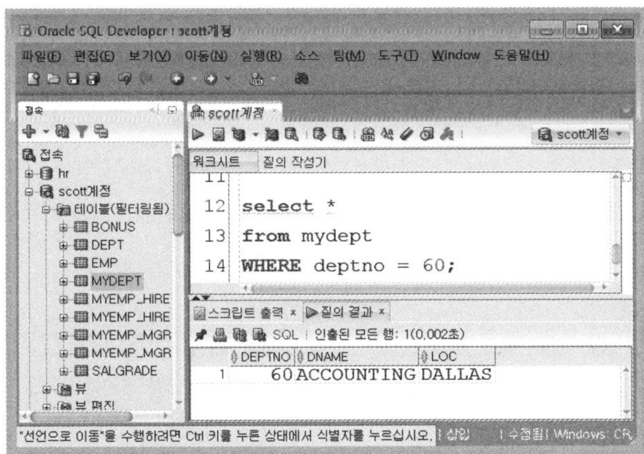

[그림 7.33] mydept 테이블 조회

1.5 DELETE 문

DELETE 문은 테이블에 저장된 데이터를 삭제하기 위해서 사용하며 한 번에 여러 개의 행들을 삭제할 수 있다. 기본적인 DELETE 문의 형식은 다음과 같다.

문법

```
DELETE FROM 테이블명
[WHERE 조건식];
```

FROM 절에는 삭제하려는 데이터를 가진 테이블명을 지정하고, WHERE 절에는 조건을 지정하여 조건에 일치하는 행들만 삭제한다. 만약 WHERE 절에 조건식이 없으면 테이블의 모든 데이터가 삭제되기 때문에 주의해서 사용해야 한다.

다음은 mydept 테이블에서 부서번호가 50인 행을 삭제하는 SQL 문이다.

```
DELETE FROM mydept
WHERE deptno = 50;
```

WHERE 절을 지정했기 때문에 부서번호가 50인 사원만 mydept 테이블에서 삭제된다. 하나의 행이 삭제되어 '1 행 이(가) 삭제되었습니다.'는 메시지가 출력된다.

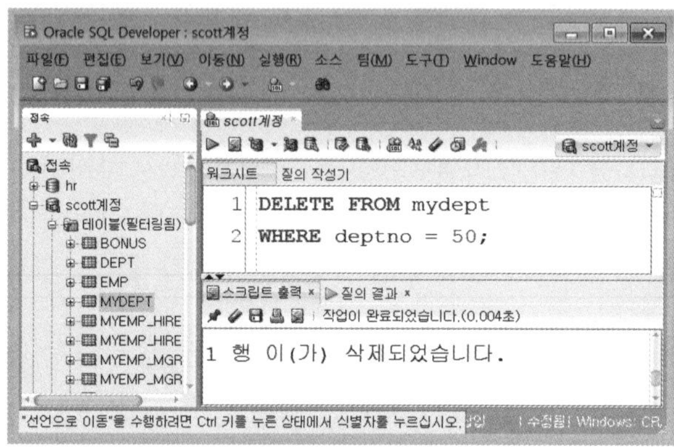

[그림 7.34] DELETE 문 실행

UPDATE 문과 마찬가지로 WHERE 절에 조건식이 없으면 mydept 테이블의 모든 데이터가 삭제되기 때문에 주의해서 사용해야 한다.

DELETE 문에서도 서브 쿼리를 이용할 수 있다. DELETE 문의 WHERE 절에서 서브 쿼리를 사용하면 서브 쿼리가 실행된 결과값으로 테이블의 데이터를 삭제할 수 있다. 이 방법을 사용하면 다른 테이블에 저장된 데이터를 사용하여 특정 데이터를 삭제할 수 있다.

다음은 DEPT 테이블에서 부서번호가 20인 데이터의 부서위치와 동일한 위치에 해당하는 행을 mydept 테이블에서 삭제하는 SQL 문이다.

```
DELETE
FROM mydept
WHERE loc = (SELECT loc
             FROM dept
             WHERE deptno = 20);
```

mydept 테이블의 특정 행을 삭제하는 SQL 문으로서 WHERE 절에 사용되는 조건값을 서브 쿼리를 사용하여 가져온 것이다.

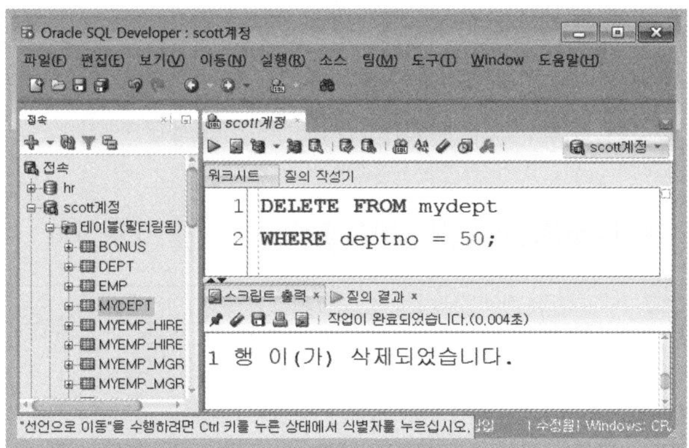

[그림 7.35] 서브 쿼리를 사용한 DELETE 문 실행

1.6 MERGE 문

MERGE 문은 구조가 같은 2개의 테이블을 비교하여 하나의 테이블로 합치기 위한 데이터 조작어(DML)이다. 기본적인 SQL 문의 형식은 다음과 같다.

문법

```
MERGE INTO 테이블1 별칭
USING {테이블2 | 뷰 | 서브쿼리} 별칭
ON (조인조건)
WHEN MATCHED THEN
  UPDATE SET 칼럼명 = 값[, 칼럼명1 = 값1, ...]
  [WHERE 조건식]
  [DELETE WHERE 조건식]
WHEN NOT MATCHED THEN
  INSERT (칼럼 목록)
  VALUES (값 목록)
  [WHERE 조건식];
```

INTO 절에는 병합한 결과를 저장할 테이블명을 지정하고, USING 절에는 병합할 테이블명이나 뷰 또는 서브 쿼리를 지정한다. ON 절에는 INTO 절의 테이블과 USING 절의 테이블 간의 조인(join) 조건을 지정한다. 조인 조건이 일치하면 UPDATE 문을 실행하고 일치하지 않으면 INSERT 문을 실행한다. WHERE 절을 사용하여 조건을 지정할 수 있으며 DELETE 문도 사용이 가능하다. 앞서 배웠던 INSERT 문이나 DELETE, UPDATE 문의 형식과 차이가 나는 이유는 저장하거나 수정되어야 하는 테이블명을 INTO 절에 명시했기 때문이다.

MERGE 문을 사용하는 대표적인 경우는 전자상거래와 같은 물품을 판매하는 회사에서는 판매 현황을 월별로 관리하고 연말에 월별로 관리하던 데이터를 병합하는 목적으로 사용할 수 있다.

MERGE 문의 실습을 위하여 다음과 같은 새로운 테이블을 생성한다. 칼럼명으로 한글은 권장하지 않지만, 가독성을 위해서 다음 예제에서만 사용하기로 한다.

다음 SQL 문을 SQLDeveloper에서 작성하여 테이블과 데이터를 생성한다.

```
CREATE TABLE pt_01 (
  판매번호  VARCHAR2(8),
  제품번호  NUMBER,
  수량      NUMBER,
  금액      NUMBER);

CREATE TABLE pt_02 (
  판매번호  VARCHAR2(8),
  제품번호  NUMBER,
  수량      NUMBER,
  금액      NUMBER);

CREATE TABLE p_total (
  판매번호  VARCHAR2(8),
  제품번호  NUMBER,
  수량      NUMBER,
  금액      NUMBER);

INSERT INTO pt_01 VALUES ('20170101', 1000, 10, 500);
INSERT INTO pt_01 VALUES ('20170102', 1001, 10, 400);
INSERT INTO pt_01 VALUES ('20170103', 1002, 10, 300 );

INSERT INTO pt_02 VALUES ('20170201', 1003, 5, 500);
INSERT INTO pt_02 VALUES ('20170202', 1004, 5, 400);
INSERT INTO pt_02 VALUES ('20170203', 1005, 5, 300);
commit;
```

pt_01 테이블에는 1월 판매정보가 저장되어 있고 pt_02 테이블에는 2월 판매정보가 저장되어 있다. p_total 테이블은 월별 판매정보를 모두 가지고 있는 통합 테이블로 사용된다.

다음과 같이 1월 판매정보를 가진 pt_01 테이블과 통합 테이블인 pt_total 테이블을 병합하여 1월 판매현황을 관리해 보자.

```
MERGE INTO p_total total
USING pt_01 p01
ON (total.판매번호 = p01.판매번호)
WHEN MATCHED THEN
  UPDATE SET total.제품번호 = p01.제품번호
WHEN NOT MATCHED THEN
  INSERT VALUES (p01.판매번호, p01.제품번호, p01.수량, p01.금액);
```

INTO 절에는 병합된 데이터를 저장하기 위한 통합 테이블인 p_total을 지정하고 별칭으로 total을 사용한다. USING 절에는 병합할 1월 판매정보가 저장된 테이블 pt_01을 지정하고 별칭으로 p01을 사용한다. ON 절에는 p_total 테이블과 pt_01 테이블의 조인 조건을 지정한다. 만약 조인 조건이 일치하면 UPDATE 문이 실행되고, 조인 조건이 일치하지 않으면 INSERT 문이 실행된다. 실습에서는 p_total과 pt_01 테이블 간에 일치하는 데이터가 하나도 없기 때문에 INSERT 문이 실행되어 p_total 테이블에 pt_01 테이블의 데이터가 저장된다.

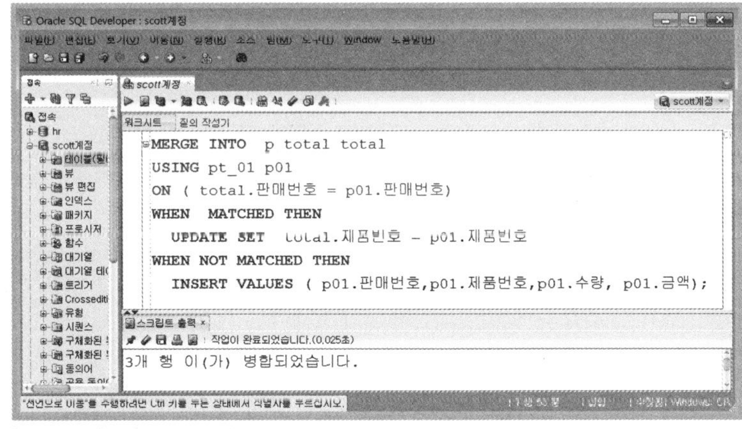

[그림 7.36] MERGE 문 실행

마찬가지로 2월 판매정보를 가진 pt_02 테이블과의 병합도 동일하게 처리한다.

```
MERGE INTO p_total total
USING pt_02 p02
ON (total.판매번호 = p02.판매번호)
WHEN MATCHED THEN
  UPDATE SET total.제품번호 = p02.제품번호
WHEN NOT MATCHED THEN
  INSERT VALUES (p02.판매번호, p02.제품번호, p02.수량, p02.금액);
```

최종 실행 결과를 살펴보면 p_total 통합 테이블에 1월 판매정보와 2월 판매정보가 병합되어 저장된 것을 확인할 수 있다.

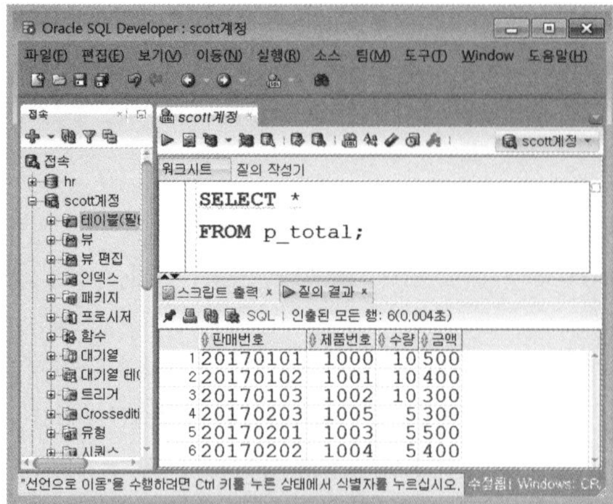

[그림 7.37] p_total 통합 테이블 정보 조회

만약 월별 판매정보의 데이터가 잘못되어 수정해야 한다고 가정할 때, pt_01 또는 pt_02 테이블의 데이터를 수정한 뒤에 p_total과 pt_01 또는 pt_02 테이블을 다시 병합하면 조건이 일치해서 UPDATE 문이 실행된다. 따라서 기존에 잘못된 데이터는 모두 수정될 것이다.

2. 트랜잭션

트랜잭션(Transaction)은 데이터베이스의 논리적인 작업 단위로서 분리될 수 없는 한 개 이상의 데이터베이스 조작을 의미한다. 하나의 트랜잭션에는 하나 이상의 SQL 문이 포함될 수 있으며 트랜잭션의 대상이 되는 SQL 문은 DML 문이다. 오라클에서 발생되는 여러 개의 작업들을 하나의 작업처럼 처리해야 하는 경우에 트랜잭션 개념이 필요하다.

트랜잭션 개념을 설명하기 위하여 A 계좌에서 B 계좌로 돈을 이체하는 과정을 살펴보자.

(1) 계좌 이체하기 전의 A 계좌와 B 계좌 잔액

A 계좌	B 계좌
잔액 : 1,000	잔액 :

[그림 7.38] 계좌 이체하기 전의 잔액

A 계좌에는 잔액이 1,000이 있으며, B 계좌에는 잔액이 없다.

(2) A 계좌에서 B 계좌로 500을 이체했을 때 성공한 경우의 잔액

A 계좌	B 계좌
잔액: 500	잔액: 500

[그림 7.39] 이체 후 성공한 경우 잔액

A 계좌에서 B 계좌로 500을 이체한다고 할 때 이체 작업이 성공하면 A 계좌의 잔액이 500이 되고, B 계좌의 잔액도 500이 된다.

(3) A 계좌에서 B 계좌로 500을 이체했을 때 실패한 경우의 잔액

A 계좌	B 계좌
잔액:1000	잔액:

[그림 7.40] 이체 후 실패한 경우 잔액

A 계좌에서 B 계좌로 500을 이체한다고 할 때 이체 과정 중 이체 작업이 실패하면 A 계좌에는 잔액이 1,000이 남고, B 계좌에는 잔액이 없어야 한다. 즉 계좌이체하기 전의 상태로 남아 있어야 한다. 여기서 중요한 것은 '계좌이체'라고 하는 작업은 하나의 작업이라고 볼 수 있으나, 내부적으로 실행되는 DML 문을 살펴보면 하나의 작업이 아닌 최소 2개의 작업이 실행되는 것을 알 수 있다.

성공한 경우의 '계좌이체' 작업은 A 계좌의 잔액이 1,000에서 500으로 변경되기 때문에 UPDATE 문이 실행되고, B 계좌에서는 새로운 잔액 데이터 500이 생성되었기 때문에 INSERT(또는 UPDATE) 문이 실행된다.

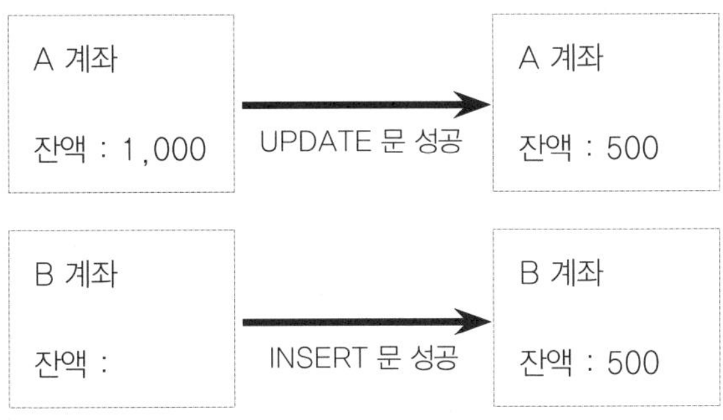

[그림 7.41] UPDATE 문, INSERT 문 모두 성공

만약 다음과 같이 A 계좌의 UPDATE 문은 성공했으나, B 계좌의 INSERT 문이 실패할 경우에는 잔액 500이 계좌이체 이전보다 적어지기 때문에 매우 심각한 문제가 발생한다.

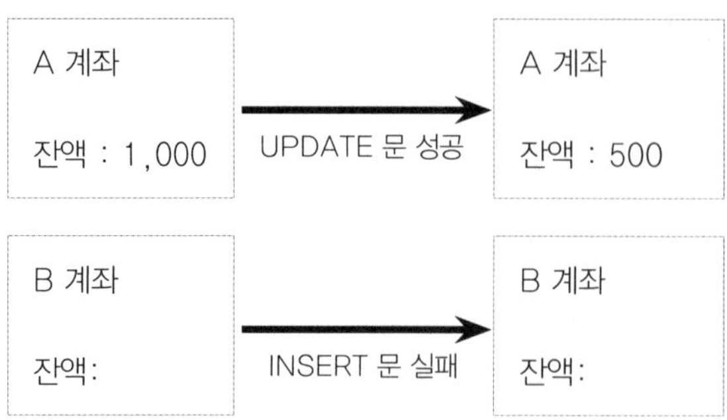

[그림 7.42] UPDATE 문 성공, INSERT 문 실패

이러한 이유 때문에 UPDATE 문과 INSERT 문을 각각 개별적인 작업으로 처리하지 않고 논리적인 하나의 작업으로 처리해야 하는데 이것을 트랜잭션(Transaction)이라고 한다.

트랜잭션으로 묶인 개별적인 작업들 중에서 하나라도 문제가 발생하는 경우에는 트랜잭션 내에서 실행되었던 모든 작업들을 취소해야 한다. 즉 SQL 문이 실행되기 전의 상태로 모두 복구되어야 중요한 데이터 손실을 방지할 수 있다.

예에서 A 계좌의 UPDATE 문은 성공했으나 B 계좌의 INSERT 문이 실패한다면 이전에 작업했던 A 계좌의 UPDATE 문 실행을 취소해야 올바른 잔액이 남게 된다. 취소가 가능하다는 것은 실행된 DML 문의 실행 결과가 데이터베이스에 바로 적용이 되지 않는다는 것을 의미한다. 이러한 동작이 가능하도록 트랜잭션 제어를 위한 명령어가 다음과 같이 제공되며, 이들 명령어를 TCL(Transaction Control Language)이라고 부른다.

```
COMMIT
SAVEPOINT
ROLLBACK
```

위의 TCL 명령어에 대해서 상세히 살펴보면 다음과 같다.

- **COMMIT**

DML 문에 의해서 실행되었으나 실제로 저장되지 않은 모든 데이터를 데이터베이스에 저장하고 현재의 트랜잭션을 종료하는 명령어이다. 즉 트랜잭션 내의 모든 개별적인 작업들이 정상적으로 처리되어 결과가 데이터베이스에 모두 반영되도록 '확정'한다는 의미이다.

- **SAVEPOINT 이름**

진행 중인 트랜잭션을 특정 이름으로 지정하는 명령어로 책갈피(bookmark) 기능이라고 할 수 있다. 지정된 이름에 해당하는 상태로 실행된 DML 작업을 취소할 때 사용한다.

● ROLLBACK [TO SAVEPOINT 이름]

저장되지 않은 모든 데이터의 변경 사항을 취소하고 현재의 트랜잭션을 종료하는 명령어이다. 즉, 트랜잭션으로 인한 하나의 묶음처리가 시작되기 이전의 상태로 복구되는 것을 의미한다. TO SAVEPOINT 키워드를 사용하면 SAVEPOINT로 지정한 위치까지만 변경 사항을 취소할 수도 있다.

다음 그림을 보면서 트랜잭션 개념을 정리하도록 한다.

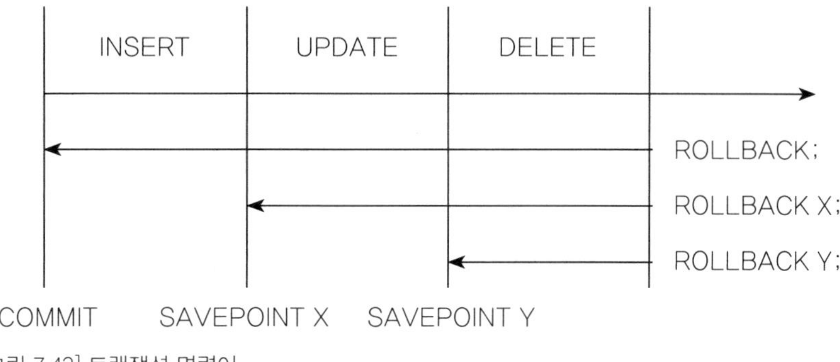

[그림 7.43] 트랜잭션 명령어

맨 앞의 COMMIT 명령어로 인해서 이전 트랜잭션이 종료되었으며, INSERT 문에 의해서 새로운 트랜잭션이 발생한다. INSERT 문과 이후의 UPDATE 문, DELETE 문은 COMMIT이나 ROLLBACK으로 트랜잭션을 종료하기 전까지 하나의 트랜잭션으로 묶이게 된다. 또한 이 모든 과정이 에러 없이 수행되었다면 지금까지 실행한 모든 작업을 '확정'이라는 방법으로 트랜잭션을 종료 처리할 수 있는데 이때의 명령어가 COMMIT 명령어이다. 즉 COMMIT 명령어를 사용하기 전까지는 수행했던 모든 작업을 ROLLBACK 명령어로 원상태로 복구할 수 있다. INSERT 작업 후에 'SAVEPOINT X'라는 책갈피 명령어를 실행하면 나중에 'ROLLBACK X' 명령어를 통해서 특정 작업만 취소할 수도 있다.

트랜잭션은 COMMIT과 COMMIT 사이에 발생하는 모든 DML을 의미한다. 하나의 DML 문으로도 트랜잭션이 발생할 수도 있고, 여러 DML 문이 하나의 트랜잭션으로 묶일 수도 있다. 따라서 DML 문을 사용한 후에는 반드시 실행 결과를 '확정'하는 방법으로 트랜잭션을 종료하는 COMMIT을 사용하거나, '취소'하는 방법으로 트랜잭션을 종료하는 ROLLBACK 명령어를 명시적으로 사용해야 한다.

테이블을 생성(CREATE)하거나 수정(ALTER), 삭제(DROP)하는 명령어인 DDL(Data Definition Language) 문은 자동으로 COMMIT되므로 ROLLBACK 대상이 되지 않는다. DDL 문은 8장을 참조한다.

트랜잭션 종료 전의 진행 중인 데이터 상태는 다음과 같다.

- 트랜잭션 내의 모든 데이터 변경 사항은 트랜잭션이 종료되기 전까지는 모두 임시적이다. 따라서 데이터를 변경하기 전의 상태로 복구할 수 있다.
- 변경된 행은 내부적으로 잠금(Lock)이 걸리게 되어 해당 사용자를 제외한 나머지 사용자는 해당 행을 변경할 수 없다. 트랜잭션을 COMMIT 또는 ROLLBACK으로 종료해야 잠금(Lock)이 해제된다.
- 데이터를 변경한 현재 사용자는 SELECT 문을 이용하여 변경된 데이터를 확인할 수 있으나, 다른 사용자는 현재 사용자에 의해 변경된 데이터의 결과를 확인할 수 없다. 이것을 '읽기 일관성'이라고 한다.

Lock 경합

SQL 문을 처음 배우는 입장에서 DML 문 사용할 때 주의할 점이 있다. A 사용자와 B 사용자가 동시에 dept 테이블의 특성 레코드를 수정한다고 가정하자.

A 사용자가 먼저 dept 테이블에 저장된 데이터 중 부서번호가 40인 행에 대해서 UPDATE 문을 실행한다. 이후에 B 사용자도 dept 테이블의 부서번호가 40인 행에 대해서 DELETE 문을 실행한다. 이 경우 실행 결과는 나중에 실행한 B 사용자는 요청한 DELETE 문이 실행되지 않고 대기상태가 된다.

A 사용자

```
update dept
  set loc = '부산'
  where deptno = 40;

1행이 갱신되었습니다.
```

B 사용자

```
delete from dept
  where deptno = 40;
```

Wait!!

[그림 7.44] 락(Lock) 경합

B 사용자는 DELETE 문을 요청한 이후로 아무런 작업도 할 수 없게 되는데, 이유는 A 사용자가 부서번호가 40에 대해서 트랜잭션(UPDATE)을 발생시키고 명시적으로 종료하지 않았기 때문에 다른 모든 사용자는 A 사용자가 발생시킨 트랜잭션을 종료하기 전까지 무한 대기하게 된다. 이런 상황을 'Lock 경합'이라고 부른다. 결론적으로 DML 문을 사용한 경우에는 반드시 COMMIT이나 ROLLBACK으로 트랜잭션을 종료시켜야 다른 사용자가 무한 대기하는 상황을 피할 수 있다. 이러한 무한대기 상황은 오라클의 성능을 감소시키는 원인이 되기 때문에 주의해야 한다.

8장

DDL

[학습목표]

- DDL 명령어에 관하여 학습한다.
- 테이블을 생성하는 방법에 관하여 학습한다.
- 테이블을 생성할 때 제약조건을 설정하는 방법에 괸하여 학습한다.
- 테이블을 삭제하는 방법에 관하여 학습한다.
- 테이블을 변경하는 방법에 관하여 학습한다.
- FLASHBACK DROP 복구 기술에 관하여 학습한다.

1. DDL

DDL(Data Definition Language)은 데이터베이스의 구조를 생성하거나 수정 또는 삭제하는데 사용되는 SQL 문이다. 이러한 문장은 자동으로 COMMIT되기 때문에 데이터베이스에 즉각 영향을 미치며 데이터베이스 사전(DATA DICTIONARY)에 정보가 저장된다.

오라클 데이터베이스는 다음과 같은 여러 개의 데이터 구조를 가지고 있으며, 이들 구조를 일반적으로 '오라클 객체'라고 부른다. 일반 사용자가 사용할 수 있는 객체는 다음과 같이 5가지가 있다.

[표 8.1] 오라클 객체

객체명	설명
테이블(table)	기본적인 데이터 저장 단위로 행과 열로 구성된 객체
인덱스(index)	테이블에 저장된 데이터의 검색 성능 향상을 목적으로 하는 객체
뷰(view)	한 개 이상의 테이블의 논리적인 부분 집합을 표시할 수 있는 객체
시퀀스(sequence)	테이블의 특정 칼럼값에 숫자 값을 자동으로 생성하기 위한 목적의 객체
동의어(synonym)	객체에 대한 동의어를 설정하기 위한 객체

DDL 문은 테이블이나 인덱스와 같은 오라클 객체를 생성하거나 수정 또는 삭제하기 위해서 사용되는 SQL 문이며 다음과 같은 명령어가 있다.

[표 8.2] DDL 문 종류

<table>
<tr><th>SQL 종류</th><th>명령문</th><th>설명</th></tr>
<tr><td rowspan="5">Data Definition Language
(DDL:데이터 정의어)</td><td>CREATE</td><td>데이터베이스 객체 생성</td></tr>
<tr><td>ALTER</td><td>데이터베이스 객체 변경</td></tr>
<tr><td>DROP</td><td>데이터베이스 객체 삭제</td></tr>
<tr><td>RENAME</td><td>데이터베이스 객체이름 변경</td></tr>
<tr><td>TRUNCATE</td><td>객체 정보 삭제</td></tr>
</table>

2. 테이블 (Table) 생성

테이블은 데이터베이스에서 가장 중요한 객체로서 사용자가 관리하고자 하는 실 데이터가 저장되어 있는 곳이다. 지금까지는 hr 계정의 employees 테이블과 departments 테이블과 같이 오라클 데이터베이스에 미리 존재하고 있던 테이블을 사용하여 SELECT 문과 DML 문을 학습 하였으나, 이 장에서는 직접 테이블을 생성하거나 수정하고 삭제하는 방법을 배울 것이다.

테이블을 생성하는 기본적인 문법은 다음과 같다.

문법
```
CREATE TABLE [스키마].테이블명
(칼럼명 데이터타입 [DEFAULT 값 | 제약조건][, ... ]);
```

CREATE TABLE 뒤에는 스키마(schema)를 지정하거나 스키마를 생략하고 테이블명을 지정한다. 스키마는 사용자가 데이터베이스에 접근하여 생성한 객체들의 대표 이름을 의미하며 기본적으로 사용자의 계정명과 동일하게 부여된다. 즉 SCOTT 계정으로 접속한 사용자의 스키마는 SCOTT이 된다.

기본적으로 생성한 객체들의 소유는 객체를 생성한 계정이 가지기 때문에 다른 스키마는 접근이 불가능하다. 스키마를 이용해서 생성한 객체들의 소유자가 누구인지를 알려줄 수 있으며, 접근 권한을 가진 A 사용자가 다른 B 사용자가 가지고 있는 객체를 접근할 때는 항상 스키마를 지정하여 '스키마.객체' 형식으로 사용해야 한다. 만약 스키마를 생략하면 자신의 스키마 내에서 객체를 찾게 되어 에러가 발생할 수 있다.

다음은 SCOTT 계정이 소유하고 있는 dept 테이블의 데이터를 스키마를 사용하여 조회하는 SQL 문이다.

```
SELECT deptno, dname, loc
FROM SCOTT.dept;
```

FROM 절 뒤에 SCOTT.dept와 같이 SCOTT 스키마를 지정하여 dept 테이블이 SCOTT 스키마에 속해 있다는 것을 명시적으로 알려줄 수 있으나, 일반적으로 자신의 스키마에 속한 객체를 접근할 때는 스키마를 생략해서 사용한다. 다른 스키마의 객체를 접근하기 위해서는 접근 권한과 함께 '스키마.객체' 형식으로 사용해야 제대로 접근할 수 있다. 따라서 객체 이름을 설정할 때 의미 있고 사용하기 쉽게 설정하는 것이 매우 중요하다.

테이블의 이름을 포함한 데이터베이스 객체의 이름을 지정할 때는 다음과 같은 이름 지정 방법을 권장한다.

- 테이블 및 칼럼명은 문자로 시작하고 길이는 30자 이내로 작성한다.
- 테이블 및 칼럼명은 'A'~'Z', 'a'~'z', 0~9, _, $, #을 사용할 수 있고, 한글 사용도 가능하지만 한글 이름은 권장하지 않는다.
- 동일한 스키마 내에서는 객체의 이름이 중복되면 각 객체를 식별할 수 없어 이름이 중복되지 않도록 해야 한다. 하지만 스키마가 다른 경우에는 스키마를 통하여 식별이 가능하기 때문에 객체 이름의 중복이 가능하다.
- 오라클 데이터베이스가 예약어로 사용하는 이름은 객체의 이름으로 사용할 수 없으며, 객체 이름에서 대소문자는 구별하지 않는다.
- 소문자로 테이블의 이름을 설정해도 데이터 사전(Data Dictionary)에는 자동으로 대문자로 저장된다. 따라서 테이블명을 검색할 때에는 반드시 대문자로 지정하여 검색해야 한다.

CREATE TABLE에서 테이블명을 지정한 후에는 칼럼 이름과 해당 칼럼의 데이터 타입을 지정해야 한다. 칼럼 이름은 식별하기 쉽고, 의미 있는 명사형으로 지정하고 데이터 타입은 칼럼에 저장되는 데이터의 자료형을 지정한다.

오라클에서 제공하는 데이터 타입은 다음과 같다.

[표 8.3] 오라클 데이터베이스의 데이터형

데이터 타입 종류	설명
CHAR(size)	주어진 크기만큼의 고정 길이의 문자 저장. 최소 1바이트, 최대 2000 바이트 저장 가능
VARCHAR2(size)	주어진 크기만큼의 가변 길이의 문자 저장, 최소 1바이트, 최대 4,000바이트 저장 가능
NVARCHAR2(size)	국가별 문자 집합에 따른 크기의 문자 또는 바이트의 가변 길이 문자 저장. 최소 1바이트, 최대 4,000바이트 저장 가능
NUMBER(p, s)	가변 길이의 숫자 저장. 전체 자릿수는 p, 소수점 자릿수는 s이고, 정밀도와 스케일로 표현되는 숫자 저장. p는 1~38, s는 -84~127
DATE	날짜 및 시간
ROWID	테이블 내 행의 고유 주소를 가지는 64비트 문자
BLOB	대용량의 이진 데이터를 저장(최대 4GB)
CLOB	대용량의 텍스트 데이터를 저장(최대 4GB)
BFILE	대용량의 이진 데이터를 파일 형태로 저장(최대 4GB)

(1) CHAR(size)

CHAR형은 고정 길이의 문자 데이터를 저장하기 위한 자료형으로서 최소 1바이트부터 최대 2,000바이트까지 저장할 수 있다. 지정된 길이보다 작은 데이터가 입력되면 길이가 고정된 상태에서 나머지 공간은 공백으로 채워진다. 따라서 입력되는 데이터 길이가 유동적인 경우에는 기억공간이 낭비될 수 있기 때문에 일반적으로 데이터 길이가 항상 고정된 크기를 갖는 우편번호, 전화번호, 주민번호, 성별, 학년 등과 같은 데이터를 저장할 때 사용한다.

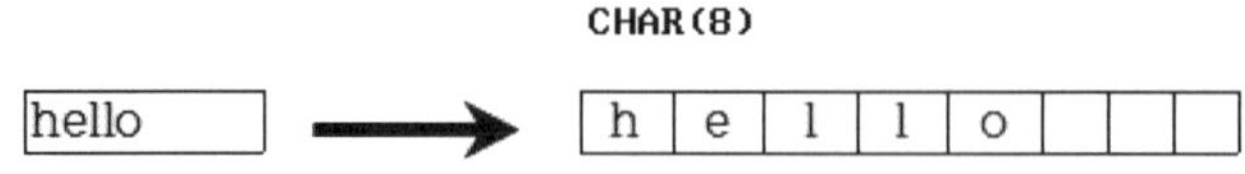

[그림 8.1] CHAR형

CHAR(8)인 경우에 다섯 글자의 문자열 'hello'를 입력하는 경우 나머지 3칸은 공백문자로 채워진다.

(2) VARCHAR2(size)

VARCHAR2형은 가변 길이의 문자 데이터를 저장하기 위한 자료형으로서 최소 1바이트부터 최대 4,000바이트까지 저장할 수 있다. 지정된 길이보다 작은 데이터가 입력되면 입력된 문자열의 길이만큼만 기억공간이 할당된다. 따라서 입력되는 데이터 길이가 유동적인 경우에는 기억공간을 매우 효율적으로 사용할 수 있다.

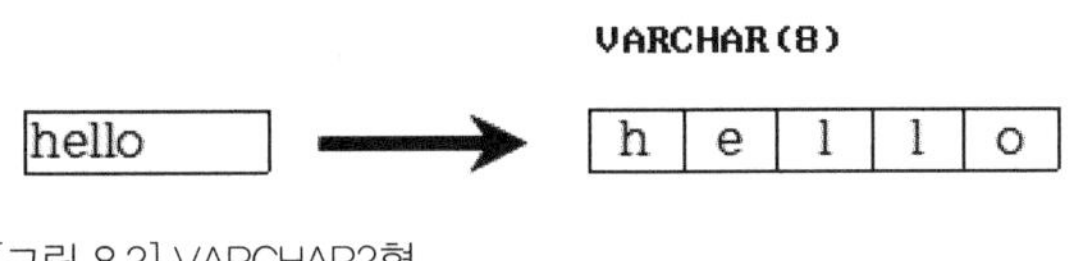

[그림 8.2] VARCHAR2형

VARCHAR(8)인 경우에 다섯 글자의 문자열 'hello'를 입력하면 데이터 저장에 필요한 다섯 글자의 저장 영역만 할당된다.

(3) ROWID

ROWID는 테이블에서 실제 데이터 행이 저장되어 있는 논리적인 주소값이다. ROWID는 데이터베이스 전체에서 중복되지 않는 유일한 값으로서 테이블에 새로운 행이 삽입되면 테이블 내부에서 자동으로 생성된다.

특정 데이터를 검색할 때 테이블의 검색 속도를 향상시키기 위하여 색인표와 동일한 기능을 가진 인덱스 객체를 사용할 수 있는데, 인덱스가 가지고 있는 데이터가 ROWID이다. 인덱스를 사용하게 되면 실제 데이터 행이 저장된 주소값을 직접적으로 알 수 있기 때문에 검색 속도가 매우 빠르게 된다.

다음 예제에서 dept 테이블에 저장된 각 행의 ROWID 값을 확인해 보자.

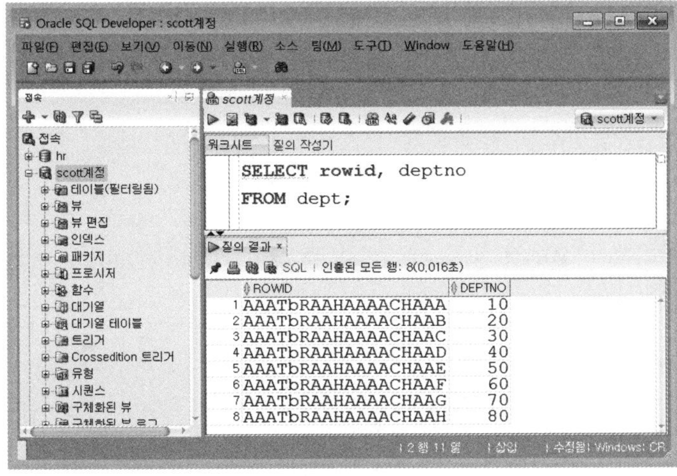

[그림 8.3] dept 테이블의 ROWID 확인

위의 예제에서 deptno가 10인 부서의 ROWID 값은 AAATbRAAHAAAACHAAA이다.

ROWID 값은 다음과 같은 형식의 18자로 구성되고 10바이트로 데이터를 관리한다.

AAATbR	AAH	AAAACH	AAA
데이터 객체 번호	파일 번호	블록 번호	행 번호

맨 앞의 6글자는 데이터 객체 번호로서 테이블이나 인덱스와 같은 데이터 객체가 생성될 때 고유하게 부여받는 번호이다. 즉, AAATbR은 dept 테이블의 객체 번호로서 dept 테이블을 식별하기 위한 고유한 번호이다.

뒤의 3글자는 파일 번호로서 데이터가 저장되는 물리적인 번호이며 고유한 값을 갖는다.

다음 SQL 문의 결과에서 emp 테이블의 ROWID 값은 파일 번호가 AAH로 앞서 확인했던 dept 테이블의 파일 번호와 같기 때문에 emp 테이블과 dept 테이블은 같은 파일에 저장되어 있음을 확인할 수 있다.

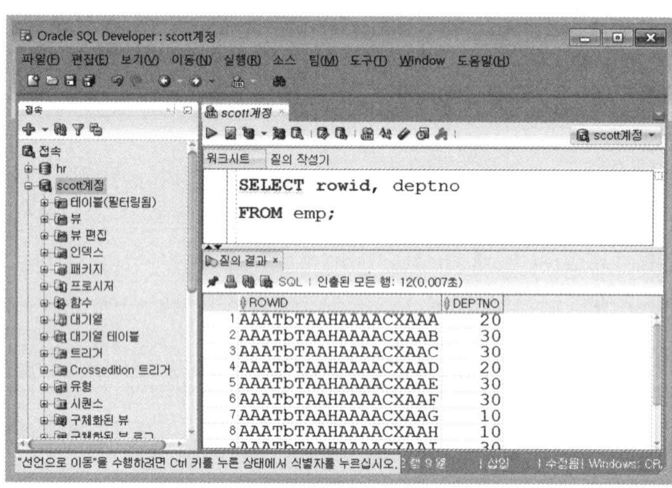

[그림 8.4] emp 테이블의 ROWID 확인

그 다음 6글자는 블록 번호로 실제 데이터가 저장된 블록의 위치이고, 마지막 3글자는 행 번호로서 블록 내에서 행의 위치를 나타내는 번호이다.

다음은 ROWID 값을 이용하여 dept 테이블의 ROWID가 'AAATbRAAHAAAACHAAA'인 행의 부서정보를 조회하는 SQL 문이다.

```
SELECT *
FROM dept
WHERE ROWID = 'AAATbRAAHAAAACHAAA';
```

데이터의 주소값인 ROWID를 이용하여 데이터를 검색하면 가장 빠르게 원하는 데이터를 조회할 수 있다. 하지만, ROWID 값을 모두 외울 수 없기 때문에 직접 사용하지 않고 ROWID 값을 저장하고 있는 인덱스 객체를 통하여 간접적으로 사용하게 된다. 인덱스 객체와 관련된 내용은 10장을 참조한다.

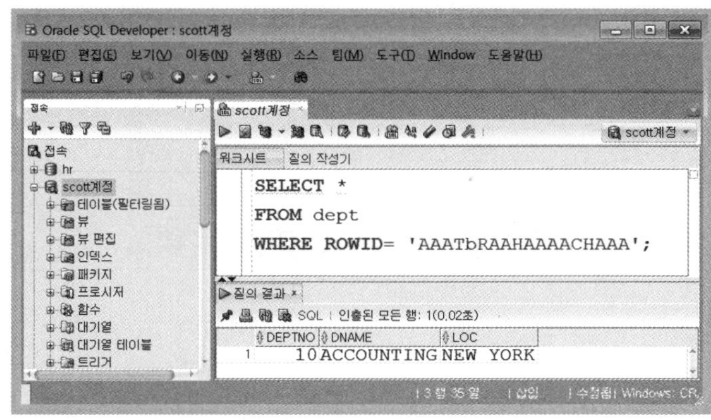

[그림 8.5] ROWID 이용한 데이터 검색

(4) LOB

LOB(Large OBject)는 구조화되지 않은 대용량의 텍스트 또는 바이너리 형태의 이미지, 동영상, 사운드와 같은 멀티미디어 데이터를 저장하기 위한 데이터형이다. 최대 4GB까지 저장할 수 있으며, BLOB, CLOB, BFILE 등의 데이터형이 오라클에서 제공된다.

CLOB(Character LOB)는 e-Book과 같은 대용량의 텍스트 데이터를 저장하기 위해서 사용되고, BLOB(Binary LOB)는 그래픽 이미지, 동영상, 사운드와 같은 구조화되지 않은 데이터를 저장하기 위해서 사용된다. BFILE은 바이너리 데이터를 파일 형태로 저장할 때 사용할 수 있다.

SCOTT 계정의 사원 테이블과 비슷한 구조로 사원번호(empno), 사원명(ename), 입사일(hiredate), 월급(sal)의 4개 칼럼으로 구성된 employee 테이블을 생성해보자.

```
CREATE TABLE scott.employee (
  empno     NUMBER(4),
  ename     VARCHAR2(20),
  hiredate DATE,
  sal       NUMBER(7,2));
```

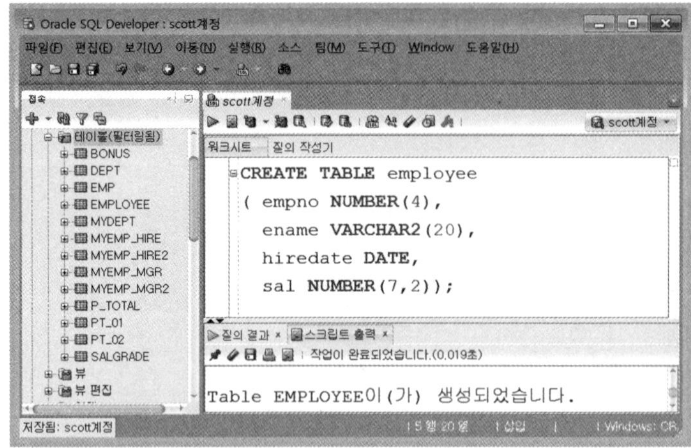

[그림 8.6] employee 테이블 생성

CREATE TABLE 뒤에는 테이블의 이름을 지정한다. 이때 SCOTT.employee 형식으로 스키마를 사용할 수 있다. 생성된 테이블을 확인하기 위한 SQL 문으로 "SELECT * FROM tab;" 문장을 실행하거나 SQLDeveloper에서 테이블 새로고침 아이콘을 클릭하면 추가된 employee 테이블을 확인할 수 있다.

2.1 DEFAULT 옵션

INSERT 문을 사용하여 테이블에 데이터를 저장할 때 특정 칼럼에 값을 지정하지 않으면 자동으로 널(null) 값이 저장된다. 이때 DEFAULT 옵션을 사용하면 칼럼에 값을 지정하지 않아도 자동으로 기본값인 널(null) 값이 입력되는 것을 방지할 수 있다. 현재 날짜와 성별과 같은 고정된 값만을 가지는 칼럼에 대해서 유용하게 사용할 수 있다.

다음은 앞서 실습했던 employee 테이블의 칼럼 중에서 입사일(hiredatre) 칼럼에 DEFAULT 옵션을 사용하여 새로운 employee2 테이블을 생성하는 SQL 문이다.

```
CREATE TABLE employee2
(empno NUMBER(4),
 ename VARCHAR2(20),
 hiredate DATE DEFAULT SYSDATE,
 sal NUMBER(7, 2));
```

입사일(hiredate) 칼럼의 값을 명시적으로 저장하지 않아도 자동으로 현재 날짜값으로 저장하도록 DEFAULT 옵션을 사용하여 테이블을 생성한다.

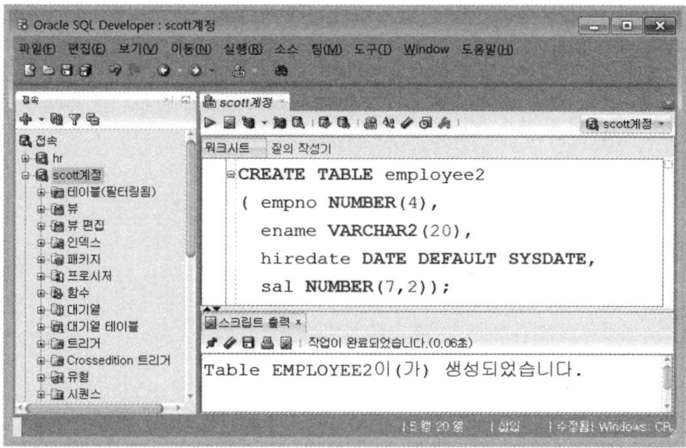

[그림 8.7] DEFAULT 옵션 사용

현재 날짜로 자동 저장되는지 확인하기 위하여 다음과 같이 입사일(hiredate) 칼럼값을 제외하고 데이터를 저장한다.

```
INSERT INTO employee2 (empno, ename, sal)
VALUES (10, '홍길동', 3000);
commit;
```

지정하지 않은 입사일(hiredate) 칼럼에는 값이 주어지지 않았지만, 널(null) 값이 아닌 기본값으로 SYSDATE가 저장된다.

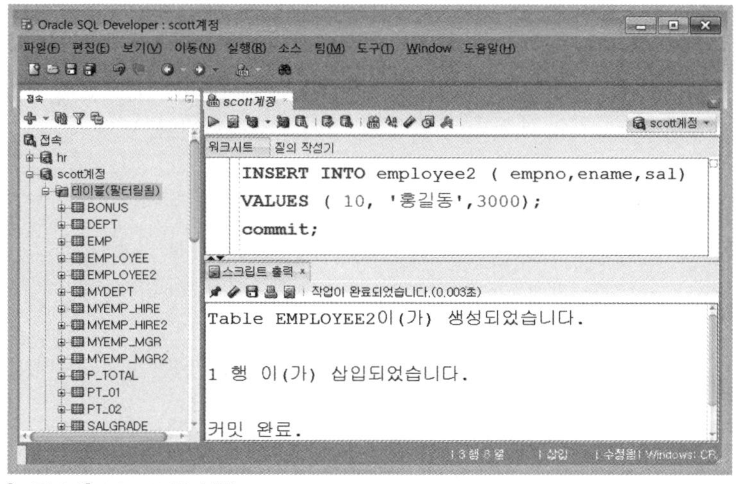

[그림 8.8] INSERT 문 실행

실행 결과를 살펴보면 다음과 같이 입사일(hiredate) 칼럼에는 현재 날짜가 저장되어 있는 것을 확인할 수 있다.

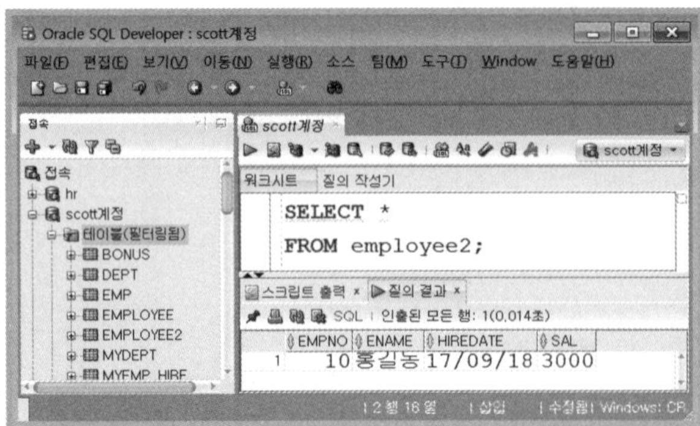

[그림 8.9] employee2 테이블 조회

2.2 제약조건(Constraints Rule)

제약조건은 테이블에 올바르지 않은 부적절한 데이터가 저장되는 것을 방지하기 위해서 테이블을 생성할 때 각 칼럼에 대해서 정의하는 여러 가지 규칙을 의미한다. 이것은 데이터베이스의 설계 단계에서부터 데이터의 무결성을 보장 받기 위한 방법이다.

예를 들어 부서에 대한 정보를 저장하기 위해서 부서 테이블을 생성한다고 가정하자. 생성된 부서 테이블에는 부서를 구분하기 위한 칼럼이 반드시 필요하다. 또한, 이 칼럼에 저장되는 데이터는 유일한 값이어야 하고 널(null) 값은 저장하지 못하도록 해야 부서를 구분할 수 있을 것이다.

추가로 성별을 저장하는 칼럼이 있을 때, 성별의 데이터 값으로 '남' 과 '여'처럼 한 글자만 가능하고 '여자'와 '남자'와 같이 두 글자는 저장이 불가능하도록 처리할 수도 있다. 이렇게 데이터가 저장되기 전에 무결성을 검사하여 잘못된 데이터가 저장되지 않도록 하기 위해 오라클에서는 5가지의 데이터 무결성 제약조건이 제공된다.

[표 8.4] 제약조건 타입

제약조건 타입	설명
NOT NULL	해당 칼럼의 값으로 NULL을 허용하지 않는다. 칼럼 레벨 방식만 지원한다.
UNIQUE	테이블 내에서 해당 칼럼의 값은 항상 유일한 값을 갖는다. 칼럼 레벨/테이블 레벨 방식 모두 지원한다.
PRIMARY KEY	해당 칼럼의 값은 반드시 존재해야 하고 유일해야 한다. 즉, NOT NULL 과 UNIQUE 조건을 결합한 형태이다. 칼럼 레벨/테이블 레벨 방식 모두 지원한다.
FOREIGN KEY	해당 칼럼의 값이 다른 테이블의 칼럼값을 참조해야 한다. 즉, 참조되는 칼럼에 없는 값은 저장이 불가능하다. 칼럼 레벨/테이블 레벨 방식 모두 지원한다.
CHECK	해당 칼럼에 가능한 데이터 값의 범위나 사용자 조건을 지정한다. 칼럼 레벨/테이블 레벨 방식 모두 지원한다.

제약조건을 설정하는 방법은 테이블을 생성할 때 각각의 칼럼을 정의하면서 같이 제약조건을 지정하는 칼럼 레벨(Column Level) 방법과 모든 칼럼을 정의하고 맨 마지막에 제약조건을 추가하는 형태인 테이블 레벨(Table Level) 방법이 있다.

칼럼 레벨 제약조건은 한 개의 칼럼에 한 개의 제약조건만 정의가 가능하고 [표 8.4]의 5가지 제약조건을 모두 사용할 수 있다. 하지만 테이블 레벨 제약조건은 테이블의 칼럼 정의와 분리하여 정의한다. 한 개 이상의 칼럼에 한 개의 제약조건을 정의할 수 있으며 NOT NULL 제약조건을 제외한 나머지 4개의 제약조건을 테이블 제약조건으로 사용할 수 있다.

테이블 제약조건을 사용하는 주된 목적은 하나의 칼럼에 여러 개의 제약조건을 부여할 경우에 사용된다. 제약조건은 테이블에서 행이 삽입, 수정, 삭제될 때마다 테이블에서 규칙이 적용되기 때문에 외래키(참조키)와 같이 종속성이 존재하는 경우에는 데이터 삭제가 안 될 수도 있다.

또한, 특별한 목적으로 제약조건의 기능을 일시적으로 비활성화(Disable)하거나 활성화(Enable)할 수도 있다. 제약조건과 관련된 정보는 USER_CONSTRAINTS 데이터 사전을 조회하면 지정 테이블에 대해서 정의된 제약조건을 살펴 볼 수 있다.

지금부터 제약조건을 생성하는 방법을 살펴보도록 한다.

2.2.1 PRIMARY KEY 제약조건

기본키(Primary Key)는 테이블에서 해당 행을 다른 행과 구분할 수 있도록 식별 기능을 가진 칼럼이다. 테이블마다 반드시 하나의 기본키만 가질 수 있으며 하나의 칼럼으로 기본키를 설정하거나, 여러 칼럼(복합 칼럼)을 묶어 기본키로 설정할 수도 있다. 기본키 제약조건은 값이 유일(unique)해야 되고 널(null) 값은 포함할 수 없음을 보증하며 자동으로 UNIQUE INDEX 객체가 생성된다. 인덱스가 자동으로 생성되기 때문에 기본키를 이용한 데이터 검색은 검색 속도가 빠르다.

다음은 칼럼 레벨 방식으로 기본키 제약조건을 설정하는 문법이다.

문법

```
CREATE TABLE [스키마].테이블명
( 칼럼명1 데이터타입 [CONSTRAINT 제약조건명] PRIMARY KEY,
  칼럼명2 데이터타입,
    ...
);
```

기본키로 지정할 칼럼의 데이터 타입 뒤에 CONSTRAINT 키워드를 지정하고 제약조건의 이름을 적는다. 제약조건의 이름은 식별 가능한 형태로 중복되지 않도록 해야 하며,

일반적으로 '테이블명_칼럼명_pk' 형식으로 지정하여 어떤 테이블에 어떤 칼럼의 기본키인지를 쉽게 식별할 수 있도록 지정한다. CONSTRAINT 키워드와 제약조건명은 옵션으로 생략할 수도 있지만 명시적으로 사용하는 것을 권장한다. 이유는 제약조건을 삭제하거나 비활성 또는 활성화할 때 제약조건명을 사용하기 때문이다.

CONSTRAINT 제약조건명을 지정하지 않으면 자동으로 오라클에서 SYS_ 접두사가 붙은 이름으로 제약조건명이 설정된다. 오라클에서 자동으로 생성된 제약조건명은 판독이 힘들기 때문에 제약조건을 관리하기가 매우 불편해진다. 따라서 명시적으로 제약조건명을 설정하는 것을 권장한다.

CONSTRAINT 키워드와 제약조건명 뒤에는 제약조건 타입으로 PRIMARY KEY를 지정하여 해당 칼럼을 기본키로 설정한다.

다음은 칼럼 레벨 형식으로 부서번호를 기본키로 지정하는 SQL 문이다.

```
CREATE TABLE department
( deptno NUMBER(2) CONSTRAINT department_deptno_pk PRIMARY KEY,
  dname  VARCHAR2(15),
  loc    VARCHAR2(15) );
```

부서번호를 저장할 deptno '칼럼명과 데이터타입'을 기술한 후에 CONSTRAINT 키워드를 사용하고 제약조건명을 '테이블명_칼럼명_pk' 형식인 'department_deptno_pk'로 지정한다. 이후 제약조건 타입으로 PRIMARY KEY를 기술하여 deptno 칼럼에 기본키 제약조건이 설정될 수 있다. 테이블명이 중복되면 안 되는 것처럼 department_deptno_pk 제약조건명도 중복되지 않도록 지정해야 한다.

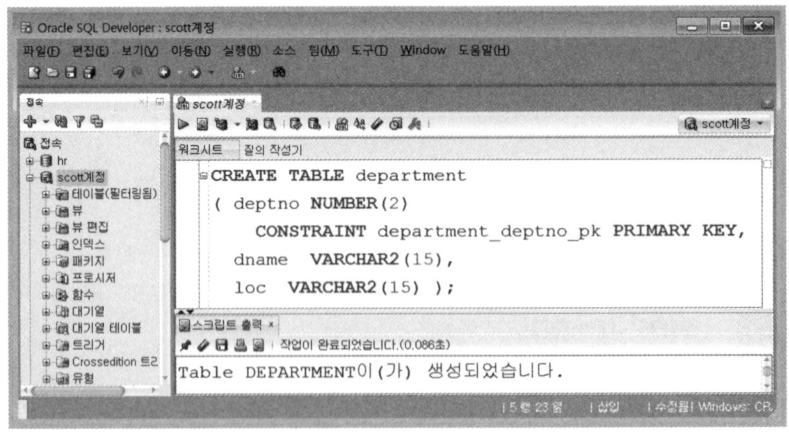

[그림 8.10] 칼럼 레벨 방식의 기본키 설정

기본키 제약조건은 해당 칼럼값이 반드시 유일해야 되는 UNIQUE 제약조건을 갖기 때문에 다음과 같이 deptno 칼럼값 10을 중복해서 저장하면 에러가 발생한다.

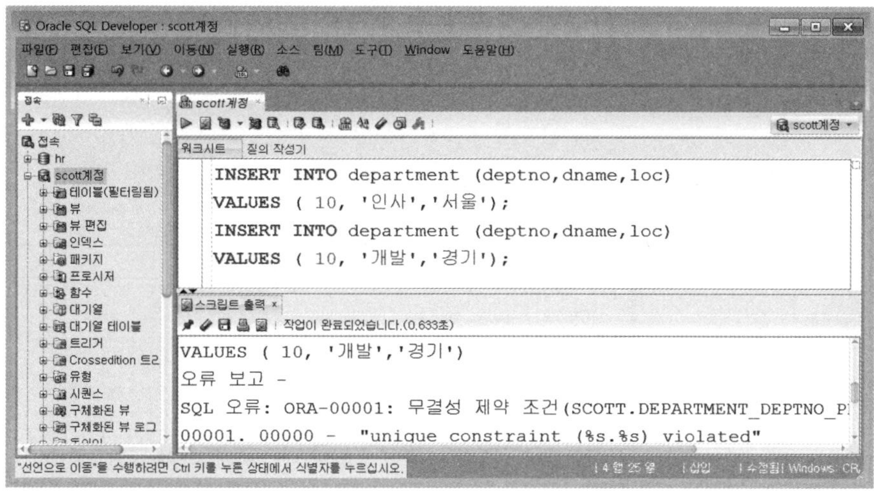

[그림 8.11] 중복 저장 불가

또한, 기본키는 널(null) 값을 허용하지 않는 NOT NULL 제약조건도 가지고 있기 때문에 다음과 같이 부서번호에 널(null) 값을 저장하려고 하면 에러가 발생한다.

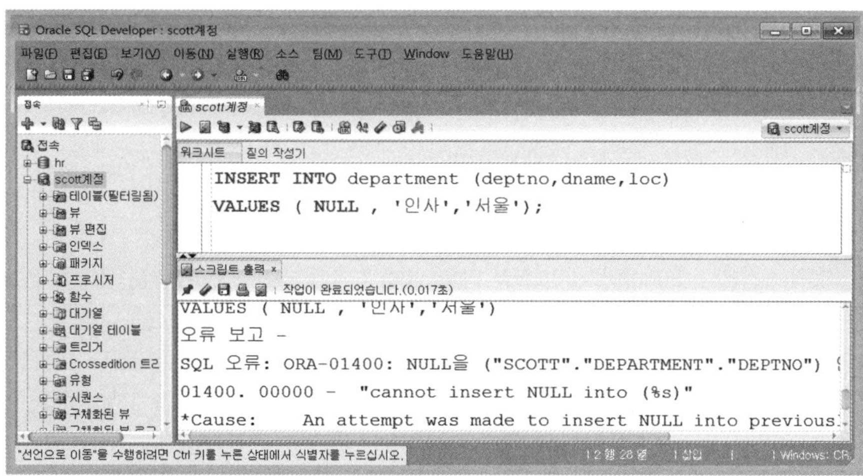

[그림 8.12] null 값 저장 불가

결국 UNIQUE 제약조건과 NOT NULL 제약을 내부적으로 포함하는 제약조건이 기본키(PRIMARY KEY) 제약조건이라고 할 수 있다.

생성된 제약조건을 확인하려면 USER_CONSTRAINTS 데이터 사전을 조회한다.

```
SELECT *
FROM USER_CONSTRAINTS
WHERE table_name = 'DEPARTMENT';
```

WHERE 절에서 테이블명을 지정할 때 반드시 대문자 'DEPARTMENT'로 조회해야 하며, 실행 결과를 살펴보면 CONSTRAINT_NAME 칼럼에는 테이블을 생성할 때 지정한 제약조건명을 확인할 수 있다. 그리고 CONSTRAINT_TYPE 칼럼은 어떤 제약조건 타입인지를 저장하는 칼럼으로서 P는 Primary Key임을 표시하는 값이다.

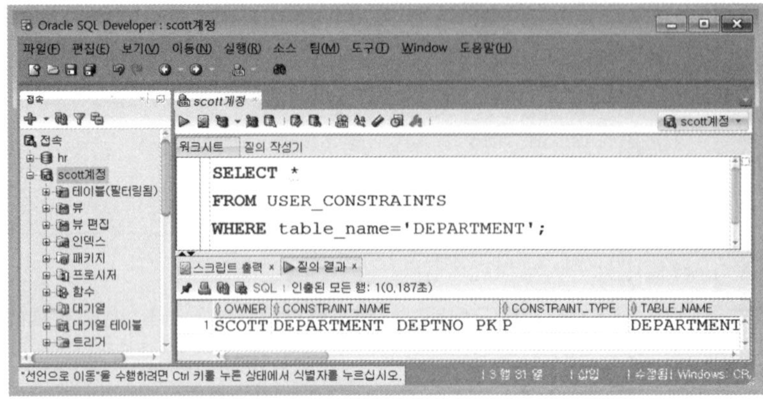

[그림 8.13] USER_CONSTRAINTS 데이터 사전

CONSTRAINT_TYPE 칼럼에 저장되는 값의 의미는 다음과 같다.

[표 8.5] 제약조건 타입

CONSTRAINT TYPE	설명
P	PRIMARY KEY
R	FOREIGN KEY
U	UNIQUE
C	NOT NULL, CHECK

제약조건은 5개이지만 제약조건 타입 유형은 4가지로 표현이 되는데 NOT NULL 제약조건은 null 값을 체크하는 조건으로 처리되기 때문에 CHECK를 나타내는 C로 표현이 된다. 따라서 C는 CHECK 제약조건과 NOT NULL 제약조건을 모두 포함한다. 일반적으로 제약조건 타입은 제약조건의 첫 글자 이니셜로 표현되지만 FOREIGN KEY는 R로 표현이 된다.

정보

USER_CONS_COLUMNS 데이터 사전

앞서 배웠던 user_constraints 데이터 사전은 어떤 칼럼에 제약조건이 설정되어 있는지를 확인할 수 없다. 어떤 칼럼에 제약조건이 정의되었는지를 확인하기 위해서는 USER_CONS_COLUMNS 데이터 사전을 이용해야 한다.

```
SELECT *
FROM USER_CONS_COLUMNS
WHERE table_name = 'DEPARTMENT';
```

다음과 같이 column_name 칼럼을 확인하면 제약조건이 적용된 칼럼 정보를 확인할 수 있다.

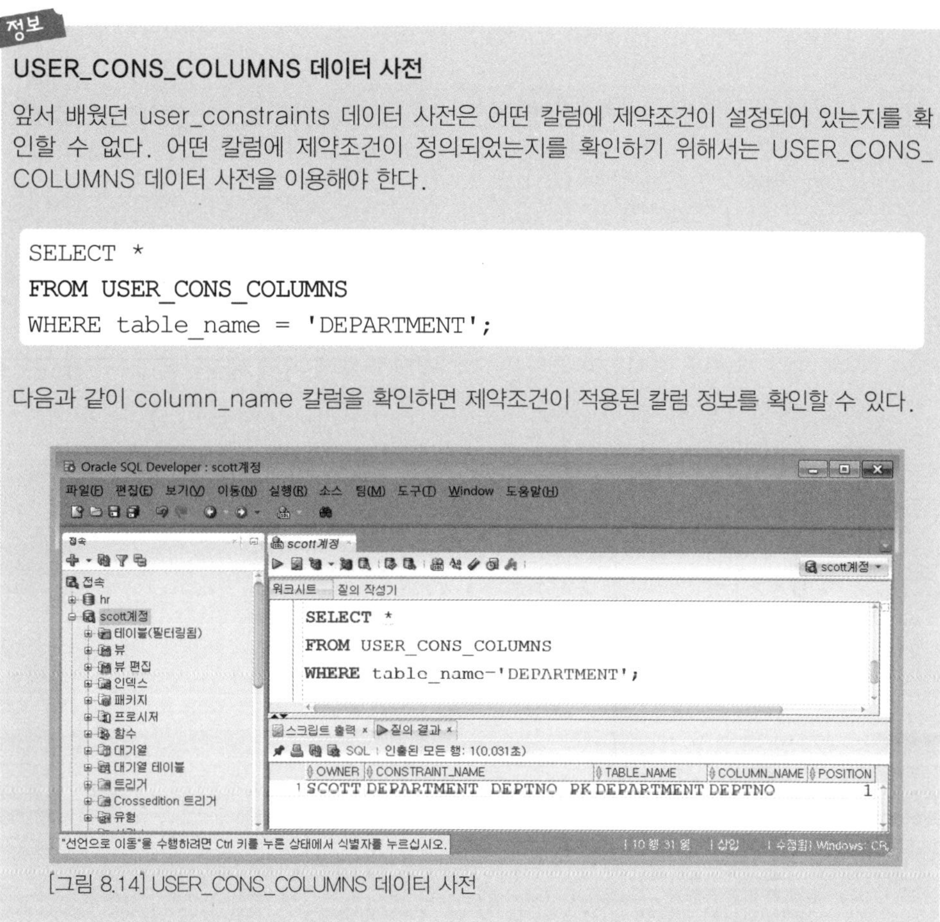

[그림 8.14] USER_CONS_COLUMNS 데이터 사전

다음은 테이블 레벨 방식으로 기본키 제약조건을 추가하는 문법이다.

문법

```
CREATE TABLE [스키마].테이블명
( 칼럼명1 데이터타입,
  칼럼명2 데이터타입,
  ...
  [CONSTRAINT 제약조건명] PRIMARY KEY(칼럼명1, 칼럼명2, ...])
);
```

테이블 레벨 방식은 테이블에서 필요한 칼럼을 모두 정의하고 가장 마지막에 제약조건을 추가하는 방법이다. 칼럼 레벨 방법과의 차이점은 정의한 칼럼 중에서 어떤 칼럼이 기본키에 해당하는 칼럼인지를 PRIMARY KEY 키워드 뒤에 괄호()를 사용하여 알려주어야 한다. 복합 칼럼인 경우에는 ,(쉼표)를 구분자로 여러 칼럼을 명시한다.

다음은 테이블 레벨 형식으로 부서번호를 기본키로 지정하는 SQL 문이다.

```
CREATE TABLE department2
( deptno NUMBER(2),
  dname   VARCHAR2(15),
  loc     VARCHAR2(15),
  CONSTRAINT department2_deptno_pk PRIMARY KEY(deptno)
 );
```

부서번호, 부서명, 부서위치 칼럼을 모두 정의한 후에 가장 마지막에서 PRIMARY KEY 제약조건을 추가한다. 이때 deptno 칼럼이 기본키 칼럼인 것을 괄호() 안에 명시해야 한다.

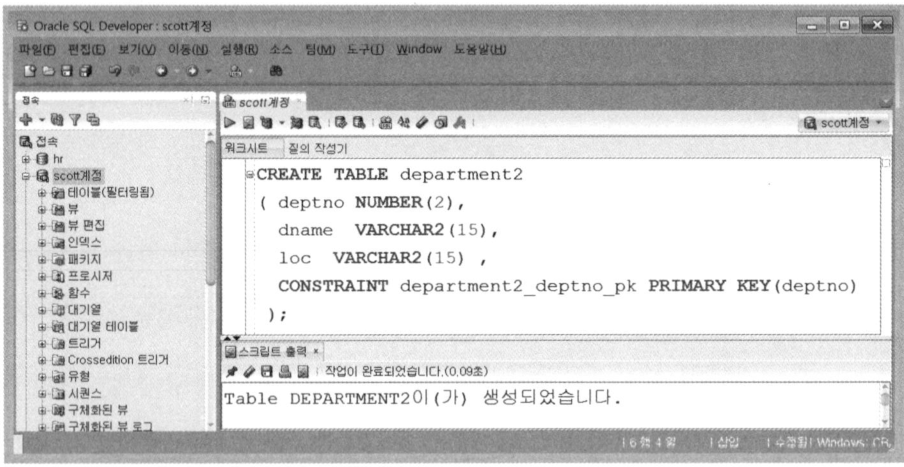

[그림 8.15] 테이블 레벨 방식의 기본키 설정

테이블 레벨에서 제약조건을 정의하는 경우에는 두 개 이상의 칼럼(복합 칼럼)에 제약조건을 정의할 수 있다. 이전 실습에서는 부서번호만 기본키를 지정하였는데 이번에는 부서번호와 부서명을 조합하여 기본키로 지정해보자.

```
CREATE TABLE department3
( deptno NUMBER(2),
  dname   VARCHAR2(15),
  loc     VARCHAR2(15),
  CONSTRAINT department3_deptno_pk PRIMARY KEY(deptno, loc)
 );
```

PRIMARY KEY 제약조건타입 뒤에 괄호를 사용하여 deptno와 loc 칼럼을 명시한다. deptno와 loc는 복합 칼럼이기 때문에 중복 검사할 때 deptno와 loc 칼럼의 값을 개별적으로 비교하지 않고 한꺼번에 쌍으로 비교하여 중복 데이터를 검사한다.

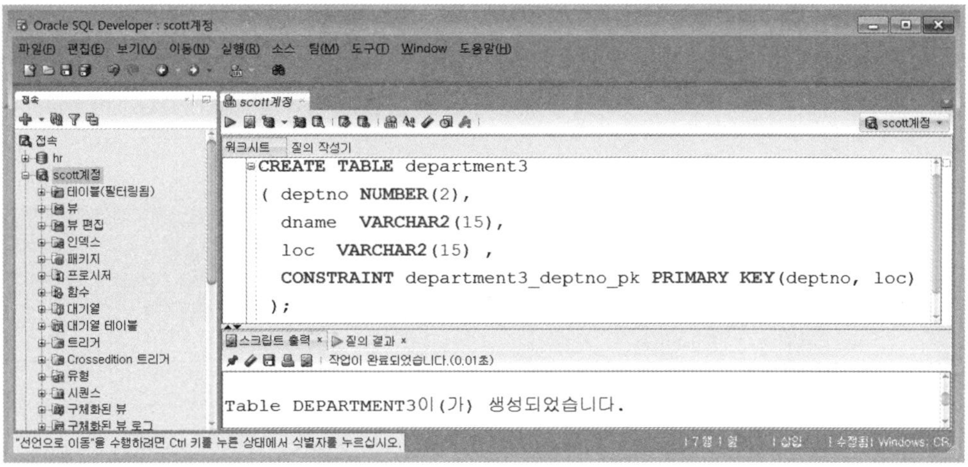

[그림 8.16] 복합 칼럼

2.2.2 UNIQUE 제약조건

기본키가 아닌 경우에도 칼럼의 모든 데이터가 유일해야 하는 경우에는 UNIQUE 제약조건을 사용할 수 있다. 기본키와 마찬가지로 자동으로 UNIQUE INDEX가 생성되어 빠른 검색 효과를 볼 수 있다. 기본키 제약조건과의 차이점은 하나의 테이블에 UNIQUE 제약조건은 여러 개 지정할 수 있고 널(null) 값도 저장할 수 있다는 것이다.

다음은 칼럼 레벨 방식으로 UNIQUE 제약조건을 설정하는 문법이다.

문법

```
CREATE TABLE [스키마].테이블명
( 칼럼명1 데이터타입 [CONSTRAINT 제약조건명] UNIQUE,
  칼럼명2 데이터타입,
  ...
);
```

앞서 배운 기본키 제약조건을 설정하는 방법과 같이 UNIQUE 제약조건을 지정할 칼럼의 데이터 타입 뒤에 CONSTRAINT 키워드를 지정하고 제약조건명을 적는다. 제약조건명은 '테이블명_칼럼명_uk' 형식으로 지정하여 어떤 테이블에 어떤 칼럼의 UNIQUE인지를 쉽게 식별할 수 있도록 지정한다.

다음은 칼럼 레벨 형식으로 부서명(dname)을 UNIQUE 로 지정하는 SQL 문이다.

```
CREATE TABLE department4
( deptno NUMBER(2) CONSTRAINT department4_deptno_pk PRIMARY KEY,
  dname VARCHAR2(15) CONSTRAINT department4_dname_uk UNIQUE,
  loc VARCHAR2(15));
```

부서번호에는 기본키 제약조건을 설정했고, 부서명에는 제약조건명(department4_

dname-uk) 뒤에 UNIQUE 키워드를 사용하여 UNIQUE 제약조건으로 설정한다. UNIQUE 제약조건은 해당 칼럼값이 반드시 유일해야 하기 때문에 다음과 같이 dname 칼럼값으로 '개발'을 중복해서 저장하면 무결성 제약조건에 위배되기 때문에 에러가 발생한다.

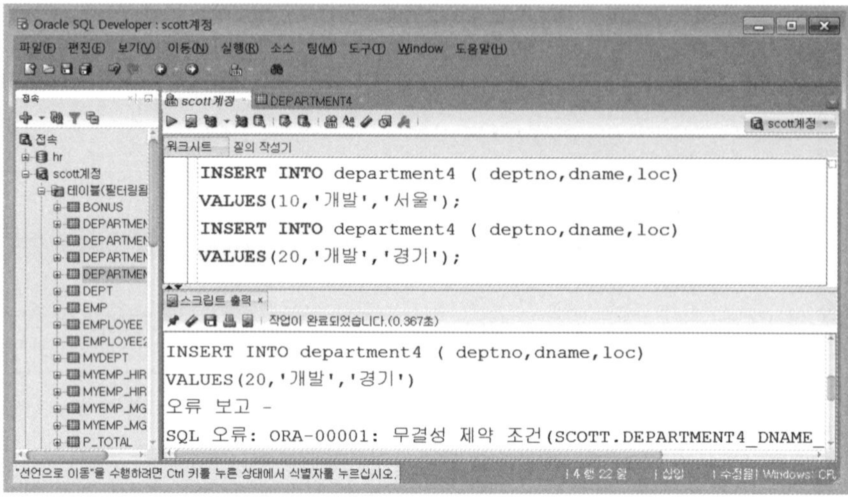

[그림 8.17] 중복 저장 불가

UNIQUE 제약조건은 기본키 제약조건과 다르게 다음과 같이 UNIQUE 제약조건의 dname 칼럼값으로 널(null) 값을 저장 할 수 있다.

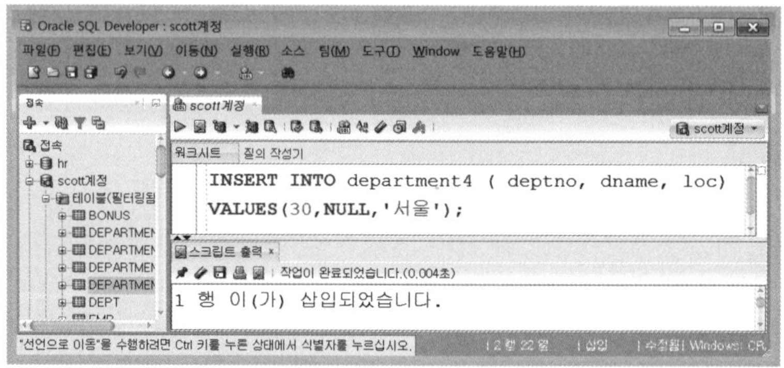

[그림 8.18] null 값 저장

다음은 테이블 레벨 방식으로 UNIQUE 제약조건을 설정하는 문법이다.

문법

```
CREATE TABLE [스키마].테이블명
( 칼럼명1 데이터타입,
  칼럼명2 데이터타입,
    ...
  [CONSTRAINT 제약조건명] UNIQUE(칼럼명1[, 칼럼명2, ... ])
);
```

테이블에서 필요한 칼럼을 모두 정의하고 가장 마지막에 제약조건을 추가하는 방법이다. 칼럼 레벨 방법과의 차이점은 정의한 칼럼 중에서 어떤 칼럼이 UNIQUE에 해당하는 칼럼인지를 UNIQUE 키워드 뒤에 알려주어야 하며 복합 칼럼인 경우에는 ,(쉼표)를 구분자로 여러 칼럼명을 명시한다.

다음은 테이블 레벨 형식으로 부서명을 UNIQUE로 지정하는 SQL 문이다.

```
CREATE TABLE department5
( deptno NUMBER(2) CONSTRAINT department5_deptno_pk PRIMARY KEY,
  dname VARCHAR2(15),
  loc   VARCHAR2(15),
  CONSTRAINT department5_dname_uk UNIQUE(dname)
 );
```

기본키 제약조건을 설정하는 방법과 동일하게 모든 칼럼을 정의하고 가장 마지막에 UNIQUE 제약조건을 추가한다. 이때 어떤 칼럼이 UNIUQE 제약조건인지를 UNIQUE 키워드 뒤의 괄호() 안에 칼럼명을 명시한다. 동작 방식은 칼럼 레벨 지정 방식과 모두 동일하다.

2.2.3 NOT NULL 제약조건

NOT NULL 제약조건은 해당 칼럼의 값으로 널(null) 값이 저장되는 것을 방지하는 제약조건이다. 주의할 점은 테이블 레벨 방식으로는 사용할 수 없으며 반드시 칼럼 레벨 방식으로만 사용된다.

다음은 칼럼 레벨 방식으로 NOT NULL 제약조건을 설정하는 문법이다.

문법

```
CREATE TABLE [스키마].테이블명
( 칼럼명1 데이터타입 [CONSTRAINT 제약조건명] NOT NULL,
  칼럼명2 데이터타입,
     ...
);
```

앞서 배운 칼럼 레벨의 제약조건방식과 동일하게 데이터 타입 뒤에 제약조건명과 같이 NOT NULL 키워드로 설정한다.

다음은 칼럼 레벨 형식으로 부서위치를 NOT NULL 제약조건으로 지정하는 SQL 문이다.

```
CREATE TABLE department6
( deptno NUMBER(2) CONSTRAINT department6_deptno_pk PRIMARY KEY,
  dname VARCHAR2(15) CONSTRAINT department6_dname_uk UNIQUE,
  loc VARCHAR2(15) CONSTRAINT department6_loc_nn NOT NULL);
```

부서번호에는 기본키로 설정하고 부서명에는 UNIQUE 제약조건으로 설정한다. 이후 부서위치에는 NOT NULL 제약조건으로 설정한다.

부서위치에는 NOT NULL 제약조건으로 설정했기 때문에 다음과 같이 널(null) 값을 저장하면 에러가 발생된다.

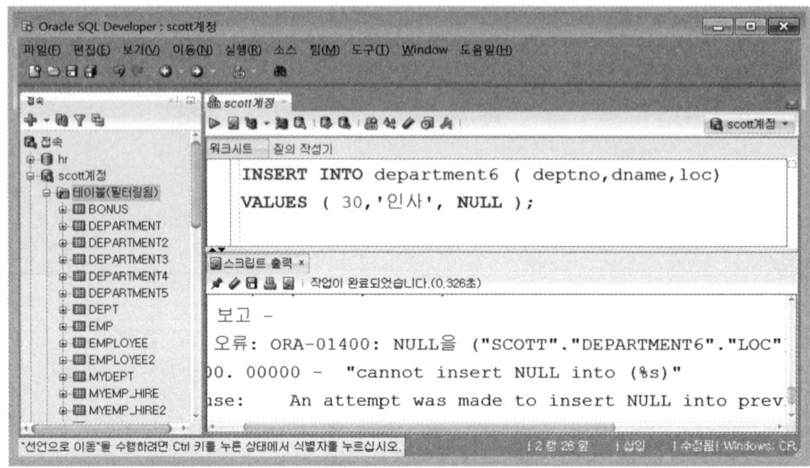

[그림 8.19] NOT NULL 제약조건으로 널(null) 값 저장 불가능

기본적으로 모든 칼럼에는 널(null) 값을 허용하는데, 이런 기본적인 동작을 허용하지 않는 것이 NOT NULL 제약조건이다. 결국 NOT NULL 제약조건은 널(null) 값을 허용하는 기본적인 동작을 허용하지 않도록 추가하는 것이 아니고 수정하는 것이다. 따라서 제약조건을 추가하는 문법과 동일한 SQL 문인 테이블 레벨 방식으로 NOT NULL 제약조건을 지정할 수 없다. 결국 NOT NULL을 제외한 4가지 제약조건은 기본적으로 칼럼에 없던 새로운 제약조건을 추가하는 것이기 때문에 칼럼 레벨 방식이나 테이블 레벨 방식 모두 사용이 가능하다.

2.2.4 CHECK 제약조건

CHECK 제약조건은 해당 칼럼에 저장되는 데이터를 검사하여 조건과 일치하는 데이터만 저장이 가능하도록 처리하는 제약조건이다. 조건으로는 데이터의 값의 범위나 특정 값과 일치하는 숫자 및 문자 데이터를 설정할 수 있으며 SELECT 문의 WHERE 절에서 사용했던 IN 연산자, AND/OR 연산자, 비교 연산자 등과 함께 사용이 가능하다.

다음은 칼럼 레벨 형식으로 CHECK 제약조건을 설정하는 문법이다.

문법

```
CREATE TABLE [스키마].테이블명
( 칼럼명1 데이터타입 [CONSTRAINT 제약조건명] CHECK(조건식),
  칼럼명2 데이터타입,
   ...
);
```

앞서 배운 칼럼 레벨의 제약조건 방식과 동일하게 데이터 타입 뒤에 제약조건명과 같이 CHECK 키워드를 명시하고 괄호 안에 조건식을 설정한다. CHECK 제약조건을 설정한 뒤에 데이터를 저장할 때는 조건식에 일치하는 데이터만 테이블에 저장할 수 있다.

다음은 칼럼 레벨 형식으로 부서명 값에 '개발'과 '인사'만 저장 가능하도록 CHECK 제약조건을 지정하는 SQL 문이다.

```
CREATE TABLE department7
( deptno NUMBER(2),
  dname VARCHAR2(15)
  CONSTRAINT department7_dname_ck CHECK(dname IN('개발', '인사')),
  loc VARCHAR2(15)
);
```

CHECK 제약조건 뒤에 조건식으로 '개발'과 '인사' 값만 저장되도록 IN 연산자를 사용하여 조건식을 지정한다. 이후 부서명에는 '개발'과 '인사' 값이 아닌 데이터를 저장하려면 에러가 발생한다.

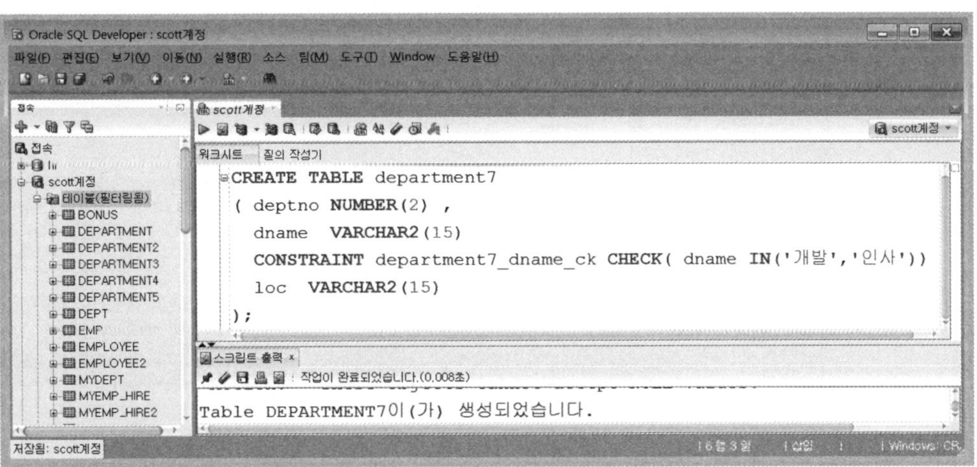

[그림 8.20] CHECK 제약조건 설정

다음과 같이 부서명에 '개발' 또는 '인사' 값으로 설정하면 문제없이 저장된다.

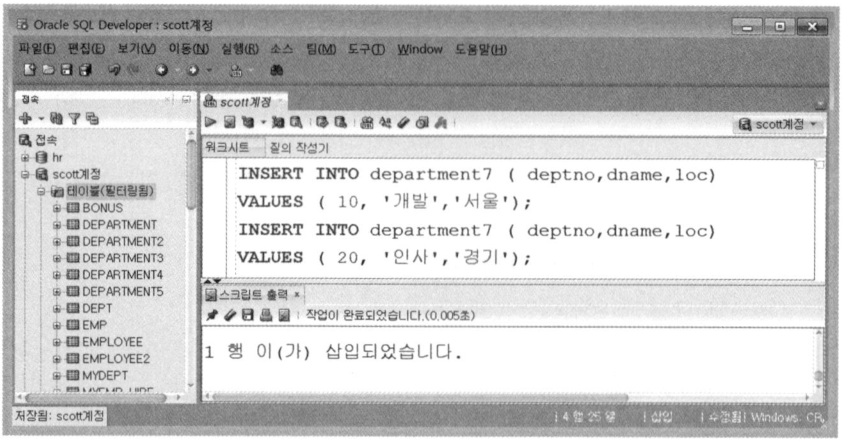

[그림 8.21] CHECK 제약조건에 부합

다음은 '개발부'와 같이 '개발'이나 '인사' 값이 아니면 CHECK 제약조건에 위배되어 에러가 발생한다.

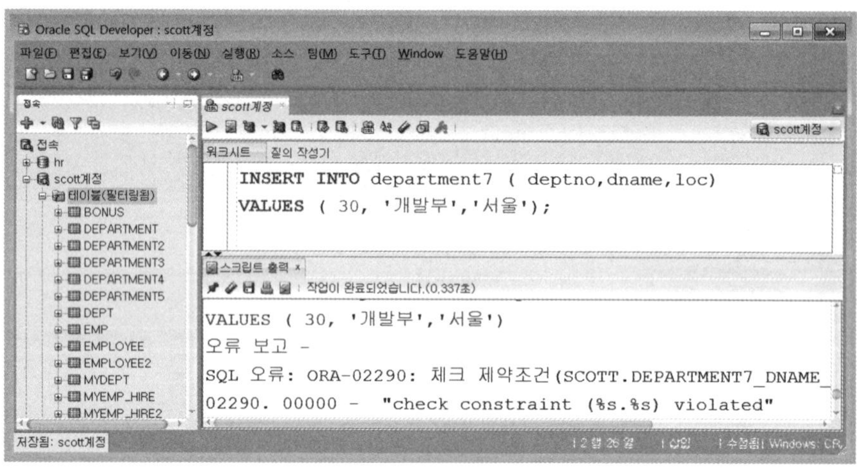

[그림 8.22] CHECK 제약조건에 위배

다음은 테이블 레벨 형식으로 CHECK 제약조건을 설정하는 문법이다.

문법

```
CREATE TABLE [스키마].테이블명
( 칼럼명1 데이터타입,
  칼럼명2 데이터타입,
   ...,
  [CONSTRAINT 제약조건명] CHECK(조건식)
);
```

앞서 배운 테이블 레벨의 제약조건 형식과 동일하게 모든 칼럼을 정의하고 마지막에 CHECK 제약조건을 설정한다.

다음은 테이블 레벨 형식으로 부서명 값으로 '개발'과 '인사'만 저장 가능하도록 CHECK 제약조건을 지정하는 SQL 문이다.

```
CREATE TABLE department8
( deptno NUMBER(2),
  dname VARCHAR2(15),
  loc VARCHAR2(15),
  CONSTRAINT department8_dname_ck CHECK(dname IN('개발', '인사'))
);
```

이후의 동작방식은 칼럼 레벨 방식과 동일하기 때문에 추가 설명은 제외한다.

2.2.5 FOREIGN KEY 제약조건

FOREIGN KEY는 외래키 또는 참조키라고 부르며, 해당 테이블에서 다른 테이블을 참조할 때 올바른 데이터값만 참조 가능하도록 제약하는 방법이다.

SCOTT 계정의 사원(emp) 테이블과 부서(dept) 테이블의 관계를 살펴보자. 부서 테이블에는 부서에 대한 정보를 식별하기 위한 용도로 부서번호(deptno) 칼럼이 기본키로 제공된다. 부서 테이블을 살펴보면 부서번호가 10, 20, 30, 40인 부서만 존재하며 부서 테이블의 부서번호(deptno)와 동일한 이름의 칼럼이 사원(emp) 테이블에도 존재하는데 이 칼럼이 외래키(참조키)가 된다.

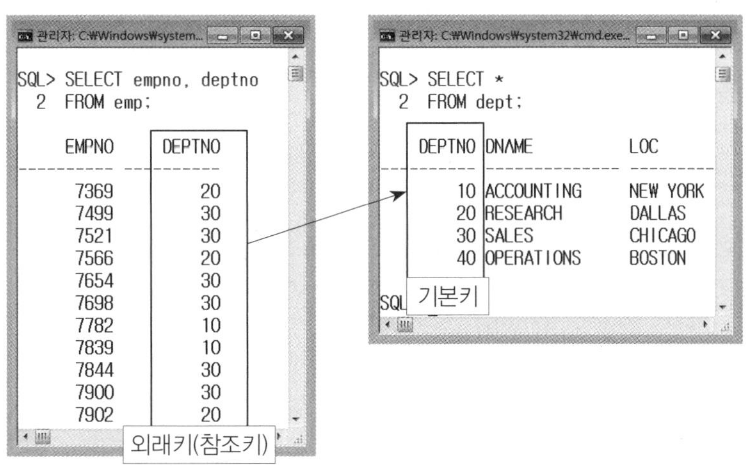

[그림 8.23] 참조키(외래키)

사원 테이블에 존재하는 외래키인 부서번호는 반드시 부서 테이블의 기본키인 부서번호가 가지고 있는 번호 또는 널(null) 값만 가질 수 있다. 해당 회사에 부서가 4개 존재한다면 그 회사에 다니는 사원들은 4개의 부서 중 한 곳에 소속되어야 하기 때문이고 만약 아직 부서를 배치 받지 못한 사원인 경우에는 널(null) 값을 가져야 한다. 이렇게 사원 테이블에 부서번호를 저장할 때 반드시 부서 테이블에 존재하는 부서번호 또는 널(null) 값만 저장 가능하도록 제약하는 방법이 FOREIGN KEY 제약조건이며 '참조 무결성' 제약조건이라고도 부른다. 위와 같은 관계에서 사원(emp) 테이블은 자식 테이블이 되고 사원 테이블이 참조하는 부서(dept) 테이블은 부모 테이블(master table)이 된다.

만약 다음과 같이 부서 테이블에 없는 부서번호 50을 사용하여 사원(emp) 테이블에 데이터를 저장하려고 하면 참조 무결성 제약조건에 위배되어 에러가 발생한다.

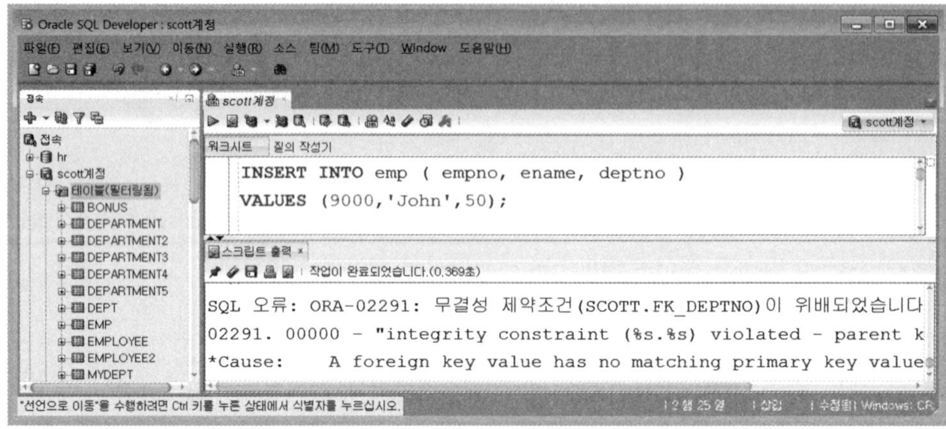

[그림 8.24] 참조 무결성 제약조건 위배

위의 실행 결과를 살펴보면 무결성 제약조건에 위배되었고, 부모키가 없다는 에러 메시지를 확인할 수 있다. 이렇게 참조 무결성을 검사할 수 있는 이유는 사원 테이블의 부서번호가 부서 테이블의 부서번호를 참조할 수 있도록 FOREIGN KEY 제약조건으로 설정이 되어 있기 때문이다.

다음 SQL 문을 사용하여 emp 테이블과 dept 테이블에 설정된 제약조건을 확인한다.

```
SELECT table_name, constraint_type,
       constraint_name, r_constraint_name
FROM user_constraints
WHERE table_name IN ('DEPT', 'EMP');
```

실행 결과를 살펴보면 사원 테이블에는 PK_EMP 제약조건명의 기본키 제약조건과 FK_DEPTNO 제약조건명의 외래키(참조키) 제약조건이 설정되어 있는 것을 확인할 수 있다.

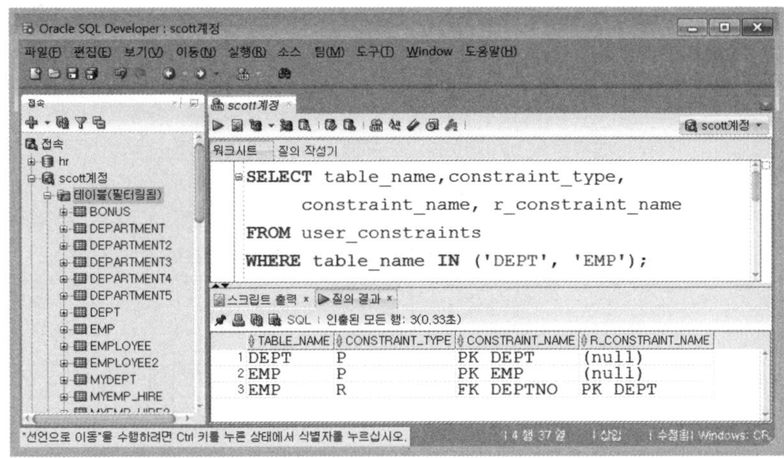

[그림 8.25] USER_CONSTRAINTS 데이터 사전

지금부터는 외래키(참조키) 제약조건을 설정하는 방법에 관하여 살펴보도록 한다.

먼저 칼럼 레벨 방식으로 FOREIGN KEY 제약조건을 설정하는 문법이다.

문법

```
CREATE TABLE [스키마].테이블명
( 칼럼명1 데이터타입
        [CONSTRAINT 제약조건명] REFERENCES 부모테이블명(칼럼명),
  칼럼명2 데이터타입,
    ...
);
```

앞서 배운 칼럼 레벨의 제약조건 방식과 동일하게 데이터 타입 뒤에 제약조건명과 같이 REFERENCES 키워드를 지정하여 참조하는 부모 테이블과 칼럼명을 명시한다. 이때 참조하는 부모 테이블의 칼럼은 반드시 기본키(PRIMARY KEY) 또는 UNIQUE 키로 제약조건이 설정된 칼럼이어야 한다. PRIMARY KEY 또는 UNIQUE가 아닌 칼럼을 외래키 제약조건으로 설정하려고 하면 에러가 발생한다.

외래키는 부모 테이블과 자식 테이블 간의 참조 무결성을 위한 제약조건이기 때문에 자식 테이블에서 참조하게 되는 칼럼을 부모 테이블에서 기본키(PRIMARY KEY) 또는 UNIQUE로 지정해 두어야 한다. 우선 deptno 칼럼을 기본키로 설정하는 부모 테이블을 다음과 같이 생성한다.

```
CREATE TABLE dept02
( deptno NUMBER(2) CONSTRAINT dept02_deptno_pk PRIMARY KEY,
  dname  VARCHAR2(15),
  loc    VARCHAR2(15)
);
```

테이블 생성이 성공했으면 다음과 같이 부서번호가 10, 20, 30, 40인 부서 정보를 저장한다.

```
INSERT INTO dept02 (deptno,dname,loc) VALUES (10, '인사', '서울');
INSERT INTO dept02 (deptno,dname,loc) VALUES (20, '개발', '광주');
INSERT INTO dept02 (deptno,dname,loc) VALUES (30, '관리', '부산');
INSERT INTO dept02 (deptno,dname,loc) VALUES (40, '영업', '경기');
commit;
```

이번에는 부서 테이블(dept02)의 deptno 칼럼을 참조하는 외래키를 갖는 사원 테이블(emp02)을 생성한다.

```
CREATE TABLE emp02
( empno NUMBER(4) CONSTRAINT emp02_empno_pk PRIMARY KEY,
  ename VARCHAR2(15),
  deptno NUMBER(2) CONSTRAINT emp02_deptno_fk REFERENCES dept02(deptno)
);
```

외래키를 설정하기 위하여 REFERENCES 키워드 바로 뒤에 부모 테이블 dept02와 괄호() 안에 참조하는 칼럼명 deptno를 설정한다. 이때 dept02 테이블의 deptno 칼럼은 반드시 PRIMARY KEY 또는 UNIQUE 제약조건으로 설정되어 있어야 한다.

테이블 생성이 성공했으면 다음과 같이 사원 정보를 저장한다.

```
INSERT INTO emp02 (empno,ename,deptno) VALUES (1000, 'John', 10);
INSERT INTO emp02 (empno,ename,deptno) VALUES (2000, 'Smith', 20);
INSERT INTO emp02 (empno,ename,deptno) VALUES (3000, 'Sam', NULL);
INSERT INTO emp02 (empno,ename,deptno) VALUES (4000, 'Mike', 50); // 에러
commit;
```

위의 SQL 문을 하나씩 실행해보면 마지막 SQL 문에서 참조하는 부모 테이블에는 부서번호 50 데이터가 없기 때문에 참조 무결성 제약조건에 위배되어 에러가 발생한다. 그리고 사원번호가 3000인 Sam 사원은 아직 부서 배치를 못 받은 신입사원이기 때문에 부서번호에 null 값을 저장한다. 이와 같이 외래키는 반드시 참조하는 기본키 또는 UNIQUE 칼럼이 가지고 있는 값 또는 널(null) 값만 저장될 수 있으며, 이러한 제약조건이 위배되면 '참조 무결성' 제약조건 에러가 발생한다.

앞서 생성한 dept02와 emp02 테이블의 제약조건을 살펴보기 위하여 다음 SQL 문을 실행한다.

```
SELECT table_name, constraint_type,
       constraint_name, r_constraint_name
FROM user_constraints
WHERE table_name IN ('DEPT02', 'EMP02');
```

실행 결과를 살펴보면 사원 테이블에는 EMP02_EMPNO_PK 제약조건명으로 된 기본키 제약조건과 EMP02_DEPTNO_FK 제약조건명으로 된 외래키(참조키) 제약조건이 설정되어 있는 것을 확인할 수 있다.

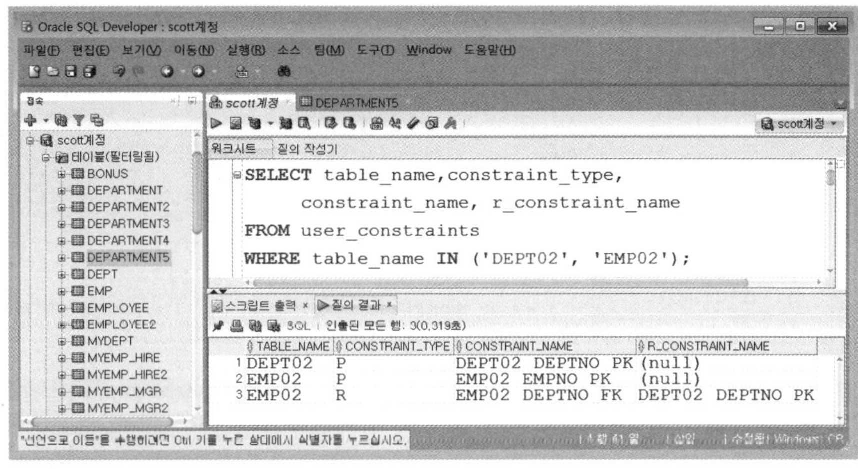

[그림 8.26] USER_CONSTRAINTS 데이터 사전

다음은 테이블 레벨 방식으로 FOREIGN KEY 제약조건을 설정하는 문법이다.

문법

```
CREATE TABLE [스키마].테이블명
( 칼럼명 데이터타입,
  칼럼명 데이터타입,
    ...,
  [CONSTRAINT 제약조건명] FOREIGN KEY(칼럼명)
  REFERENCES 부모테이블명(칼럼명)
);
```

앞서 배운 테이블 레벨의 제약조건 방식과 많이 다르기 때문에 주의해서 지정해야 된다. 먼저 해당 테이블의 어떤 칼럼이 외래키(참조키)인지를 설정하기 위하여 FOREIGN KEY 키워드 바로 뒤의 괄호 안에 외래키 칼럼명을 설정한다. 이후 참조하려는 부모 테이블과 칼럼명을 지정하기 위하여 REFERENCES 키워드 바로 뒤에 부모 테이블명과 괄호 안에 칼럼명을 설정한다.

다음 부서 테이블(dept02)의 deptno 칼럼을 참조하는 외래키를 갖는 사원 테이블(emp03)을 생성한다. 부모 테이블은 이전 실습에서 사용했던 dept02 테이블을 사용한다.

```
CREATE TABLE emp03
( empno  NUMBER(4) CONSTRAINT emp03_empno_pk PRIMARY KEY,
  ename  VARCHAR2(15),
  deptno NUMBER(2),
  CONSTRAINT emp03_deptno_fk FOREIGN KEY(deptno)
  REFERENCES dept02(deptno)
);
```

FOREIGN KEY 뒤 괄호 안에 외래키로 사용할 deptno 칼럼을 지정하고, REFERENCES 키워드 바로 뒤에 부모 테이블 dept02와 참조하는 칼럼명 deptno를 설정한다.

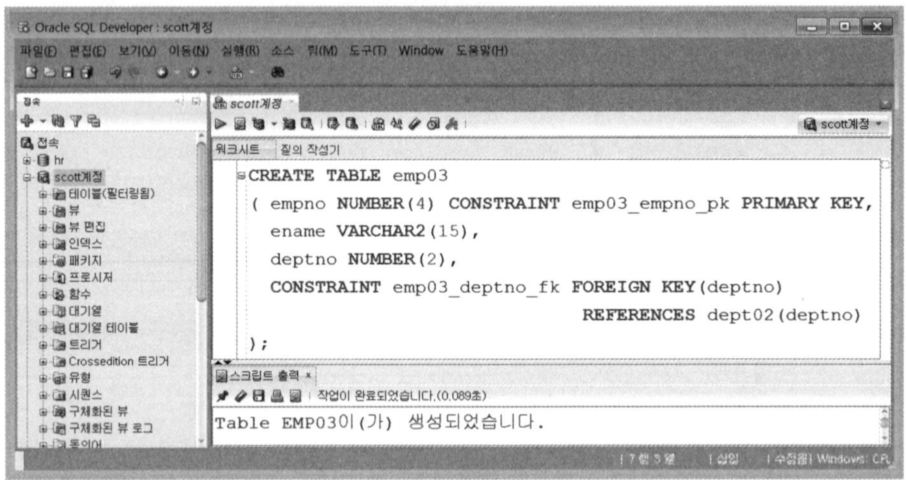

[그림 8.27] 테이블 레벨의 외래키 설정

테이블 생성이 성공했으면 다음과 같이 사원 정보를 저장한다.

```
INSERT INTO emp03 (empno,ename,deptno) VALUES (1000, 'John', 10);
INSERT INTO emp03 (empno,ename,deptno) VALUES (2000, 'Smith', 20);
INSERT INTO emp03 (empno,ename,deptno) VALUES (3000, 'Sam', NULL);
INSERT INTO emp03 (empno,ename,deptno) VALUES (4000, 'Mike', 50); // 에러
commit;
```

칼럼 레벨 방식과 마찬가지로 deptno가 50인 네 번째 SQL 문에서는 참조 무결성 제약조건이 위배되어 에러가 발생한다.

마지막으로 생성한 dept02와 emp02, emp03 테이블의 제약조건을 살펴보기 위하여 다음 SQL 문을 실행한다.

```
SELECT table_name, constraint_type,
       constraint_name, r_constraint_name
FROM user_constraints
WHERE table_name IN ('DEPT02', 'EMP02', 'EMP03');
```

실행 결과를 살펴보면 사원 테이블에는 EMP03_EMPNO_PK 제약조건명으로 된 기본키 제약조건과 EMP03_DEPTNO_FK 제약조건명으로 된 외래키(참조키) 제약조건이 설정되어 있는 것을 확인할 수 있다.

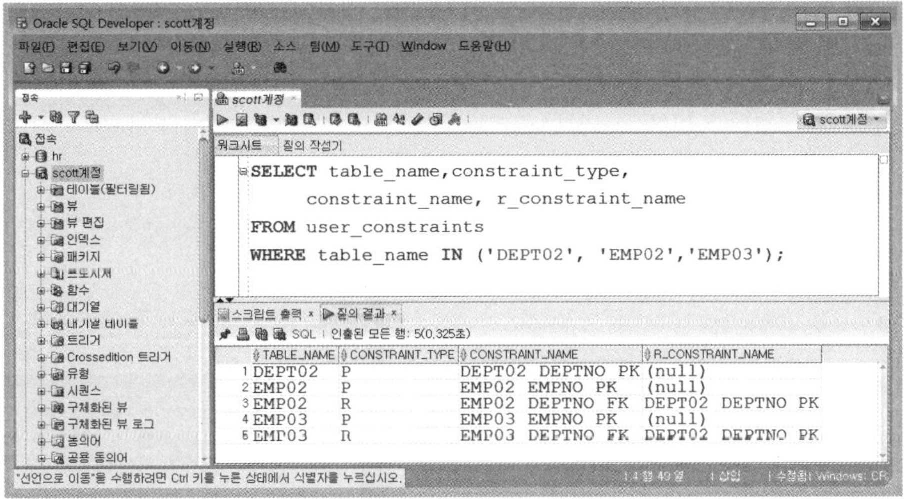

[그림 8.28] USER_CONSTRAINTS 데이터 사전

정보

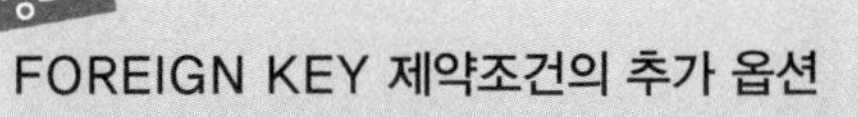

FOREIGN KEY 제약조건의 추가 옵션

이것은 부모 테이블에서 행을 삭제할 때 문제가 될 수 있는 자식 테이블의 행을 설정하는 방법이다.

다음과 같이 부모 테이블 dept02에서 부서번호가 10인 부서정보를 삭제하면 에러가 발생한다.

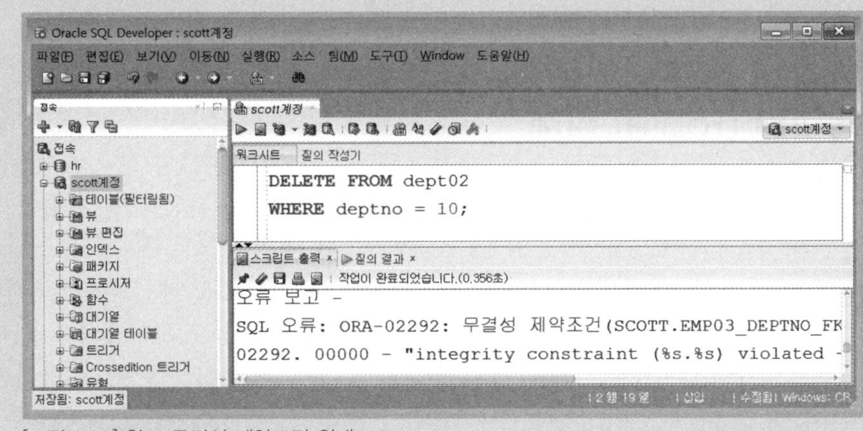

[그림 8.29] 참조 무결성 제약조건 위배

에러가 발생한 이유는 만약 부서 테이블에 저장된 데이터 중 deptno 칼럼의 값이 10인 행이 삭제된다면, 부서 테이블을 참조하는 사원 테이블(emp02)의 외래키가 FOREIGN KEY 제약조건에 위배되기 때문이다. FOREIGN KEY 제약조건은 반드시 참조하고 있는 테이블의 기본키 또는 UNIQUE 키가 가지고 있는 값 또는 널(null) 값만 가질 수 있는데, deptno 칼럼의 값이 10인 행이 삭제되면 존재하지 않는 부서번호 10을 emp02 테이블에서 참조하는 상황이 되기 때문이다.

이러한 종속적인 상황에서 해결 가능한 방법은 다음과 같다.

- ON DELETE CASCADE

외래키를 설정할 때 다음과 같이 ON DELETE CASCADE 옵션을 추가하면, 참조되는 부모 테이블의 행이 삭제될 때 해당 행을 참조하는 자식 테이블의 행도 같이 연쇄적으로 삭제하도록 한다.

```
CREATE TABLE emp02
( empno NUMBER(4) CONSTRAINT emp02_empno_pk PRIMARY KEY,
  ename VARCHAR2(15),
  deptno NUMBER(2)
  CONSTRAINT emp02_deptno_fk REFERENCES dept02(deptno)
  ON DELETE CASCADE
);
```

- ON DELETE SET NULL

외래키를 설정할 때 다음과 같이 ON DELETE SET NULL 옵션을 추가하면, 참조되는 부모 테이블의 행이 삭제될 때 해당 행을 참조하는 자식 테이블의 칼럼값을 널(null) 값으로 설정한다.

```
CREATE TABLE emp02
( empno NUMBER(4) CONSTRAINT emp02_empno_pk PRIMARY KEY,
  ename VARCHAR2(15),
  deptno NUMBER(2)
  CONSTRAINT emp02_deptno_fk REFERENCES dept02(deptno)
  ON DELETE SET NULL
);
```

3. 테이블 (Table) 삭제

데이터베이스에서 테이블을 제거하는 방법이다. 테이블에 저장된 모든 데이터와 관련된 인덱스가 삭제되고, FOREIGN KEY 제약조건을 제외한 모든 제약조건도 함께 삭제된다. 자식 테이블에서 부모 테이블을 참조하는 상황에서 부모 테이블을 삭제하면 종속성 문제가 발생하기 때문에 FOREIGN KEY 제약조건은 자동으로 삭제되지 않는다. 이 경우에는 부모 테이블을 삭제할 때 CASCADE CONSTRAINTS 옵션을 사용하면 자식 테이블에 설정된 FOREIGN KEY 제약조건이 삭제되어 부모 테이블을 삭제할 수 있다.

다음은 테이블을 삭제하는 기본적인 문법이다.

```
문법 DROP TABLE 테이블명 [CASCADE CONSTRAINTS];
```

다음과 같이 자식 테이블이 참조하고 있는 상황에서 부모 테이블인 dept02 테이블을 삭제하면 에러가 발생된다.

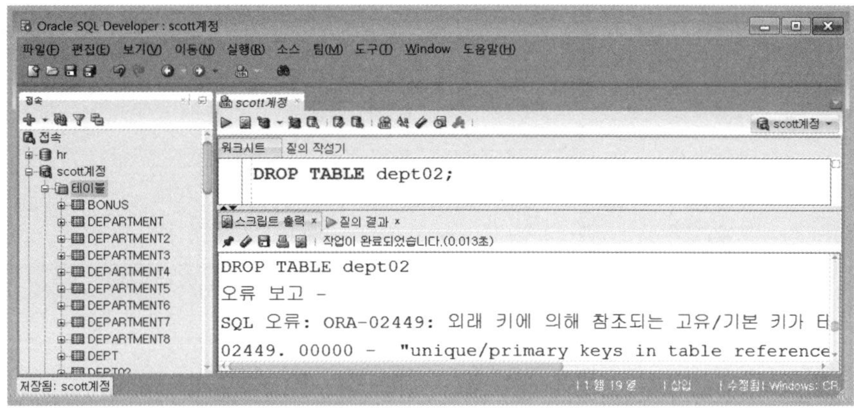

[그림 8.30] 참조키에 의한 테이블 삭제 불가

'외래 키에 의해 참조되는 고유/기본키가 테이블에 있습니다.'는 에러 메시지가 출력되면서 부모 테이블이 삭제되지 않는다. 자식 테이블에 설정된 외래키 제약조건까지 연쇄적으로 삭제하기 위해 CASCADE CONSTRAINTS 옵션을 지정한다.

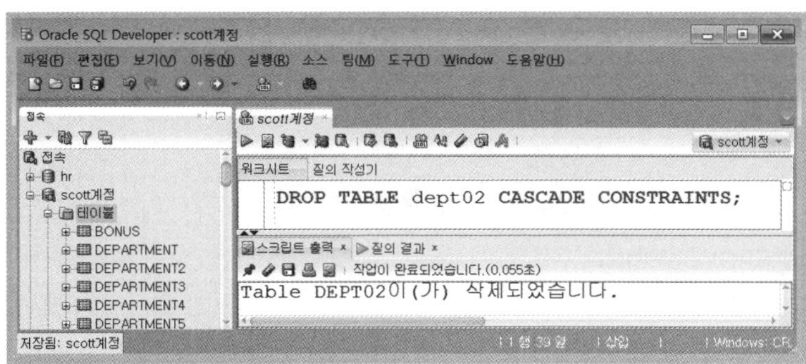

[그림 8.31] CASCADE CONSTRAINTS 옵션

자식 테이블의 외래키 제약조건을 제거하여 부모 테이블 dept02를 제거할 수 있게 된다.

다음은 자식 테이블의 외래키 제약조건이 삭제된 것을 확인하기 위한 SQL 문이다.

```
SELECT table_name,constraint_type,
       constraint_name, r_constraint_name
FROM user_constraints
WHERE table_name IN ('DEPT02', 'EMP02', 'EMP03');
```

부모 테이블의 기본키와 자식 테이블의 외래키 제약조건이 연쇄적으로 삭제되어 자식 테이블인 emp02와 emp03에는 기본키 제약조건만 남게 된다.

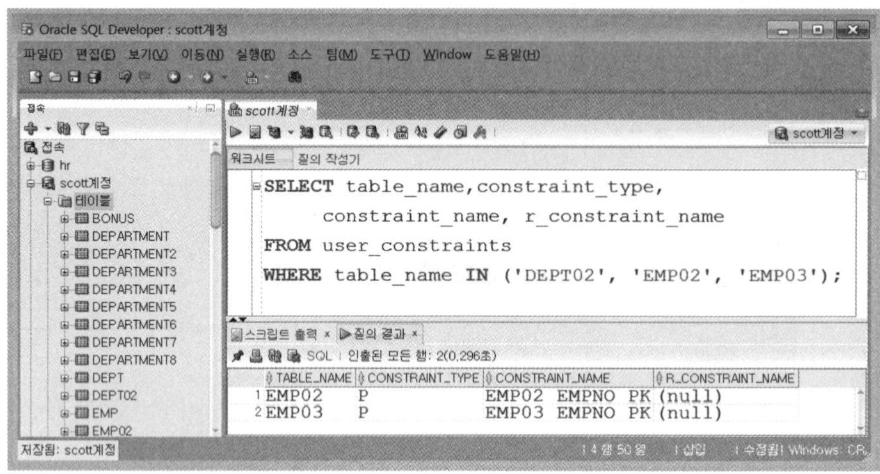

[그림 8.32] USER_CONSTRAINTS 데이터 사전

3.1 Flashback Drop

오라클 10g부터 제공하는 복구 기술로서 삭제된 테이블을 복구할 수 있는 방법이다. 테이블을 삭제할 때 "DROP TABLE 테이블명;" 형식의 SQL 문을 사용하면 삭제된 테이블은 RECYCLEBIN이라는 특별한 객체에 BIN$로 시작되는 이름으로 저장된다. 이후 Flashback Drop 복구 기술을 이용하여 RECYCLEBIN 객체를 이용하여 삭제한 테이블을 복구할 수 있게 된다.

[표 8.6] Flashback Drop 명령어

명령어	설명
FLASHBACK TABLE 테이블명 TO BEFORE DROP;	삭제된 테이블을 복구
SHOW RECYCLEBIN;	RECYCLEBIN 객체 정보 조회
PURGE RECYCLEBIN;	RECYCLEBIN 객체 정보 삭제
DROP TABLE 테이블명 PURGE;	테이블 완전 삭제(복구 불가)

다음 SQL 문을 실행하여 현재 스키마에 등록된 테이블 정보를 조회해 보자.

```
SELECT  *
FROM tab;
```

실행 결과를 보면 TNAME 칼럼의 값 중에 BIN$로 시작하는 데이터를 확인할 수 있다. 이것이 좀 전에 삭제했던 dept02 테이블이다.

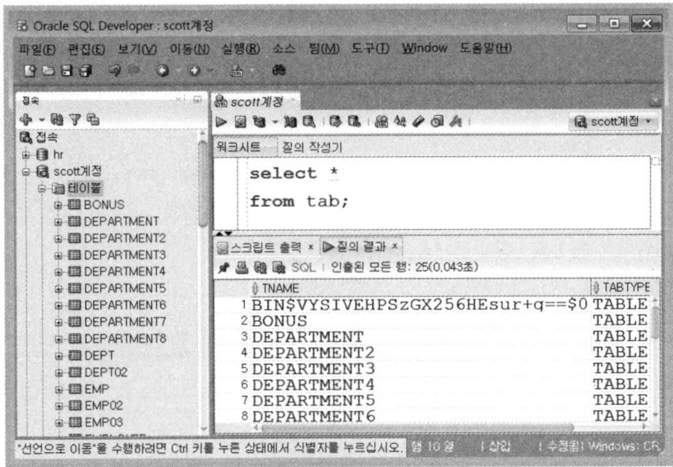

[그림 8.33] BIN$ 접두사

RECYCLEBIN 객체에 저장된 정보를 확인하기 위해서 다음 명령어를 실행한다.

```
show recyclebin
```

실행 결과를 살펴보면 dept02 테이블 객체와 deptno 기본키 제약조건에 의해서 자동 생성된 UNIQUE 인덱스 객체가 BIN$ 이름으로 저장되어 있으며 삭제 전의 원래 테이블명도 확인할 수있다.

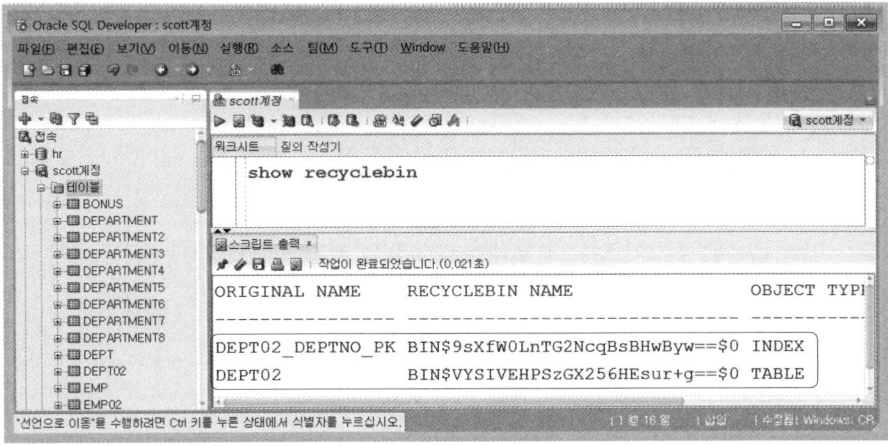

[그림 8.34] RECYCLEBIN 객체 조회

삭제된 테이블을 복구하기 위하여 Flashback Drop 명령어를 실행한다.

```
FLASHBACK TABLE dept02 TO BEFORE DROP;
```

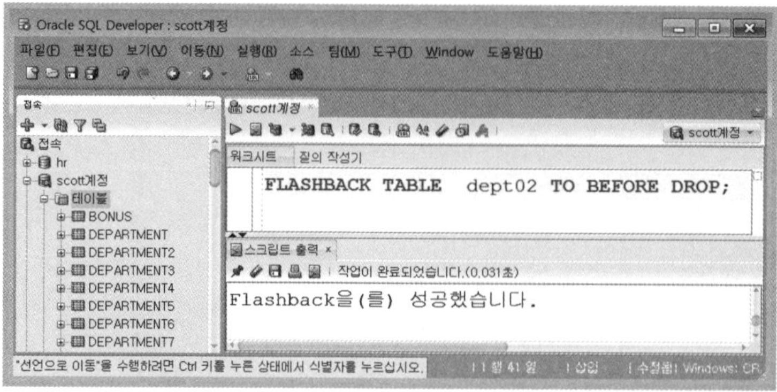

[그림 8.35] 테이블 복구

SHOW RECYCLEBIN 명령어를 사용하여 RECYCLEBIN 객체 정보를 확인하면 비어 있는 것을 확인할 수 있다. 또한, 현재 스키마의 테이블 정보를 다음과 같이 조회하면 BIN$로 시작하는 데이터가 없는 것을 확인할 수 있다.

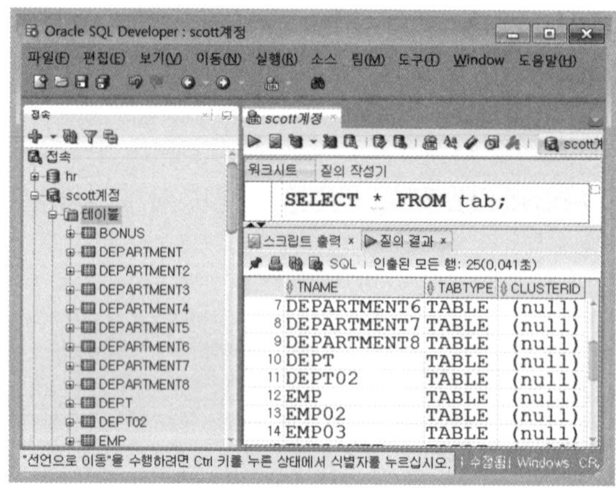

[그림 8.36] 복구된 테이블 조회

만약 복구할 필요가 없는 경우에는 테이블을 완전 삭제할 수도 있다. 이때는 다음과 같이 PURGE 키워드를 함께 사용한다.

문법 DROP TABLE 테이블명 PURGE;

DROP TABLE 명령어로 테이블을 삭제할 때 PURGE 옵션을 함께 사용하면 삭제되는 테이블의 정보가 RECYCLEBIN 객체에 저장되지 않고 완전하게 삭제되어 FLASHBACK DROP 명령어를 이용한 복구는 불가능해진다.

4. 테이블(Table) 변경

ALTER TABLE 명령문을 사용하여 생성된 테이블의 구조를 변경할 수 있다. 테이블의 구조 변경은 칼럼의 추가, 삭제 또는 칼럼의 타입이나 길이 변경, 제약조건 추가, 삭제 등이 가능하다. 테이블에 대한 구조 변경은 기존에 저장되어 있던 데이터에 영향을 주게 된다.

테이블 구조를 변경하는 실습을 하기 전에 emp 테이블과 같은 구조의 새로운 emp04 테이블을 생성하자.

```
CREATE TABLE emp04
AS
SELECT * FROM emp;
```

생성된 emp04 테이블 구조는 다음과 같이 emp 테이블의 구조와 같다.

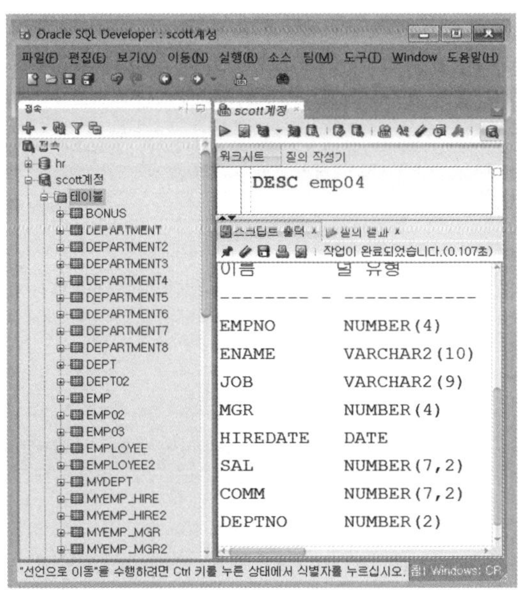

[그림 8.37] emp04 테이블 구조

4.1 칼럼 추가

ALTER TABLE ADD 문을 사용하여 기존 테이블에 새로운 칼럼을 추가할 수 있다. 새로운 칼럼은 테이블의 마지막 칼럼으로 추가되며, 추가된 칼럼의 데이터는 자동으로 널(null) 값으로 저장된다.

칼럼을 추가하는 기본 문법은 다음과 같다.

문법
```
ALTER TABLE 테이블명
ADD (칼럼명 데이터타입 [, 칼럼명 데이터타입, ... ]);
```

ADD 키워드를 입력하고 바로 뒤 괄호 안에 추가할 칼럼명과 데이터타입을 지정한다. 여러 칼럼을 한꺼번에 지정하기 위해서는 ,(쉼표)를 사용하여 나열하며, DEFAULT 옵션 설정도 가능하다.

생성된 emp04 테이블에 문자 타입의 이메일(email) 칼럼과 주소(address) 칼럼을 추가해 보자.

```
ALTER TABLE emp04
ADD (email VARCHAR2(10), address VARCHAR2(20));
```

email 칼럼은 문자 타입으로서 크기를 10바이트로 지정하고, address 칼럼은 문자 타입으로 크기를 20바이트로 지정한다.

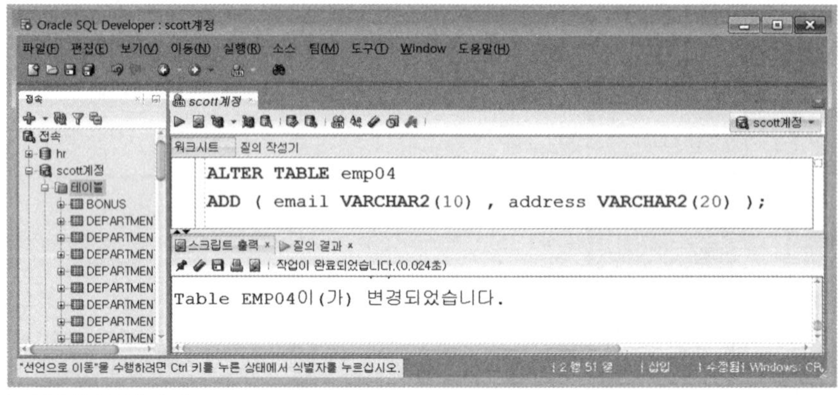

[그림 8.38] 칼럼 추가

추가된 칼럼을 확인하기 위하여 DESC(describe) 명령어를 실행한다. 실행 결과를 살펴보면 테이블의 마지막에 email 칼럼과 address 칼럼이 추가된 것을 확인할 수 있다.

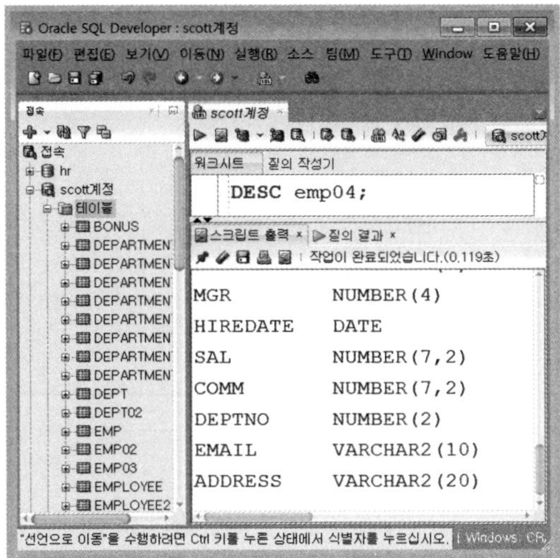

[그림 8.39] DESCirbe 명령

4.2 칼럼 변경

ALTER TABLE MODIFY 문을 사용하여 기존 칼럼을 변경할 수 있다. 칼럼에 대해서 데이터타입이나 크기, DEFAULT 값을 변경할 수 있다. 데이터타입이나 크기 변경은 테이블에 저장된 모든 행이 칼럼값이 널(null) 값이거나, 테이블에 행이 없는 경우에만 가능하다. DEFAULT 값을 변경하는 경우에는 변경 이후부터 입력되는 행에 대해서만 적용된다.

칼럼을 변경하는 ALTER TABLE 명령의 기본 문법은 다음과 같다.

문법
```
ALTER TABLE 테이블명
MODIFY (칼럼명 데이터타입 [, 칼럼명 데이터타입, ... ]);
```

MODIFY 키워드를 입력하고 바로 뒤 괄호 안에 변경할 칼럼명과 데이터타입을 지정한다. 만약 여러 칼럼을 한꺼번에 지정하기 위해서는 ,(쉼표)를 사용하여 나열한다.

이메일(email) 칼럼의 크기를 40Byte로 변경해 보자.

```
ALTER TABLE emp04
MODIFY (email VARCHAR2(40));
```

MODIFY 키워드 뒤에 email 칼럼명과 새로운 데이터타입으로 VARCHAR2(40)을 지정한다.

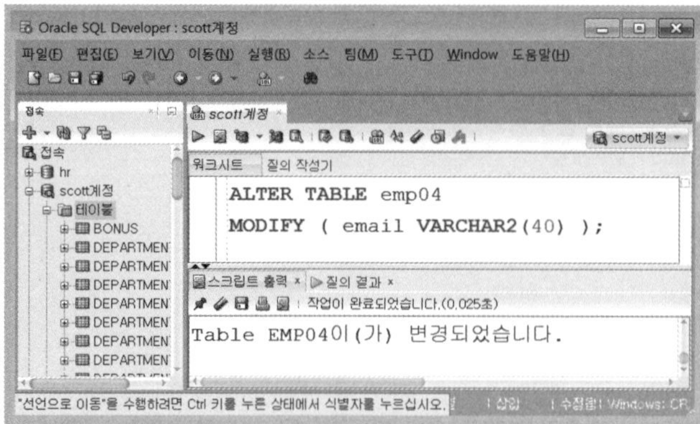

[그림 8.40] 칼럼 변경

실행 결과를 살펴보면 email 칼럼의 VARCHAR2 크기가 40으로 변경된 것을 확인할 수 있다.

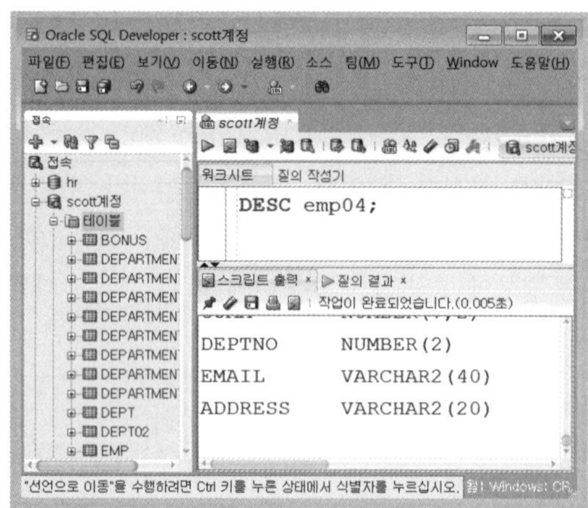

[그림 8.41] 칼럼 변경 확인

4.3 칼럼 삭제

ALTER TABLE DROP 문을 사용하면 기존 칼럼을 삭제할 수 있다. 칼럼은 값의 존재여부와 상관없이 무조건 삭제된다. 한꺼번에 여러 개의 칼럼들을 동시에 삭제할 수도 있으나 반드시 최소한 하나의 칼럼은 테이블에 존재해야 된다.

칼럼을 삭제하는 ALTER TABLE DROP 명령어의 기본 문법은 다음과 같다.

문법
```
ALTER TABLE 테이블명
DROP (칼럼명 [, 칼럼명 ...]);
```

DROP 키워드를 입력하고 바로 뒤 괄호 안에 삭제할 칼럼명을 지정한다. 만약 여러 칼럼을 한꺼번에 삭제하기 위해서는 ,(쉼표)를 사용하여 나열한다.

emp04 테이블에서 이메일(email) 칼럼을 삭제해 보자.

```
ALTER TABLE emp04
DROP (email);
```

DROP 키워드 뒤의 괄호 안에 삭제할 email 칼럼명을 지정한다.

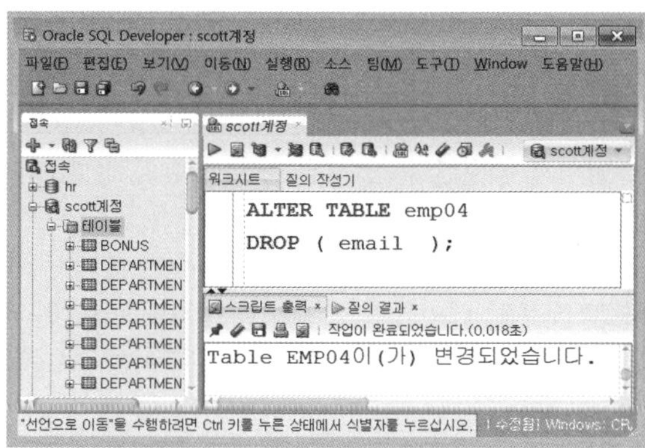

[그림 8.42] 칼럼 삭세

실행 결과를 살펴보면 email 칼럼이 제거되어 테이블 구조에서 볼 수 없다.

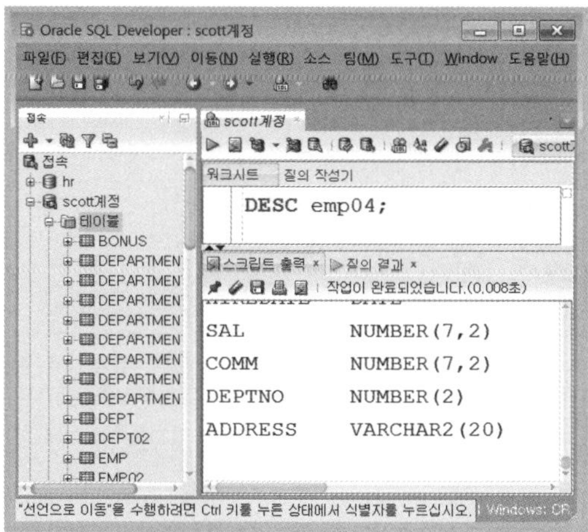

[그림 8.43] 칼럼 삭제 확인

4.4 제약조건 추가

기존 테이블에 제약조건을 추가하기 위해서는 ALTER TABLE 명령어를 사용한다. 이때 NOT NULL 제약조건을 제외한 나머지 제약조건(PRIMARY KEY, UNIQUE, CHECK, FOREIGN KEY)은 ALTER TABLE ADD 문을 사용하고 NOT NULL 제약조건은 ALTER TABLE MODIFY 문을 사용한다. ALTER TABLE ADD 문을 이용하여 제약조

건을 추가하는 문법이 테이블 레벨 제약조건 설정방법과 동일한 문법이기 때문에 칼럼 레벨 방식만 가능한 NOT NULL 제약조건은 사용할 수 없다.

NOT NULL을 제외한 제약조건을 추가하는 기본 문법은 다음과 같다.

문법
```
ALTER TABLE 테이블명
ADD [CONSTRAINT 제약조건명] 제약조건타입(칼럼명);
```

ADD 키워드 뒤에 CONSTRAINT 제약조건명을 지정하고 추가할 제약조건타입과 괄호 안에 제약조건이 적용될 칼럼을 명시한다. 이 방법은 테이블을 생성할 때 제약조건을 설정하는 방법 중 테이블 레벨 방식과 동일한 문장이다. 따라서 칼럼 레벨 방식만 가능한 NOT NULL 제약조건은 ALTER TABLE 명령으로 추가할 수 없다.

다음은 제약조건을 지정하지 않고 부서 테이블을 생성한 후에 이미 생성된 테이블에 제약조건을 추가로 지정하는 실습 예제이다. 먼저 제약조건을 지정하지 않고 부서 테이블을 생성한다.

```
CREATE TABLE dept03
( deptno NUMBER(2),
  dname  VARCHAR2(15),
  loc    VARCHAR2(15)
);
```

SCOTT 계정에서 사용했던 dept 테이블과 동일한 구조로 dept03 테이블을 생성한다.

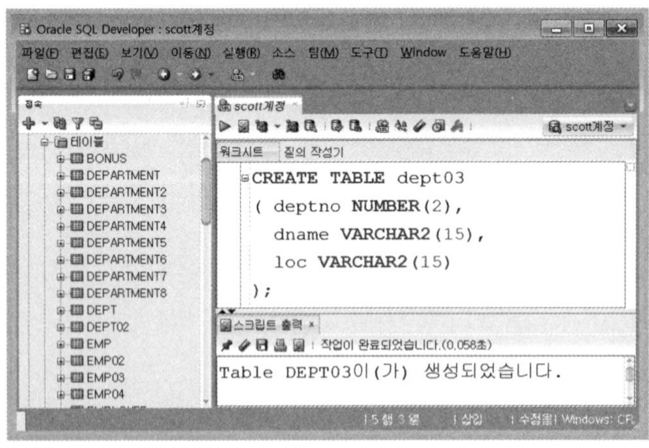

[그림 8.44] 테이블 생성

모든 부서들은 반드시 부서번호가 존재해야 하고 그 값이 중복되지 않도록 하기 위해서 기본키(PRIMARY KEY) 제약조건을 테이블에 추가한다.

```
ALTER TABLE dept03
ADD CONSTRAINT dept03_deptno_pk PRIMARY KEY(deptno);
```

테이블 레벨 방식과 동일한 문법으로 기본키 제약조건을 추가할 수 있다.

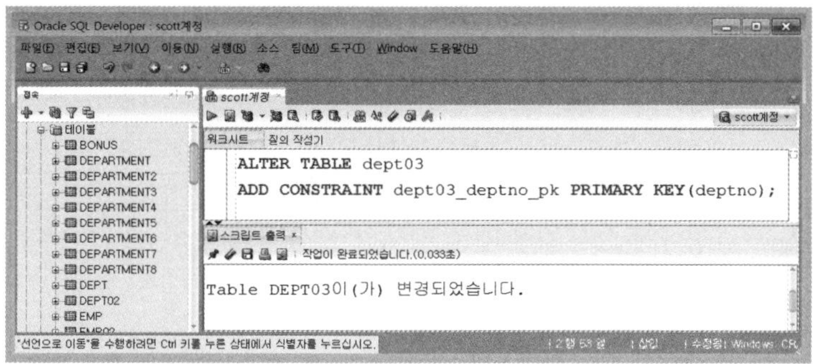

[그림 8.45] 기본키 제약조건 추가

다음은 기본키 제약조건이 추가된 것을 확인하기 위한 SQL 문이다.

```
SELECT table_name, constraint_type,
       constraint_name, r_constraint_name
FROM user_constraints
WHERE table_name IN ('DEPT03');
```

실행 결과를 살펴보면 CONSTRAINT_NAME 칼럼에 DEPT03_DEPTNO_PK 제약조건명이 저장되어 있는 것을 확인할 수 있다.

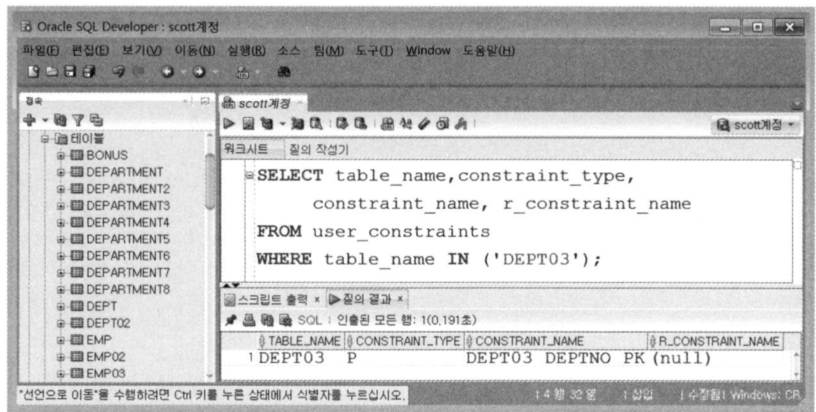

[그림 8.46] 기본키 제약조건 추가 확인

UNIQUE, CHECK, FOREIGN KEY 제약조건도 동일한 방식으로 추가할 수 있다.

NOT NULL 제약조건을 추가하는 기본 문법은 다음과 같다.

문법
```
ALTER TABLE 테이블명
MODIFY (칼럼명 데이터타입 [CONSTRAINT 제약조건명] NOT NULL);
```

NOT NULL 제약조건은 칼럼 레벨 방식으로만 제약조건을 지정할 수 있기 때문에 MODIFY 문을 사용하여 기존 칼럼 정보를 수정하는 방식으로 제약조건을 추가해야 한다.

부서명(dname) 칼럼에 반드시 값을 갖도록 NOT NULL 제약조건을 추가한다.

```
ALTER TABLE dept03
MODIFY (dname VARCHAR2(15) CONSTRAINT dept03_dname_nn NOT NULL);
```

칼럼 레벨 방식과 동일한 문법으로 NOT NULL 제약조건을 추가할 수 있다.

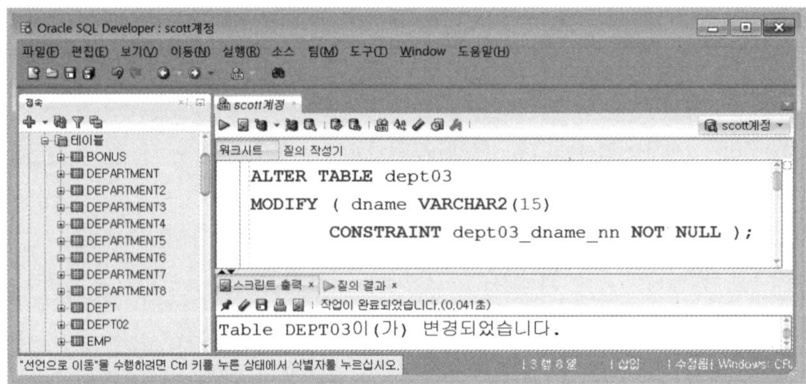

[그림 8.47] NOT NULL 제약조건 추가

다음은 NOT NULL 제약조건이 추가된 것을 확인하기 위한 SQL 문이다.

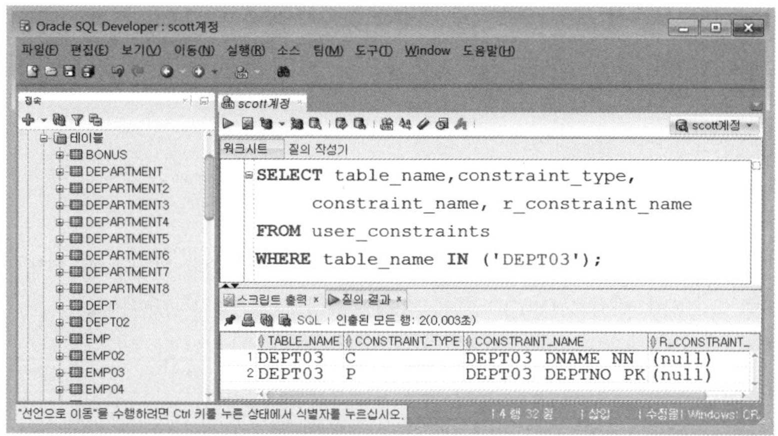

Oracle SQL Developer : scott계정
SELECT table_name,constraint_type,
constraint_name, r_constraint_name
FROM user_constraints
WHERE table_name IN ('DEPT03');
TABLE_NAME CONSTRAINT_TYPE CONSTRAINT_NAME R_CONSTRAINT_
1 DEPT03 C DEPT03_DNAME_NN (null)
2 DEPT03 P DEPT03_DEPTNO_PK (null)

[그림 8.48] NOT NULL 제약조건 추가 확인

실행 결과를 살펴보면 CONSTRAINT_NAME 칼럼에 DEPT03_DNAME_NN 제약조건명이 추가되어 있는 것을 확인할 수 있다.

4.5 제약조건 삭제

기존 테이블의 제약조건을 삭제하기 위해서는 제약조건명을 이용하여 ALTER TABLE DROP 문을 작성해야 한다. 필요시 USER_CONSTRAINTS와 USER_CONS_COLUMNS 데이터 사전을 이용하면 제약조건명을 조회할 수 있으며, CASCADE 옵션은 모든 종속적인 제약조건을 같이 삭제하는 방법이다. 기본적으로 제약조건명을 이용하여 제약조건을 삭제하지만 기본키(PRIMARY KEY)와 UNIQUE는 제약조건명 없이 PRIMARY KEY와 UNIQUE 키워드만 사용하여 삭제할 수 있다.

제약조건을 삭제하는 기본 문법은 다음과 같다.

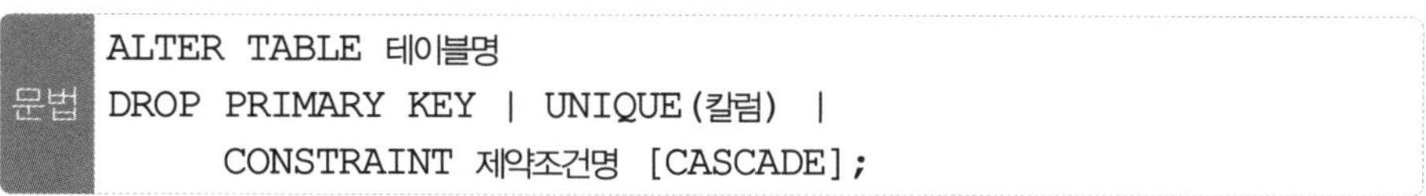

문법

```
ALTER TABLE 테이블명
DROP PRIMARY KEY | UNIQUE(칼럼) |
     CONSTRAINT 제약조건명 [CASCADE];
```

기본키 제약조건을 삭제하기 위해서는 DROP 키워드 바로 뒤에 PRIMARY KEY를 지정하거나 CONSTRAINT 제약조건명을 지정하면 된다. UNIQUE 제약조건을 삭제하는 경우에도 UNIQUE(칼럼)을 지정하거나 CONSTRAINT 제약조건명을 지정한다. 나머지 제약조건인 NOT NULL, CHECK, FOREIGN KEY 제약조건을 삭제하는 경우에는 CONSTRAINT 제약조건명을 지정하여 삭제한다. 종속적인 제약조건이 설정되어 있는 경우에는 마지막 문장에 CASCADE 키워드를 사용하여 종속적인 제약조건을 같이 삭제할 수 있다.

앞서 사용했던 dept03 테이블의 기본키 제약조건을 삭제하려면 두 가지 방법이 가능하다. 먼저 다음과 같이 DROP 뒤에 PRIMARY KEY 키워드를 지정하여 삭제하는 방법이다.

```
ALTER TABLE dept03
DROP PRIMARY KEY;
```

위 방법은 테이블당 하나의 기본키만 설정할 수 있기 때문에 제약조건 식별이 가능하기 때문이다. 두 번째 방법은 DROP 뒤에 제약조건명을 지정하는 방법이다.

```
ALTER TABLE dept03
DROP CONSTRAINT dept03_deptno_pk;
```

실습은 PRIMARY KEY 키워드를 사용하는 방법으로 진행하자.

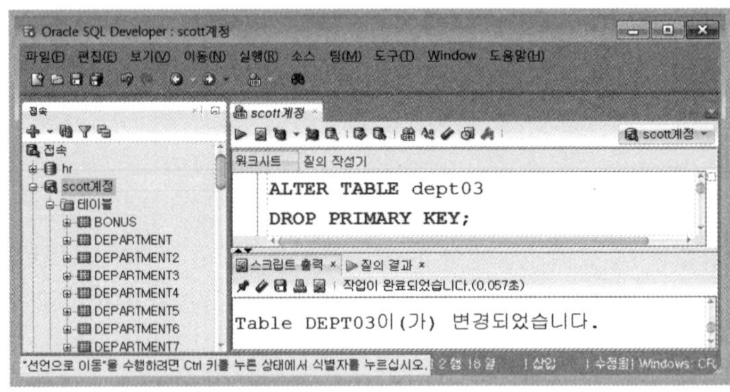

[그림 8.49] 기본키 제약조건 삭제

다음은 dept03 테이블의 dname 칼럼에 추가했던 NOT NULL 제약조건을 삭제하는 SQL 문이다.

```
ALTER TABLE dept03
DROP CONSTRAINT dept03_dname_nn;
```

NOT NULL 제약조건을 삭제하는 경우이기 때문에 CONSTRANT 제약조건명을 지정하는 방법을 사용해야 한다.

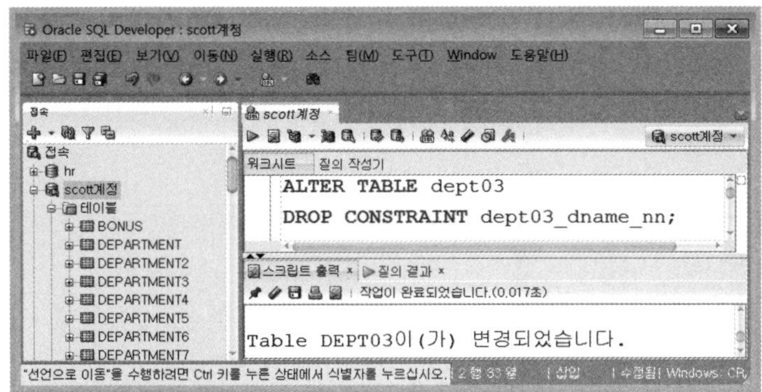

[그림 8.50] NOT NULL 제약조건 삭제

앞서 실습했던 기본키와 NOT NULL 제약조건이 삭제되었는지 확인하자.

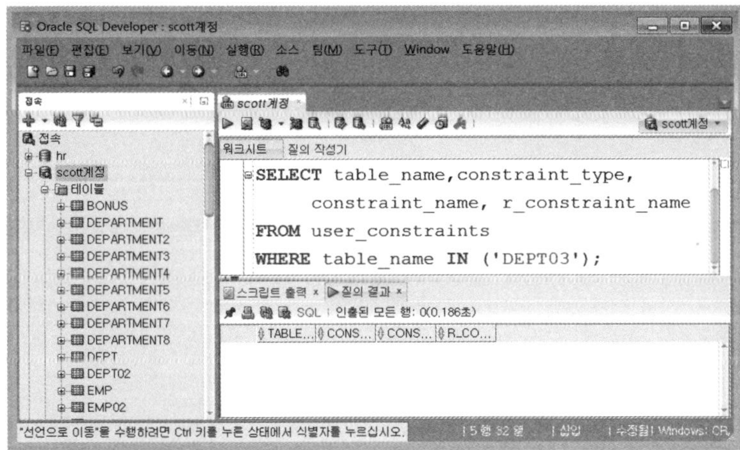

[그림 8.51] 삭제된 제약조건 확인

실행 결과를 살펴보면 USER_CONSTRAINTS 데이터 사전에 어떤 제약조건 정보도 저장되어 있지 않는 것을 확인할 수 있다.

4.5.1 CASCADE 옵션

앞서 사용했던 dept 테이블과 emp 테이블 관계를 다시 생각해보자. 부모 테이블인 dept를 자식 테이블 emp가 외래키로 참조하는 구조이다. 이때 만약 부모 테이블의 기본키를 삭제하면 '참조 무결성' 제약조건에 위배되어 에러가 발생한다.

실습을 위해서 먼저 부모 테이블 dept05 테이블을 생성하고 데이터를 저장한다.

```
CREATE TABLE dept05
( deptno NUMBER(2) CONSTRAINT dept05_deptno_pk PRIMARY KEY,
  dname  VARCHAR2(15),
  loc    VARCHAR2(15)
);
INSERT INTO dept05 (deptno, dname, loc) VALUES (10, '인사', '서울');
commit;
```

다음은 자식 테이블 emp05을 생성하고 데이터를 저장한다.

```
CREATE TABLE emp05
( empno NUMBER(4) CONSTRAINT emp05_empno_pk PRIMARY KEY,
  ename VARCHAR2(15),
  deptno NUMBER(2) CONSTRAINT emp05_deptno_fk
                   REFERENCES dept05(deptno)
);
INSERT INTO emp05 (empno, ename, deptno)
            VALUES ( 1000, 'John', 10);
commit;
```

자식 테이블에서 부모 테이블을 참조하고 있는 경우 다음과 같이 부모 테이블의 기본키를 삭제하면 에러가 발생한다.

```
ALTER TABLE dept05
DROP PRIMARY KEY;
```

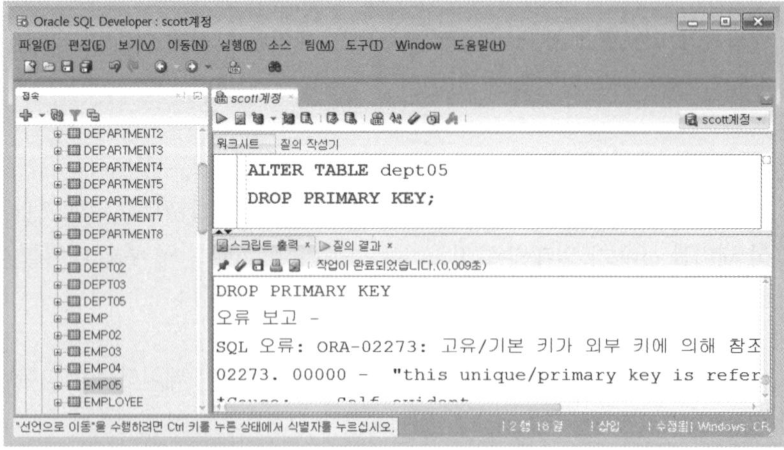

[그림 8.52] 참조키에 의한 기본키 삭제 불가

부모 테이블의 제약조건을 삭제할 때 자식 테이블의 FOREIGN KEY 제약조건을 연쇄적으로 삭제하려면 CASCADE 옵션을 함께 사용한다.

```
ALTER TABLE dept05
DROP PRIMARY KEY CASCADE;
```

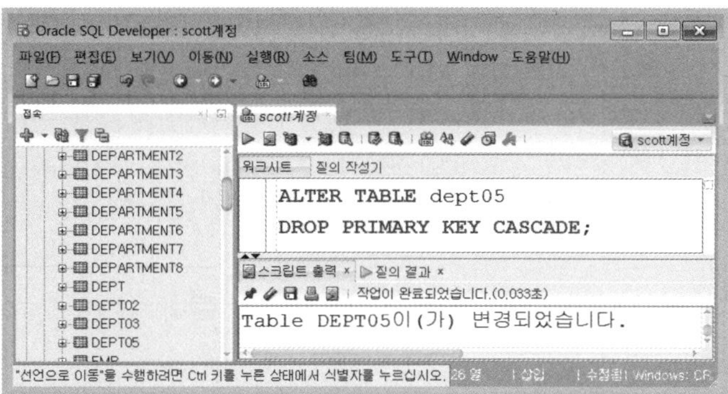

[그림 8.53] CASCADE 옵션

다음은 연쇄적으로 제약조건이 제거된 것을 확인하기 위한 SQL 문이다.

```
SELECT table_name, constraint_type,
       constraint_name, r_constraint_name
FROM user_constraints
WHERE table_name IN ('DEPT05', 'EMP05');
```

실행 결과를 살펴보면 자식 테이블 emp05의 FOREIGN KEY 제약조건이 삭제된 것을 확인할 수 있다.

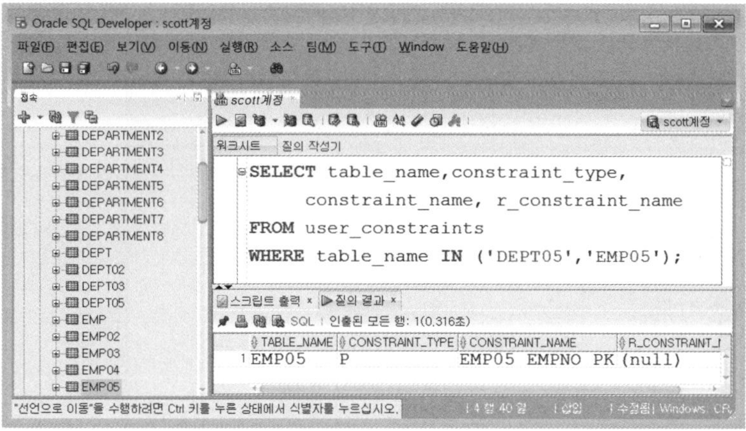

[그림 8.54] CASCADE 옵션 이용한 제약조건 삭제 확인

4.6 제약조건 활성화/비활성화

테이블에 설정된 제약조건을 필요에 의해서 활성화하거나 비활성화할 수 있다. 100만 건의 데이터를 테이블에 저장한다고 가정해보자. 저장하려는 100만 건의 데이터가 무결성이 보장된 경우라고 한다며 테이블의 기본키 제약조건을 비활성화하여 저장 성능을 향상시킬 수 있다. 제약조건은 데이터의 무결성은 보장 받을 수 있으나 성능은 떨어지는 작업이기 때문이다. 기본키 제약조건을 비활성한 뒤에 100만 건의 데이터를 모두 저장하고, 다시 제약조건을 활성화하면 된다.

제약조건을 활성화 또는 비활성화하는 기본 문법은 다음과 같다.

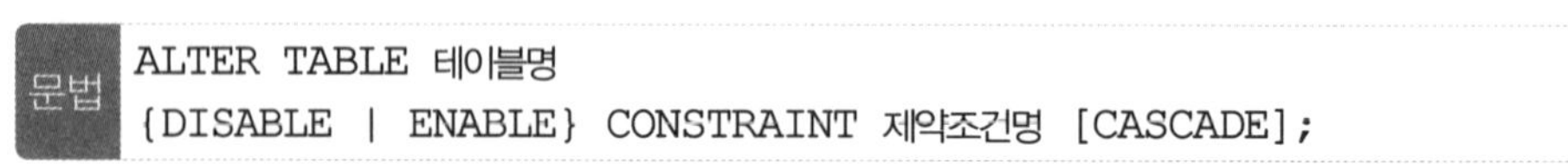

문법

```
ALTER TABLE 테이블명
{DISABLE | ENABLE} CONSTRAINT 제약조건명 [CASCADE];
```

제약조건을 비활성화하려면 DISABLE 키워드를 사용하고, 활성화하려면 ENABLE 키워드를 사용한다. CASCADE 옵션을 추가하면 해당 제약조건과 관련된 모든 제약조건을 연쇄적으로 비활성화 또는 활성화한다.

앞서 실습했던 emp05 테이블의 기본키 제약조건을 비활성화 해보자.

```
ALTER TABLE emp05
DISABLE CONSTRAINT emp05_empno_pk;
```

DISABLE 키워드 뒤에 제약조건명을 지정한다.

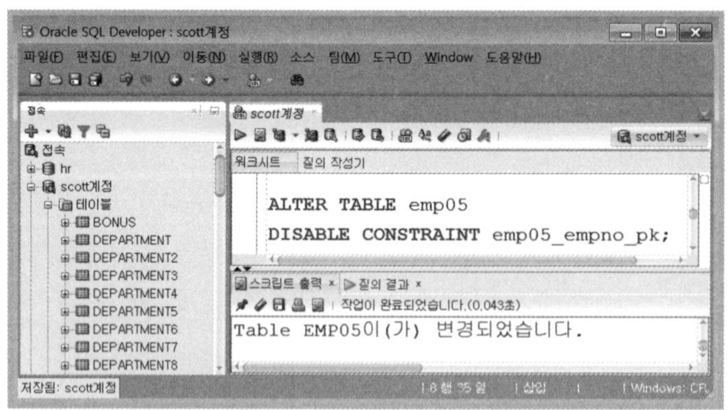

[그림 8.55] 제약조건 비활성화

다음은 제약조건이 비활성된 것을 확인하기 위한 SQL 문이다.

```
SELECT table_name, constraint_type,
       constraint_name, status
FROM user_constraints
WHERE table_name IN ('EMP05');
```

USER_CONSTRAINTS 데이터 사전의 status 칼럼에 DISABLED 값이 저장되어 있는 것을 확인할 수 있다.

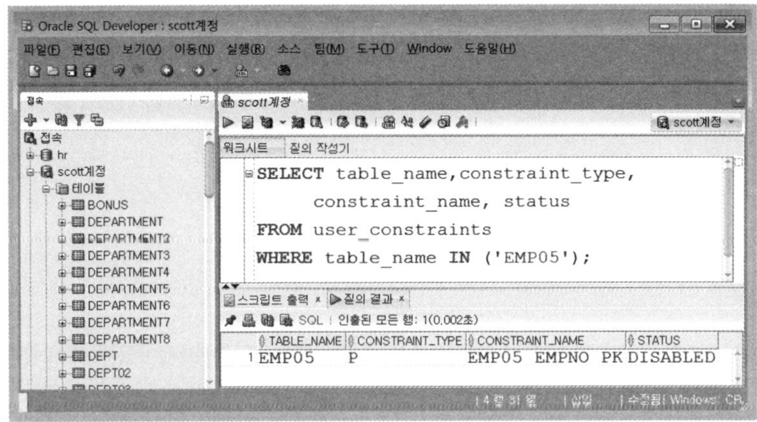

[그림 8.56] 비활성된 제약조건 확인

앞서 실습했던 emp05 테이블의 기본키를 다시 활성화해 보자.

```
ALTER TABLE emp05
ENABLE CONSTRAINT emp05_empno_pk;
```

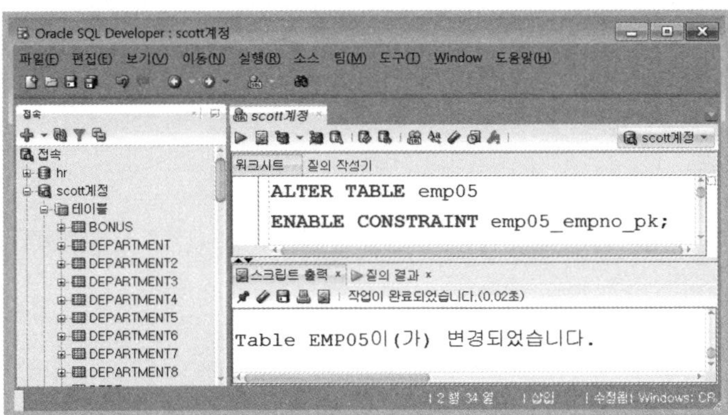

[그림 8.57] 제약조건 활성화

USER_CONSTRAINTS 데이터 사전의 status 칼럼에 ENABLED 값이 저장되어 있는 것을 확인할 수 있다.

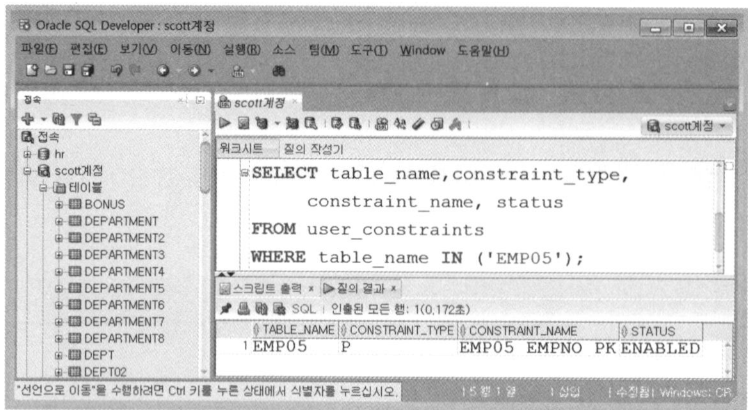

[그림 8.58] 활성된 제약조건 확인

데이터 사전 (Data Dictionary)

데이터 사전(Data Dictionary)은 데이터베이스와 관련된 정보를 제공하기 위한 읽기 전용 테이블과 뷰의 집합을 의미한다. 데이터 사전은 사용자가 테이블을 생성하거나 사용자 변경같은 작업을 수행할 때 오라클에 의해서 자동으로 갱신되는 테이블로서 사용자가 직접 내용을 수정하거나 삭제할 수는 없다.

다음은 데이터 사전에 저장되는 대표적인 정보 목록이다.

- 데이터베이스의 물리적 구조 또는 객체의 논리적 구조 정보
- 오라클 사용자명과 스키마 객체명 정보
- 각 사용자에게 부여된 권한과 롤(role) 정보
- 무결성 제약조건에 대한 정보
- 칼럼에 대한 기본값 정보
- 스키마 객체에 할당된 영역의 크기와 현재 사용 중인 영역의 크기 정보
- 데이터베이스명, 버전, 생성 날짜, 시작 모드, 인스턴스 명과 같은 일반적인 데이터베이스 정보

위의 정보들은 매우 중요한 정보이기 때문에 사용자는 데이터 사전 테이블에 직접 접근하지 못하고, SELECT 명령문만 실행이 가능한 뷰(view)를 제공한다. 이렇게 제공된 뷰를 '데이터 사전 뷰'라고 부른다. 뷰(View) 객체와 관련된 내용은 9장을 참조한다.

데이터 사전 뷰는 다음과 같이 3가지 종류가 제공된다.

[표 8.7] 데이터 사전 뷰(Data Dictionary View)

종류	설명
DBA_XXXX	데이터베이스 관리자만 접근 가능한 객체 등의 정보 조회
ALL_XXXX	자신의 계정이 소유 또는 권한을 부여 받은 객체 등에 관한 정보 조회
USER_XXXX	자신의 계정이 소유한 객체 등에 관한 정보 조회

9장

뷰 · 시퀀스 · 시노님

[학습목표]

- 뷰(view) 객체의 사용 방법에 관하여 학습한다.
- 뷰(view)를 사용하는 목적에 관하여 학습한다.
- 뷰(view)의 종류에 관하여 학습한다.
- 뷰(view)의 WITH CHECK OPTION 제약 조건에 관하여 학습한다.
- 뷰(view)의 WITH READ ONLY 제약 조건에 관하여 학습한다.
- 시퀀스(sequence) 객체의 사용 방법에 관하여 학습한다.
- 시퀀스의 NEXTVAL과 CURRVAL에 관하여 학습한다.
- 동의어(synonym)에 관하여 학습한다.

1. 뷰(View)

뷰(View)는 물리적인 테이블 또는 다른 뷰(View)를 기반으로 하는 논리적인 테이블이다. 논리적인 테이블이라고 부른 까닭은 물리적인 테이블처럼 실제 데이터를 저장하고 있지 않지만, 사용자는 마치 테이블을 사용하는 것과 동일하게 뷰를 사용할 수 있기 때문이다. 뷰(View)에 대한 기반이 되는 물리적인 테이블을 기본 테이블(base table)이라고 부른다.

기본 테이블이 존재하는데도 불구하고 뷰(View)를 사용하는 목적은 첫째로 데이터베이스에서 선택적으로 데이터를 보여줄 수 있기 때문에 데이터베이스에 대한 접근을 제한할 수 있다. 결국 테이블의 칼럼들 중에서 보안과 관련된 민감한 데이터를 가진 칼럼들은 언제든지 접근을 제한하여 보안을 강화할 수 있다. 둘째로 결과를 검색하기 위한 복잡한 질의를 단순한 질의로 변경할 수 있기 때문이다. 일반적으로 조인을 하는 질의문은 복잡한 SQL 문으로 작성되기가 쉬운데 매번 복잡한 SQL 문을 사용하지 않고 뷰(View)로 작성해서 사용하면 훨씬 질의가 쉬워진다. 위의 특징들을 실습을 통해서 확인하도록 하자.

뷰(View)을 생성하는 기본적인 문법은 다음과 같다.

문법

```
CREATE [OR REPLACE] VIEW 뷰이름 [(alias[, alias] ...)]
AS
서브쿼리
 [WITH CHECK OPTION [CONSTRAINT 제약조건명]]
 [WITH READ ONLY [CONSTRAINT 제약조건명]];
```

CREATE VIEW 뒤에 뷰이름을 지정하고 서브 쿼리에서 설정한 칼럼에 대한 별칭(alias)를 지정하거나 생략한다. 별칭(alias)은 서브 쿼리에서 사용한 테이블 칼럼에 대한 별칭으로서 생략하면 테이블 칼럼명으로 자동으로 지정된다. 이후에 AS 키워드 뒤에 서브 쿼리를 설정하면 기본적인 뷰(View) 객체가 생성이 된다.

서브 쿼리에는 조인, SET 연산, 복잡한 SELECT 문의 정의가 가능하며 데이터 정렬을 위한 ORDER BY 절은 사용할 수 없다. 데이터 정렬을 위해서는 뷰를 검색할 때 뷰에 ORDER BY 절을 기술해야 한다.

뷰를 수정하기 위해서는 테이블처럼 ALTER 문을 사용하여 수정하지 않고 새로운 뷰(View)를 생성하여 기존 뷰에 덮어쓰는 방식으로 처리하는데, 이때 CREATE OR REPLACE 명령어를 사용한다. CREATE OR REPLACE 명령어는 뷰(View)가 존재하면 덮어쓰고 존재하지 않으면 새로 생성한다.

뷰(View)에서는 두 가지 제약조건을 지정할 수 있는데 읽기 모드만 가능한 WITH READ ONLY 제약조건과 특정 조건과 일치해야 동작하는 WITH CHECK OPTION 제약조건을 사용할 수 있다.

다음 예를 통해서 뷰(View)가 필요한 이유를 설명하도록 한다. 만일 부서번호(deptno) 칼럼의 값이 20번인 부서에 소속된 사원들의 사번과 이름, 부서명, 부서번호를 자주 검색한다고 가정하면 다음과 같은 복잡한 조인문을 매번 작성해야 한다.

```
SELECT empno, ename, d.dname, d.deptno
FROM emp e JOIN dept d
ON e.deptno = d.deptno
WHERE e.deptno = 20;
```

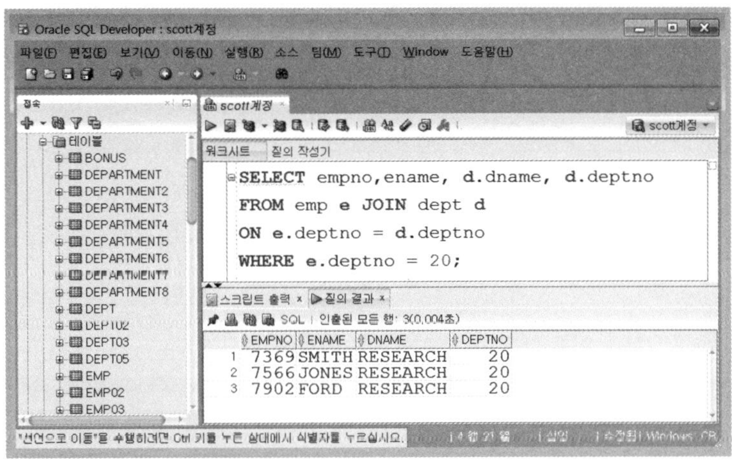

[그림 9.1] 복잡한 조인 문장

위와 같은 결과를 출력하기 위해서 매번 SELECT 문을 입력한다면 매우 복잡하고 번거로운 작업일 것이다. 뷰(View)는 이와 같이 복잡한 SELECT 문을 매우 단순한 SQL 문으로 처리할 수 있도록 지원한다.

먼저 앞에서 살펴본 20번 부서에 소속된 사원들의 사번, 이름, 부서명, 부서번호를 출력하기 위한 SELECT 문을 하나의 뷰(View)로 정의해 보자.

```
CREATE VIEW emp_view
AS
SELECT empno, ename, d.dname, d.deptno
FROM emp e JOIN dept d
ON e.deptno = d.deptno
WHERE e.deptno = 20;
```

위의 문장을 SCOTT 계정에서 실행하면 다음과 같이 '권한이 불충분합니다'는 에러가 발생한다. 기본적으로 SCOTT 계정에는 뷰(View)를 생성할 수 있는 권한이 없기 때문이다.

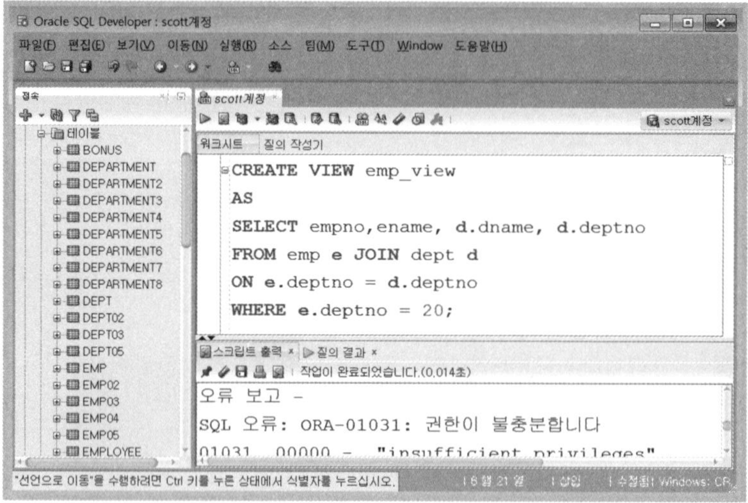

[그림 9.2] CREATE VIEW 권한 필요

SCOTT 계정에 뷰(View)를 생성할 수 있는 CREATE VIEW 권한을 설정하기 위하여 관리자 계정으로 로그인하여 다음과 같이 권한 할당 명령어를 실행한다. 권한과 관련된 내용은 11장을 참조한다.

```
-- 관리자 계정에서 실행
GRANT create view
TO scott;
```

GRANT 문 뒤에 사용자에게 할당하려는 권한 이름을 지정하고 TO 뒤에는 권한을 할당 받을 사용자를 지정한다. 결국 위의 문장은 SCOTT 계정에게 CREATE VIEW 권한을 할당하는 SQL 문이 된다.

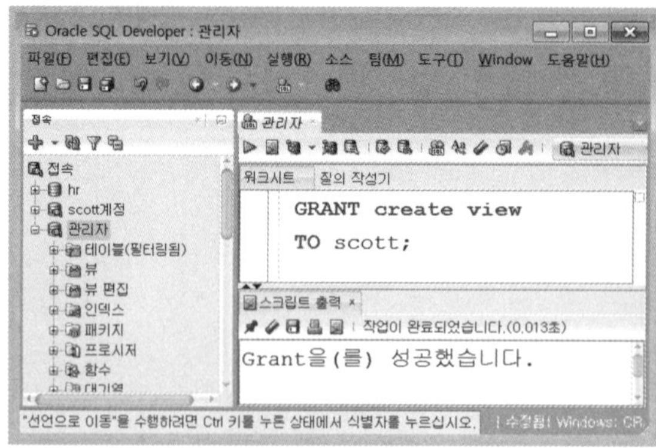

[그림 9.3] SCOTT사용자에게 권한 할당

CREATE VIEW 권한을 부여 받았으면, SCOTT 계정으로 데이터베이스에 접속해서 다시 한번 뷰(View)를 생성한다.

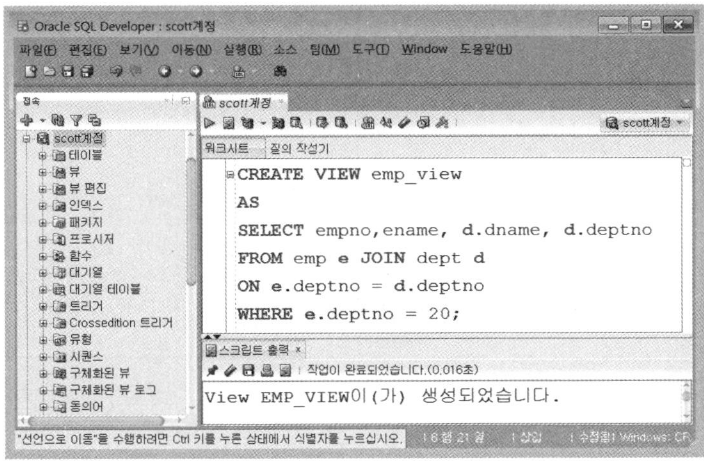

[그림 9.4] emp_view 뷰(view) 생성

뷰를 생성할 때 칼럼의 별칭(alias)을 명시하지 않으면 뷰를 정의하는 기본 테이블의 칼럼명을 그대로 사용한다. 따라서 생성된 뷰의 구조를 살펴보면 emp 테이블의 칼럼명과 같은 것을 확인할 수 있다. 뷰의 구조는 기본 테이블의 구조를 그대로 상속받아 생성된다.

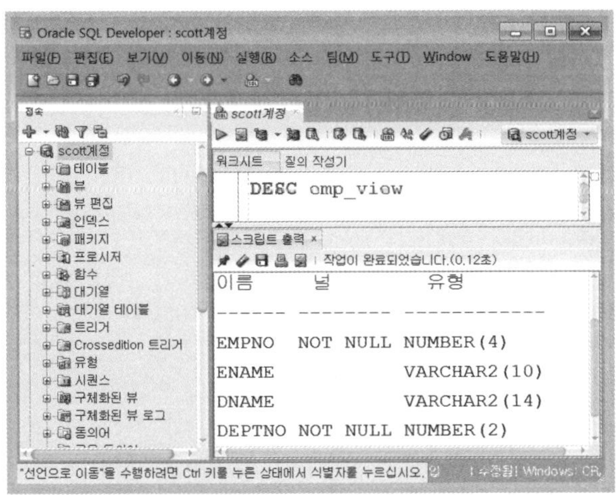

[그림 9.5] emp_view 뷰(view) 구조 확인

이번에는 뷰의 내용을 출력해 보자. 테이블의 내용을 출력하는 것과 동일한 방법으로 SELECT 문을 사용한다.

```
SELECT *
FROM emp_view;
```

FROM 절 뒤에 테이블명 대신에 뷰(View) 이름을 지정한다.

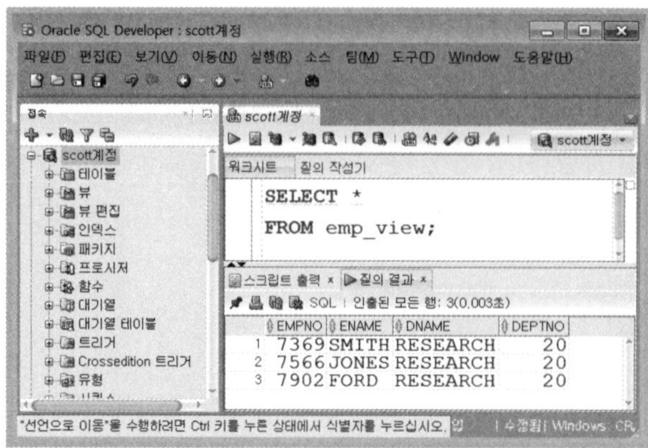

[그림 9.6] emp_view 뷰(view)에서 데이터 검색

자주 사용되며 복잡한 SELECT 문은 뷰(View)를 생성하여 사용하면 위와 같이 간단하게 원하는 결과를 얻을 수 있다.

이번에는 보안과 관련된 측면에서 뷰(View)를 사용하는 이유에 관하여 살펴보자. 기본 테이블인 emp에는 8개의 칼럼이 제공되는데 이 중에서 월급(sal) 정보는 매우 민감한 정보이기 때문에 SELECT 문을 사용하여 검색되지 않도록 처리할 수 있다. 이런 경우에 뷰(View)를 사용하면 된다. 테이블을 SELECT할 때에는 행을 제한할 수는 있지만 특정 칼럼을 제한하는 방법은 없기 때문이다. 먼저 월급(sal)을 제외한 7가지 칼럼으로 구성된 뷰(View)를 작성한다.

```
CREATE VIEW emp_view2
AS
SELECT empno, ename, job, mgr, hiredate, comm, deptno
FROM emp;
```

생성된 emp_view2을 조회하면 월급(sal) 칼럼이 제외된 사원정보가 출력되는 것을 확인할 수 있다.

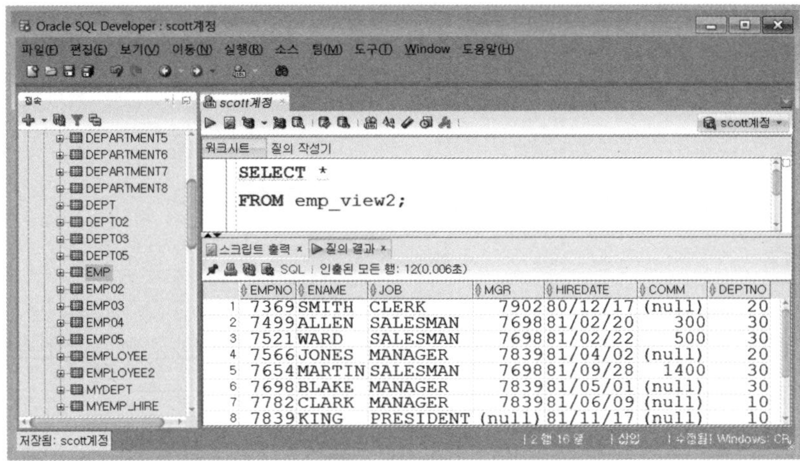

[그림 9.7] emp_view2 뷰(view) 정보 확인

위와 같이 기본 테이블에 저장된 특정 칼럼의 데이터를 보호할 목적으로 뷰(View)를 사용한다.

정보

8장에서 배웠던 **데이터 사전(Data Dictionary)** 테이블에는 테이블명, 계정명, 데이터베이스 정보 등과 같은 많은 **메타데이터(Meta Data)**가 저장되어 있으며 매우 중요한 정보라고 할 수 있다. 그런데 일반 사용자가 이러한 중요한 정보를 담고 있는 테이블에 직접 접근하는 것은 보안에 큰 영향을 미칠 수 있기 때문에 오라클에서는 USER_XXX, ALL_XXX, DBA_XXX 같은 데이터 사전 뷰(Data Dictionary View)를 제공하여 보안에 취약하지 않도록 처리한다.

앞에서 생성했던 뷰(View) 정보를 출력하기 위해서 다음과 같이 데이터 사전을 조회하는 SQL 문을 작성한다.

```
SELECT view_name, text
FROM user_views;
```

실행 결과를 살펴보면 앞서 생성했던 emp_view와 emp_view2 객체가 생성되어 있는 것을 확인할 수 있다.

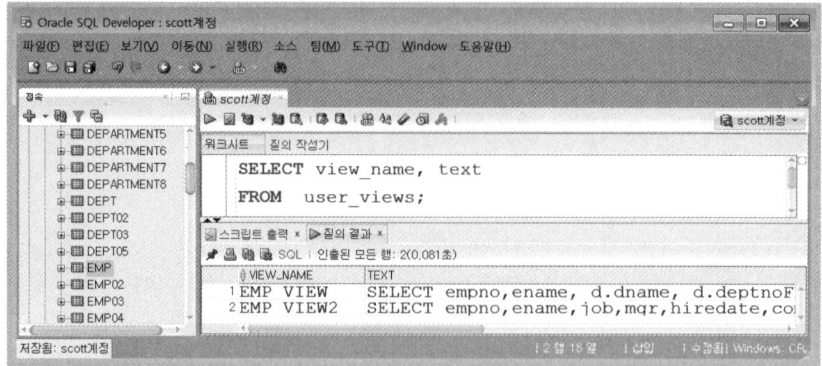

[그림 9.8] USER_VIEWS 데이터 사전

USER_VIEWS 데이터 사전의 text 칼럼을 살펴보면 뷰(View)를 작성할 때 사용한 서브 쿼리의 SQL 문이 저장되어 있는 것을 확인할 수 있다. 결국 기본 테이블은 디스크 공간을 할당 받아서 실제로 데이터를 저장하고 있지만, 뷰(View)는 USER_VIEWS 데이터 사전의 text 칼럼에 뷰를 정의할 때 기술한 서브 쿼리만을 문자열 형태로 저장하고 있는 것이다.

따라서 emp_view 이름의 뷰(View)에 SELECT 문을 실행하면 USER_VIEWS 데이터 사전에 저장된 emp_view인 뷰를 찾아서 이를 정의할 때 기술한 서브 쿼리문이 저장된 text 칼럼의 값이 실행되어 결과값을 반환하게 된다.

1.1 뷰 수정

테이블을 수정할 경우에는 ALTER TABLE 문을 사용하지만, 뷰(View)를 수정하기 위해서는 CREATE OR REPLACE 문을 사용한다. 이 문장은 뷰(View)가 존재하면 덮어쓰기가 되고, 뷰(View)가 없으면 새로 생성된다.

앞서 실습했던 emp_view2는 월급(sal) 칼럼을 제외하고 SELECT가 가능하도록 만든 뷰이다. 이 뷰를 입사일(hiredate)까지 제외하도록 수정하기 위해서 다음 SQL 문을 작성한다.

```
CREATE OR REPLACE VIEW emp_view2
AS
SELECT empno, ename, job, mgr, comm, deptno
FROM emp;
```

기존에 emp_view2 뷰 객체가 있지만 REPLACE 명령어에 의해서 덮어쓰기가 되어 뷰가 수정된다.

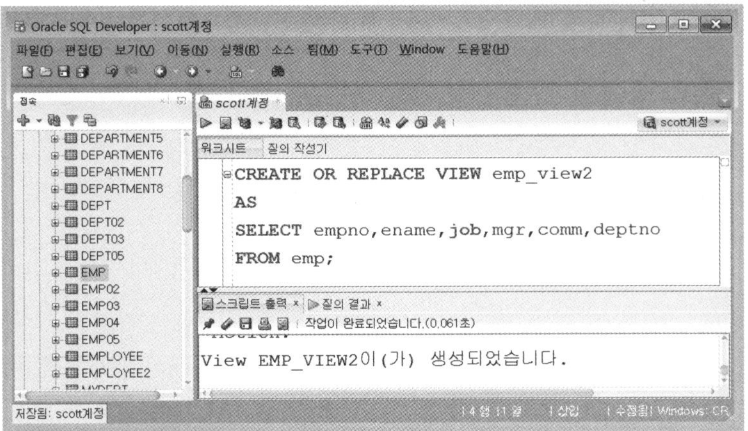

[그림 9.9] emp_view2 뷰(view) 수정

정보

기존에 존재하는 뷰 객체를 수정할 때 OR REPLACE 명령문을 지정하지 않으면 다음과 같이 '기존의 객체가 이름을 사용하고 있습니다.'는 에러 메시지가 출력된다.

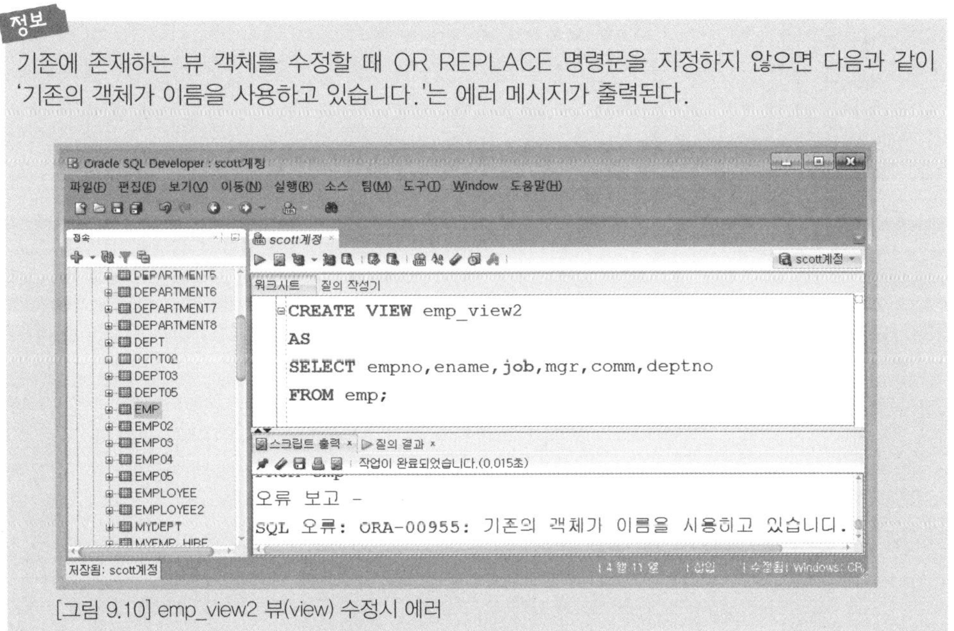

[그림 9.10] emp_view2 뷰(view) 수정시 에러

1.2 뷰 종류

뷰의 종류는 뷰를 정의하기 위해 사용된 기본 테이블의 개수에 따라서 단순 뷰(Simple View)와 복합 뷰(Complex View)로 구분된다.

1.2.1 단순 뷰(Simple View)

단순 뷰는 하나의 기본 테이블로부터 정의한 뷰로 기본적으로 INSERT, UPDATE, DELETE 문과 같은 DML 문의 실행이 가능하다. 단순 뷰에 대해서 실행한 DML 문의 처리 결과는 실제로 기본 테이블에 반영된다. 또한, 새로 뷰를 생성할 때 칼럼의 별칭(alias)을 지정하지 않으면 기본 테이블의 칼럼명을 상속받는다. 이번에는 칼럼명을 명시해서 단순 뷰를 생성해 보자.

```
CREATE VIEW emp_view3 (사원번호, 이름, 월급)
AS
SELECT empno, ename, sal
FROM emp
WHERE deptno = 20;
```

뷰 이름 뒤에 칼럼 별칭(alias)을 지정하면 지정된 별칭으로 뷰의 칼럼을 사용할 수 있다. 생성된 뷰의 내용을 출력하면 부서번호가 20인 사원에 대한 데이터만 출력된다.

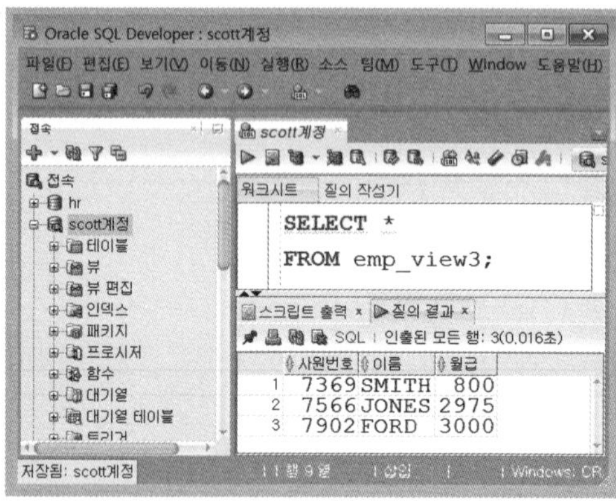

[그림 9.11] emp_view3 뷰(view) 데이터 확인

새로 생성된 뷰의 칼럼명을 기본 테이블에서 상속받지 않고, 뷰를 생성할 때 명시한 칼럼 별칭(alias)으로 출력한다. 뷰의 데이터 구조를 살펴봐도 칼럼명이 명시한 이름으로 설정된 것을 확인할 수 있다.

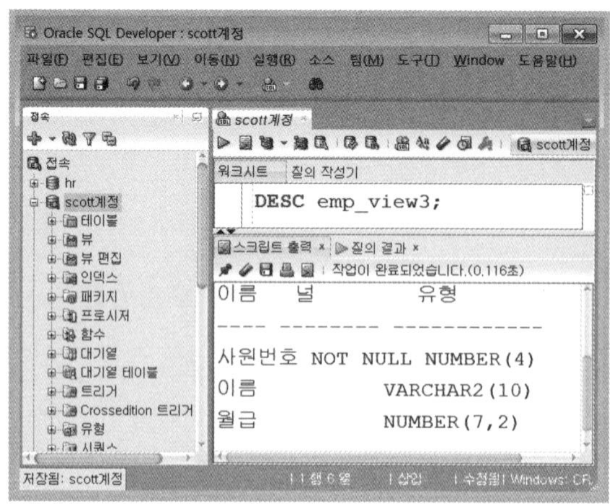

[그림 9.12] emp_view3 뷰(view) 구조 확인

다음은 사원들의 부서별 급여 총합을 구하기 위해서 SUM 함수를 사용하는 예제이다. 뷰를 생성하면서 함수를 사용하는 경우에는 반드시 함수를 사용하는 칼럼의 별칭(alias)을 지정해야 한다. 별칭을 지정하지 않으면 에러가 발생한다.

```
CREATE VIEW emp_view4
AS
SELECT deptno, SUM(sal)
FROM emp
GROUP BY deptno;
```

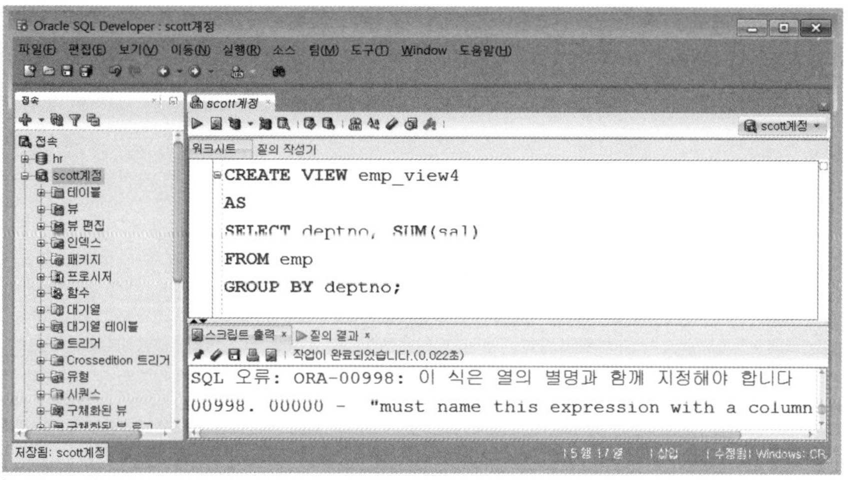

[그림 9.13] SUM 함수를 이용한 뷰(view) 생성 에러

다음은 SUM 함수의 결과값을 포함하는 뷰를 생성하기 위해 칼럼의 별칭을 지정하는 문장으로 수정한 SQL 문이다.

```
CREATE VIEW emp_view4
AS
SELECT deptno, SUM(sal) 총합
FROM emp
GROUP BY deptno;
```

함수에 대해서 칼럼의 별칭을 지정하면 에러 없이 뷰가 생성된다.

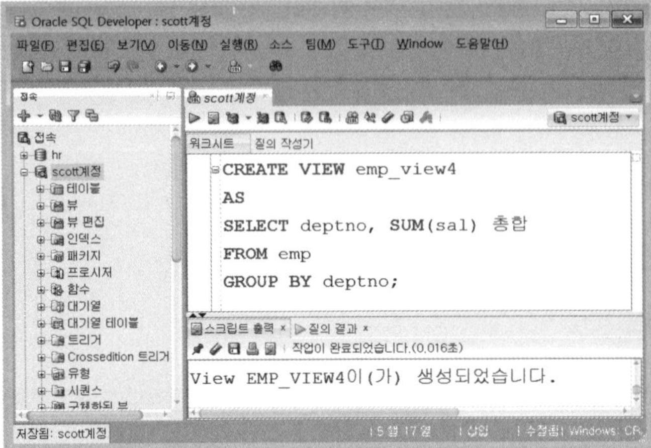

[그림 9.14] SUM 함수의 별칭(alias) 이용한 뷰(view) 생성

이제 생성된 뷰의 내용을 살펴보자.

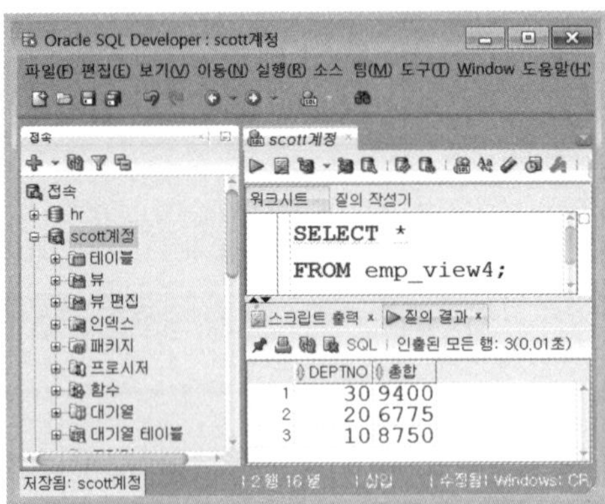

[그림 9.15] emp_view4 뷰(view) 데이터 조회

단순 뷰로 생성한 경우에는 DML 작업도 가능하다는 것을 확인해보자. 먼저 다음과 같이 실습에 사용할 단순 뷰를 작성하고 내용을 출력한다.

```
CREATE VIEW emp_view5
AS
SELECT empno, ename, sal, deptno
FROM emp;
```

사원번호, 이름, 월급, 부서 정보를 가지고 있는 emp_view5 뷰를 생성하고 생성된 뷰를 조회한다.

[그림 9.16] emp_view5 뷰(view) 데이터 조회

기본 테이블인 emp 테이블에 저장된 데이터와 동일하게 출력된다. 이제 emp_view5 뷰에 대해서 부서번호가 10인 데이터를 삭제하는 DELETE 문을 실행한다.

```
DELETE FROM emp_view5
WHERE deptno = 10;
```

DELETE 문의 실행 결과를 보면 emp_view5 뷰에서 부서번호가 10인 데이터 3개가 삭제되었음을 알 수 있다.

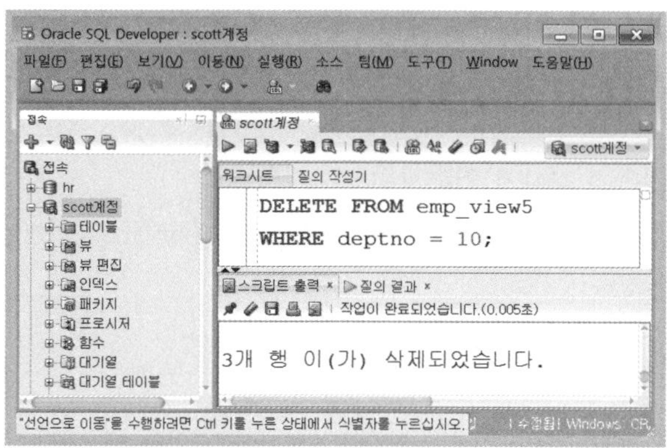

[그림 9.17] 뷰(view)를 이용한 DELETE 문

이제 기본 테이블인 emp 테이블을 조회해서 부서번호가 10인 사원들이 삭제되었는지 확인하자. 실행 결과를 살펴보면 뷰에 대해서 실행한 DELETE 문의 실행 결과가 기본 테이블에 반영된 것을 확인할 수 있다.

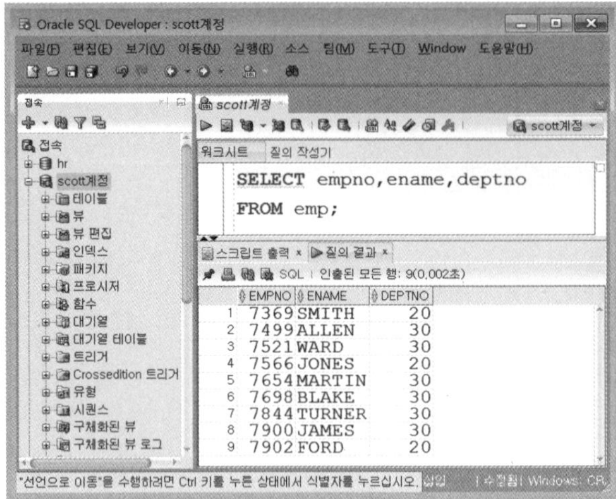

[그림 9.18] emp 테이블에 DELETE 반영 결과

단순 뷰의 DML 작업이 불가능한 경우

모든 상황에서 단순 뷰의 DML 작업이 가능한 것은 아니다. 단순 뷰가 그룹함수, GROUP BY, DISTINCT와 같은 표현식을 포함한 경우에는 DML 작업이 불가능하다.

1.2.2 복합 뷰(Complex View)

복합 뷰는 두 개 이상의 기본 테이블에 대해서 정의한 뷰이다. 두 개 이상의 테이블을 조인해서 사용할 경우 매번 SELECT 문을 작성하지 않고 뷰로 생성하여 사용할 수 있다. 이렇게 두 개 이상의 테이블을 조인하는 SELECT 문을 뷰로 생성한 것이 복합 뷰이다. 복합 뷰의 실습은 앞서 실습했던 emp_view 뷰를 생성했던 예제로 대체하기로 한다.

1.3 WITH CHECK OPTION 제약 조건

테이블은 데이터의 무결성을 보장하기 위해서 기본키 및 NOT NULL 제약조건 등을 설정한다. 마찬가지로 뷰도 WHERE 조건에 만족하는 데이터만 INSERT 또는 UPDATE가 가능하도록 제약조건을 설정할 수 있다.

먼저 다음과 같이 부서번호가 30인 사원정보를 출력하는 뷰를 통해서 기본 테이블에 저장된 데이터를 변경해 보자.

```
CREATE VIEW emp_view6
AS
SELECT empno, ename, sal, deptno
FROM emp
WHERE deptno = 30;
```

emp_view6 뷰를 조회해 보면 부서번호가 30인 사원에 대한 정보만 출력된다.

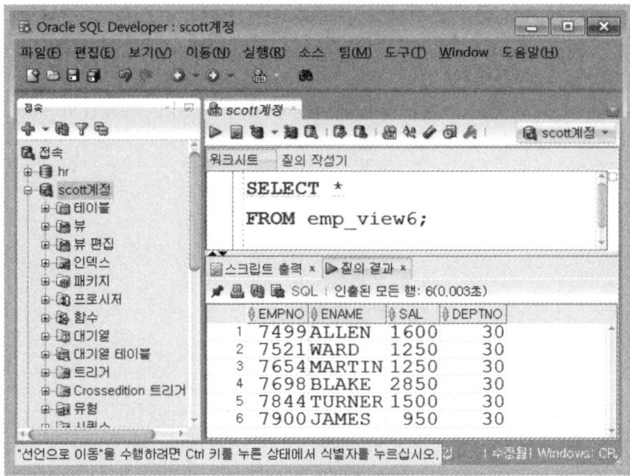

[그림 9.19] emp_view6 뷰(view) 데이터 조회

이번에는 emp_view6 뷰에 대해서 사원번호가 7499인 사원의 부서번호를 40으로 변경해보자.

```
UPDATE emp_view6
SET deptno = 40
WHERE empno = 7499;
```

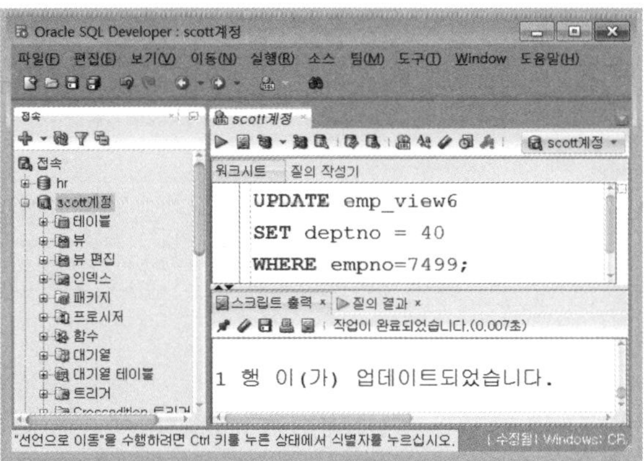

[그림 9.20] emp_view6 뷰(view) UPDATE 문

기본 테이블 정보를 확인해보면 사원번호가 7499인 사원의 부서정보가 40으로 변경된 것을 확인할 수 있다.

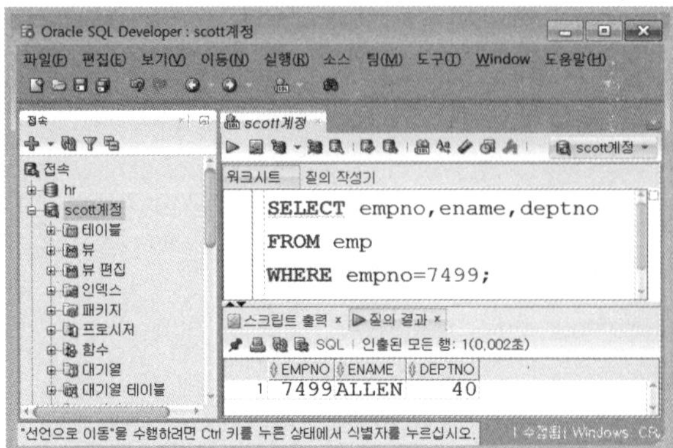

[그림 9.21] emp 테이블에 UPDATE 반영

사원번호가 7499인 사원은 부서번호가 40으로 변경되었기 때문에 emp_view6 뷰를 다시 조회하면 뷰의 검색 결과에 부서번호가 40인 사원의 정보가 출력되지 않는다.

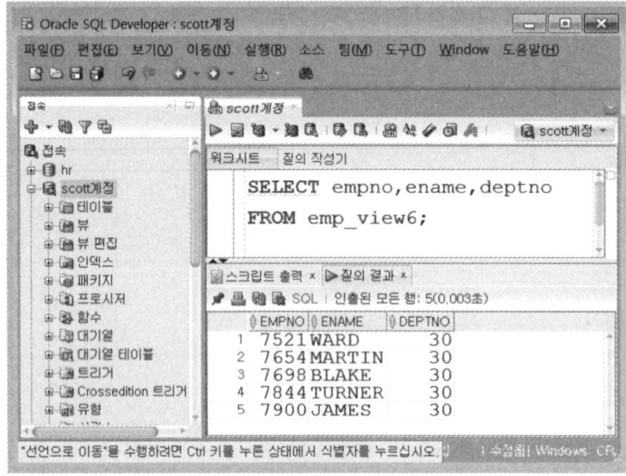

[그림 9.22] emp_view6 뷰(view) 데이터 조회

위와 같이 뷰에 대해서 기본적으로 WHERE 조건에 일치하는 데이터에만 DML 문이 수행되도록 제약하는 방법이 WITH CHECK OPTION이다.

이번에는 WITH CHECK OPTION 제약조건을 사용하여 emp_view6을 수정해보자.

```
CREATE OR REPLACE VIEW emp_view6
AS
SELECT empno, ename, sal, deptno
FROM emp
WHERE deptno = 30
WITH CHECK OPTION;
```

emp_view6 뷰를 수정하기 위해서 OR REPLACE를 사용하고 부서번호가 30인 사원만 DML 문이 적용되도록 WITH CHECK OPTION을 지정한다.

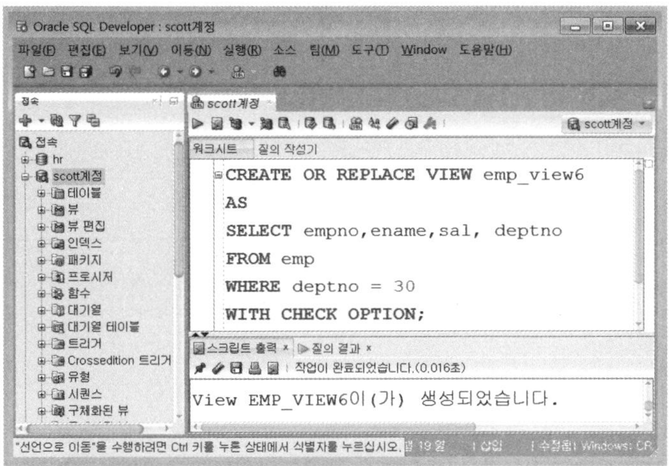

[그림 9.23] WITH CHECK OPTION을 이용한 뷰(view) 생성

이번에는 emp_view6 뷰에 대해서 사원번호가 7521인 사원의 부서번호를 40으로 변경해보자.

```
UPDATE emp_view6
SET deptno = 40
WHERE empno = 7521;
```

WITH CHECK OPTION 제약조건이 없던 경우에는 에러 없이 변경되었던 문장이 다음과 같이 에러가 발생한다. 뷰 생성시 WHERE 절에 부서번호가 30인 조건으로 제약조건을 설정했기 때문에 부서번호가 30이 아닌 변경사항에 대해서는 에러가 발생하는 것을 확인할 수 있다.

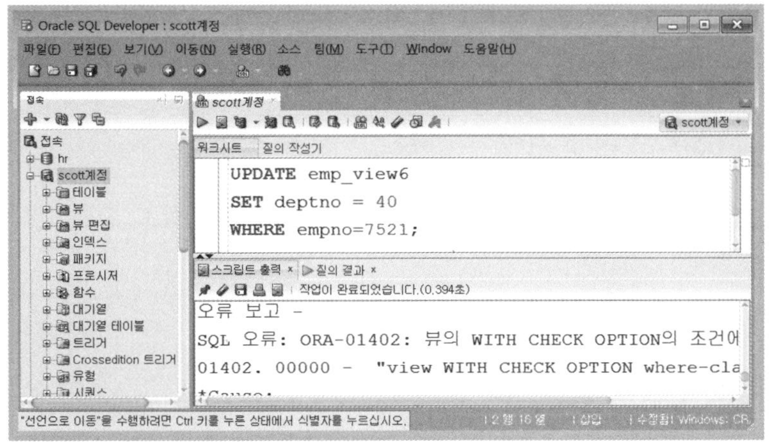

[그림 9.24] WITH CHECK OPTION 옵션의 데이터 수정 불가

1.4 WITH READ ONLY 제약 조건

WITH READ ONLY 제약조건은 뷰를 통한 DML 작업은 불가능하도록 설정하는 방법이다. 앞서 생성했던 뷰를 WITH READ ONLY 제약조건을 사용하여 emp_view6를 수정해보자.

```
CREATE OR REPLACE VIEW emp_view6
AS
SELECT empno, ename, sal, deptno
FROM emp
WITH READ ONLY;
```

WHERE 절 없이 WITH READ ONLY 제약조건을 설정한다.

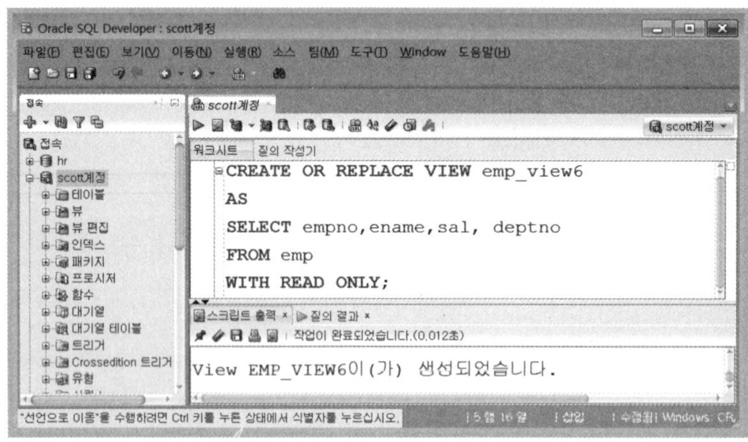

[그림 9.25] WITH READ ONLY 이용한 뷰(view) 생성

WITH READ ONLY 제약조건으로 지정했기 때문에 뷰를 통해서는 어떠한 기본 테이블 변경도 불가능하다. 따라서 다음과 같이 뷰를 수정하려고 하면 에러가 발생한다.

```
UPDATE emp_view6
SET dname = '개발'
WHERE deptno = 30;
```

실행 결과를 살펴보면 '읽기 전용 뷰에서는 DML 작업을 수행할 수 없습니다.'는 에러 메시지가 출력되는 것을 확인할 수 있다.

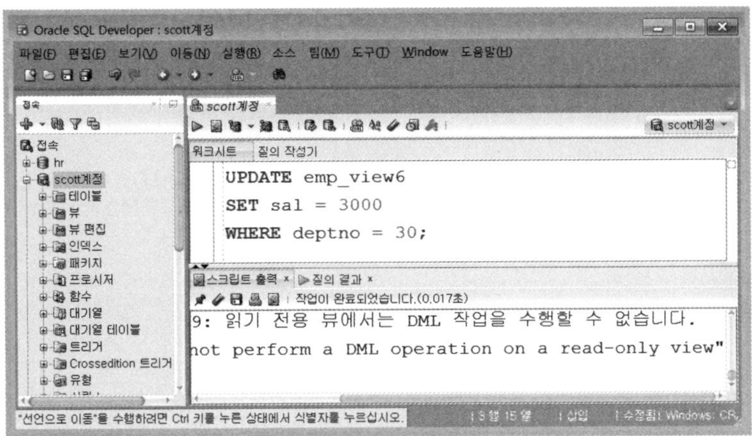

[그림 9.26] WITH READ ONLY 옵션의 데이터 수정 불가

뷰의 WITH READ ONLY 제약조건을 제거하려면 WITH READ ONLY 제약조건을 사용하지 않는 새로운 뷰를 생성하여 REPLACE 해야 한다.

1.5 뷰 삭제

생성된 뷰를 삭제하기 위해서는 다음과 같이 DROP 명령문을 사용한다.

문법 DROP VIEW 뷰이름;

뷰의 삭제는 뷰에 대한 기본 테이블에는 어떠한 영향도 미치지 않는다. 따라서 기본 테이블의 데이터 손실 없이 뷰가 삭제된다. 뷰가 삭제된다는 것은 결국 USER_VIEWS 데이터 사전에 저장된 text 칼럼의 서브 쿼리가 삭제되는 것이기 때문이다.

앞에서 실습했던 뷰를 삭제하도록 하자.

```
DROP VIEW emp_view6;
```

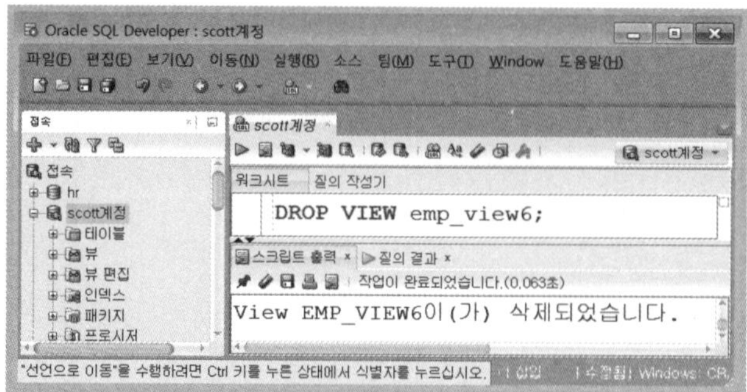

[그림 9.27] 뷰(view) 삭제

뷰는 삭제되었으나 기본 테이블인 emp 테이블의 데이터에는 영향이 없다.

[그림 9.28] 뷰(view) 삭제에 따른 base 테이블 확인

2. 시퀀스(sequence)

시퀀스 객체는 호출될 때마다 자동으로 유일한 숫자를 생성하는 오라클 객체로서 테이블의 특정 칼럼의 값을 넘버링(numbering)하기 위해서 사용된다. 대표적으로 게시판의 글번호가 순차적으로 넘버링된 값이 필요한 경우이다. 만약 시퀀스를 사용하지 않는다면 명시적으로 가장 큰 글번호 값보다 1씩 더 크게 설정하기 위해서 가장 큰 글번호값을 얻는 추가 작업이 필요하다. 하지만 시퀀스를 사용하면 사용자의 추가 작업이 필요 없이 자동으로 넘버링된 값을 사용할 수 있다.

시퀀스를 생성하기 위한 기본적인 문법은 다음과 같으며 다양한 옵션을 설정할 수 있다. 지정하는 옵션의 순서는 무관하다.

문법

```
CREATE SEQUENCE 시퀀스명
 [START WITH n]
 [INCREMENT BY n]
 [MAXVALUE n | NOMAXVALUE]
 [MINVALUE n | NOMINVALUE]
 [CYCLE | NOCYCLE]
 [CACHE n | NOCACHE]
```

● START WITH n

시퀀스 번호의 시작값을 지정할 때 사용된다. 만일 10부터 시작되는 시퀀스를 생성하려면 START WITH 10으로 지정하면 되고, 생략하면 1부터 시작한다.

● INCREMENT BY n

연속적인 시퀀스 번호의 증가치를 지정할 때 사용된다. 만일 2씩 증가하는 시퀀스를 생성하려면 INCREMENT BY 2라고 지정하면 된다. 음수값 설정도 가능하고, 이 옵션을 생략하면 1씩 증가한다.

● MAXVALUE n

시퀀스가 가질 수 있는 최대값을 지정한다.

● MINVALUE n

시퀀스가 가질 수 있는 최소값을 지정한다. CYCLE 옵션을 사용하는 경우에는 새로 시작하는 값의 역할을 한다.

● CYCLE 옵션

지정된 시퀀스 값이 MAXVALUE까지 증가가 완료되면 START WITH 값부터 다시 시작하는 것이 아니라, MINVALUE 값부터 다시 시작한다. NOCYCLE은 MAXVALUE까지 증가되면 에러가 발생한다.

● CACHE 옵션

성능 향상을 위해서 메모리 영역에 시퀀스 값을 미리 만들어 필요할 때 바로 제공하는 방법이다. 이 옵션을 생략하면 기본적으로 시퀀스 값 20개를 미리 메모리에 생성해서 관리한다. NOCACHE는 필요할 때마다 매번 시퀀스 값을 계산해서 사용한다. 성능 측면에서는 CACHE 옵션을 사용하는 것이 좋으나, 데이터베이스를 종료하고 다시 사용할 경우에는 이전에 생성했던 시퀀스 값을 사용하지 못하게 되어 중간에 넘버링이 비는 경우가 발생할 수 있다.

다음은 부서번호를 자동으로 부여해주는 시퀀스 객체를 생성하는 SQL 문이다.

```
CREATE SEQUENCE dept_deptno_seq
  START WITH 10
  INCREMENT BY 10
  MAXVALUE 100
  MINVALUE 5
  CYCLE
  NOCACHE;
```

시작 시퀀스 값은 10부터 시작하고 증가치를 10씩 증가하도록 지정되어 두 번째 시퀀스 값은 20이 된다. 최대값은 100이며 CYCLE 옵션을 지정했기 때문에 MAXVALUE 값까지 도달하면 MINVALUE 값부터 다시 시퀀스 값이 시작한다. NOCACHE로 지정되어 메모리의 캐시값 없이 바로바로 시퀀스 값을 생성하여 반환한다.

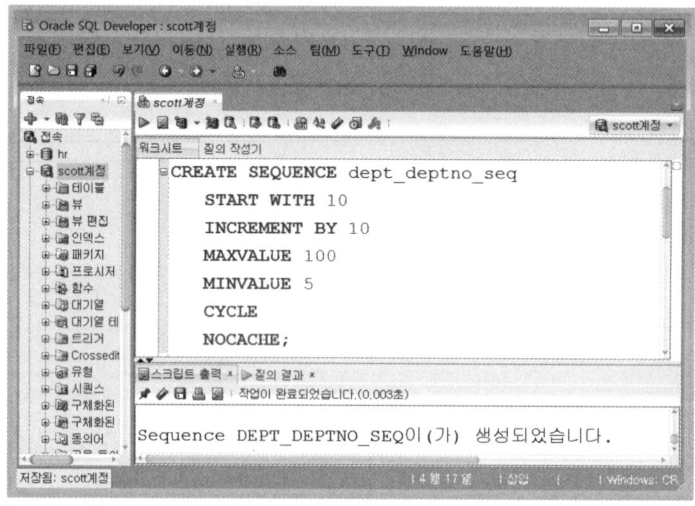

[그림 9.29] 시퀀스 생성

2.1 NEXTVAL과 CURRVAL

시퀀스 객체를 생성했다고 자동으로 시퀀스 값이 생성되는 것이 아니다. 시퀀스 값을 얻기 위해서는 반드시 시퀀스 객체를 호출해야 하는데, '시퀀스명.NEXTVAL' 형식을 사용하면 지정된 시퀀스에서 순차적인 시퀀스 값을 얻어오게 된다. NEXTVAL 값을 호출할 때마다 시퀀스를 생성할 때 지정했던 옵션들에 의해서 다음 시퀀스 값이 결정되어 반환된다. 생성된 현재 시퀀스 값을 조회하기 위해서는 '시퀀스명.CURRVAL' 형식을 사용하면 된다. 주의할 점은 반드시 NEXTVAL을 먼저 호출하고 나중에 CURRVAL을 호출해야 한다.

시퀀스 값을 확인하기 위한 가장 간단한 방법은 다음과 같이 dual 테이블을 사용하는 것이다.

```
SELECT dept_deptno_seq.NEXTVAL, dept_deptno_seq.CURRVAL
FROM dual;
```

가장 처음 NEXTVAL를 호출했기 때문에 10이 반환되고, CURRVAL은 현재 시퀀스의 값 10이 반환되어 출력된다.

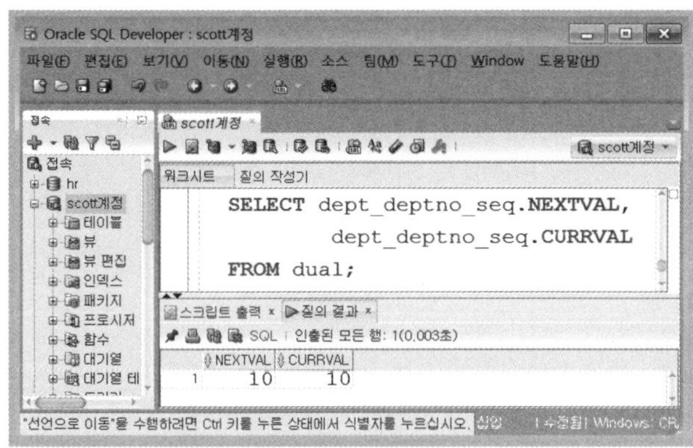

[그림 9.30] 증가를 위한 NEXTVAL과 CURRVAL 사용

NEXTVAL을 호출할 때마다 시퀀스 값이 계속 증가되며 증가치를 10으로 지정했으므로 시퀀스 호출이 실행될 때마다 시퀀스 값은 10씩 증가한다. MAXVALUE인 100까지 시퀀스의 값이 도달하면 CYCLE 옵션을 설정했기 때문에 MINVALUE인 5부터 다시 시퀀스 값이 시작된다.

다음은 시퀀스 값이 100인 상태에서 NEXTVAL을 호출하여 MAXVALUE 값을 초과했기 때문에 MINVALUE 값인 5부터 다시 시퀀스 값이 설정된 화면이다.

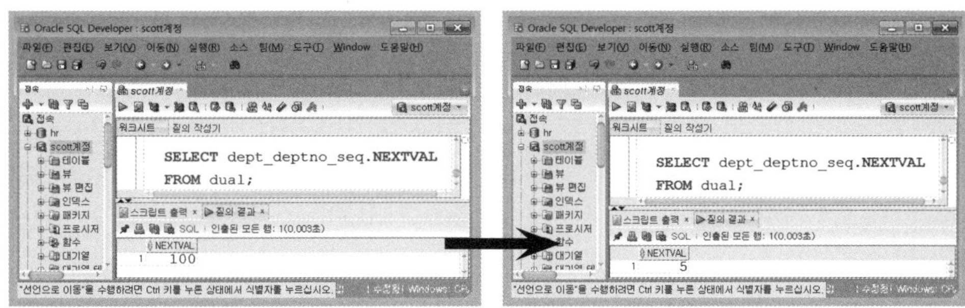

[그림 9.31] 시퀀스의 CYCLE 옵션 사용

이후부터는 5부터 시작되어 NEXTVAL을 호출할 때마다 10씩 증가되어 15, 25와 같은 순서로 시퀀스 값이 반환된다.

다음 문장은 INCREMENT BY 값에 음수값을 지정하여 시퀀스 값이 감소하는 방법으로 시퀀스 값을 사용하는 예제이다.

```
CREATE SEQUENCE dept_deptno_seq2
  START WITH 100
  INCREMENT BY -10
  MAXVALUE 150
  MINVALUE 10
  CYCLE
  NOCACHE;
```

시작 시퀀스 값은 100부터 시작하고, 감소치는 10씩 감소되어 다음 번 시퀀스 값을 반환한다. 최소값은 10이며 CYCLE로 지정했기 때문에 최소값까지 도달하면 MAXVALUE 값부터 다시 시퀀스 값이 시작한다. NOCACHE로 지정되어 메모리의 캐시값 관리없이 바로바로 시퀀스 값을 생성하여 반환한다.

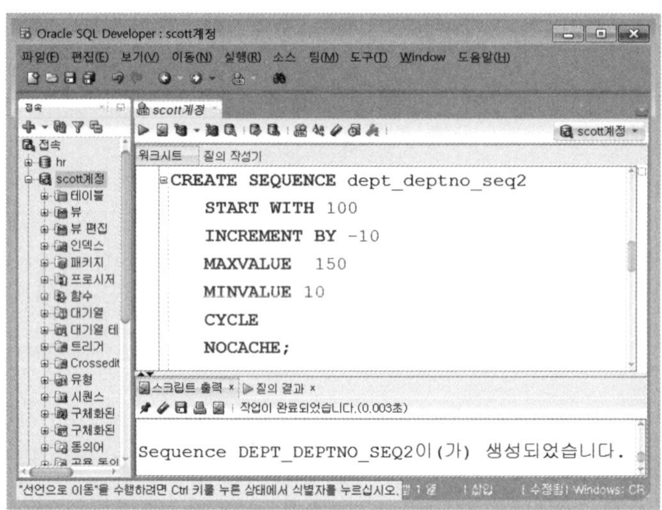

[그림 9.32] 음수값 이용한 시퀀스 생성

생성된 시퀀스 값을 확인하기 위하여 다음 SQL 문을 실행한다.

```
SELECT dept_deptno_seq2.NEXTVAL, dept_deptno_seq2.CURRVAL
FROM dual;
```

가장 처음 NEXTVAL을 호출했기 때문에 100이 반환되고 CURRVAL은 현재 시퀀스 값 100이 반환되어 출력된다.

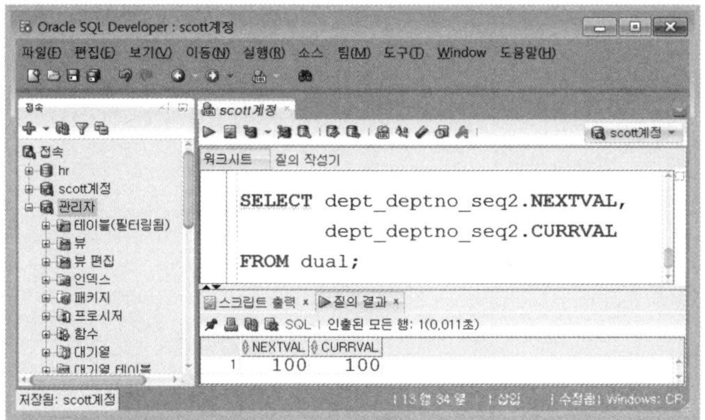

[그림 9.33] 감소하는 NEXTVAL과 CURRVAL 사용

다음은 시퀀스 값이 10인 상태에서 NEXTVAL을 호출하여 MINVALUE 값 이하가 되기 때문에 MAXVALUE 값인 150부터 다시 시퀀스 값이 설정된 화면이다.

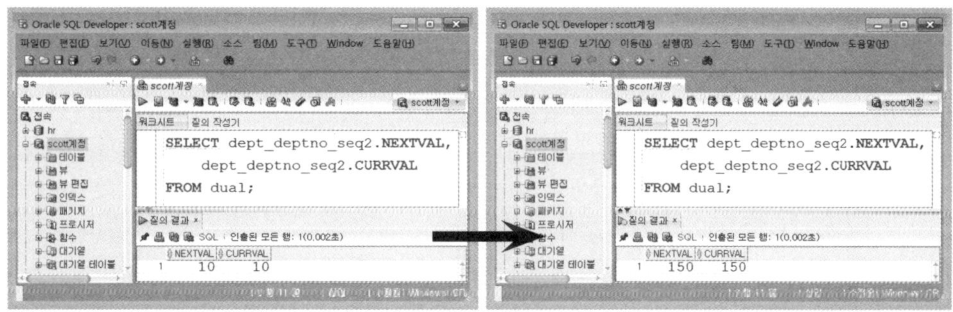

[그림 9.34] 시퀀스의 CYCLE 옵션

이후부터는 150부터 시작되어 NEXTVAL을 호출할 때마다 10씩 감소되어 140, 130과 같은 순서로 시퀀스 값이 반환된다.

2.2 USER_SEQUENCES 데이터 사전

테이블(table)에 대한 정보를 저장하는 데이터 사전은 USER_TABLES이고 뷰(view)에 대한 정보를 저장하는 데이터 사전은 USER_VIEWS이다. 시퀀스(sequence)에 대한 데이터 사전은 USER_SEQUENCES이고 다음과 같은 칼럼으로 구성되어 있다.

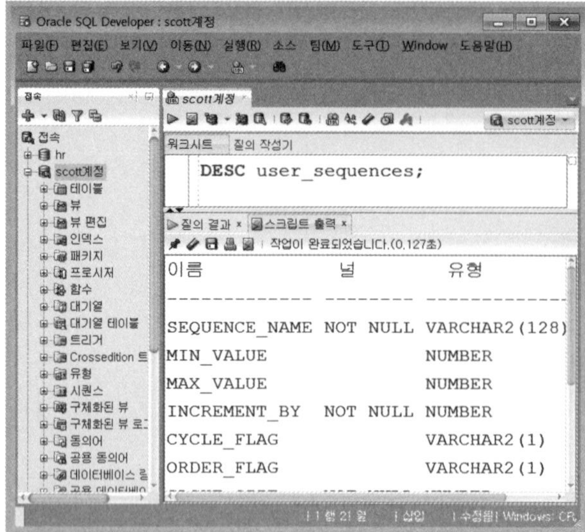

[그림 9.35] USER_SEQUENCES 데이터 사전

SEQUENCE_NAME은 시퀀스 객체의 이름을 저장하고, MIN_VALUE는 최소값, MAX_VALUE는 최대값, INCREMENT_BY는 증가치에 대한 정보를 가지고 있으며, CYCLE_FLAG는 CYCLE 옵션 사용여부에 대한 정보를 Y/N 값 형태로 관리한다. LAST_NUMBER는 다음 NEXTVAL를 요청할 때 반환될 값이 저장되고, CACHE_SIZE는 성능 향상을 위한 캐시값이 저장되며 기본값은 20이다.

다음은 dept_deptno_seq2 시퀀스에 대한 데이터 사전의 정보이다.

```
SELECT *
FROM user_sequences
WHERE sequence_name = 'DEPT_DEPTNO_SEQ2';
```

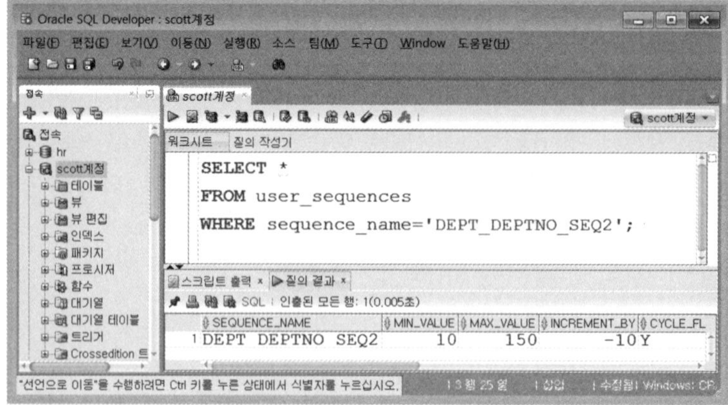

[그림 9.36] DEPT_DEPTNO_SEQ2 시퀀스 데이터 사전 조회

2.3 시퀀스 수정

시퀀스 수정은 ALTER SEQUENCE 문을 사용하여 증가치, 최대값, 최소값, CYCLE 여부, 캐시값을 변경할 수 있다. 시퀀스가 변경되면 다음 시퀀스 값부터 변경사항이 적용되고 START WITH 옵션은 변경이 불가능하기 때문에 START WITH 옵션 값에 대한 변경이 필요하면 시퀀스를 삭제하고 다시 생성해야 한다.

문법

```
ALTER SEQUENCE 시퀀스명
 [INCREMENT BY n]
 [MAXVALUE n | NOMAXVALUE]
 [MINVALUE n | NOMINVALUE]
 [CYCLE | NOCYCLE]
 [CACHE n | NOCACHE]
```

시퀀스 수정을 실습해 보기 위해서 지정된 옵션 없이 dept_deptno_seq3 시퀀스를 생성하자.

```
CREATE SEQUENCE dept_deptno_seq3;
```

명시적으로 옵션값을 지정하지 않으면 자동으로 기본값으로 설정되는데 설정된 기본값을 USER_SEQUENCES 데이터 사전을 이용하여 확인해보자.

```
SELECT increment_by, min_value,
       cache_size, cycle_flag, max_value
FROM user_sequences
WHERE sequence_name = 'DEPT_DEPTNO_SEQ3';
```

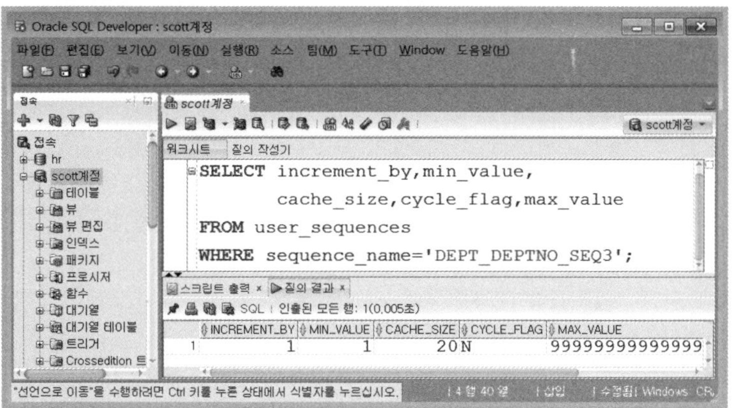

[그림 9.37] DEPT_DEPTNO_SEQ3 시퀀스 데이터 사전 조회

시퀀스 객체를 생성할 때 옵션을 지정하지 않으면 초기값은 1로 시작되고, 증가값은 1, 최대값은 1027로 설정된다. CYCLE 여부는 N으로 설정되고 성능 향상을 위한 캐시값은 기본값으로 20으로 설정된 것을 확인할 수 있다.

다음은 기본값으로 설정된 시퀀스를 증가값 10, CYCLE 여부는 Y로 수정하기 위해 ALTER SEQUENCE 문을 사용하는 SQL 문이다.

```
ALTER SEQUENCE dept_deptno_seq3
  INCREMENT BY 10
  CYCLE;
```

증가값을 수정하기 위해서 INCREMENT BY 옵션을 사용하고, CYCLE을 활성화하기 위해서 CYCLE 옵션을 지정한다.

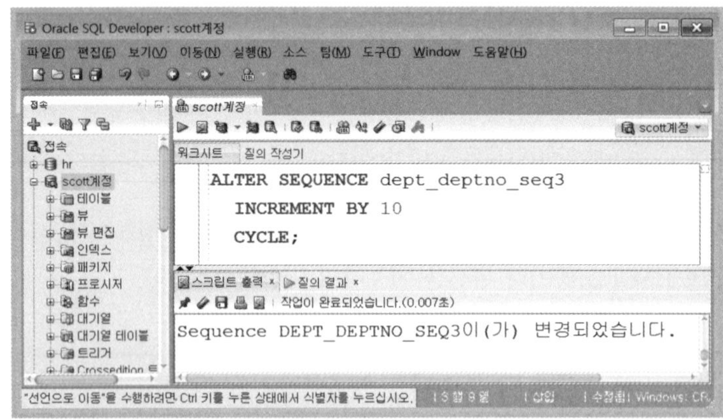

[그림 9.38] DEPT_DEPTNO_SEQ2 시퀀스 수정

수정된 사항을 확인하기 위해서 USER_SEQUENCES 데이터 사전을 다시 조회한다.

```
SELECT increment_by, cache_size, cycle_flag
FROM user_sequences
WHERE sequence_name = 'DEPT_DEPTNO_SEQ3';
```

INCREMENT_BY 칼럼값이 10으로 변경되고, CYCLE_FLAG 칼럼값도 Y로 수정된 것을 확인할 수 있다.

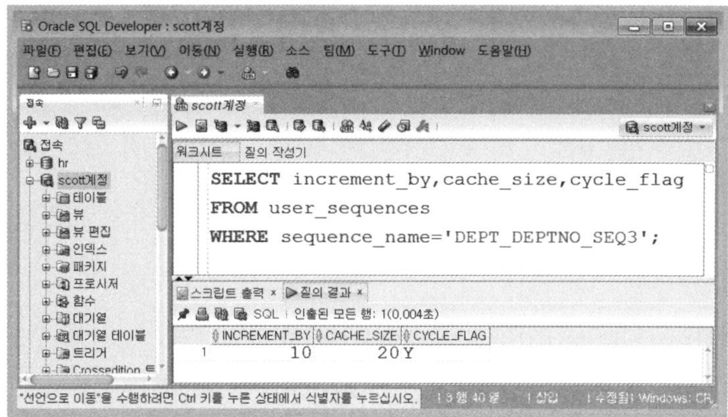

[그림 9.39] DEPT_DEPTNO_SEQ2 시퀀스 데이터 사전 조회

정보

START WITH 옵션은 변경 불가능

시퀀스의 옵션 중에서 START WITH 옵션은 변경이 불가능하기 때문에 dept_deptno_seq3 시퀀스의 START WITH 옵션을 변경하려면, 다음과 같이 에러가 발생하는 것을 확인할 수 있다.

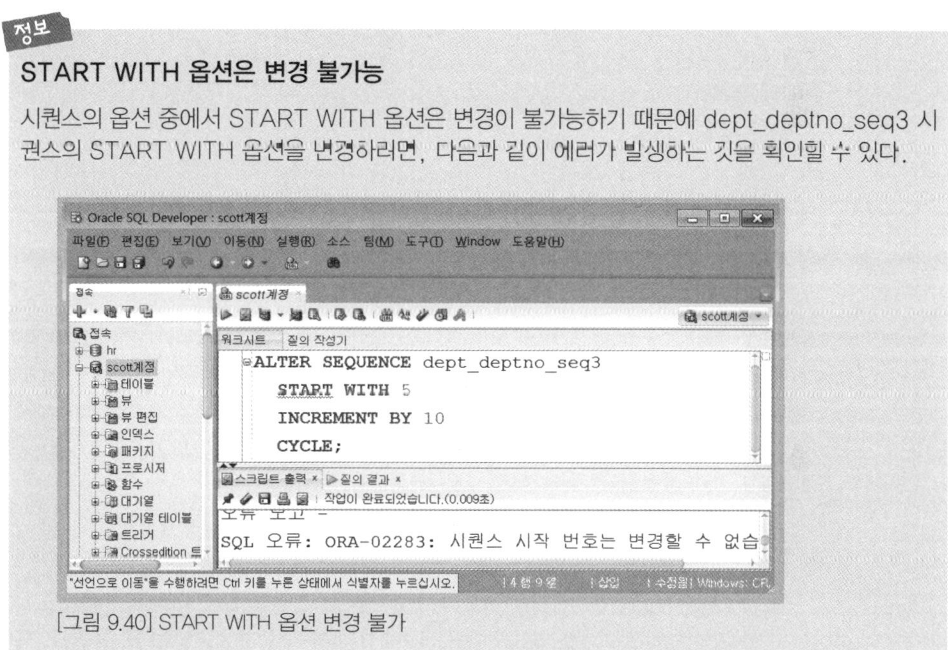

[그림 9.40] START WITH 옵션 변경 불가

2.4 테이블에 시퀀스 값 저장

시퀀스는 테이블의 특정 칼럼값을 넘버링(numbering)하기 위한 용도로 사용되기 때문에 시퀀스 값을 저장하려면 테이블에 데이터를 저장하는 INSERT 문과 같이 사용한다. 따라서 이번에는 새로 생성한 테이블에 시퀀스를 사용하여 넘버링된 숫자값을 저장하는 실습을 살펴보기로 한다.

먼저 다음과 같이 DEPT 테이블 구조와 동일한 dept06 테이블을 생성한다.

```
CREATE TABLE dept06
( deptno NUMBER(4) PRIMARY KEY,
  dname  VARCHAR2(15),
  loc    VARCHAR2(15)
);
```

부서번호를 저장하는 deptno 칼럼은 기본키로 설정되었기 때문에 중복된 값을 가질 수 없다. 따라서 유일한 값을 가질 수 있도록 시퀀스 객체를 사용하여 부서번호를 생성하기로 한다. 먼저 부서번호를 자동으로 생성하는 dept_deptno_seq5 시퀀스 객체를 생성한다.

```
CREATE SEQUENCE dept_deptno_seq4
  START WITH 10
  INCREMENT BY 10
  NOCYCLE;
```

부서 테이블에 새로운 행을 추가할 때마다 시퀀스 객체에 의해 자동 발생되는 일련번호를 부서번호로 저장하는 INSERT 문을 작성한다.

```
INSERT INTO dept06 (deptno, dname, loc)
       VALUES (dept_deptno_seq4.NEXTVAL, '개발', '서울');
INSERT INTO dept06 (deptno, dname, loc)
       VALUES (dept_deptno_seq4.NEXTVAL, '인사', '경기');
INSERT INTO dept06 (deptno, dname, loc)
       VALUES (dept_deptno_seq4.NEXTVAL, '관리', '부산');
COMMIT;
```

deptno 칼럼값으로 시퀀스명.NEXTVAL을 지정하여 자동으로 생성된 시퀀스 값이 저장된다.

추가된 행을 살펴보면 시퀀스 객체가 발생시킨 일련번호가 부서번호에 저장된 것을 확인할 수 있다. 시퀀스 초기값을 10으로 지정하고, 증가값도 10으로 설정했기 때문에 부서번호가 10, 20, 30으로 저장된다.

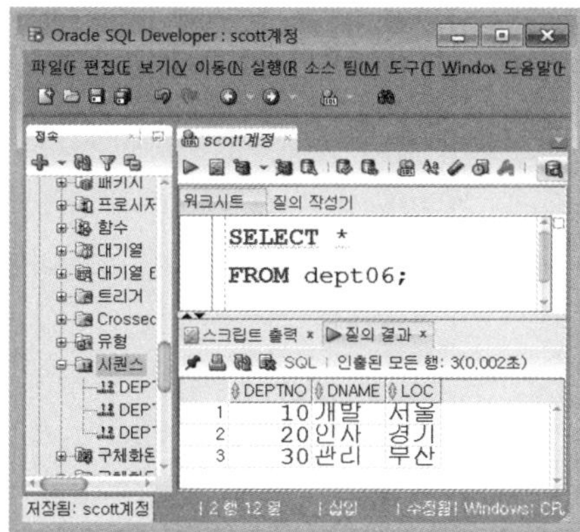

[그림 9.41] dept06 테이블 조회

2.5 시퀀스 삭제

시퀀스 객체를 삭제하기 위해서는 DROP SEQUENCE 문을 사용한다.

문법
```
DROP SEQUENCE 시퀀스명;
```

앞서 생성된 dept_deptno_seq4 시퀀스를 제거한다.

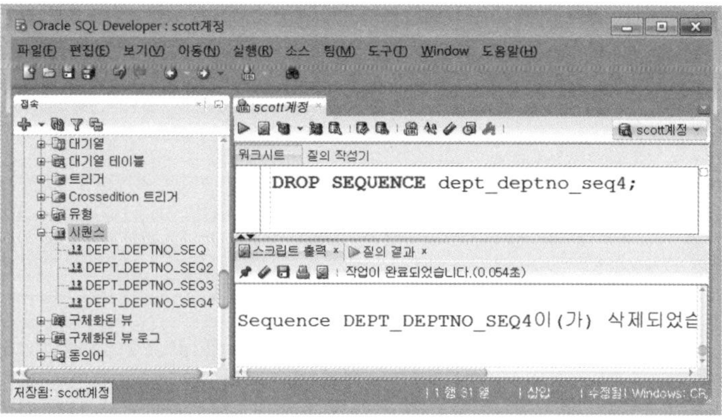

[그림 9.42] 시퀀스 삭제

3. 동의어(synonym)

동의어는 데이터베이스 객체에 대한 별칭으로서 객체에 대한 접근방법을 단순화할 수 있다. 일반적으로 다른 사용자의 객체에 접근하기 위해서는 '스키마.객체' 형식으로 반드시 스키마를 지정하여 객체의 소유자가 누구인지를 알려야 한다. 이때 스키마를 지정하지 않으면 자신의 스키마 내에서 객체를 찾게 되어 에러 메시지가 출력될 수 있다.

'스키마.객체' 형식을 사용할 때 객체의 이름이 길거나 스키마를 직접 명시하게 되어 보안에 문제가 될 수 있는데, 이때 동의어(synonym)를 사용하면 객체에 대한 접근을 단순화할 수 있고 보안 문제도 해결할 수 있다.

기본적인 동의어(synonym) 객체 생성을 위한 명령문의 형식은 다음과 같다.

```
CREATE [PUBLIC] SYNONYM 동의어
FOR 스키마.객체;
```

동의어는 '스키마.객체'에 대한 별칭이다. 스키마는 객체를 소유한 사용자명이고 객체는 동의어를 만들려는 데이터베이스 객체의 이름이다. 동의어는 private 용과 public 용으로 구분되는데, public은 모든 사용자가 사용할 수 있고 private는 동의어를 만든 사용자만 사용할 수 있다.

public 용의 대표적인 동의어가 DUAL로서 SYS 계정이 소유하는 테이블이다. 다른 사용자가 DUAL 테이블을 사용하려면 'SYS.DUAL'로 표현해야 되지만 public으로 되어 있기 때문에 스키마 SYS 없이 DUAL로만 사용이 가능하다. public 동의어는 DAB 권한을 가진 관리자만 생성하고 삭제할 수 있기 때문에 교재에서는 private 동의어를 사용하는 방법만을 살펴보기로 한다.

데이터베이스의 객체에 대한 소유권은 해당 객체를 생성한 사용자가 가지고 있게 되며 다른 사용자가 소유한 객체를 접근하기 위해서는 반드시 접근 권한이 필요하다.

먼저 SCOTT 계정에서 동의어(synonym)를 사용해서 HR 계정의 employees 테이블을 접근하는 방법을 살펴보자. SCOTT 계정에는 HR 계정의 객체를 접근하는 권한이 없기 때문에 HR 계정에서 SCOTT에게 employess 테이블을 접근할 수 있는 권한을 할당한 뒤에 SCOTT 계정에서 HR.EMPLOYEES 형식으로 접근해야 하는 것을 emp_synonym 이름의 동의어를 생성하여 접근하기로 한다.

먼저 HR 계정으로 접속하여 SCOTT 계정에게 employees 테이블을 접근할 수 있는 객체 권한을 다음과 같이 부여한다.

```
-- HR계정
GRANT select
ON EMPLOYEES
TO scott;
```

GRANT 절에는 할당할 객체 권한을 지정하고, ON 절에는 테이블명을 지정하며, 마지막으로 TO 절에는 권한을 부여 받을 사용자명을 지정한다.

위의 권한 할당 명령의 실행으로 SCOTT 계정은 HR 계정의 employess 테이블을 다음과 같이 스키마를 사용하여 접근할 수 있다.

```
-- SCOTT 계정
SELECT *
FROM hr.employees;
```

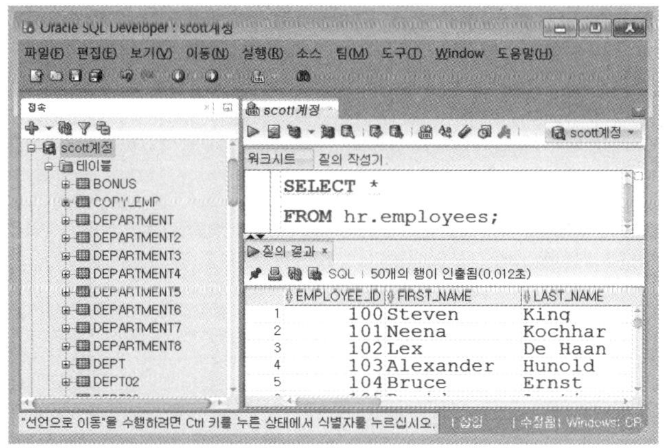

[그림 9.43] hr 스키마를 이용한 employees 테이블 접근

만약 HR 스키마를 지정하지 않으면 employees 테이블을 SCOTT 계정에서 찾기 때문에 다음과 같이 에러가 발생한다.

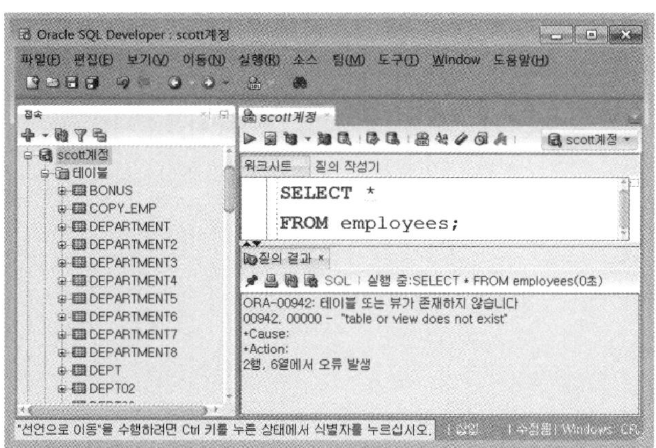

[그림 9.44] 스키마 사용하지 않는 경우 에러

마지막으로 HR 스키마를 지정하지 않고 employees 테이블에 접근하기 위해서 SCOTT 계정에서 emp_synonym 이름으로 동의어(synonym)를 생성한다. 주의할 점은 SCOTT 계정에는 동의어를 생성할 수 있는 권한이 없기 때문에 관리자인 SYS 계정으로 SCOTT 계정에 CREATE SYNONYM 권한을 먼저 할당해야 한다.

```
-- SYS 계정
GRANT create synonym
TO scott;
```

```
-- SCOTT 계정
CREATE SYNONYM emp_synonym
FOR hr.employees;
```

SCOTT 계정에서 생성한 emp_synonym 동의어를 사용하여 다음과 같이 HR 계정의 employees 테이블을 접근할 수 있다.

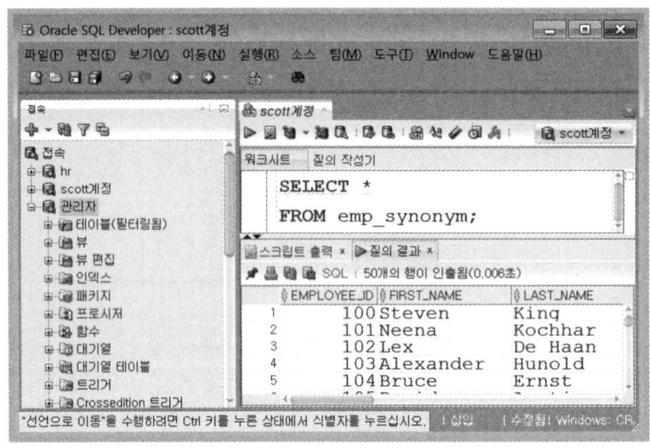

[그림 9.45] 동의어를 이용한 테이블 접근

실행 결과를 살펴보면 HR 스키마와 employees 테이블명을 직접적으로 명시하지 않기 때문에 보안 강화에 도움이 되며, 좀 더 단순하게 다른 사용자의 객체에 접근이 가능한 것을 확인할 수 있다.

생성된 동의어를 삭제하는 방법은 DROP SYNONYM 문을 사용한다.

문법

```
DROP SEQUENCE 시퀀스명;
```

앞서 생성한 emp_synonym 동의어를 제거한다.

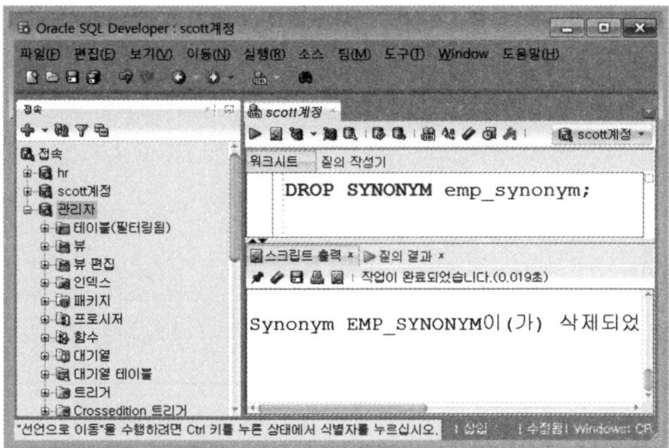
Oracle SQL Developer : scott계정
파일(F) 편집(E) 보기(V) 이동(N) 실행(R) 소스 팀(M) 도구(T) Window 도움말(H)
접속
hr
scott계정
관리자
테이블(필터링됨)
뷰
뷰 편집
인덱스
패키지
프로시저
함수
대기열
대기열 테이블
트리거
Crossedition 트리거
scott계정
워크시트
질의 작성기
DROP SYNONYM emp_synonym;
스크립트 출력
질의 결과
작업이 완료되었습니다.(0.019초)
Synonym EMP_SYNONYM이(가) 삭제되었
"선언으로 이동"을 수행하려면 Ctrl 키를 누른 상태에서 식별자를 누르십시오.
[그림 9.46] 동의어 삭제

10장

인덱스

[학습목표]

- 인덱스 객체에 관하여 학습한다.
- B 트리 인덱스에 관하여 학습한다.
- 인덱스 적용 시점에 관하여 살펴본다.

1. 인덱스

인덱스는 데이터베이스 성능과 관련해서 매우 중요한 역할을 담당하는 오라클 객체이다. 인덱스를 이해하기 위해서는 먼저 테이블에 저장된 데이터가 어떤 방법을 사용하여 검색되는지를 이해해야 된다.

다음은 사용자가 SELECT 문을 사용하여 특정 데이터를 요청했을 때의 기본적인 동작 방식을 최대한 간단하게 그림으로 나타낸 것이다.

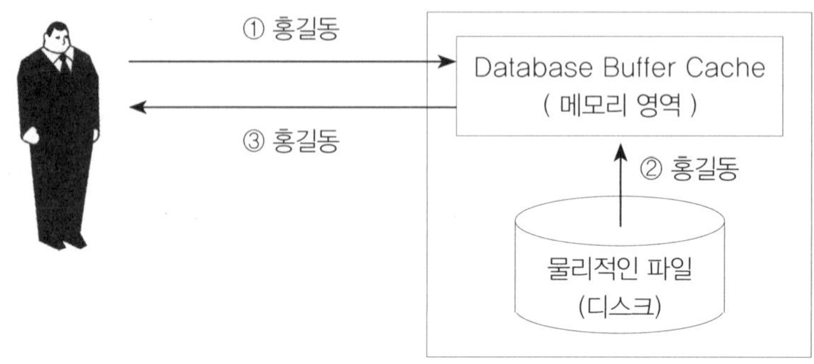

[그림 10.1] 데이터 조회의 기본 동작

먼저 사용자가 '홍길동'을 검색하기 위해서 SELECT 문을 요청하면, 오라클은 SELECT 문을 실행해서 필요한 '홍길동' 데이터를 Database Buffer Cache라는 메모리 영역에서 검색하게 된다. Database Buffer Cache에는 물리적인 디스크 파일에 저장된 실제 데이터를 임시적으로 메모리에 복사하여 저장할 때 사용되는네, 오라클 네이터베이스 서버를 처음 시작하면 Database Buffer Cache에는 어떠한 데이터도 저장되지 않는 비어 있는 상태(free buffer)로 시작된다. 이후 사용자의 요청에 의해서 필요한 데이터를 물리적인 파일에서 가져와서 임시적으로 저장하는 것이다.

만약 '홍길동' 데이터가 Database Buffer Cache에 저장되어 있으면 바로 찾아서 사용자에게 응답을 해주고, Database Buffer Cache에 저장되어 있지 않으면 물리적인 파일에서 찾아서 Database Buffer Cache에 먼저 복사한 뒤에 사용자에게 응답처리하게 된다. 물리적인 파일을 접근한다는 것은 파일 입출력(I/O)이 발생하는 것으로 데이터베이스의 수행 속도에 큰 영향을 미치게 된다.

Database Buffer Cache에서 원하는 데이터를 찾을 경우 매우 빠르게 결과를 조회할 수 있지만, 메모리의 용량에 제한이 있기 때문에 물리적인 파일 내의 모든 데이터를 Database Buffer Cache에 저장할 수는 없다. 따라서 많이 사용되는 데이터는 Database Buffer Cache에 저장해두고, 자주 사용되지 않은 데이터는 디스크 파일에 저장했다가 필요할 때 Database Buffer Cache에 복사해서 필요한 작업을 처리하게 된다.

문제는 Database Buffer Cache에 필요한 데이터가 없어서 디스크 파일에서 찾아야 하는 경우에 해당 데이터가 물리적 파일 내의 어떤 블록(block)에 저장되어 있는지를 모르기 때문에 모든 블록(block)을 살펴보아야 한다는 것이다. 이렇게 물리적 파일의 모든 블록(block)을 검색하는 것을 Table Full Scan이라고 부른다. 이 경우에는 데이터 검색에 매우 많은 시간이 걸리게 된다.

블록(block)

블록은 오라클 데이터베이스에서 데이터를 관리하는 매커니즘에서 가장 최소 단위의 논리적인 구조로서 입출력(I/O) 단위이다. 실제 데이터는 오라클의 블록 단위로 관리되며 기본 크기는 8KB이다.

다음은 오라클의 블록을 그림으로 간단하게 표현한 것이다.

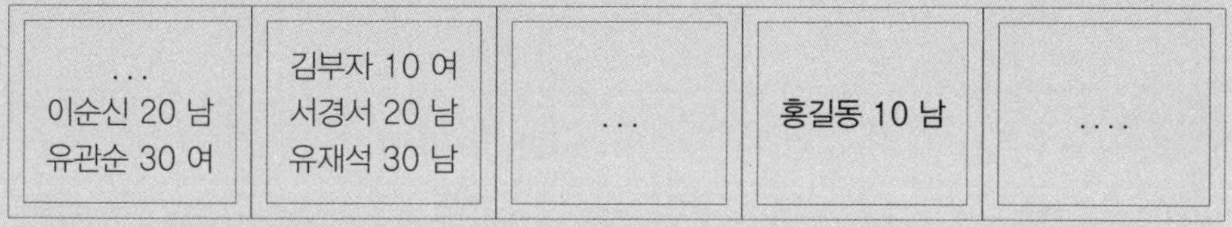

... 이순신 20 남 유관순 30 여	김부자 10 여 서경서 20 남 유재석 30 남	...	**홍길동 10 남**	....

[그림 10.2] 오라클의 블록 구조

각 블록의 크기는 8KB이고, 각각의 블록을 구별하기 위해 고유한 블록 아이디(block id)가 부여된다. 또한 하나의 블록 내에 저장된 행 데이터를 구분하기 위한 방법으로 고유한 행 번호(row id)도 부여된다.

[그림 10.2]에서 '홍길동' 데이터를 찾으려면 두 가지 방법을 사용할 수 있다. 첫 번째는 처음부터 끝까지 모든 블록을 검색하는 방법(Table Full Scan)이고, 두 번째는 가장 빨리 찾는 방법으로 '홍길동'이 저장된 블록의 아이디와 행 번호를 이용해서 직접 접근하는 방법(Index Scan)이다. 실제로 '홍길동' 데이터를 검색하기 위해서는 다음 4가지 정보가 반드시 필요하다.

- 파일 정보
- 테이블 정보
- 블록 정보
- 행 정보

파일 정보는 실제 데이터가 저장되어 있는 물리적인 파일 정보이다. 오라클은 실제 데이터를 확장자가 dbf인 파일에 저장하여 관리한다. 오라클을 설치한 후 다음 경로에서 dbf 파일들을 확인할 수 있다.

```
C:\app\사용자명\oradata\orcl
```

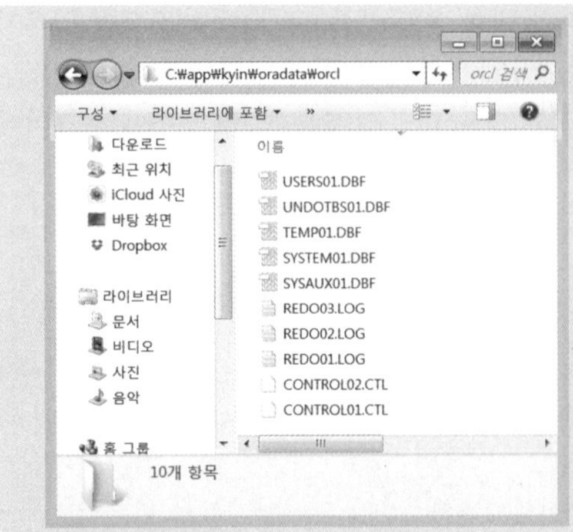

[그림 10.3] 데이터 파일(dbf) 저장 경로

위의 dbf 파일들에는 각각의 파일을 식별하기 위해 고유한 파일 아이디가 부여된다. 이 파일 안에 테이블들이 저장되어 있는데 SCOTT 계정에서 사용했던 emp와 dept 테이블도 모두 dbf 파일 안에 저장되어 있다. 따라서 데이터가 저장된 테이블에도 각각의 테이블을 식별하기 위한 고유한 객체(테이블) 아이디가 부여된다. 실제 데이터는 테이블 내의 블록에 최종적으로 저장되어 관리된다.

결국 필요한 '홍길동' 데이터를 찾기 위해서 가장 먼저 실제 데이터가 저장된 파일 정보가 필요하고, 찾은 파일 내에서 데이터가 저장된 테이블 객체의 정보가 필요하며, 찾은 테이블 내에서 어떤 블록에 데이터가 저장되어 있는지를 알기 위해서 블록 정보가 필요하다. 마지막으로 블록 내의 고유한 행 정보를 이용해서 '홍길동' 데이터의 행을 검색하게 되는 것이다.

이러한 4가지 정보를 가지고 있는 의사 칼럼이 ROWID가 되며 인덱스 객체가 ROWID 값을 관리하여 데이터를 빠르게 검색한다.

실 데이터가 저장된 주소 정보인 ROWID를 사용하면 Table Full Scan을 수행하지 않고 랜덤(random)하게 필요한 데이터를 블록에서 검색할 수 있다. ROWID 값을 저장하고 있는 오라클 객체가 인덱스(Index)가 되어 이렇게 ROWID 정보를 사용해서 필요한 데이터를 검색하는 방법을 Index Scan이라고 부른다.

실생활에서의 예를 들면, 도서관에 있는 책에서 특정 단어를 찾기 위해서 첫 페이지부터 한 장씩 확인하는 것이 Table Full Scan 방식이라고 하면, 책의 뒤에 있는 색인표(인덱스)를 이용하여 해당 단어를 찾아서 바로 페이지로 이동하는 방법이 Index Scan이라고 할 수 있다.

데이터의 종류에 따라서 다양한 인덱스를 생성해서 사용할 수 있다. 가장 일반적인 인덱스는 B 트리 인덱스로 트리 구조를 이용하여 인덱스를 관리한다. B 트리 인덱스는 빈번하게 트랜잭션(Transaction)이 발생되는 OLTP(OnLine Transaction Processing) 환경에 적합하다.
먼저 B 트리 인덱스의 동작 방식을 통해서 Index Scan 방식을 사용할 때 빠른 검색이 가능한 이유를 알아보기로 한다.

다음과 같이 employees 테이블에 데이터가 저장되어 있다고 가정하자. employee_id 칼럼은 기본키로 설정되어 있기 때문에 자동으로 인덱스 객체가 생성된다. 실제로 ROWID 값은 10Btye 크기의 18글자로 관리되지만 A, B 형태로 간략하게 표현하였으며 사원번호가 103인 'Hunold' 사원을 검색하는 것이 목표이다.

```
EMPLOYEE_ID LAST_NAME  ROWID
----------- ----------
        198 OConnell    A
        199 Grant       B
        200 Whalen      C
        201 Hartstein   D
        202 Fay         E
        203 Mavris      F
        204 Baer        G
        205 Higgins     H
        206 Gietz       I
        100 King        J
        101 Kochhar     K
        102 De Haan     L
        103 Hunold      M
        104 Ernst       N
        105 Austin      O
        106 Pataballa   P
        107 Lorentz     Q
        108 Greenberg   R
```

[그림 10.4] employees 테이블에 저장된 데이터

우선 B 트리 인덱스가 생성되기 전에 가장 먼저 실행되는 작업으로 다음 [그림 10.5]의 1)과 같이 테이블 정렬이 자동으로 처리된다. 정렬된 테이블의 데이터 중에서 중간값을 105라고 가정하면 이 값을 [그림 10.5]의 2)처럼 트리의 가장 위(Root 블록)에 저장하고 계속해서 중간값을 이용하여 Root 블록을 기준으로 양쪽 branch 블록들의 균형(Balance)을 맞추어서 트리가 완성이 된다.

[그림 10.5]의 2)와 같이 트리구조가 완성되면 Root 블록에 저장된 값 105를 기준으로 왼쪽은 105보다 작은 값들이 저장되고, 오른쪽은 105보다 큰 값들이 저장된다. branch 블록의 값이 102일 때도 같은 방법으로 왼쪽은 102보다 작은 값이 저장되고, 오른쪽은 102보다 큰 값들이 저장되는 구조이다. 가장 마지막 leaf 블록에 칼럼값과 ROWID 값이 저장된다.

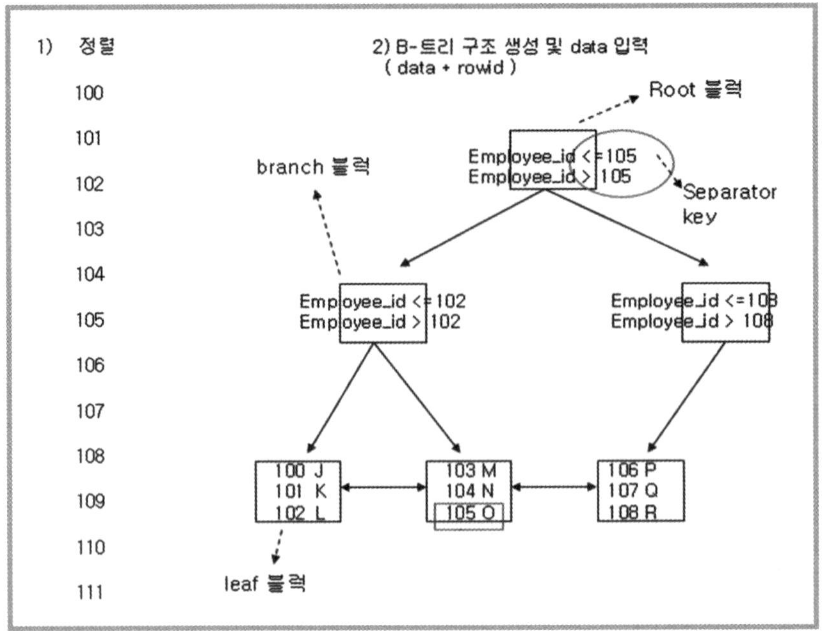

[그림 10.5] 기본키와 B-트리 구조

데이터 103을 조회할 때, 인덱스를 사용하지 않는 경우에는 테이블에 저장된 모든 데이터를 검색하는 Table Full Scan으로 처리된다. 하지만 인덱스를 사용하는 경우에는 Root 블록값인 105보다 작은 왼쪽 블록들만 검색하면 되기 때문에 최악의 경우라도 Table Full Scan보다 50%는 더 빠르게 검색할 수 있다. 결국 데이터 103을 찾기 위해서 인덱스는 적은 비교횟수를 사용하여 검색되고, 마지막 leaf 블록에서 데이터 103의 ROWID인 M을 찾고, M과 일치하는 테이블의 행인 'Hunold'를 조회하게 된다.

2. 인덱스 관리

2.1 인덱스 생성

인덱스의 목적은 책의 색인표와 동일한 역할인 빠른 데이터 검색이다. 인덱스는 명시적으로 생성하지 않아도 자동으로 생성이 되는데, 기본키(Primary Key)나 UNIQUE 키와 같은 제약조건을 지정하면 인덱스가 생성되는 경우이다. 기본키나 UNIQUE 제약조건은 데이터 무결성을 확인하기 위해서 수시로 데이터 검색해야 하기 때문에 빠른 검색이 요구된다.

물론 사용자의 필요에 의해서 인덱스를 생성할 수도 있다. 만약 사원정보를 검색할 때 사원번호가 아닌 사원이름을 자주 사용한다면, 사원이름의 검색 속도를 향상시키기 위하여 명시적으로 인덱스를 생성해야 하는 것이다.

인덱스를 생성하는 기본적인 문법은 다음과 같다.

문법
```
CREATE [UNIQUE] INDEX 인덱스명
ON 테이블 (칼럼[, 칼럼, ...]);
```

CREATE UNIQUE INDEX 문으로 생성한 인덱스를 UNIQUE 인덱스라고 하고, 이는 인덱스 내의 Key 칼럼값에 중복되는 데이터가 없는 인덱스를 의미한다. 성능이 가장 좋은 인덱스이지만 중복값이 저장될 가능성 있는 칼럼에는 절대로 사용하면 안 된다. 따라서 기본키나 UNIQUE 제약조건에 의해서 자동으로 생성되는 인덱스가 UNIQUE 인덱스이다. CREATE INDEX 문으로 생성한 인덱스를 Non UNIQUE 인덱스라고 하며 중복값이 저장될 가능성이 있는 칼럼에서 일반적으로 생성하는 인덱스이다.

다음은 emp 테이블의 사원들 중에서 이름이 'SMITH'인 사원을 검색하는 SQL 문으로서 인덱스 없이 Table Full Scan하는 상황을 설명하기 위한 실습 예제이다.

```
SELECT *
FROM emp
WHERE ename = 'SMITH';
```

SQLDeveloper에서 위의 SQL 문을 실행하고, F10 키를 누르면 오라클이 SQL 문을 실행하기 위한 실행계획(Execution Plan) 정보가 출력된다.

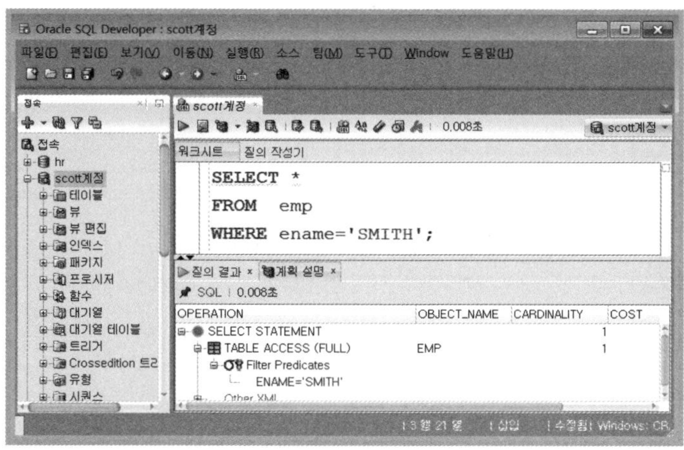

[그림 10.6] 실행계획(계획 설명) 조회 : Table Full Scan

실행계획을 살펴보면 OPERATION 란에 'TABLE ACCESS(FULL)' 값이 출력되어 있다. 이는 'SMITH' 값을 검색하기 위해서 emp 테이블의 모든 데이터를 검색하는 Table Full Scan 방식으로 값을 조회한 것임을 의미한다. 결국 Table Full Scan 방식을 사용하면 데이터의 양에 비례해서 검색 속도는 저하될 것이다.

이번에는 사원이름에 인덱스를 생성하여 검색 속도를 향상시켜 보자.

```
CREATE INDEX emp_ename_idx
ON emp(ename);
```

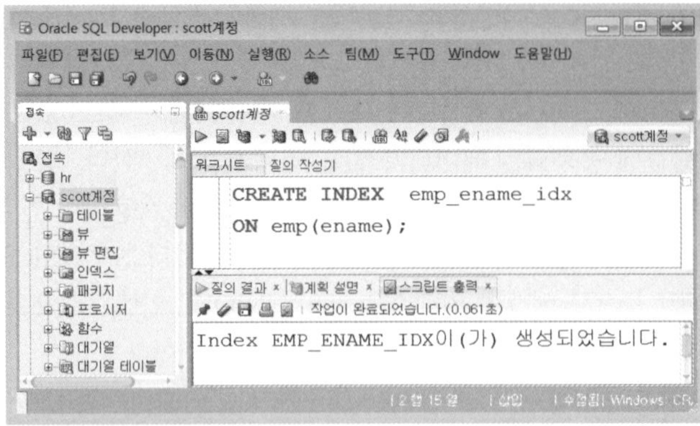

[그림 10.7] 인덱스 생성

이제 다시 사원이름이 'SMITH'인 사원을 검색하고 실행계획을 살펴보자.

```
SELECT *
FROM emp
WHERE ename = 'SMITH';
```

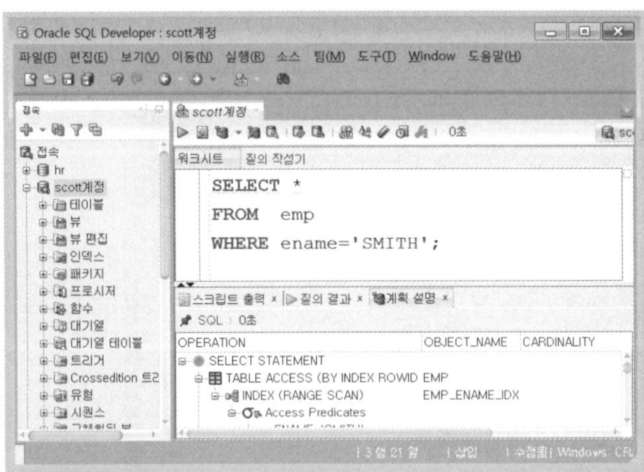

[그림 10.8] 실행계획(계획 설명) 조회 : Index Scan

실행 결과를 살펴보면 OPERATION 란에 이전과는 다르게 'TABLE ACCESS(BY INDEX ROWID)' 값이 출력되어 있다. 이는 'SMITH' 값을 검색하기 위해 인덱스를 사용한 Index Scan 방식으로 값을 조회한 것임을 의미한다.

생성된 인덱스는 USER_INDEXES 데이터 사전에 저장되기 때문에 다음과 같이 인덱스 정보를 조회할 수 있다.

```
SELECT index_name, table_name
FROM user_indexes
WHERE table_name IN ('EMP', 'DEPT');
```

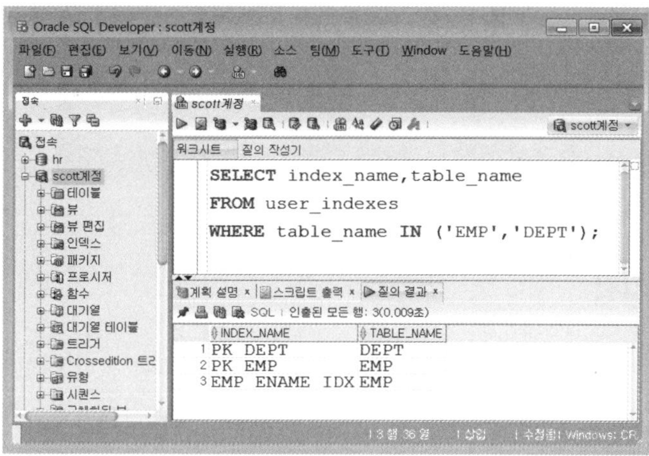

[그림 10.9] USER_INDEXES 데이터 사전

실행 결과를 살펴보면 EMP_ENAME_IDX 인덱스는 사용자가 만든 인덱스이고, 기본키나 UNIQUE는 자동으로 생성되는 인덱스이다. 자동으로 생성되는 인덱스의 이름은 제약조건명을 인덱스의 이름으로 사용하여 PK_DEPT, PK_EMP 형식으로 인덱스가 생성된 것을 확인할 수 있다.

만약 어떤 칼럼에 인덱스가 지정되었는지를 살펴보려면 USER_IND_COLUMNS 데이터 사전을 조회하면 된다.

```
SELECT index_name, table_name, column_name
FROM user_ind_columns
WHERE table_name IN ('EMP', 'DEPT');
```

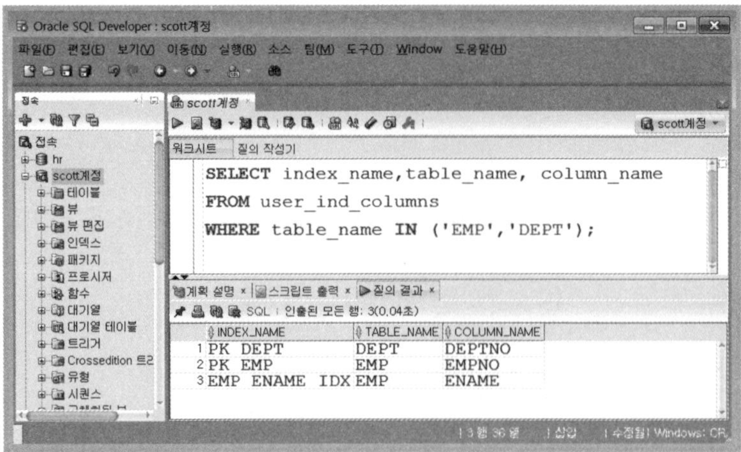

[그림 10.10] USER_IND_COLUMNS 데이터 사전

2.2 인덱스 적용 시점

인덱스를 사용하면 검색 속도 향상을 기대할 수 있다. 하지만 무조건 인덱스를 사용한다고 해서 검색 속도가 향상되는 것은 아니다. 너무 많은 인덱스를 지정하면 오히려 성능이 저하되는 상황이 발생할 수도 있다.

다음은 언제 인덱스를 사용하고 사용하지 않아야 되는지에 대한 권고 사항이다.

[표 10.1] 인덱스 적용 시점

인덱스를 사용해야 하는 경우	인덱스를 사용하지 말아야 하는 경우
• 테이블에 데이터가 많을 때 • 칼럼값의 범위가 넓은 칼럼인 경우 • WHERE 절 또는 JOIN 문에 사용되는 칼럼 • 검색 결과가 전체 데이터의 2%~4% 이내를 검색하는 경우 • NULL을 포함하는 칼럼이 많은 경우	• 테이블에 데이터가 적을 때 • WHERE 문에 해당 칼럼이 자주 사용되지 않을 때 • 검색 결과가 전체 데이터의 10%~15% 이상을 검색하는 경우 • 테이블에 DML 작업이 많은 경우 • 인덱스가 적용된 칼럼이 함수 또는 NOT 연산자와 같이 사용되는 경우

널(null) 값은 인덱스에 포함되지 않기 때문에 인덱스의 크기가 감소될 수 있다. 따라서 널(null) 값이 많은 칼럼에는 인덱스를 사용하는 것을 권장한다. 하지만 테이블에 많은 DML 작업을 수행하면 관련 인덱스도 변경되어야 하기 때문에 오히려 속도가 저하 될 수 있다. DML 작업이 많다는 것은 테이블의 데이터 변경이 자주 발생한다는 것이고, 결국 B-트리 인덱스의 경우 트리의 좌우 균형(Balance)을 맞추기 위한 인덱스의 구조가 변경되는 것이기 때문에 더욱 큰 성능 저하가 발생할 수 있다.

또한, 인덱스가 적용된 칼럼일지라도 함수를 사용하여 가공하던지 또는 NOT과 같은 부정 연산자를 사용하면 인덱스가 적용되지 않는다.

다음은 emp 테이블의 기본키인 empno 값을 함수를 사용하여 검색한 SQL 문이다.

```
SELECT *
FROM emp
WHERE TO_NUMBER(empno) = 7369;
```

사원번호가 7369인 사원과 일치하는 사원 정보가 출력되지만, 실행 계획을 살펴보면 인덱스가 적용되지 않고 Table Full Scan 방식으로 사원 정보를 검색된 것을 확인할 수 있다.

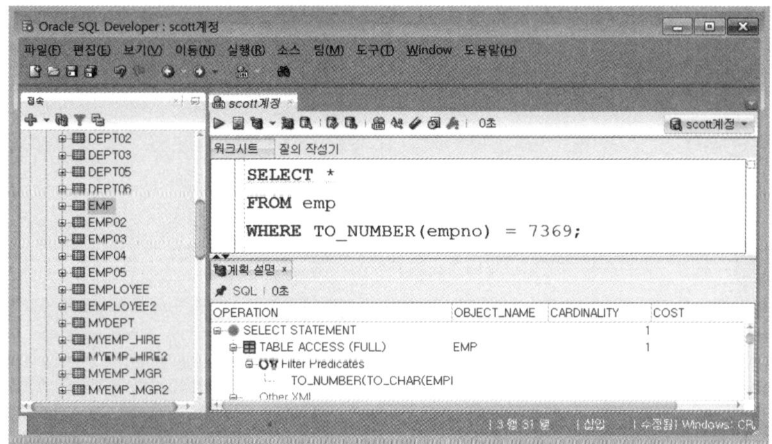

[그림 10.11] 함수를 적용할 때 인덱스 사용 여부

다음은 emp 테이블의 기본키인 empno 값을 NOT 연산자를 사용하여 검색한 SQL 문이다.

```
SELECT *
FROM emp
WHERE empno != 7369;
```

사원번호가 7369가 아닌 사원들의 정보가 출력되지만, 실행 계획을 살펴보면 인덱스가 적용되지 않고 Table Full Scan 방식으로 사원 정보를 검색한 것을 확인할 수 있다.

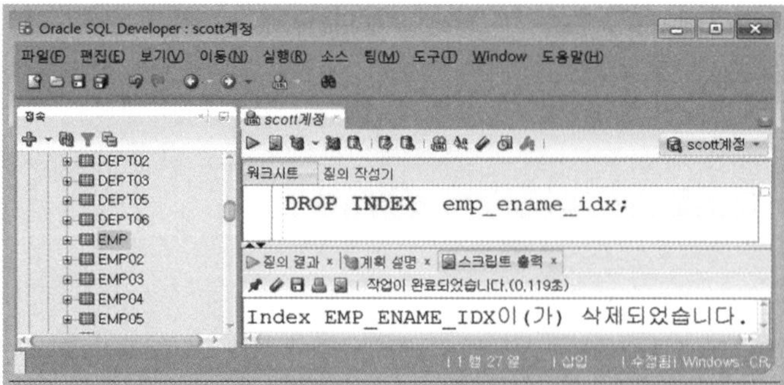

[그림 10.12] 부정 연산자 적용시 인덱스 사용 불가

위와 같이 인덱스 적용이 안 되는 경우가 있기 때문에 항상 인덱스가 적용될 것이라고 생각하는 것은 위험한 생각일 수 있다.

2.3 인덱스 삭제

생성된 인덱스를 삭제하기 위해서는 DROP INDEX 문을 사용한다.

```
문법 DROP INDEX 인덱스명;
```

앞서 만든 EMP_ENAME_IDX 인덱스를 삭제한다.

```
DROP INDEX emp_ename_idx;
```

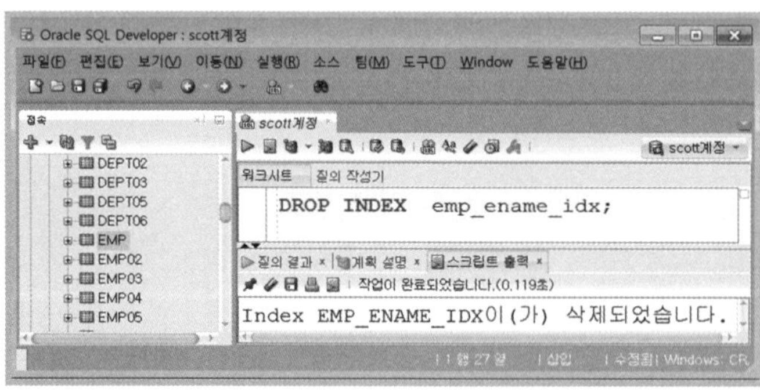

[그림 10.13] 인덱스 삭제

11장

사용자 관리

[학습목표]

- 사용자 계정을 생성하는 방법에 관하여 학습한다.
- 권한(privileges)에 관하여 학습한다.
- 권한의 종류에 관하여 학습한다.
- 시스템 권한과 객체 권한에 관하여 학습한다.
- 롤(role)에 관하여 학습한다.
- 롤(role)의 종류에 관하여 학습한다.
- 사용자 롤(role)의 생성 방법에 관하여 학습한다.

1. 사용자 관리

다수의 사용자들이 데이터베이스에 저장된 데이터를 공유해서 사용한다. 따라서 정보의 유출이나 불법적인 접근을 방지하기 위한 철저한 보안대책이 필요한데, 오라클 데이터베이스는 데이터베이스의 보안 목적으로 인증(Authentication)과 권한(Authorization)을 사용하여 개별 사용자들의 데이터베이스 접근 및 사용에 있어서 적절한 보안을 유지한다.

인증(Authentication)은 사용자 계정을 생성하거나 암호를 변경하거나 또는 특정 사용자가 모든 데이터베이스 자원을 사용하지 못하도록 디스크 공간을 할당하는 작업과 같이 시스템 수준에서의 데이터베이스 접근 및 사용을 관리하는 것을 의미한다. 권한(Authorization)은 데이터베이스 객체에 대한 사용자들의 접근 및 사용을 관리하는 포괄적인 개념이다.

지금까지는 오라클 데이터베이스를 설치하면 기본적으로 제공하는 SYS, HR, SCOTT 사용자 계정으로 데이터베이스에 접속하여 작업을 처리했다. 이 장에서는 새로운 사용자를 생성하고 관리하는 방법에 관하여 살펴보도록 한다.

사용자 계정을 새로 부여 받았다고 해서 오라클 데이터베이스에 마음대로 접속해서 테이블을 생성하거나 다른 여러 가지 작업 처리를 할 수 있는 것이 아니다. 오라클 데이터베이스에 접속하는 순간 및 이후에 실행하는 모든 작업은 개별적인 인증과 권한이 반드시 필요하다.

다음은 사용자 생성을 위한 기본적인 문법이다.

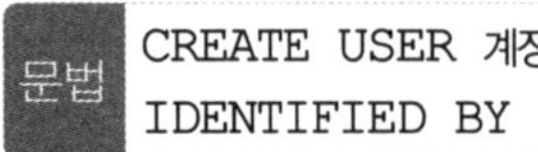

```
CREATE USER 계정
IDENTIFIED BY 비밀번호;
```

CREATE USER 뒤에 사용자 계정 이름을 지정하고 IDENTIFIED BY 뒤에 비밀번호를 입력한다. 사용자 생성은 반드시 데이터베이스 관리자(DBA)만 가능하고, 새롭게 생성된 사용자는 아무런 권한도 부여받지 않기 때문에 데이터베이스 접속 같은 기본적인 작업이 불가능하다. 생성된 사용자의 비밀번호를 변경하기 위해서는 "ALTER USER 사용자명 IDENTIFIED BY 비밀번호;"의 SQL 문을 사용한다.

먼저 SYS 계정으로 접속하여 새로운 사용자 계정을 생성해 보도록 하자. 계정명은 user01로 지정하고 비밀번호도 user01로 지정한다.

```
CREATE USER user01
IDENTIFIED BY user01;
```

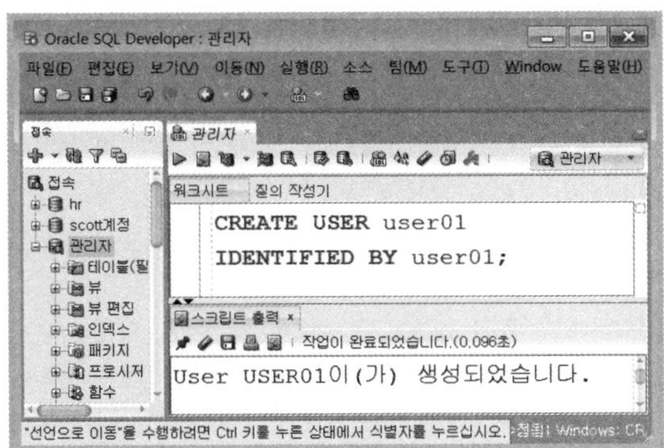

[그림 11.1] user01 사용자 생성

다음은 생성된 user01 계정으로 SQL*PLUS를 사용하여 데이터베이스에 접속하기 위한 화면이다. 새롭게 생성된 user01 계정은 데이터베이스에 접속하기 위한 시스템 권한이 없기 때문에 오라클 데이터베이스에 접속이 불가능하다.

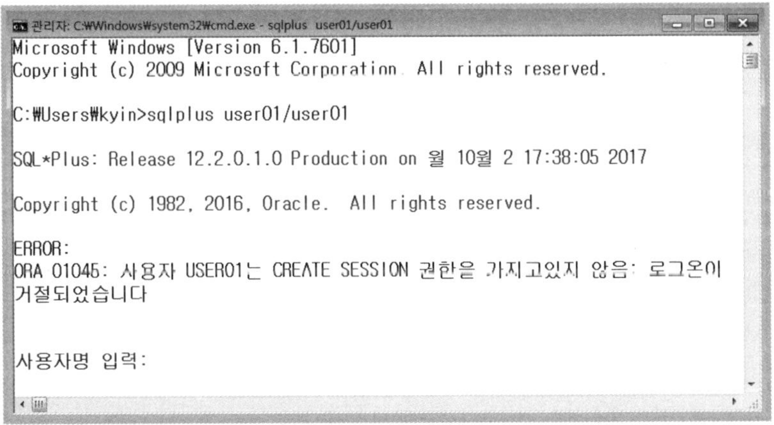

[그림 11.2] CREATE SESSION 접근 권한

1.1 권한(privileges)

오라클 데이터베이스에서의 권한은 특별한 SQL 문을 실행할 수 있는 권리를 의미한다. 앞서 배웠던 테이블을 생성하거나 인덱스를 생성하거나 또는 테이블에 새로운 데이터를 저장, 수정, 삽입, 조회 등과 같은 SQL 문을 사용하기 위해서는 각각의 권리가 필요한데 이것이 권한이다.

권한은 [표 11.1]과 같이 두 가지로 구분된다.

[표 11.1] 권한 종류

권한 종류	설명
시스템 권한 (System Privileges)	데이터베이스 수준에서의 권한을 의미하며 DBA가 권한을 부여한다. 데이터베이스 접속, 사용자 생성, 테이블 생성, 뷰 생성 등과 같이 데이터베이스에 특별한 작업을 수행하는 것을 가능하게 해준다.
객체 권한 (Object Privileges)	데이터베이스 객체 수준에서의 권한을 의미하며 객체의 소유자가 권한을 부여한다. 특정 객체에 접근하여 SELECT, INSERT, UPDATE, DELETE와 같은 작업을 수행하는 것을 가능하게 해준다.

1.1.1 시스템 권한(system privileges)

데이터베이스 관리자가 새로운 사용자를 생성하였으나 데이터베이스에 접속이 안 되고, 또한 접속이 되더라도 테이블이나 뷰, 인덱스 등을 생성할 수 없다. 사용자가 이 모든 작업을 할 수 있으려면 각각 권한을 부여 받아야 하는데 이것을 시스템 권한이라고 한다. 시스템 권한은 데이터베이스 관리자가 가지는 권한과 다른 사용자에게 부여할 수 있는 권한이 있다.

다음은 데이터베이스 관리자가 가지는 시스템 권한이다.

[표 11.2] 시스템 권한 종류

시스템 권한	설명
CREATE USER	새롭게 사용자를 생성하는 시스템 권한
DROP USER	사용자를 삭제하는 시스템 권한
DROP ANY TABLE	임의의 테이블을 삭제할 수 있는 시스템 권한
QUERY REWRITE	함수 기반 인덱스를 생성하는 시스템 권한
BACKUP ANY TABLE	임의의 테이블을 백업할 수 있는 시스템 권한

다음은 DBA가 일반 사용자에게 부여할 수 있는 대표적인 시스템 권한이며 이외에도 100가지 이상의 시스템 권한을 사용할 수 있다.

[표 11.3] 일반 사용자에게 할당 가능한 시스템 권한

시스템 권한	설명
CREATE SESSION	데이터베이스에 접속할 수 있는 시스템 권한
CREATE TABLE	사용자가 테이블을 생성할 수 있는 시스템 권한
CREATE SEQUENCE	사용자가 시퀀스를 생성할 수 있는 시스템 권한
CREATE VIEW	사용자가 뷰를 생성할 수 있는 시스템 권한
CREATE PROCEDURE	사용자가 PL/SQL의 프로시저를 생성할 수 있는 시스템 권한

앞에서 살펴본 것처럼 일단 임의의 사용자가 생성되면 DBA는 기본적으로 몇 가지 중요한 시스템 권한을 해당 사용자에게 부여해 주어야 한다.

다음은 DBA가 사용자에게 시스템 권한을 부여하는 기본적인 문법이다.

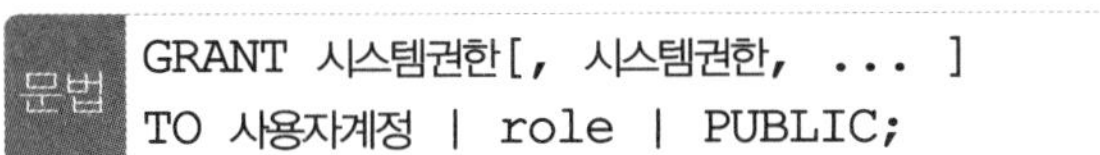

문법
```
GRANT 시스템권한[, 시스템권한, ... ]
TO 사용자계정 | role | PUBLIC;
```

GRANT 절에는 사용자 계정에 부여할 시스템 권한 항목을 나열하면 되고, TO 절에는 사용자 계정이나 롤(role) 또는 PUBLIC을 지정할 수 있다. 롤(role)은 권한들의 집합으로서 권한 부여 및 취소 작업을 쉽게하기 위해서 사용된다.

PUBLIC은 데이터베이스 내에 있는 모든 계정을 의미하기 때문에 데이터베이스 내에 존재하는 모든 사용자에게 해당 시스템 권한을 한 번에 부여할 수 있다.

다음은 사용자 user01에게 데이터베이스 접속 권한과 테이블 생성 권한을 부여하는 SQL 문이다.

```
GRANT create session, create table
TO user01;
```

GRANT 절에 데이터베이스 접속 권한인 CREATE SESSION과 테이블 생성 권한인 CREATE TABLE 권한을 지정하고 TO 절에는 사용자 계정 user01을 지정한다.

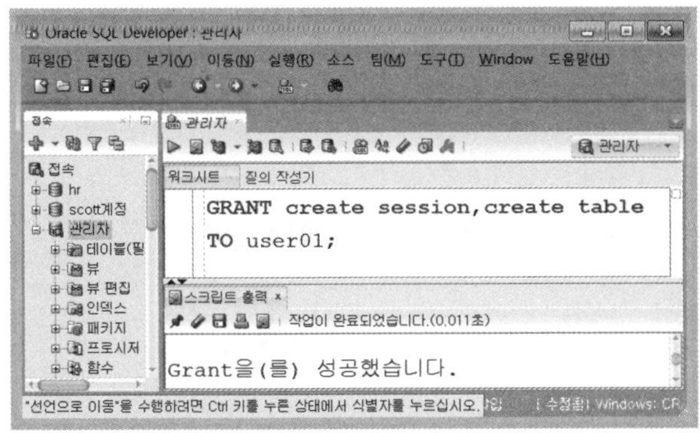

[그림 11.3] user01 사용자에게 권한 할당

사용자 user01에게 CREATE SESSION 권한을 지정했기 때문에 데이터베이스에 접속이 가능하고, CREATE TABLE 권한을 지정했기 때문에 새로운 테이블을 생성할 수도 있다.

지금부터의 실습 내용은 원활한 설명을 위해서 SQL*PLUS에서 실행했으며 SQLDeveloper 툴에서도 동일한 SQL 문을 이용하여 결과를 확인할 수 있다.

다음은 SQL*PLUS에서 user01 계정으로 접속하여 dept 테이블을 생성하는 화면이다.

[그림 11.4] user01 사용자의 데이터베이스 접속과 테이블 생성

현재 접속한 사용자의 시스템 권한 정보를 확인해 보기 위해서 SESSION_PRIVS 데이터 사전을 조회한다.

[그림 11.5] 시스템 권한 조회

DBA가 부여한 시스템 권한은 언제든지 회수(revoke)가 가능하다.

다음은 DBA가 사용자에게 부여한 시스템 권한을 회수(revoke)하는 기본적인 문법이다.

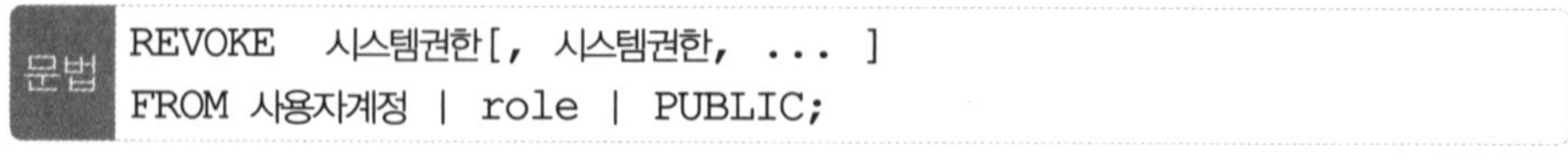
문법

```
REVOKE  시스템권한[, 시스템권한, ... ]
FROM 사용자계정 | role | PUBLIC;
```

REVOKE 절에는 회수(revoke)할 시스템 권한 항목을 나열하면 되고, FROM 절에는 사용자 계정이나 롤(role) 또는 PUBLIC을 지정할 수 있다.

PUBLIC 옵션을 지정하면 데이터베이스 내에 존재하는 모든 사용자에게 해당 시스템 권한을 한 번에 회수(revoke)할 수 있다.

다음은 사용자 user01의 데이터베이스 접속 권한을 회수(revoke)하는 SQL 문이다.

```
REVOKE create session
FROM user01;
```

사용자 user01에서 CREATE SESSION 권한을 회수(revoke)했기 때문에 데이터베이스에 접속이 불가능하다. 따라서 SQL*PLUS에서 user01 계정으로 데이터베이스를 접속하려고 시도하면 다음과 같이 접속 에러가 발생하는 것을 확인할 수 있다.

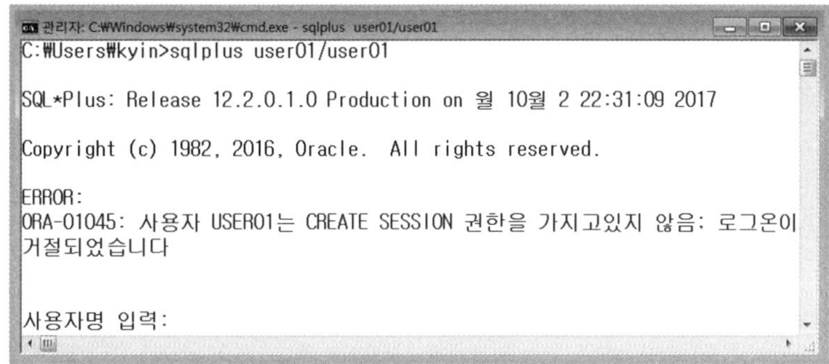

[그림 11.6] 회수(revoke)된 CREATE SESSION 권한

WITH ADMIN OPTION과 시스템 권한

WITH ADMIN OPTION은 임의의 사용자가 SYS 관리자로부터 부여받은 권한을 다른 사용자에게 또 다시 부여할 수 있도록 시스템 권한을 위임하는 기능이다. 이 옵션은 DBA 권한인 시스템 권한을 다른 사용자에게 위임하는 것이기 때문에 주의해서 사용해야 한다. DBA가 시스템 권한을 회수(revoke)하면 위임된 시스템 권한은 연쇄적으로 회수가 안 되기 때문에 더욱 주의가 필요하다.

다음과 같이 SYS 관리자가 HR 계정에 CREATE SESSION 시스템 권한을 부여하면서 WITH ADMIN OPTION를 사용하여 시스템 권한을 위임했다. 시스템 권한을 위임받았기 때문에 HR 계정은 SYS 관리자로부터 부여받은 CREATE SESSION 권한을 KIM 사용자에게 다시 부여할 수 있다.

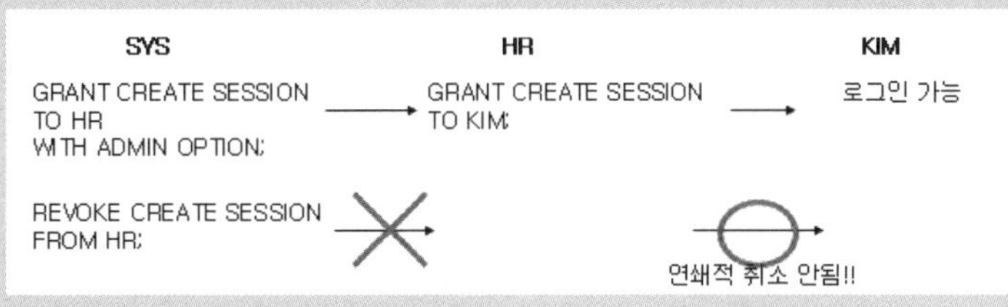

[그림 11.7] 위임된 권한의 revoke 범위

만약 SYS 관리자가 HR 계정에 부여한 CREATE SESSION 권한을 회수(revoke)하면 HR 계정에 대한 권한만이 회수되고, HR 계정에서 KIM 계정에 부여한 CREATE SESSION 권한은 회수되지 않는다.

1.1.2 객체 권한(object privileges)

객체 권한은 특정 테이블, 뷰, 시퀀스, 프로시저 등에 DML 문을 수행할 수 있는 권리로 사용자는 자신의 스키마에 저장된 모든 객체에 대하여 권한을 갖는다. 따라서 다른 사용자 또는 롤(role)에게 자신이 소유한 객체에 대해서 DML 문을 실행할 수 있는 권한을 부여하거나 회수할 수 있다.

다음은 객체 소유자가 다른 사용자에게 부여할 수 있는 대표적인 객체 권한이다.

[표 11.4] 객체 권한 종류

시스템 권한	설명
ALTER	테이블, 시퀀스 객체를 수정할 수 있는 객체 권한
DELETE	테이블, 뷰 객체에서 데이터를 삭제할 수 있는 객체 권한
INSERT	테이블, 뷰 객체에서 데이터를 삽입할 수 있는 객체 권한
UPDATE	테이블, 뷰 객체에서 데이터를 수정할 수 있는 객체 권한
SELECT	테이블, 뷰, 시퀀스 객체에서 데이터를 조회할 수 있는 객체 권한
REFERENCES	테이블의 참조 제약조건을 설정할 수 있는 객체 권한
EXECUTE	PL/SQL의 프로시저를 실행할 수 있는 객체 권한

다음은 객체 소유자가 다른 사용자에게 객체 권한을 부여하는 기본적인 문법이다.

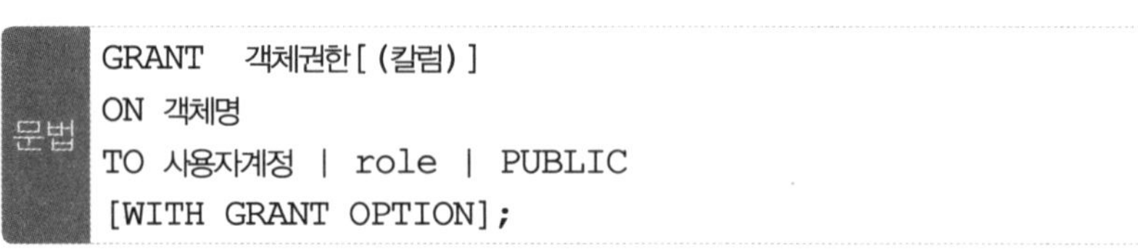

문법

```
GRANT   객체권한[ (칼럼) ]
ON 객체명
TO 사용자계정 | role | PUBLIC
[WITH GRANT OPTION];
```

GRANT 절에는 부여할 객체 권한 항목을 나열하면 되고 UPDATE 권한인 경우에는 칼럼명과 함께 지정할 수도 있다. ON 절에는 객체 이름을 지정하며 TO 절에는 사용자 계정이나 롤(role) 또는 PUBLIC을 지정할 수 있다. WITH GRANT OPTION은 앞서 배웠던 WITH ADMIN OPTION과 동일하게 부여받은 권한을 다른 사람에게 다시 부여할 수 있는 권한 위임 방법이다.

다음은 SCOTT 사용자가 자신의 소유 객체인 dept 테이블을 사용자 user01이 SELECT 및 INSERT할 수 있도록 객체 권한을 부여하는 SQL 문이다. 시스템 권한과는 다르게 객체 권한은 객체의 소유자가 다른 사용자에게 권한을 부여한다.

```
-- SCOTT 계정
GRANT select, insert
ON dept
TO user01;
```

GRANT 절에 객체 권한 select와 insert를 지정하고 ON 절에는 dept 테이블명을 지정한다. 마지막으로 TO 절에는 사용자 user01 계정명을 설정한다.

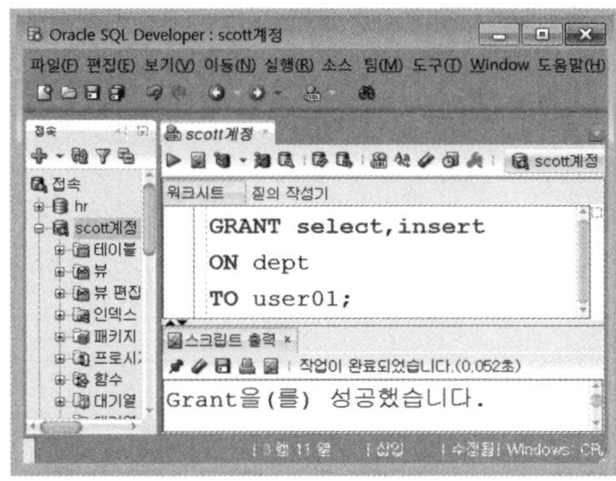

[그림 11.8] user01 사용자에게 객체 권한 할당

이후에는 user01 계정으로 접속한 후에 SCOTT의 dept 테이블을 SELECT하고, INSERT도 실행한다. 앞서 시스템 권한을 살펴볼 때 사용자 user01의 CREATE SESSION 권한을 회수(revoke)했기 때문에 사용자 user01은 데이트베이스 접속이 되지 않는다. 관리자인 sys 계정을 이용하여 사용자 user01에게 다시 한 번 CREATE SESSION 권한을 부여하고, user01 계정으로 데이터베이스 접속하여 실습한다.

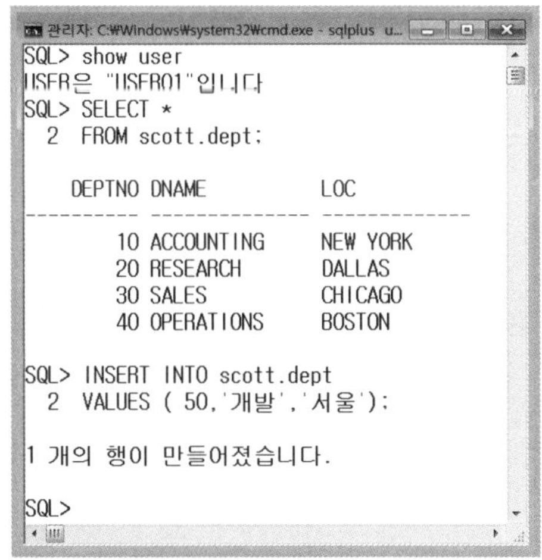

[그림 11.9] 객체 권한 활용

실행 결과를 살펴보면 SCOTT 계정의 dept 테이블 조회 및 데이터 삽입이 가능한 것을 확인할 수 있다. DELETE 또는 UPDATE는 객체 권한을 부여받지 못했기 때문에 사용하면 다음과 같이 에러가 발생한다.

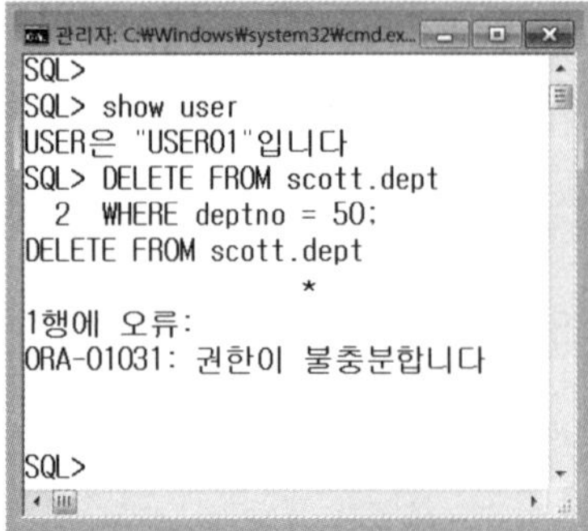

[그림 11.10] DELETE 객체 권한 필요

WITH GRANT OPTION과 객체 권한

WITH GRANT OPTION은 임의의 사용자가 객체 소유자로부터 부여받은 권한을 다른 사용자에게 또 다시 부여할 수 있도록 객체 권한을 위임하는 기능이다. 만약 객체 소유자가 객체 권한을 회수(revoke)하면 위임된 객체 권한은 연쇄적으로 회수(revoke)된다. 반면에 연쇄적으로 권한 회수가 되지 않는 시스템 권한과는 차이가 있다.

다음과 같이 SH 사용자가 자신의 sales 테이블을 SELECT할 수 있는 객체 권한을 HR 계정에 부여하면서 WITH GRANT OPTION을 사용하여 객체 권한을 위임했다. HR 계정은 객체 권한을 위임받았기 때문에 KIM 계정의 사용자에게 부여받은 SELECT 권한을 다시 부여할 수 있다.

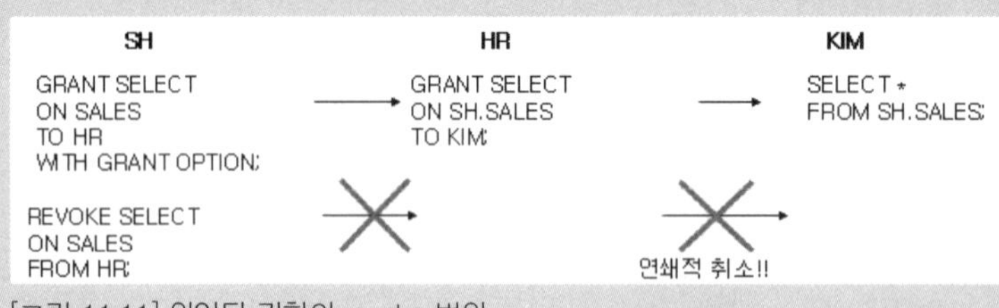

[그림 11.11] 위임된 권한의 revoke 범위

SH 계정 사용자가 HR 계정에 부여한 SELECT 객체 권한을 회수(revoke)하면, HR 계정뿐만 아니라 HR 계정에서 위임 받아서 KIM 계정에 부여한 SELECT 권한까지 연쇄적으로 회수(revoke)된다.

1.1.3 권한 관련 데이터 사전

사용자 권한과 관련된 데이터 사전 중에서 USER_TAB_PRIVS_MADE는 현재 사용자가 다른 사용자에게 부여한 권한 정보를 조회할 때 사용되며, 만일 자신에게 부여된 사용자 권한을 조회할 때는 USER_TAB_PRIVS_RECD 데이터 사전을 사용할 수 있다.

먼저 SCOTT 사용자가 다른 사용자에게 부여한 권한 정보를 살펴보도록 하자.

```
-- SCOTT 계정
select *
from user_tab_privs_made;
```

실행 결과를 살펴보면 SCOTT 사용자가 user01 사용자에게 부여한 여러 가지 객체 권한 정보를 확인할 수 있다.

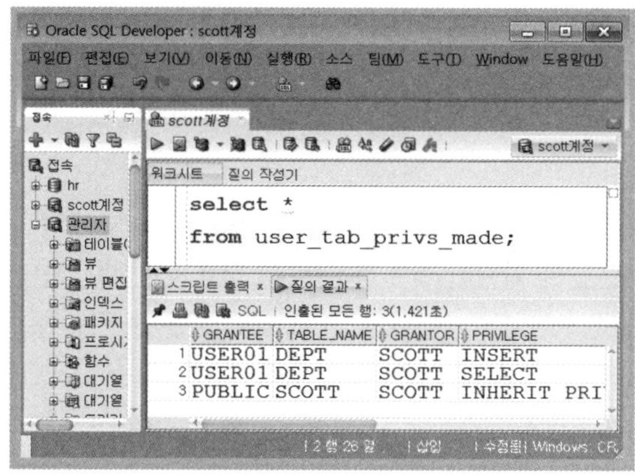

[그림 11.12] USER_TAB_PRIVS_MADE 데이터 사전

다음은 SCOTT 사용자가 다른 사용자로부터 부여받은 권한 정보를 살펴보도록 하자.

```
-- SCOTT 계정
select *
from user_tab_privs_recd;
```

실행 결과를 살펴보면 SCOTT 사용자가 HR 사용자로부터 부여받은 권한 정보를 확인할 수 있다.

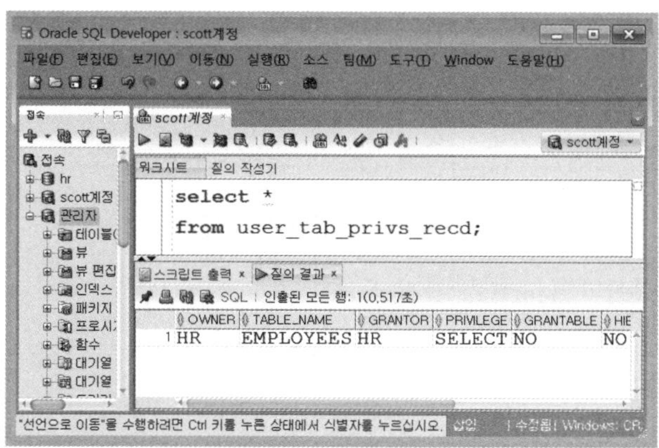

[그림 11.13] USER_TAB_PRIVS_RECD 데이터 사전

1.2 롤(role)

앞 절에서는 사용자를 생성하고 권한을 부여(grant)하거나 회수(revoke)하는 방법을 살펴보았다. 사용자에게 일일이 권한을 부여하거나 또는 회수하는 작업은 매우 번거로운 작업이다. 이런 번거로운 작업을 간편하게 권한을 부여하거나 회수하는 방법으로 롤(role)을 사용할 수 있다.

롤(role)은 사용자에게 보다 효율적으로 권한을 부여할 수 있도록 여러 개의 권한을 묶어 놓은 것이라고 생각하면 된다. 앞서 배웠던 것처럼 새로운 사용자를 생성하면 그 사용자에게 필요한 최소한의 권한들을 부여해야 한다. 기본적으로 필요한 권한들은 데이터베이스에 접속하기 위한 CREATE SESSION, 테이블을 생성할 수 있는 CREATE TABLE, 뷰를 생성할 수 있는 CREATE VIEW 권한 등인데 사용자를 생성할 때마다 일일이 이러한 권한을 부여하는 것은 매우 비효율적인 작업이다.

이 때문에 다수의 사용자에게 공통적으로 필요한 권한들을 롤(role)에 하나의 그룹으로 묶어서 사용자에게는 개별적인 권한을 부여하지 말고 권한들의 묶음인 롤(role)을 부여하면 한꺼번에 다양한 권한들이 부여되기 때문에 권한 관리가 매우 쉬워질 수 있다. 또한 여러 사용자에게 부여한 권한을 수정하거나 회수(revoke)할 때도 일일이 사용자마다 권한을 수정하거나 회수(revoke)하지 않고 롤(role)을 수정하거나 회수(revoke)하면 그 롤(role)에 대한 권한을 가진 사용자들의 권한이 자동으로 수정되거나 회수(revoke)된다.

추가로 롤(role)을 활성화하거나 비활성화 함으로써 일시적으로 권한을 부여했다 철회할 수 있기 때문에 사용자 관리를 간편하고 효율적으로 할 수 있다.

1.2.1 롤(role) 종류

롤(role)은 오라클 데이터베이스를 설치하면 기본적으로 제공되는 사전 정의된(Built-in) 롤과 사용자가 필요에 의해서 정의한 롤로 구분된다.

다음은 대표적인 사전 정의된(Built-in) 롤이다.

[표 11.5] 롤(role) 종류

롤(role)	시스템 권한
CONNECT	CREATE SESSION
RESOURCE	CREATE TABLE, CREATE PROCEDURE, CREATE SEQUENCE, CREATE TRIGGER, CREATE TYPE, CREATE CLUSTER, CREATE INDEXTYPE, CREATE OPERATOR
DBA	대부분의 시스템 권한과 일부 롤을 포함한다. 따라서 일반 사용자에게 DBA 롤을 부여해서는 안 된다.

다음과 같이 DBA_ROLES 데이터 사전을 사용하여 사전 정의된(Built-in) 롤을 확인할 수 있다.

```
-- SYS 계정
SELECT role
FROM dba_roles;
```

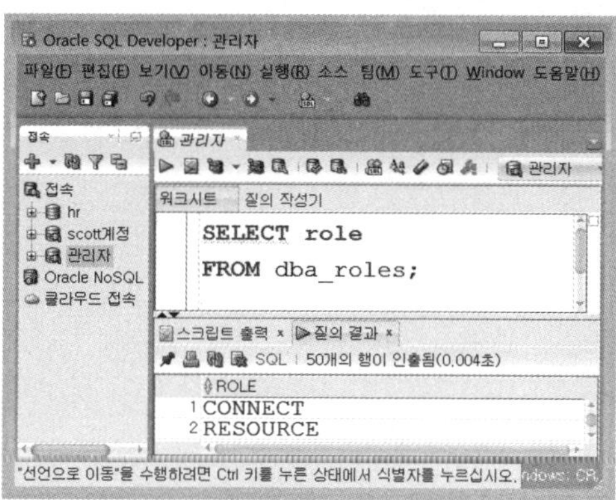

[그림 11.14] DBA_ROLES 데이터 사전

이번 실습은 새로운 사용자 user02을 생성하고 이후 개별적인 권한을 부여하지 말고 롤(role)을 사용하여 권한을 부여하는 방법을 살펴보자.

먼저 데이터베이스 관리자가 다음과 같이 user02 계정을 생성한다.

```
CREATE USER user02
IDENTIFIED BY user02;
```

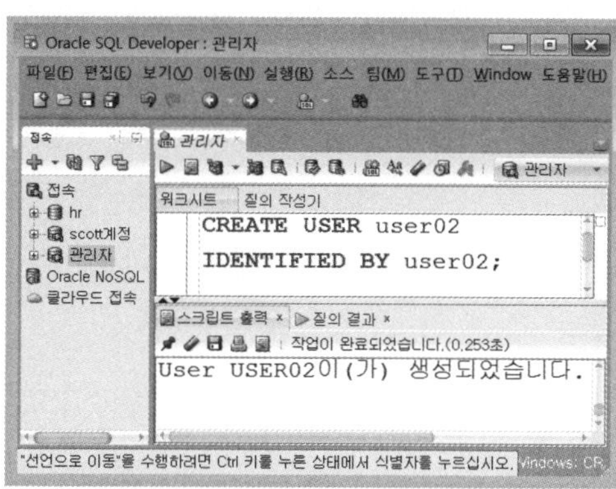

[그림 11.15] user02 사용자 생성

사용자 계정이 생성되었으면, 해당 사용자에게 데이터베이스 접속 및 추가 작업이 가능하도록 반드시 권한을 부여해야 한다.

다음은 사전 정의된(Built-in) 롤(role)을 user02 계정에게 부여하는 문장이다.

```
GRANT connect, resource
TO user02;
```

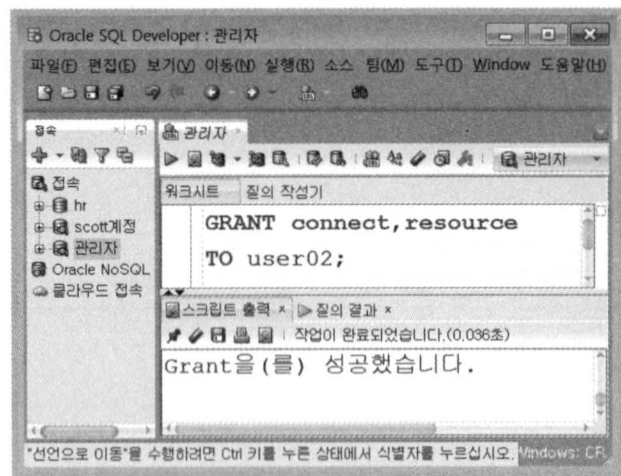

[그림 11.16] user02 사용자에게 시스템 롤(role) 할당

데이터베이스 관리자가 사용자에게 부여하는 롤(role)은 CONNECT와 RESOURCE로서, 이 두 가지 롤(role)을 부여하는 것이 가장 일반적이다. 이후에 사용자 user02는 데이터베이스 접속도 가능하고 테이블 생성도 가능하게 된다.

1.2.2 사용자 롤(role) 생성 및 사용

사용자가 필요에 의해서 여러 가지 권한들의 묶음인 롤(role)을 생성하고, 생성된 롤(role)을 사용하여 권한을 부여 할 수 있다.

이번 실습은 CREATE SESSION, CREATE TABLE 시스템 권한과 SCOTT 계정이 소유하는 dept 테이블을 SELECT할 수 있는 객체 권한을 갖는 clerk 롤을 생성하고, 생성된 clerk 롤을 새로 생성한 user03 사용자에게 부여하는 방법이다.

다음과 같은 실습 순서로 진행될 것이다.

1. user03 사용자를 생성한다.(데이터베이스 관리자)
   CREATE USER user03 IDENTIFIED BY user03;

2. clerk 롤을 생성한다.(데이터베이스 관리자)
   CREATE ROLE clerk;

3. clerk 롤에 권한을 부여한다.(데이터베이스 관리자)
   - 시스템 권한 및 객체 권한 부여

4. 사용자에 clerk 롤을 부여한다.(데이터베이스 관리자)
   GRANT clerk TO user03;

[그림 11.17] 사용자 롤(role) 사용 순서

실습 순서대로 관리자인 SYS 계정으로 오라클 데이터베이스에 접속하여 user03 사용자 계정을 생성한다.

```
-- SYS
CREATE USER user03
IDENTIFIED BY user03;
```

다음은 관리자인 SYS 계정으로 오라클 데이터베이스에 접속하여 clerk 롤을 생성한다.

```
--SYS
CREATE ROLE clerk;
```

SYS 계정으로 앞서 생성한 clerk 롤에 CREATE SESSION과 CREATE TABLE 시스템 권한을 부여하고, SCOTT 계정이 소유한 dept 테이블을 SELECT할 수 있는 권한을 부여한다.

```
--SYS
GRANT create session, create table
TO clerk;

GRANT select
ON scott.dept
TO clerk;
```

마지막으로, SYS 계정으로 user03 사용자에게 clerk 롤을 부여한다.

```
--SYS
GRANT clerk
TO user03;
```

user03 사용자는 clerk 롤에 포함된 권한에 의해서 데이터베이스 접속도 가능하고, 테이블도 생성할 수 있으며 또한 SCOTT 계정이 소유한 dept 테이블을 조회할 수도 있다.

clerk 롤에 부여된 시스템 권한을 확인해 보기 위하여 DBA_SYS_PRIVS 데이터 사전을 사용하고, 객체 권한을 확인해 보기 위해서 DBA_TAB_PRIVS 데이터 사전을 조회할 수 있다.

먼저 clerk 롤에 부여된 시스템 권한을 확인한다.

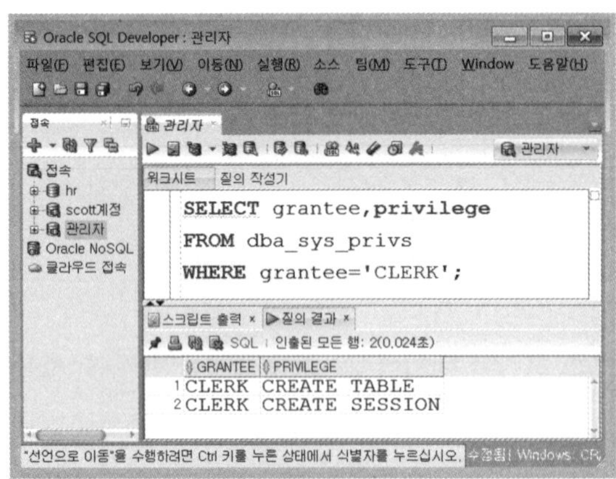

[그림 11.18] DBA_SYS_PRIVS 데이터 사전

실행 결과를 살펴보면 clerk 롤에 CREATE SESSION과 CREATE TABLE 시스템 권한이 부여된 것을 확인할 수 있다.

다음은 clerk 롤에 부여된 객체 권한을 살펴보자.

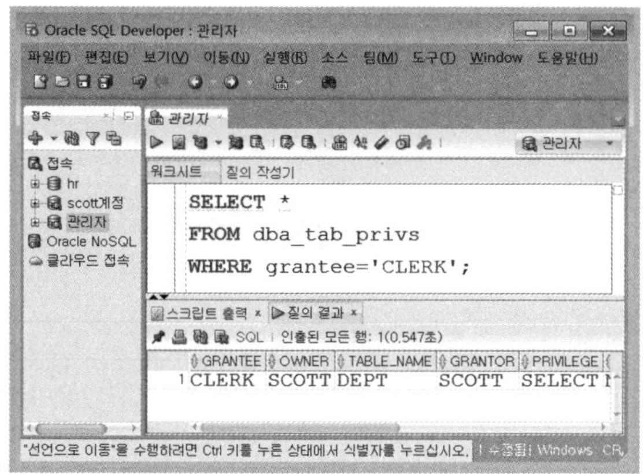

[그림 11.19] DBA_TAB_PRIVS 데이터 사전

실행 결과를 살펴보면 clerk 롤에 SCOTT 계정의 dept 테이블을 SELECT하기 위한 객체 권한이 부여된 것을 확인할 수 있다.

롤(role)의 가장 큰 특징은 동적으로 권한을 관리할 수 있다는 것이다. 즉 롤(role)에 새로운 권한을 부여하면 자동으로 지정된 롤(role) 권한을 가진 사용자에게도 새로운 권한이 동적으로 부여되며, 반대로 롤(role)에 있던 권한을 회수(revoke)하면 자동으로 지정된 롤(role) 권한을 가진 사용자에게서 동적으로 권한이 회수(revoke)된다.

이번 실습은 앞서 생성한 clerk 롤에 새로운 CREATE VIEW 시스템 권한을 부여했을 때, clerk 롤을 부여받은 user03 사용자에게도 동적으로 권한이 부여되는지를 확인하기 위한 예제이다.

먼저 관리자인 SYS 계정을 사용하여 다음과 같이 clerk 롤에 CREATE VIEW 시스템 권한을 부여한다.

```
--SYS
GRANT create view
TO clerk;
```

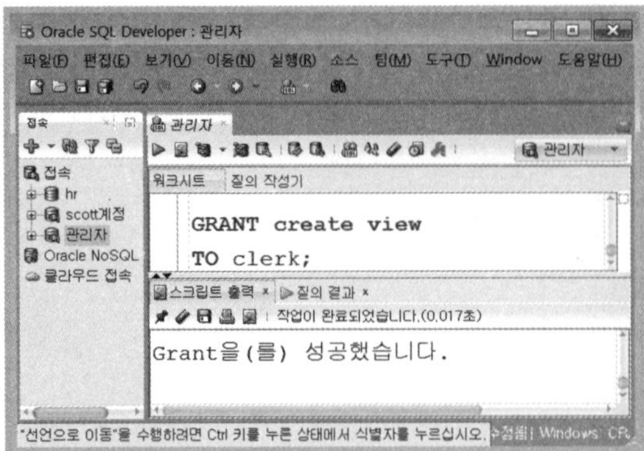

[그림 11.20] 롤(role)에 권한 할당

이제 clerk 롤이 부여된 user03 사용자의 권한에 CREATE VIEW 시스템 권한이 동적으로 부여되었는지를 확인한다.

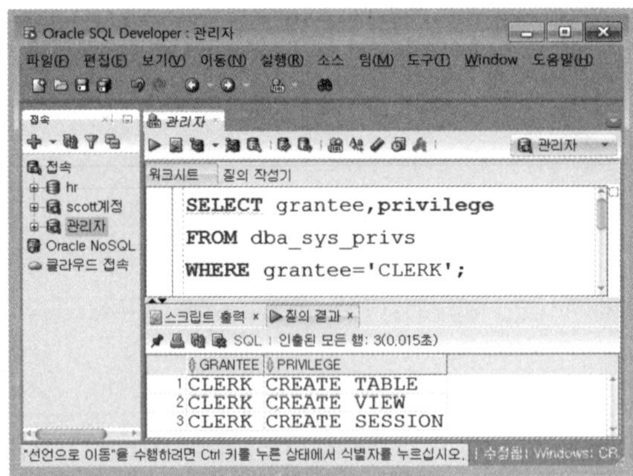

[그림 11.21] clerk 롤(role) 권한 조회

실행 결과를 살펴보면 CREATE VIEW 시스템 권한이 동적으로 추가된 것을 확인할 수 있다.

12장

PL/SQL

[학습목표]

- 오라클의 PL/SQL에 관하여 학습한다.
- PL/SQL의 블록(block)에 관하여 학습한다.
- PL/SQL의 제어문에 관하여 학습한다.
- 커서(Cursor)에 관하여 학습한다.
- 명시적 커서와 묵시적 커서 사용 방법에 관하여 학습한다.
- PL/SQL의 예외처리 방법에 관하여 학습한다.
- 프로시저와 함수 사용 방법 관하여 학습한다.
- 패키지 사용 방법에 관하여 학습한다.

1. PL/SQL

오라클 데이터베이스에서 사용 가능한 문장은 크게 SQL 문과 PL/SQL 문으로 구분할 수 있다. SQL 문은 비 절차적 언어로서 특정 조건과 일치하는 데이터를 한 번에 처리하는 특징이 있는 반면, PL/SQL은 SQL 문의 집합적 언어의 특징도 가지며 절차적 처리도 가능한 프로그래밍 언어이다.

PL/SQL은 여러 SQL 문을 하나의 블록으로 그룹화하여 한 번의 호출로 블록 전체를 데이터베이스 서버에 전송할 수 있어서 성능 향상을 기대할 수 있으며, Java와 같은 일반 프로그래밍 언어가 가진 변수 사용과 조건에 따른 처리 및 반복 실행 작업 등을 손쉽게 할 수 있고 실행 중에 발생된 에러 처리도 가능한 특징을 갖는다.

또한, PL/SQL은 특정 기능을 처리하는 함수나 프로시저를 만들 수 있는 기능을 제공하기 때문에 프로그램 개발시 모듈화가 가능하다. PL/SQL이 일반 프로그램 언어와 다른 점은 모든 코드가 데이터베이스 내부에서 만들어져 처리되기 때문에 수행 속도와 성능면에서 매우 탁월하다.

1.1 블록(block)

PL/SQL은 프로그램을 논리적으로 분리할 수 있는 블록(block)을 기본 단위로 처리한다.

다음은 블록의 기본적인 구조이다.

문법

```
DECLARE  (선택사항)
  변수, 커서, 사용자 정의 예외 사항

BEGIN
  SQL 문, PL/SQL 문

EXCEPTION  (선택사항)
  오류가 발생할 때 수행할 작업

END;
```

● 선언부(DECLARE SECTION)

PL/SQL에서 사용하는 모든 변수나 상수를 선언하는 부분으로서 DECLARE로 시작한다. 선언부는 생략할 수 있다.

● 실행부(EXECUTABLE SECTION)

절차적 형식으로 SQL 문을 실행할 수 있도록 절차적 언어의 요소인 제어문, 반복문, 함수 정의 등 로직을 기술할 수 있는 부분으로 BEGIN으로 시작한다.

● 예외 처리부(EXCEPTION SECTION)

PL/SQL 문이 실행되는 도중에 에러가 발생할 수 있는데 이를 '예외'라고 한다. 이러한 예외가 발생했을 때 예외를 해결하기 위한 문장으로 구성되며 이것을 '예외 처리'라고 부른다. 예외 처리부는 생략할 수 있다.

PL/SQL 블록은 이름이 없는 익명 블록과 이름이 있는 서브 프로그램으로 구분된다. 익명 블록은 일반적으로 일회성으로 사용되고, 서브 프로그램은 데이터베이스에 저장해서 반복적으로 재사용할 수 있는 블록을 의미한다. 대표적인 서브 프로그램으로는 함수(function)와 프로시저(procedure)가 있다. 어떤 작업을 수행하기 위해서는 프로시저(procedure)를 사용하고, 값을 계산하고 결과를 반환받기 위한 용도로는 함수(function)를 사용한다.

1.2 변수와 데이터형

변수는 다른 프로그래밍 언어에서 사용하는 변수와 개념이 같으며, PL/SQL의 선언부에서 변수를 선언하고 실행부에서 변수를 사용한다. 변수를 선언할 때 변수명 뒤에 데이터형을 기술해야 하며, 데이터형은 SQL 문에서 사용하던 데이터형과 유사하며 '스칼라 변수'라고 부른다.

변수 선언을 위한 기본적인 문법은 다음과 같다.

```
DECLARE
  변수명 [CONSTANT] 데이터형 [NOT NULL] [:= 초기값]
```

변수 선언과 동시에 초기값을 설정할 수 있는데, 만약 초기값을 지정하지 않으면 데이터형에 상관없이 널(null) 값이 저장된다. CONSTANT 키워드를 지정한 경우에는 변수가 아닌 상수로 선언되며, 한 번 값을 설정하면 변경할 수 없어 상수를 선언할 때 반드시 초기화해야 한다. 변수 선언시 초기값을 지정하기 위해서는 일반 프로그램 언어에서 사용하는 = 연산자가 아닌 := 연산자를 사용해야 한다.

먼저 간단한 PL/SQL 실습을 해보도록 하자. 다음은 사원번호가 7369인 사원이름과 사원번호를 조회해서 변수에 저장하고 출력하는 예제이다.

```
DECLARE
  vempno        NUMBER(4);
  vename        VARCHAR2(10);
BEGIN
  SELECT empno, ename
  INTO vempno, vename
  FROM emp
  WHERE empno = 7369;
  DBMS_OUTPUT.PUT_LINE(vempno || ' ' || vename);
END;
/
```

선언부(DECLARE)에 사원번호를 저장하기 위한 변수 vempno와 사원이름을 저장하기 위한 변수 vename를 선언한다. 일반적으로 변수는 SQL 문을 이용해서 조회한 데이터를 저장할 용도로 사용되기 때문에 변수의 데이터형은 실제 칼럼의 데이터형과 일치하는 것이 일반적이다. 따라서 vempno 변수의 데이터형은 empno 칼럼의 데이터형과 동일하게 NUMBER(4)로 지정했으며, vename 변수의 데이터형은 ename 칼럼의 데이터형과 동일하게 VARCHAR2(10)으로 지정한다.

실행부(EXECUTION)에서는 emp 테이블을 검색하기 위한 SELECT 문을 지정한다. 이때 SELECT 절에서 검색된 데이터를 INTO 절을 사용하여 일대일 매칭시켜 변수에 저장되도록 한다. 즉 SELECT 절의 empno 칼럼값이 INTO 절의 vempno 변수에 저장되고, ename 칼럼값이 vename 변수에 저장된다. 마지막으로 DBMS_OUTPUT.PUT_LINE은 PL/SQL에서 값을 화면에 출력하기 위해 제공한 DBMS_OUTPUT 패키지의 함수이다. 앞으로는 값을 화면에 출력하기 위해서는 DBMS_OUTPUT.PUT_LINE 함수를 사용한다.

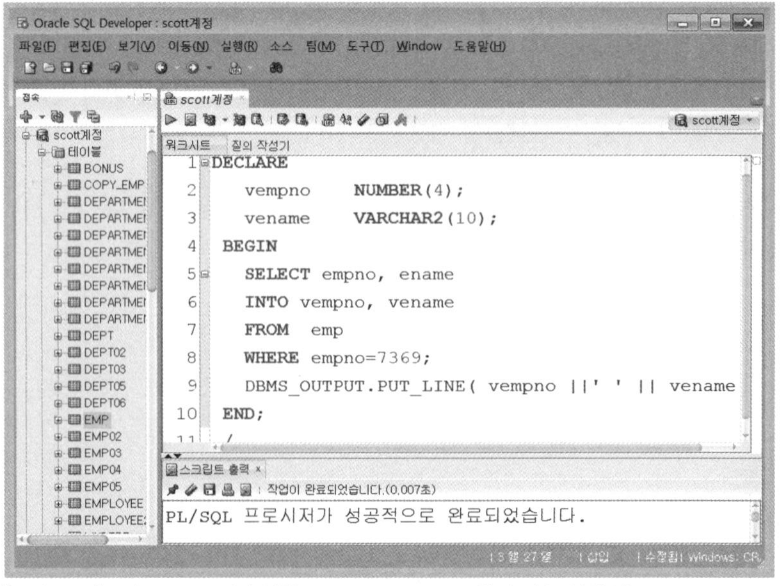

[그림 12.1] PL/SQL 프로시저 실행 : SERVEROUTPUT 환경 변수 설정 전

실행 결과를 살펴보면 'PL/SQL 프로시저가 성공적으로 완료되었습니다.'는 문구가 출력되지만 실제로 변수에 저장된 값이 출력되지 않는다. 이것은 PL/SQL의 환경변수 SERVEROUTPUT 값이 기본값인 OFF로 되어 있기 때문이다. 이 값을 ON으로 설정해야 DBMS_OUTPUT.PUT_LINE 함수가 실행되어 결과값을 화면에 표시하여 확인할 수 있다. 따라서 PL/SQL 문을 실행하기 전에 반드시 다음과 같이 설정하고 사용해야 된다.

```
SET SERVEROUTPUT ON
```

앞의 PL/SQL 문장을 다시 실행하면 다음과 같은 결과값이 출력된 것을 확인할 수 있다.

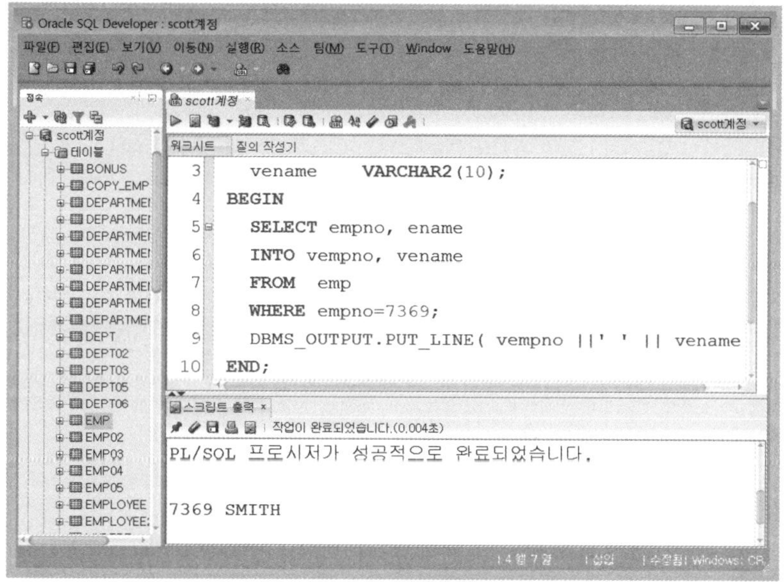

[그림 12.2] PL/SQL 프로시저 실행 : SERVEROUTPUT 환경 변수 설정 뒤

위의 실습 예제를 살펴보아서 알 수 있듯이 변수에는 SELECT의 실행 결과가 칼럼 단위로 저장된다. 따라서 변수의 데이터형과 크기를 지정할 때 일일이 실제 테이블의 데이터형을 확인하고 정의해야 정확하게 일치된다. 이러한 부담을 줄이기 위해서 변수를 선언할 때 실제 테이블의 해당 칼럼의 데이터형을 그대로 참조하도록 정의할 수 있는 %TYPE형을 제공한다.

%TYPE 데이터형을 사용한 변수 선언 문법은 다음과 같다.

문법

```
DECLARE
  변수명 테이블명.칼럼명%TYPE;
```

%TYPE형은 테이블에서 단 하나의 칼럼에 대한 데이터형과 크기를 참조한다. 따라서 %TYPE 앞에 어떤 테이블의 어떤 칼럼을 참조할 것인지를 반드시 지정해야 한다.

%TYPE형의 장점은 테이블의 데이터형이나 크기가 변경되더라도 PL/SQL에서는 동적으로 참조하기 때문에 데이터형을 수정할 필요가 없다는 특징이 있다.

다음은 앞서 실습했던 PL/SQL 예제를 스칼라형이 아닌 %TYPE형으로 변경한 문법으로 실행 결과는 동일하다.

```
DECLARE
  vempno       emp.empno%TYPE;
  vename       emp.ename%TYPE;
BEGIN
  SELECT empno, ename
  INTO vempno, vename
  FROM emp
  WHERE empno = 7369;
  DBMS_OUTPUT.PUT_LINE(vempno || ' ' || vename);
END;
/
```

앞서 배웠던 %TYPE은 테이블에서 하나의 칼럼을 참조하는 방법이다. 따라서 칼럼이 많은 경우에는 명시적으로 칼럼 개수만큼 지정해야 하기 때문에 비효율적이다. 이러한 단점을 극복하기 위해서 하나의 칼럼을 참조하는 것이 아니라 테이블의 모든 칼럼의 데이터형과 크기를 참조하도록 제공되는 것이 %ROWTYPE형이다.

%ROWTYPE 데이터형을 사용한 변수 선언 문법은 다음과 같다.

문법
DECLARE
변수명 테이블명%ROWTYPE;

%ROWTYPE 앞에 테이블명을 지정하고 실제 테이블의 칼럼을 참조하기 위해서는 '변수명.칼럼명' 형식을 사용하여 개별적으로 접근할 수 있다. %ROWTYPE형은 테이블의 칼럼의 개수나 칼럼의 데이터 타입을 몰라도 사용이 가능하고, 실행 중에 테이블의 칼럼 개수나 칼럼의 데이터 타입을 동적으로 변경할 수 있다.

다음은 앞서 실습했던 PL/SQL 예제를 %ROWTYPE형으로 변경한 문법으로서 실행 결과는 동일하다.

```
DECLARE
  vemp emp%ROWTYPE;
BEGIN
  SELECT *
  INTO vemp
  FROM emp
  WHERE empno = 7369;
  DBMS_OUTPUT.PUT_LINE(vemp.empno || ' ' ||
                       vemp.ename || ' ' || vemp.sal );
END;
/
```

%ROWTYPE 앞에 테이블명을 지정하고 변수명을 vemp로 지정한다. 실제 테이블의 칼럼은 vemp 변수를 사용하여 접근할 수 있으며, SELECT 절에는 emp 테이블의 모든 칼럼명을 순서대로 지정하거나 또는 *를 사용해야 한다. INTO 절에는 %ROWTYPE형의 변수명 vemp로 지정한다.

데이터베이스는 항상 유동적이기 때문에 데이터베이스의 칼럼과 연관된 변수를 사용하는 경우에는 스칼라 변수를 사용하는 것보다는 %TYPE 또는 %ROWTYPE 같은 참조형(reference) 변수가 많이 사용된다.

2. 제어문

PL/SQL에서는 다른 프로그래밍 언어에서 제공하는 다양한 처리문들을 제공하는데 이것을 제어문이라고 한다. 제어문에는 특정 조건에 일치하는 경우에만 실행되는 조건문과 반복적으로 수행되는 반복문이 있다.

2.1 조건문/단일 IF 문

단일 IF 문은 조건에 일치하는 경우에만 특정 문장을 실행하려 할 때 사용되는 제어문이다. 단일 IF 문의 기본 문법은 다음과 같다.

문법

```
IF 조건식 THEN
  문장;
END IF
```

IF로 시작해서 END IF로 끝난다. IF 뒤에 조건식과 THEN 키워드를 지정한다. 조건식이 참(TRUE)인 경우에만 THEN 이후의 문장이 실행되고 거짓(FALSE)이면 문장을 실행하지 않는다.

다음은 사원번호가 7369인 사원의 부서번호를 얻어와서 부서번호에 따른 부서명을 변수에 설정하여 출력하는 예제이다.

```
DECLARE
  vempno       NUMBER(4);
  vename       VARCHAR2(10);
  vdeptno      emp.deptno%TYPE;
  vdname       VARCHAR2(10);
BEGIN
  SELECT empno, ename, deptno
  INTO   vempno, vename, vdeptno
  FROM emp
  WHERE empno = 7369;

  IF (vdeptno = 10) THEN
    vdname := 'ACCOUNTING';
  END IF;
  IF (vdeptno = 20) THEN
    vdname := 'RESEARCH';
  END IF;
  IF (vdeptno = 30) THEN
    vdname := 'SALES';
  END IF;
  IF (vdeptno = 40) THEN
    vdname := 'OPERATIONS';
  END IF;

  DBMS_OUTPUT.PUT_LINE(vempno || ' ' ||
                      vename || ' ' || vdname);
END;
/
```

실행 결과는 다음과 같이 출력된다.

```
7369 SMITH RESEARCH
```

2.2 조건문/IF~THEN ELSE 문

IF~THEN ELSE 문은 조건에 따라서 실행되는 문장이 다른 경우에 사용되는 제어문으로 기본 문법은 다음과 같다.

문법
```
IF 조건식 THEN
  문장1;
ELSE
  문장2;
END IF
```

조건식이 참(TRUE)인 경우에는 '문장1'이 실행되고 거짓(FALSE)인 경우에는 '문장2'를 실행한다.

다음은 사원번호가 7369인 사원이 커미션(comm)을 받는지 안 받는지를 출력하는 예제이다.

```
DECLARE
  vempno      emp.empno%TYPE;
  vename      emp.ename%TYPE;
  vcomm       emp.comm%TYPE;
BEGIN
  SELECT  empno, ename, comm
  INTO    vempno, vename, vcomm
  FROM emp
  WHERE empno = 7369;

  IF (vcomm IS NOT NULL) THEN
    DBMS_OUTPUT.PUT_LINE(vename || '의 커미션은' || vcomm || ' 입니다');
  ELSE
    DBMS_OUTPUT.PUT_LINE(vename || '은 커미션을 받지 않습니다');
  END IF;

END;
/
```

vcomm 변수값에 따라서 출력해야 하는 문장이 달라진다. 따라서 IF~THEN ELSE 문을 사용한다.

실행 결과는 다음과 같이 출력된다.

```
SMITH은 커미션을 받지 않습니다
```

2.3 조건문/IF~THEN ELSIF 문

IF~THEN ELSIF 문은 비교해야 하는 조건이 여러 개인 경우에 사용되는 제어문으로 기본 문법은 다음과 같다.

문법
```
IF 조건식1 THEN
  문장1;
ELSIF 조건식2 THEN
  문장2;
ELSE
  문장3;
END IF
```

조건식1이 참(TRUE)이면 '문장1'을 수행하고 거짓이면 ELSIF 문이 실행되어 조건식2를 비교한다. 조건식2가 참(TRUE)이면 '문장2'를 수행하고 거짓이면 '문장3'이 실행된다.

주의할 점은 다른 프로그래밍 언어에서 사용하는 ELSE IF가 아닌 ELSIF를 사용해야 한다.

다음은 앞서 실습한 사원번호가 7369인 사원의 부서명을 변수에 설정하여 출력하는 예제를 IF~THEN ELSIF 문을 사용한 예제이다.

```
DECLARE
  vempno       NUMBER(4);
  vename       VARCHAR2(10);
  vdeptno      emp.deptno%TYPE;
  vdname       VARCHAR2(10);
BEGIN
  SELECT  empno, ename, deptno
  INTO    vempno, vename, vdeptno
  FROM emp
  WHERE empno = 7369;

  IF (vdeptno = 10) THEN
    vdname := 'ACCOUNTING';
  ELSIF (vdeptno = 20) THEN
    vdname := 'RESEARCH';
  ELSIF (vdeptno = 30) THEN
    vdname := 'SALES';
  ELSIF (vdeptno = 40) THEN
    vdname := 'OPERATIONS';
  END IF;
```

```
  DBMS_OUTPUT.PUT_LINE(vempno || ' ' || vename || ' ' || vdname);
END;
/
```

실행 결과는 다음과 같이 출력된다.

```
7369 SMITH RESEARCH
```

2.4 조건문/CASE 문

IF~THEN ELSIF 문과 마찬가지로 비교해야 하는 조건이 여러 개인 경우에 사용되는 제어문으로서 SQL 문에서 사용했던 CASE 문과 문법은 동일하다.

문법

```
CASE 표현식
  WHEN 값1 THEN 결과1
  WHEN 값2 THEN 결과2
  WHEN 값3 THEN 결과3
  [ELSE 결과4]
END;
```

CASE 문의 표현식과 WHEN 절의 값들을 차례대로 비교하여 일치하는 THEN 절의 결과값을 취한다. 만약 모두 일치하지 않으면 ELSE 질의 '결과4'를 취한다.

다음은 등급에 따라서 메시지를 다르게 출력하는 경우에 CASE 문을 사용하는 실습 예제이다.

```
DECLARE
  vgrade   CHAR(1) := 'B';
  vmessage VARCHAR2(20);
BEGIN
  vmessage :=
    CASE vgrade
      WHEN 'A' THEN 'Excellent'
      WHEN 'B' THEN 'Very Good'
      WHEN 'C' THEN 'Good'
      ELSE 'Bad'
    END;
  DBMS_OUTPUT.PUT_LINE(vgrade || ': ' || vmessage);
END;
/
```

vgrade 변수에 'B'를 저장하고 CASE 문을 사용하여 vgrade 변수와 WHEN 절의 값을 순서대로 비교한다. 일치하는 THEN 절의 값을 얻어서 vmessage 변수에 저장한다. 모두 일치하지 않으면 ELSE 절의 'Bad' 값이 선택된다.

실행 결과는 다음과 같이 출력된다.

```
B: Very Good
```

2.5 반복문/LOOP 문

SQL 문을 반복적으로 여러 번 실행하고자 할 때 반복문을 사용한다. PL/SQL에서 기본적인 반복문은 LOOP 문이고, LOOP 문 이외에도 WHILE 문과 FOR 문이 있다.

LOOP 문의 기본적인 문법은 다음과 같다.

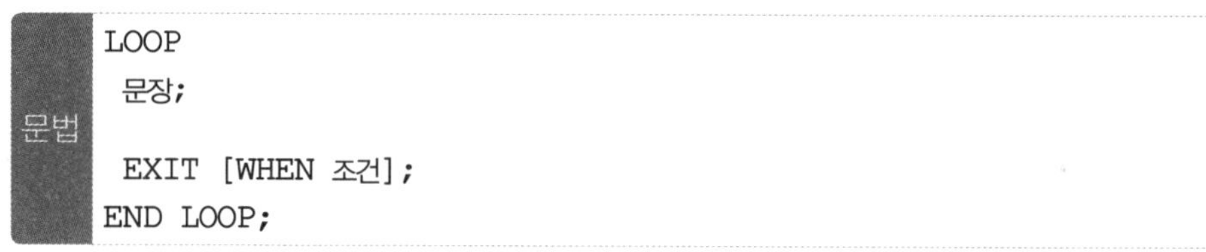

문법

```
LOOP
  문장;

  EXIT [WHEN 조건];
END LOOP;
```

LOOP 문은 키워드 LOOP로 시작해서 END LOOP로 끝난다. LOOP와 END LOOP 사이의 문장들을 반복적으로 실행하는데 WHEN 절의 조건식과 일치하는 경우에 반복적인 LOOP 문을 빠져나온다.

만약 EXIT를 지정하지 않거나 WHEN 절의 조건이 일치하지 않으면 무한루프에 빠질 수 있기 때문에 주의해야 한다. 일반적으로 반복 처리해야 하는 문장보다 나중에 EXIT가 있기 때문에 먼저 문장이 실행되고 조건이 확인된다. 따라서 조건이 일치하지 않더라도 적어도 한 번은 문장이 실행될 수 있다. 이렇게 조건이 일치하지 않더라도 반드시 한 번은 실행되어야 하는 문장인 경우에 사용되는 반복문이다.

다음은 LOOP 문을 사용하여 'Hello' 문자열을 4번 출력하는 실습 예제이다.

```
DECLARE
  num NUMBER(2) := 1;
BEGIN
  LOOP
    DBMS_OUTPUT.PUT_LINE('Hello');
    num := num + 1;
    EXIT WHEN num > 4;
  END LOOP;
END;
/
```

num 변수에 초기값 1을 지정하고 LOOP 문 안에서 'Hello' 문자열을 출력하는 코드와 num 값을 1 증가시키는 코드를 지정한다. 'Hello' 문자열을 4번만 출력하고 반복문을 빠져나와야 하기 때문에 WHEN 절에서 조건을 'num > 4'로 지정하여 조건이 일치할 때 LOOP 문을 빠져나오게 처리한다.

실행 결과는 다음과 같이 출력된다.

```
Hello
Hello
Hello
Hello
```

2.6 반복문/WHILE 문

앞서 배운 LOOP 문은 조건이 일치하지 않더라도 적어도 한 번은 문장이 실행된다. 하지만 WHILE 문은 조건이 먼저 나오기 때문에 문장이 한 번도 실행되지 않을 수 있는 특징이 있다.

WHILE 문의 기본적인 문법은 다음과 같다.

문법

```
WHILE 조건식 LOOP
 문장1;
 문장2;

END LOOP;
```

WHILE 문에 조건식을 지정하여 해당 조건에 일치하는 경우에만 문장이 반복되고 조건이 일치하지 않은 경우에 WHILE 문을 빠져 나온다. 앞서 배운 LOOP 문은 조건이 일치하는 경우에 반복문을 빠져 나오게 되는 차이가 있다.

다음은 WHILE 문을 사용하여 'Hello' 문자열을 4번 출력하는 실습 예제이다.

```
DECLARE
  num NUMBER(2) := 1;
BEGIN
  WHILE num < 5 LOOP
    DBMS_OUTPUT.PUT_LINE('Hello');
    num := num + 1;
  END LOOP;
END;
/
```

num 변수에 초기값 1을 지정하고 WHILE 바로 뒤에 반복문을 빠져나오기 위한 조건식을 지정한다. WHILE 문에는 'Hello' 문자열을 출력하는 코드와 num 변수값을 1 증가시키는 코드를 지정한다. num 변수의 값이 5가 되었을 때 조건과 일치하지 않아서 반복문을 빠져 나오게 된다.

실행 결과는 다음과 같이 출력된다.

```
Hello
Hello
Hello
Hello
```

2.7 반복문/FOR 문

앞서 배운 LOOP 문과 WHILE 문은 모두 FOR 문으로 변경할 수 있으며, FOR 문이 갖는 가장 큰 차이점은 시작값과 최종값을 명시적으로 지정하기 때문에 반복 횟수를 손쉽게 예측할 수 있다는 특징이다.

FOR 문의 기본적인 문법은 다음과 같다.

문법

```
FOR counter IN [REVERSE] 시작값..최종값 LOOP
  문장1;
  문장2;

END LOOP;
```

counter 변수는 묵시적으로 선언되기 때문에 명시적으로 선언하지 않으며 FOR LOOP의 범위가 반복될 때마다 자동으로 값이 1씩 증가 또는 감소된다. IN 절 바로 뒤에 시작값과 최종값을 지정하여 반복 횟수를 명시적으로 지정할 수 있다. REVERSE를 지정하면 순서가 거꾸로 처리된다.

다음은 FOR 문을 사용하여 'Hello' 문자열을 4번 출력하는 실습 예제이다.

```
BEGIN
  FOR counter IN 1..4 LOOP
    DBMS_OUTPUT.PUT_LINE('Hello' || counter);
  END LOOP;
END;
/
```

변수가 필요 없기 때문에 DECLARE 문은 작성하지 않고 FOR 뒤에 반복값을 저장할 counter 변수를 설정한다. 이 변수는 자동으로 선언되기 때문에 명시적으로 지정하지 않는다. FOR LOOP가 반복될 때마다 counter 변수에 값이 저장되며 반복하기 위한 시작값과 최종값을 1..4의 형식으로 IN 뒤에 지정한다.

실행 결과는 다음과 같이 출력된다.

```
Hello1
Hello2
Hello3
Hello4
```

만약 IN 뒤에 키워드 REVERSE를 지정하면 최종값부터 시작해서 시작값까지 1씩 감소되어 실행 결과는 다음과 같다.

```
Hello4
Hello3
Hello2
Hello1
```

CONTINUE와 EXIT

CONTINUE와 BREAK는 일반적인 프로그래밍 언어에서 반복문과 같이 사용되는 특별한 키워드이다. 일반적인 프로그래밍 언어에서 BREAK는 명시적으로 반복문을 빠져나올 때 사용할 수 있지만, PL/SQL에서 BREAK는 지원되지 않으며 대신 EXIT를 사용해야 한다. CONTINUE는 프로그래밍 언어에서 사용하는 기능과 동일한 기능으로 PL/SQL에서 사용할 수 있으며 반복문 내의 처리 로직을 건너뛰고 다시 반복할 때 사용한다.

3. 커서(Cursor)

오라클 데이터베이스는 SQL 문을 실행할 때마다 명령이 분석되고 실행되어 결과를 보관하기 위한 특별한 메모리 영역을 사용한다. 이 영역을 참조하는 것이 커서(Cursor)이다. 커서의 종류에는 다음과 같이 2가지 종류가 있다.

[표 12.1] 커서 종류

커서 유형	설명
묵시적 커서(Implicit Cursor)	하나의 행(row)만 반환하는 단일 행 SELECT 및 모든 DML 문(INSERT, DELETE, UPDATE, MERGE)에 대해 PL/SQL이 자동으로 선언한다.
명시적 커서(Explicit Cursor)	두 개 이상의 행(row)을 반환하는 다중 행 SELECT에 대해서 사용자가 명시적으로 선언한다.

3.1 묵시적 커서

앞서 실습했던 모든 PL/SQL 문의 SQL 문은 실행과 동시에 자동으로 묵시적 커서(Cursor)가 생성되어 사용되었다. 기본적으로 단일 행 SELECT 문과 모든 DML 문이 실행될 때마다 묵시적 커서가 선언되어 사용되며, 주의할 점은 여러 행을 반환하는 다중 행 SELECT 문인 경우에는 묵시적 커서를 사용하지 못하고, 반드시 명시적 커서로 사용해야 한다.

사용자는 묵시적 커서 내의 실행 결과를 커서 속성을 통해서 확인할 수 있다. 예를 들어 다음과 같이 DML 문을 실행할 때 SQL*PLUS 또는 SQLDeveloper 툴에서는 항상 몇 건의 데이터가 영향을 받았는지를 출력 메시지를 통해서 사용자에게 알려준다.

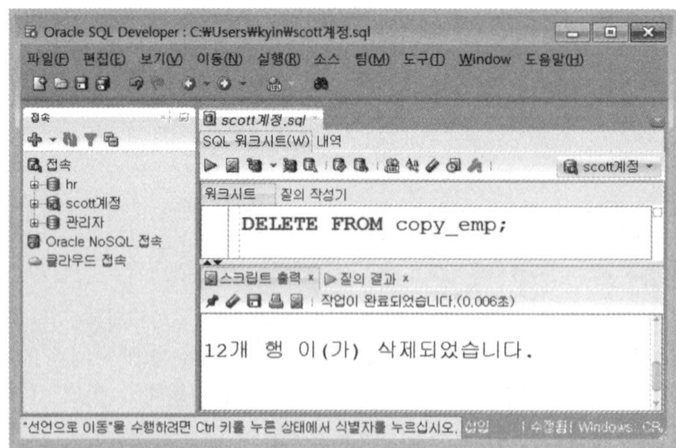

[그림 12.3] copy_emp 테이블의 데이터 삭제

위의 실행 결과를 살펴보면 12행이 삭제되었음을 알 수 있고, 이러한 DML 문의 실행 결과에 대한 특별한 값들을 커서 속성을 이용해서 참조할 수 있다.

다음은 묵시적 커서에서 사용 가능한 커서 속성이다.

[표 12.2] 묵시적 커서 속성

커서 속성명	설명
SQL%ROWCOUNT	가장 최근에 SQL 문에 의해서 영향을 받은 행의 개수를 반환
SQL%FOUND	가장 최근의 SQL 문이 하나 이상의 행에 영향을 준 경우 TRUE 값 반환
SQL%NOTFOUND	가장 최근의 SQL 문이 영향을 준 행이 없는 경우 TRUE 값 반환
SQL%ISOPEN	PL/SQL은 묵시적 커서를 사용하는 경우에는 커서를 실행하고 곧바로 커서를 닫기 때문에 항상 FALSE 값 반환

묵시적 커서의 정보를 참조할 때는 항상 SQL로 시작되는 속성명을 사용해서 참조하기 때문에 묵시적 커서를 'SQL 커서'라고도 부른다.

다음은 사원번호가 7369인 사원을 검색하는 SQL 문으로, 검색 결과를 묵시적 커서 속성인 SQL%ROWCOUNT를 사용하여 출력하는 예제이다.

```
DECLARE
  vemp emp%ROWTYPE;
BEGIN
  SELECT *
  INTO vemp
  FROM emp
  WHERE empno = 7369;
  DBMS_OUTPUT.PUT_LINE('검색 결과 : ' || SQL%ROWCOUNT);
END;
/
```

실행 결과는 다음과 같이 출력된다.

```
검색 결과 : 1
```

다음은 copy_emp 테이블의 데이터를 삭제하는 SQL 문으로, 몇 개의 행이 삭제되었는지를 묵시적 커서 속성인 SQL%ROWCOUNT를 사용하여 출력하는 예제이다.

```
BEGIN
  DELETE FROM copy_emp;
  DBMS_OUTPUT.PUT_LINE('삭제 개수 : ' || SQL%ROWCOUNT);
END;
/
```

실행 결과는 다음과 같이 출력된다.

```
삭제 개수 : 12
```

3.2 명시적 커서

명시적 커서는 사용자가 선언하여 사용하는 커서로, 다중 행 SELECT 문에 의해서 반환된 각 행(row)을 개별적으로 처리할 수 있다. 다음과 같이 다중 행 SELECT 문에 의해서 반환되는 행 집합을 '활성 집합'이라고 부르며 커서는 활성 집합에서 현재 위치를 가리킨다.

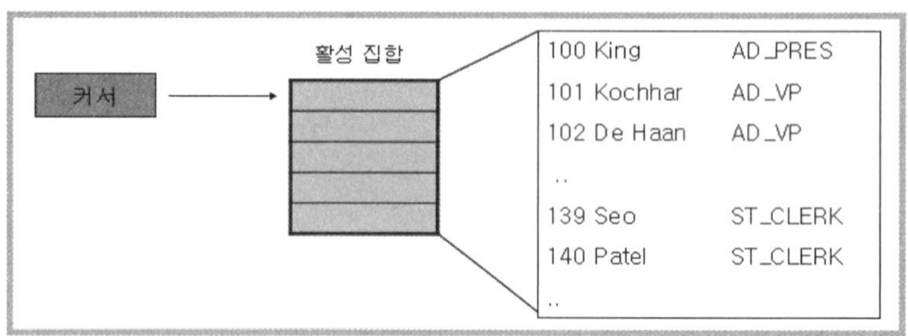

[그림 12.4] 명시적 커서의 활성 집합

이러한 명시적 커서의 주요 특징은 질의에 의해서 반환된 행을 첫 번째부터 차례대로 처리가 가능하고 또한 현재 처리 중인 행의 추적도 가능하다. 그리고 개발자가 PL/SQL 블록에서 명시적 커서를 수동으로 제어할 수 있으며 묵시적 커서와 다르게 동시에 여러 개의 명시적 커서를 선언할 수도 있다.

명시적 커서를 사용하기 위해서는 반드시 다음과 같은 4단계의 처리 단계가 필요하다.

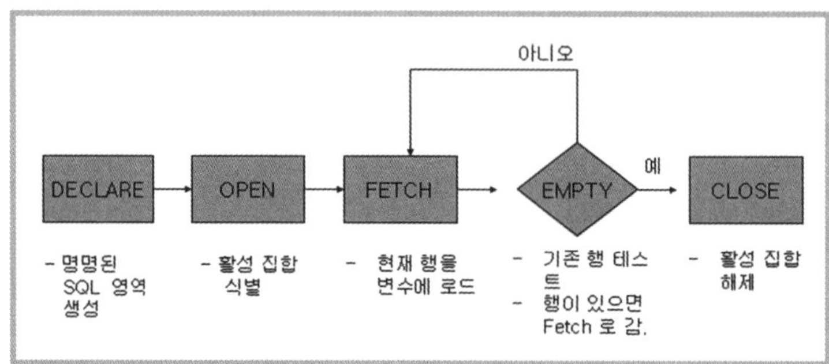

[그림 12.5] 명시적 커서의 처리 단계

(1) 커서 선언(DECLARE)

묵시적 커서와 다르게 명시적 커서는 사용할 커서를 반드시 선언부에 직접 정의해야 한다. 이 단계에서는 해당 커서를 사용하겠다는 의도를 PL/SQL에 알려주는 역할만 하고 실제로 선언하는 커서를 위한 메모리 할당이 이루어지는 것은 아니다.

커서의 선언 방법은 다음과 같다.

문법
```
CURSOR 커서명
IS
select 문장;
```

CURSOR 키워드 바로 뒤에 커서명을 지정하고 IS 키워드 뒤에 처리하고자 하는 데이터를 검색하는 SELECT 문을 기술한다. 커서 선언의 SELECT 문에서는 INTO 절을 포함하지는 않는다.

다음은 커서 선언의 예제로서 필요시 한꺼번에 다음 예에서와 같이 여러 개의 커서를 선언할 수도 있다.

```
DECLARE
  CURSOR emp_cursor
  IS
    SELECT empno, ename
    FROM emp

  CURSOR dept_cursor
  IS
    SELECT deptno, dname
    FROM dept
    WHERE loc = 'NEW YORK'
BEGIN
...
```

(2) 커서 열기(OPEN)

커서를 선언한 뒤 해당 커서를 사용하기 위해서는 먼저 커서를 열어야 한다. 커서 선언 단계에서는 실제 커서가 사용될 메모리 크기를 모르지만, 커서가 open되면 커서를 선언할 때 기술했던 서브 쿼리가 실행되기 때문에 실행된 결과값을 보고 실제 메모리가 할당된다. 실행 결과 집합인 활성 집합의 첫 번째 행에 커서 포인터(pointer)가 설정되며 이후에 다음 단계인 FETCH에서 데이터를 읽어오게 된다.

커서를 OPEN하는 방법은 다음과 같다.

문법
```
OPEN 커서명;
```

(3) 커서에서 데이터 읽기(FETCH)

명시적 커서의 활성 집합으로부터 데이터를 한 건씩 읽어서 변수로 할당하기 위해서 FECTH 문을 사용하며, 다중 행을 읽어야 하기 때문에 LOOP 문 같은 반복문을 사용하는 것이 일반적이다.

커서 FETCH 방법은 다음과 같다.

```
LOOP
  FETCH 커서명 INTO 변수명1, 변수명2;
  EXIT WHEN 커서명%NOTFOUND;
END LOOP;
```

현재 행(row) 값을 변수에 저장하며, 반드시 FETCH의 INTO 절에는 SELECT 문과 동일한 개수의 변수가 존재해야 한다. 반복적으로 FETCH 후에 반복문을 빠져나오기 위해서 '커서명%NOTFOUND' 커서 속성을 사용한다. 묵시적 커서 속성과 다르게 명시적 커서 속성은 'SQL%' 형식 대신에 '커서명%' 형식으로 커서 속성을 사용한다.

(4) 커서 닫기(CLOSE)

FETCH 작업이 모두 완료되어 반복문을 빠져나오게 되면, 커서 사용이 모두 끝났기 때문에 반드시 커서를 닫아야 한다.

OPEN된 커서를 CLOSE하는 방법은 다음과 같다.

문법
```
CLOSE 커서명;
```

CLOSE된 커서에서는 더는 데이터 인출(FETCH)이 불가능하며, 커서를 CLOSE한다는 것은 작업이 끝난 메모리 공간을 정리하고 반환한다는 의미로 자원 관리 측면에서도 매우 중요한 작업이다.

묵시적 커서와 마찬가지로 명시적 커서에서도 다음과 같은 커서 속성을 사용할 수 있고 'SQL%' 형식 대신에 '커서명%' 형식을 사용한다.

[표 12.3] 명시적 커서 속성

커서 속성명	설명
커서명%ROWCOUNT	지금까지 반환된 전체 행의 개수를 반환
커서명%FOUND	가장 최근의 FETCH에서 행을 반환하면 TRUE 값을 반환
커서명%NOTFOUND	가장 최근의 FETCH에서 행을 반환하지 않으면 TRUE 값을 반환
커서명%ISOPEN	커서가 열려 있으면 TRUE를 반환하고 닫혀 있으면 FALSE를 반환

다음은 명시적 커서를 사용하여 DEPT 테이블의 모든 데이터를 출력하는 실습 예제이다.

```
DECLARE
  v_deptno   dept.deptno%TYPE;
  v_dname    dept.dname%TYPE;
  v_loc      dept.loc%TYPE;
  CURSOR C1
  IS
    SELECT deptno, dname, loc
    FROM dept;
BEGIN
  OPEN C1;
  LOOP
    FETCH C1 INTO v_deptno, v_dname, v_loc;
    EXIT WHEN C1%NOTFOUND;
    DBMS_OUTPUT.PUT_LINE(v_deptno || ' ' ||
                         v_dname || ' ' || v_loc);
  END LOOP;
  CLOSE C1;
END;
/
```

선언부에 부서번호를 저장하기 위한 v_deptno 변수와 부서이름을 저장하기 위한 v_dname 변수, 부서위치를 저장하기 위한 v_loc 변수를 선언하고 마지막으로 DEPT 테이블의 SELECT에 대한 명시적 커서 C1을 선언한다.

실행부에서는 OPEN 키워드를 사용하여 커서 C1을 열고 LOOP 문을 사용하여 반복적으로 커서에서 FETCH한다. FETCH된 행의 칼럼 정보를 INTO 절의 변수에 저장하고 DBMS_OUTPUT 패키지를 사용하여 변수값을 출력한다. 더 이상 FETCH할 데이터가 없는 경우에 반복문을 빠져나오기 위해서 '커서명%ROWCOUNT' 커서 속성을 WHEN 조건식에 지정한다. 마지막으로 반복문에서 빠져나오면 CLOSE 키워드를 사용하여 커서 C1을 닫는다.

실행 결과는 다음과 같이 출력된다.

```
10 ACCOUNTING NEW YORK
20 RESEARCH DALLAS
30 SALES CHICAGO
40 OPERATIONS BOSTON
```

3.3 커서 FOR LOOP 문

일반적으로 명시적 커서에는 여러 건의 데이터가 들어 있기 때문에 반복문과 같이 사용하게 된다. 따라서 명시적 커서를 사용하기 위해서는 커서 선언, OPEN, FETCH, CLOSE 작업과 함께 반복문 코드가 같이 사용되어 코드가 복잡해질 수 있다. 오라클에서는 이러한 단점을 보완하기 위해서 FOR 반복문과 명시적 커서가 결합된 커서 FOR LOOP 문을 제공한다. 이 방법을 사용할 경우 OPEN, FETCH, CLOSE 작업이 묵시적으로 실행되어 간결하게 명시적 커서를 사용할 수 있다.

다음은 커서 FOR LOOP 문의 기본적인 문법이다.

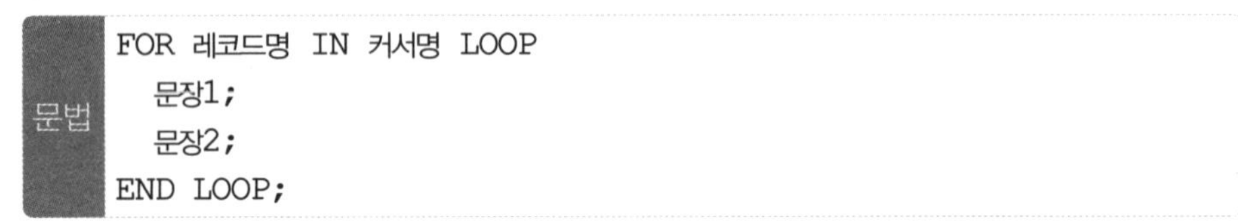

문법
FOR 레코드명 IN 커서명 LOOP
문장1;
문장2;
END LOOP;

레코드명은 커서로부터 FETCH된 하나의 레코드(행)를 저장하기 위한 커서 레코드 변수로 자동으로 선언된다. IN 다음에 기술된 커서명은 반드시 선언부에 선언되어야 하며, FOR 문이 실행되면 명시적 커서가 자동으로 OPEN되고, 한 건씩 FETCH되며 커서 영역에 데이터가 모두 처리되면, LOOP를 종료하게 되면서 자동적으로 명시적 커서가 CLOSE된다.

다음은 커서 FOR LOOP 문를 사용하여 DEPT 테이블의 모든 데이터를 출력하는 실습 예제이다.

```
DECLARE
  CURSOR C1
  IS
    SELECT deptno, dname, loc
    FROM dept;
BEGIN
  FOR dept_record IN C1 LOOP
    EXIT WHEN C1%NOTFOUND;
    DBMS_OUTPUT.PUT_LINE(dept_record.deptno || ' ' ||
          dept_record.dname || ' ' || dept_record.loc);
  END LOOP;
END;
/
```

BEGIN 블록 내에 별도의 커서를 위한 OPEN, FETCH, CLOSE 명령문이 없어도 커서 FOR LOOP 문에 의해서 PL/SQL 문이 수행되고 '레코드명.칼럼명' 형식으로 참조가 가능하다.

실행 결과는 이전 실습과 동일하게 출력된다.

```
10 ACCOUNTING NEW YORK
20 RESEARCH DALLAS
30 SALES CHICAGO
40 OPERATIONS BOSTON
```

다음은 커서 FOR LOOP 문을 사용하는 실용 예제로 사원들의 급여 총합을 구하는 실습 예제이다.

```
DECLARE
  tot_sum NUMBER := 0;
  CURSOR C1
  IS
  SELECT ename, sal
  FROM emp;
BEGIN
  DBMS_OUTPUT.PUT_LINE('이름      급여');
  DBMS_OUTPUT.PUT_LINE('----------------------');

  FOR emp_record IN C1 LOOP
    tot_sum := tot_sum + emp_record.sal;
    DBMS_OUTPUT.PUT_LINE(emp_record.ename || '  ' ||
                         emp_record.sal);
  END LOOP;
  DBMS_OUTPUT.PUT_LINE('----------------------');
  DBMS_OUTPUT.PUT_LINE('총 급여 : ' || '  ' || tot_sum);
END;
/
```

실행 결과는 다음과 같다.

```
이름      급여
----------------------
SMITH  800
ALLEN  1600
WARD  1250
JONES  2975
MARTIN  1250
BLAKE  2850
TURNER  1500
JAMES  950
FORD  3000
----------------------
총 급여 :   16175
```

4. 예외 처리(Exception Handling)

예외(Exception)는 프로그램 실행 중에 발생하는 의도하지 않은 문제를 의미한다. 일반적으로 '에러'라고 부르며 예외가 발생하면 프로그램은 비정상적으로 종료된다. 따라서 예외가 발생하면 사용자는 어떠한 이유 때문에 실행한 프로그램이 비정상으로 종료되어 어떠한 이유로 원하는 결과값이 안 나오는지를 모르게 된다.

예외는 언제든지 발생할 수 있는 사항이기 때문에 예외가 발생했을 때 사용자에게 예외가 발생한 이유를 알려주어야야 하는데 이것이 예외 처리(Exception Handling)이다. PL/SQL에서는 예외가 발생하면 발생한 예외를 처리할 수 있는 예외 처리를 위한 코드를 제공한다.

PL/SQL을 포함한 대부분의 프로그램 언어에서는 예외 처리를 할 수 있는 나름대로의 처리 방법이 지원되는데, PL/SQL에서 처리하는 예외의 종류는 2가지가 있다. 하나는 오라클에서 발생시키는 시스템 예외이고, 다른 하나는 사용자에 의해서 발생되는 사용자 정의 예외이다.

다음은 발생된 예외를 처리하기 위한 예외 처리 기본 문법이다.

문법

```
EXCEPTION
  WHEN 예외이름 [OR 예외이름] THEN
    문장1;
    문장2;
  WHEN 예외이름 [OR 예외이름] THEN
    문장1;
    문장2;
  [WHEN OTHERS THEN
    문장1;
    문장2;]
```

WHEN 절 바로 뒤에 예외이름을 지정하고, THEN 절에는 예외가 발생할 때 처리하는 코드를 지정한다. 예외가 발생하면 발생한 예외와 일치하는 WHEN 절을 따르는 THEN 절의 코드가 실행되며, 일치하는 WHEN 절이 없는 경우에는 WHEN OTHERS THEN 절이 최종적으로 수행된다.

4.1 시스템 정의 예외

다음은 WHEN 바로 뒤에 사용하는 오라클에서 미리 정의된 예외들이다.

[표 12.4] 시스템 정의 예외

커서 속성명	오류번호	설명
NO_DATA_FOUND	ORA-01403	단일 행 SELECT에서 데이터를 반환하지 못한 경우에 발생하는 예외
TOO_MANY_ROWS	ORA-01422	단일 행 SELECT에서 두 개 이상의 행을 반환한 경우에 발생하는 예외
INVALID_CURSOR	ORA-01001	잘못된 커서 작업을 할 때 발생하는 예외
ZERO_DIVIDE	ORA-01476	0으로 나누려고 하는 경우에 발생하는 예외
VALUE_ERROR	ORA-06502	산술 및 변환 또는 크기 제약 조건 오류로 인해 발생하는 예외
DUP_VAL_ON_INDEX	ORA-00001	UNIQUE 키가 설정된 칼럼에 중복된 값을 저장할 때 발생하는 예외
ACCESS_INTO_NULL	ORA-06530	초기화되지 않은 객체의 속성에 값을 할당할 때 발생하는 예외

다음은 단일 행 SELECT에서 두 개 이상의 행을 반환하여 TOO_MANY_ROWS 예외가 발생하는 경우의 예외를 처리하는 방법이다.

```
DECLARE
  vemp emp%ROWTYPE;
BEGIN
  SELECT * INTO vemp
  FROM emp
  WHERE deptno = 20;
  DBMS_OUTPUT.PUT_LINE(vemp.empno);
  EXCEPTION
    WHEN TOO_MANY_ROWS THEN
      DBMS_OUTPUT.PUT_LINE('단일 행 위배 예외발생');
    WHEN OTHERS THEN
      DBMS_OUTPUT.PUT_LINE('예외발생');
END;
/
```

위의 코드는 emp 테이블에서 deptno가 20인 사원 정보를 출력하는 SQL 문이다. 단일 행 SELECT 문을 사용했는데 반환된 행의 개수가 여러 개이기 때문에 예외가 발생한다. 발생한 예외를 처리하기 위하여 EXCEPTION 예외 처리부에서 TOO_MANY_ROWS 예외를 사용하여 예외 처리를 구현한다.

실행 결과는 다음과 같이 출력된다.

```
단일 행 위배 예외발생
```

다음은 기본키로 설정된 칼럼의 값을 중복 저장시켜서 DUP_VAL_ON_INDEX 예외가 발생되는 경우에 예외를 처리하는 방법이다.

```
BEGIN
  INSERT INTO dept
         VALUES (40, '인사', '서울');
  DBMS_OUTPUT.PUT_LINE('저장 성공');
  EXCEPTION
    WHEN DUP_VAL_ON_INDEX THEN
      DBMS_OUTPUT.PUT_LINE('중복 데터 저장 위배 예외발생');
    WHEN OTHERS THEN
      DBMS_OUTPUT.PUT_LINE('예외발생');
END;
/
```

위의 코드는 emp 테이블의 deptno 칼럼에 중복된 값 40을 저장할 때 예외가 발생한다. 발생한 예외를 처리하기 위하여 EXCEPTION 예외 처리부에서 DUP_VAL_ON_INDEX 예외를 사용하여 예외 처리를 구현한다.

실행 결과는 다음과 같이 출력된다.

```
중복 데터 저장 위배 예외발생
```

4.2 사용자 정의 예외

지금까지는 오라클 시스템에서 SQL 문을 실행하는 중에 발생하는 시스템 예외에 관하여 살펴보았다. 이번에는 개발자가 직접 예외를 정의해서 필요한 경우에 명시적으로 예외를 발생시키는 사용자 정의 예외에 관하여 살펴보자.

사용자 정의 예외는 사용자가 만든 프로그램에서 사용자가 생각한 특정 상황에 위배되는 경우 사용되는 예외 처리 방법이다. 여기서 중요한 것은 사용자가 생각한 특정 상황이기 때문에 시스템은 그런 상황을 예외로 처리하지 않는다는 것이다. 결국 오라클 시스템이 예외라고 인지하지 못하는 SQL 문의 처리 결과를 사용자가 강제적으로 예외라고 가정하여 처리하는 방법이다.

사용자 정의 예외를 사용하는 방법은 다음과 같이 세 가지 단계를 거친다.

(1) 예외 정의
사용자 정의 예외를 사용하려면 변수 및 상수처럼 반드시 선언부에 예외를 정의해야 한다.

사용자 정의 예외를 선언하는 방법은 다음과 같다.

```
사용자_정의_예외명 EXCEPTION;
```

(2) 예외 발생
시스템 예외인 경우에는 자동으로 예외가 발생하지만, 사용자 정의 예외는 특정 조건에 위배될 때 명시적으로 예외를 발생시켜야 한다.

강제적으로 예외를 발생시키는 방법은 다음과 같이 RAISE 키워드를 사용한다.

```
RAISE 사용자_정의_예외명;
```

(3) 예외 처리
두 번째 단계의 RAISE 문에 의해서 예외가 발생되었기 때문에 정상적인 종료를 위하여 반드시 예외 처리를 해야 한다. 예외 처리 방법은 시스템 예외 처리와 동일하다.

다음은 조건에 일치하는 사원이 없는 경우 사용자 정의 예외를 사용하여 처리하는 방법이다.

```
DECLARE
  e_invalid_deptno EXCEPTION;
BEGIN
  UPDATE dept
  SET dname = 'Engineer'
  WHERE deptno = 99;
  -- 사용자 지정 조건
  IF SQL%NOTFOUND THEN
    RAISE e_invalid_deptno;
  END IF;
  DBMS_OUTPUT.PUT_LINE('수정 성공');
  EXCEPTION
    WHEN e_invalid_deptno THEN
      DBMS_OUTPUT.PUT_LINE('No Such deptno 예외발생');
    WHEN OTHERS THEN
      DBMS_OUTPUT.PUT_LINE( '예외발생');
END;
/
```

위 문장은 dept 테이블에서 부서번호가 99인 부서를 찾아서 부서명을 'Engineer'로 변경하는 예제이다. 만약 검색하려고 하는 부서번호가 99인 부서가 없어도 오라클 시스템은 예외로 처리하지 않기 때문에 선언부에 예외 이름을 e_invalid_deptno로 하여 예외를 선언하고, PL/SQL 블록 내에서 조건을 지정하여 위배되는 경우에 RAISE 키워드를 사용하여 명시적으로 예외를 발생시킨다. RAISE에 의해서 예외가 발생되면 예외 처리를 위해서 EXCEPTION 예외 처리부를 설정한다.

실행 결과는 다음과 같이 출력된다.

```
No Such deptno 예외발생
```

5. 서브 프로그램

지금까지 학습했던 PL/SQL 블록들은 이름이 없는 익명 블록(anonymous)이다. 이러한 익명 블록들은 실행될 때마다 항상 컴파일(PL/SQL 코드를 오라클 데이터베이스 내에서 수행 가능하도록 번역하는 과정)을 수행해야 하며, 이름이 없기 때문에 저장이 불가능하고 재사용할 수도 없다. 하지만 주기적으로 사용하는 로직이 필요한 경우에는 매번 이렇게 처리하는 것은 매우 비효율적이기 때문에 오라클에서는 테이블이나 뷰 같이 데이터베이스 객체로서 저장해서 필요할 때마다 호출하여 사용할 수 있는 PL/SQL 블록을 제공하는데 이것을 서브 프로그램(sub program)이라고 부른다.

서브 프로그램은 파라미터를 사용할 수 있고 SQL*PLUS과 같은 툴에서 호출 가능한 PL/SQL 블록으로서 재사용성이 매우 뛰어나다. 서브 프로그램은 일반적으로 특정 작업을 수행하는 프로시저(procedure)와 값을 계산하는 함수(function)로 분류한다.

프로시저와 함수의 가장 큰 차이점은 반환값의 존재 여부이다. 함수는 어떤 로직을 처리하고 처리된 결과값을 반환하지만, 프로시저는 보통 임의의 특정 로직을 처리하기만 한다. 또한 함수는 3장에서 배웠던 SQL 함수처럼 SELECT 절이나 WHERE 절과 같이 SQL 문 내에서 사용이 가능하다.

5.1 프로시저(Procedure)

프로시저는 특정 작업을 수행하는 서브 프로그램의 한 종류로 데이터베이스에 저장되는 객체이다. 이러한 이유로 내장 프로시저(stored procedure)라고도 부른다. 프로시저는 반복적으로 호출이 가능하고 실행될 때마다 별도의 컴파일 작업이 필요 없다. 복잡한 DML 문들을 필요할 때마다 매번 작성하지 않고 프로시저로 저장한 뒤에 필요할 때마다 프로시저 호출을 통해서 간단하게 실행할 수 있기 때문에 실무에서 많이 사용된다.

다음은 프로시저를 생성하는 기본 문법이다.

문법

```
CREATE [OR REPLACE] PROCEDURE 프로시저명
  [파라미터 mode 데이터타입,
   파라미터 mode 데이터타입, ...]
IS
  [변수 선언;]
BEGIN
 ...
END;
```

CREATE PROCEDURE 문을 사용하여 프로시저를 생성하고, 이미 저장되어 있는 프로시저를 변경하고자 하는 경우에 OR REPLACE를 함께 지정하면 기존 프로시저를 삭제한 후 다시 생성하게 된다.

파라미터는 프로시저를 실행할 때의 호출 환경과 프로시저 간에 서로 주고 받는 값을 의미하고, mode는 IN, OUT, IN OUT의 3가지 설정값을 사용할 수 있는데 이 값에 따라서 파라미터의 역할이 결정된다.

mode에 따른 파라미터 동작 방식은 다음과 같다.

[표 12.5] 파라미터 mode

mode 종류	설명
IN	호출 환경의 사용자로부터 값을 입력 받아 프로시저로 전달해 주는 역할로서 기본값으로 생략 가능
OUT	프로시저에서 호출 환경의 사용자로 값을 전달해 주는 역할
IN OUT	호출 환경의 사용자와 프로시저 간에 값을 주고 받는 역할

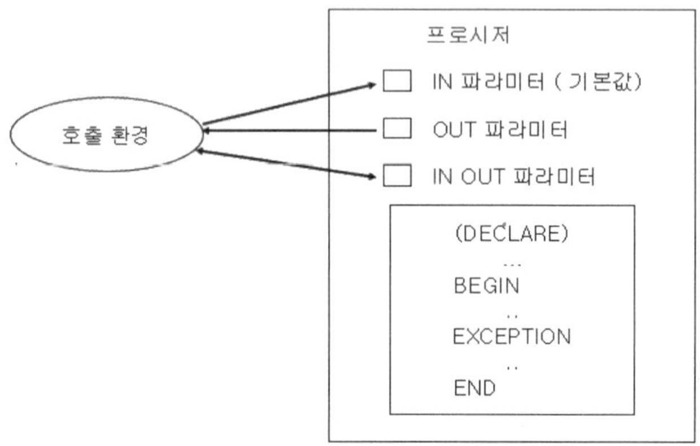

[그림 12.6] 호출 환경과 파라미터 mode

데이터 타입은 파라미터의 데이터형으로 크기는 지정하지 않고 데이터형만 지정한다.

생성된 프로시저를 실행하기 위해서는 다음 문법을 사용한다.

문법 **EXEC 프로시저명 (파라미터)**

EXEC 키워드를 사용하여 생성된 프로시저를 실행할 수 있으며 파라미터 전달도 가능하다.

다음은 'Procedure Test' 문자를 출력하는 프로시저를 생성하는 매우 간단한 PL/SQL 문이다.

```
CREATE OR REPLACE PROCEDURE my_test
IS
BEGIN
  DBMS_OUTPUT.PUT_LINE('Procedure Test');
END;
/
```

익명 블록과의 차이점은 my_test라는 프로시저 이름을 지정하여 언제든지 재사용 할 수 있다는 것이다. 프로시저는 EXEC my_test; 형식으로 지정하여 실행하고, 반복적인 실행도 가능하다.

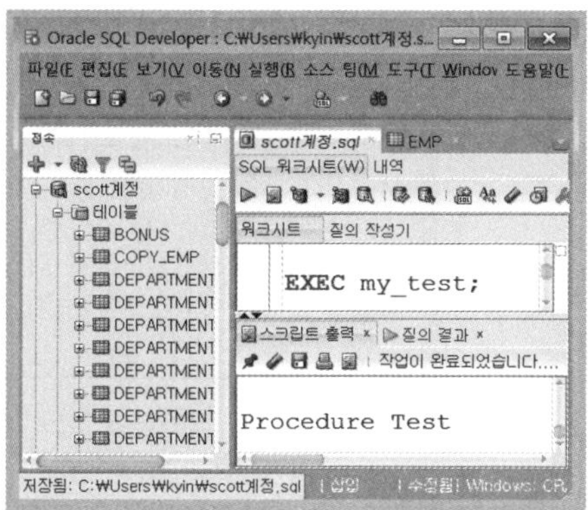

[그림 12.7] 프로시저 실행

다음은 파라미터로 임의의 사원번호를 전달 받아서 일치하는 사원의 급여를 110% 인상하는 프로시저를 생성하는 SQL 문이다.

```
CREATE OR REPLACE PROCEDURE raise_salary
   (p_empno IN emp.empno%TYPE)
IS
BEGIN
  UPDATE emp
  SET sal = sal * 1.1
  WHERE empno = p_empno;
END;
/
```

호출 환경에서 전달되는 임의의 사원번호 값을 저장하기 위해서 p_empno 파라미터를 IN 모드로 설정한다. 데이터 타입은 %TYPE형을 사용하여 emp 테이블의 empno 칼럼의 데이터를 참조하도록 설정한다.

프로시저를 실행하기 전의 사원 급여를 먼저 확인하도록 하자.

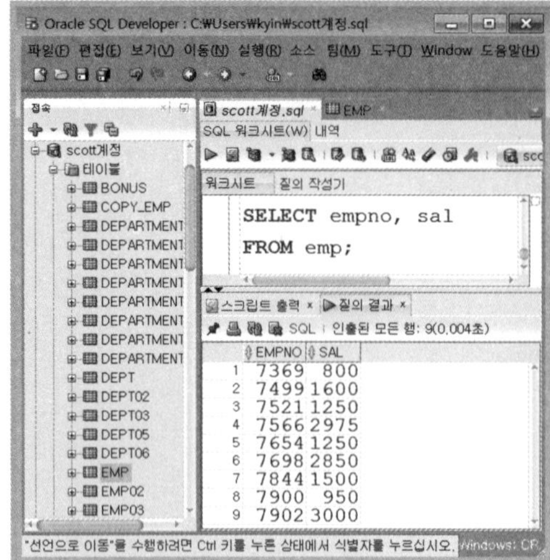

[그림 12.8] 프로시저 실행 전 sal 값 확인

현재 저장된 데이터 중 사원번호가 7369인 사원의 급여는 800이다. 이제 raise_salary 프로시저를 실행하여 사원번호가 7369인 사원의 급여를 110% 인상하도록 하자. raise_salary 프로시저를 실행할 때 파라미터 값으로 사원번호 7369를 지정한다.

```
EXEC raise_salary(7369);
```

프로시저 실행 후에 다시 EMP 테이블의 급여(sal) 칼럼을 출력하여 프로시저가 제대로 실행되었는지 확인한다.

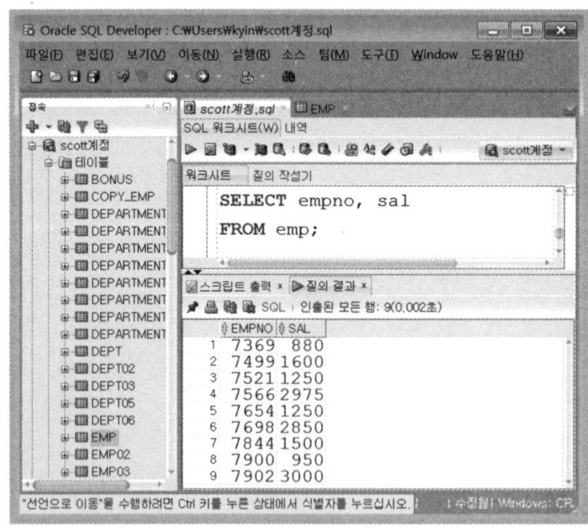

[그림 12.9] 프로시저 실행 후 sal 값 확인

실행 결과를 살펴보면 사원번호가 7369인 사원의 급여가 800에서 110% 향상된 880으로 수정되어 있는 것을 확인할 수 있다.

다음은 구구단 프로시저로, 어느 단을 출력할지 파라미터로 값을 전달하여 해당 값의 구구단을 출력하는 예제이다.

```
CREATE OR REPLACE PROCEDURE rangugu
  (dan NUMBER)
IS
BEGIN
  FOR i IN 1..9 LOOP
    DBMS_OUTPUT.PUT_LINE(dan || ' x ' || i || ' = ' || dan * i);
  END LOOP;
END;
/
```

호출 환경에서 값을 전달할 때 전달되는 값을 저장하기 위한 dan 파라미터를 기본 모드인 IN 모드로 지정한다. 데이터형은 NUMBER 타입이고 크기는 지정하지 않는다. PL/SQL 블록 내에서 반복문을 사용하여 구구단을 출력한다.

프로시저 실행은 다음과 같으며 파라미터 값으로 원하는 값을 지정한다.

```
EXEC rangugu(8);
```

파라미터 값으로 8을 지정하였기 때문에 실행 결과를 살펴보면 다음과 같이 8단에 해당하는 구구단 값이 출력된다.

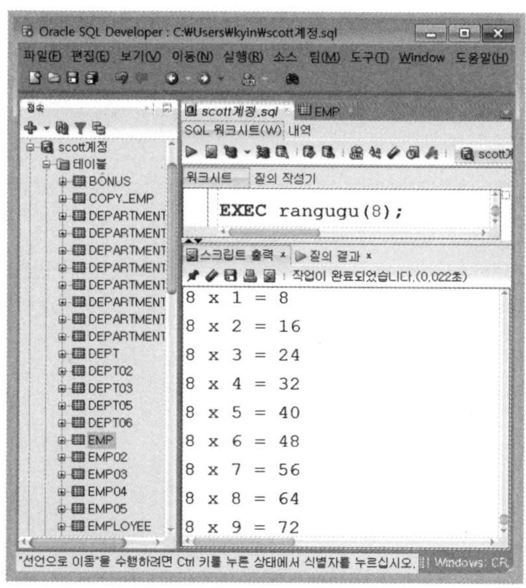

[그림 12.10] 구구단 프로시저 실행

다음은 전화번호를 파라미터로 전달하면 알맞은 전화번호 포맷으로 변경하여 반환하는 프로시저를 작성하는 실습 예제이다. 다음과 같이 '01033334444' 값을 전달하면 '(010)3333-4444' 형식으로 변경하여 반환한다.

'01033334444' ⇄ '(010)3333-4444'

[그림 12.11] 전화번호 포맷 변경

```
CREATE OR REPLACE PROCEDURE format_phone
  (p_phone_no IN OUT VARCHAR2)
IS
BEGIN
  p_phone_no := '(' || substr(p_phone_no, 1, 3) ||
                ')' || substr(p_phone_no, 4, 4) ||
                '-' || substr( p_phone_no, 7);
END;
/
```

p_phone_no 파라미터는 IN OUT 모드로 지정하여 '01033334444' 값을 전달받을 때는 IN 모드로 사용되고, '(010)3333-4444' 값을 호출 환경으로 반환할 때는 OUT 모드로 사용한다. PL/SQL 블록 내에서는 substr 함수를 사용하여 전화번호를 특정 포맷으로 변경한다.

파라미터를 OUT 모드로 사용하기 위해서는 추가로 '바인드 변수'라고 부르는 변수 선언이 필요하다. 다음과 같이 VARIABLE 명령어로 변수를 선언한다.

```
variable g_phone_no VARCHAR2;
```

g_phone_no 변수를 사용하여 '01033334444' 값을 파라미터로 전달하고 반대로 PL/SQL에서 반환되는 '(010)3333-4444' 값을 저장한다.

다음은 g_phone_no 변수에 익명 블록을 사용하여 '01033334444' 값을 저장한다.

```
BEGIN
:g_phone_no :='01033334444';
END;
/
```

:g_phone_no 변수는 바인드 변수로서 임의의 값을 동적으로 저장할 때 사용한다.

마지막으로 프로시저를 실행하여 바인드 변수에 저장된 전화번호 값을 파라미터로 전달하고 반대로 포맷된 전화번호 값을 반환 받는다.

```
EXEC format_phone(:g_phone_no);
```

바인드 변수에 저장된 포맷된 전화 번호값을 print 명령어로 출력한다.

```
print g_phone_no;
```

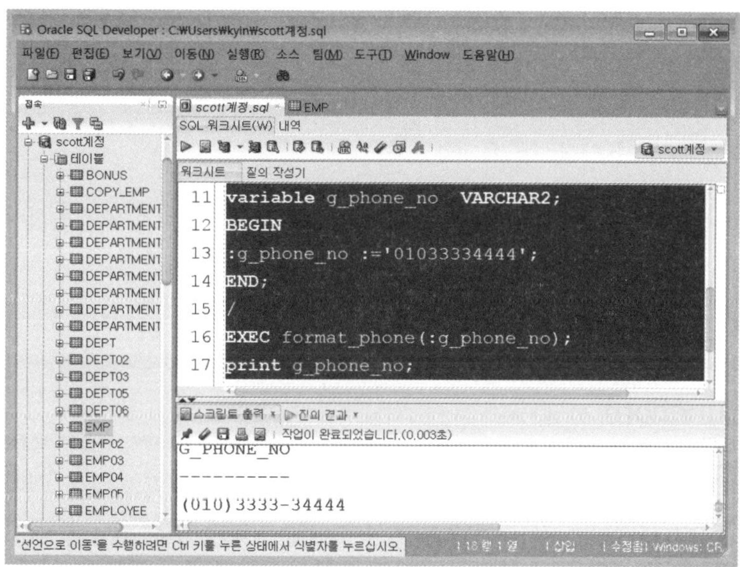

[그림 12.12] 전화번호 포맷 변경 프로시저 실행

위의 그림처럼 명령문을 블록으로 선택해서 실행시키면 형식화된 전화번호가 출력되는 것을 확인할 수 있다.

마지막으로 생성된 프로시저의 조회는 USER_SOURCE 데이터 사전을 이용한다.

```
SELECT name, text
FROM USER_SOURCE;
```

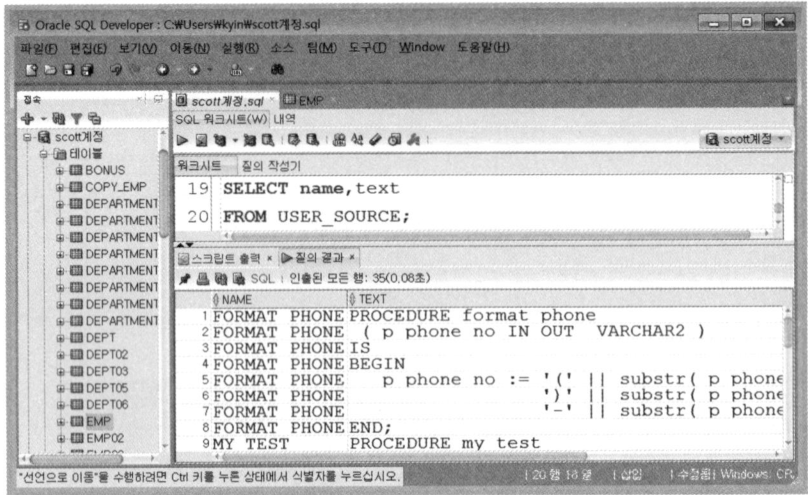

[그림 12.13] USER_SOURCE 데이터 사전

생성된 프로시저를 삭제하기 위해서는 DROP PROCEDURE 문을 사용한다.

문법

```
DROP PROCEDURE 프로시저명;
```

5.2 함수(Function)

SQL에서 함수라고 하면 일반적으로 오라클에서 제공하는 SQL 함수를 의미한다. 하지만 PL/SQL에서는 사용자가 필요에 의해서 생성한 사용자 정의 함수를 가리킨다. 앞서 배운 프로시저와의 차이점은 프로시저는 정해진 작업을 수행한 후에 IN 또는 OUT과 같은 mode에 따라서 동작 방식이 정해지지만, 함수는 작업을 수행한 후에 반드시 결과값을 반환(RETURN)하며 SQL 문에서 표현식의 일부로 함수를 사용할 수 있다.

다음은 함수를 생성하는 기본 문법이다.

문법

```
CREATE [OR REPLACE] FUNCTION 함수명
   [파라미터 데이터타입,
    파라미터 데이터타입, ...]
RETURN 데이터타입
IS
   [변수 선언; ... ]
BEGIN
   ...
   RETURN 반환값;
END;
```

CREATE FUNCTION 문을 사용하여 함수를 생성하고, OR REPLACE 키워드를 함께 지정하면 기존 함수를 삭제한 후 다시 생성하게 된다. 프로시저와 동일하게 호출 환경에서 함수에게 전달할 파라미터를 사용할 수 있으며 RETURN 키워드를 사용하여 호출 환경으로 반환할 데이터형을 지정한다.

PL/SQL 블록 내에서는 함수의 정해진 작업을 수행하고 반드시 RETURN 키워드를 사용하여 반환값을 지정해야 된다. 주의할 점은 RETURN 키워드 뒤에 지정한 데이터형과 함수의 실제 반환값은 반드시 동일한 데이터형이어야 한다. 이렇게 생성된 함수는 SELECT 절, WHERE 절, HAVING 절, UPDATE 문, INSERT 문과 같은 SQL 문에서 표현식의 일부로 사용할 수 있다.

다음은 전달된 파라미터 값을 모두 소문자로 출력하는 mylower 함수를 작성하고 사용하는 실습 예제이다.

```
CREATE OR REPLACE FUNCTION mylower
  (p_value VARCHAR2)
RETURN VARCHAR2
IS
BEGIN
  RETURN lower(p_value);
END;
/
```

CREATE FUNCTION 뒤에 함수명 mylower를 지정하고 호출 환경에서 전달되는 파라미터 값을 저장하기 위해서 p_value로 파라미터 변수를 설정한다. 함수 호출 후에 반환되는 값의 데이터 타입을 RETURN 키워드 바로 뒤에 설정하는데, 실습에서는 전달된 파라미터를 소문자로 변환하여 반환하기 때문에 VARCHAR2 타입으로 반환 값의 데이터 타입을 지정한다. PL/SQL 블록 내에서는 전달받은 파라미터 값을 소문자로 변경하기 위해서 SQL의 내장함수 lower를 사용하여 소문자로 변경하고, RETURN 키워드를 사용하여 소문자로 변경된 결과값을 리턴한다.

생성된 함수의 실행 결과를 확인하기 위해서 emp 테이블의 사원이름을 소문자로 출력하도록 하자.

```
SELECT ename, mylower(ename)
FROM emp;
```

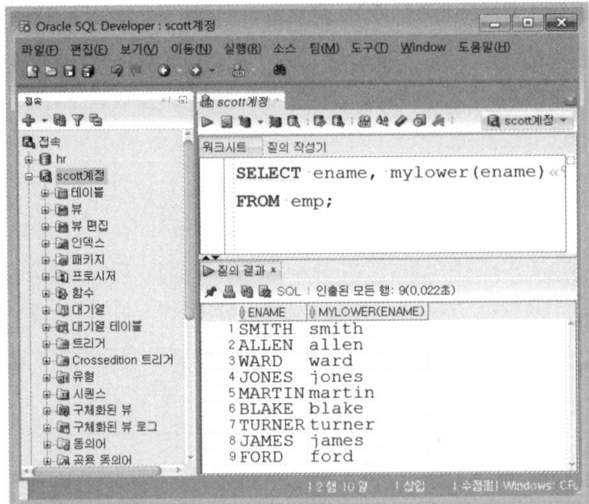

[그림 12.14] mylower 사용자 함수 활용

실행 결과를 살펴보면 사용자 정의 함수 mylower를 사용하여 사원이름이 모두 소문자로 변경되어 출력되는 것을 확인할 수 있다.

다음은 두 개의 정수값을 받아서 합을 구하는 mysum 함수를 작성하고 사용하는 실습 예제이다.

```
CREATE OR REPLACE FUNCTION mysum
  (p_value1 NUMBER,
   p_value2 NUMBER
  )
RETURN NUMBER
IS
BEGIN
  RETURN p_value1 + p_value2;
END;
/
```

CREATE FUNCTION 뒤에 함수명 mysum을 지정하고 호출 환경에서 전달하는 두 개의 파라미터 값을 저장하기 위해서 p_value1과 p_value2로 파라미터 변수를 설정한다. 함수 호출 후에 반환되는 값이 정수이기 때문에 NUMBER로 데이터 타입을 지정한다. PL/SQL 블록 내에서는 전달받은 두 개의 파라미터 값을 더해서 반환한다.

생성된 함수의 실행 결과를 확인하기 위해서 DUAL을 이용한다.

```
SELECT mysum(10, 20)
FROM dual;
```

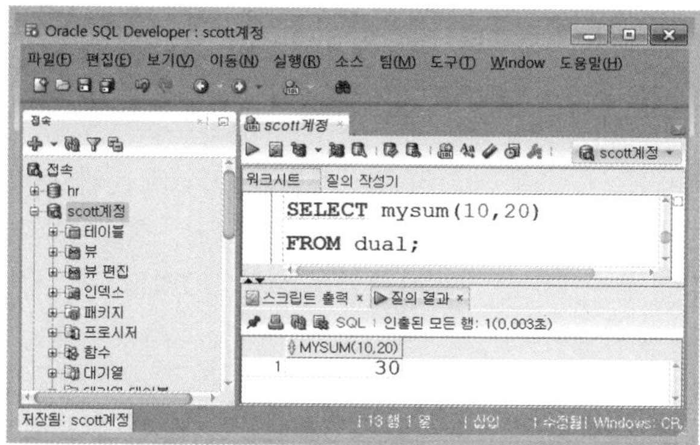

[그림 12.15] mysum 사용자 함수 활용

실행 결과를 살펴보면 사용자 정의 함수 mysum을 사용하여 두 개의 파라미터 값 10과 20을 더한 결과 값을 반환하여 출력되는 것을 확인할 수 있다.

생성된 함수를 삭제하기 위해서는 DROP FUNCTION 문을 사용한다.

문법
```
DROP FUNCTION 함수명;
```

앞에서 살펴보았던 프로시저와 함수는 오라클 데이터베이스 객체로서 저장되어 재사용이 가능하다는 공통된 특성이 있으며 가장 큰 차이점은 다음과 같다.

[표 12.6] 프로시저와 함수 비교

프로시저	함수
PL/SQL 문으로 실행된다.	SQL 문의 표현식의 일부로 호출되어 실행된다.
헤더에 RETURN 문을 포함하지 않는다.	헤더에 RETURN 문을 포함해야 한다.
값을 반환하지 않거나 하나 이상의 값을 반환할 수 있다.	값을 하나만 반환한다.
RETURN 문을 포함할 수 없다.	RETURN 문을 반드시 포함해야 한다.

6. 패키지(package)

패키지는 앞서 배웠던 많은 프로시저나 함수들 중에서 처리하는 작업이 비슷한 것들끼리 묶어 놓은 오라클 객체를 의미한다. 실제 회사에서는 급여관리, 인사관리, 물품관리와 같은 다양한 업무 로직이 있으며, 각각의 업무 로직을 처리하기 위한 프로시저와 함수를 생성해서 사용한다.

이렇게 다양한 업무 로직에 따른 프로시저와 함수들은 회사의 규모나 수행하는 업무에 따라서 많이 생성될 수 있는데 그 수가 많아지면 어떤 함수나 프로시저가 어떤 업무를 처리하는지 식별하기가 어려워진다. 이러 경우 비슷한 유형의 작업을 처리하는 프로시저나 함수를 패키지로 묶어서 모듈화하면 효율적으로 관리할 수 있다.

패키지는 프로시저나 함수와는 다르게 패키지 명세부(Specification)와 패키지 구현부(Body)로 구성된다. 패키지 명세부는 변수, 상수, 커서(Cursor), 프로시저와 함수를 선언하는 부분이다. 패키지 명세부에서 선언된 요소들은 모두 PUBLIC 속성을 가지기 때문에 패키지 외부에서 접근이 가능하다.

패키지 구현부는 패키지 명세부에서 선언한 내용을 실제로 구현하는 부분이다. 즉 패키지 선언부에서 커서나 프로시저 또는 함수를 선언했다면, 구현부에서 커서를 구성하는 SQL 문이나 프로시저와 함수의 구체적인 처리 내용을 기술해야 한다.

먼저 패키지 명세부를 작성하는 PL/SQL 문을 살펴보도록 하자. 기본 문법은 다음과 같다.

문법

```
CREATE [OR REPLACE] PACKAGE 패키지명
IS
   [변수 및 상수 선언];
   [예외 선언];
   [커서 선언];

PROCEDURE 프로시저명
   (파라미터 mode 데이터타입)

FUNCTION 함수명
   (파라미터 데이터타입)
   RETURN 반환타입;

END 패키지명;
```

CREATAE PACKAGE 뒤에 패키지명을 지정하고 IS 뒤에는 변수 및 상수, 예외, 커서, 프로시저 및 함수 선언 코드를 지정한다. 패키지 선언부에서 선언된 변수, 상수 등은 외부에서 참조가 가능하다.

이후 END 패키지명을 사용하여 패키지 명세부 작성을 종료한다. 명세부에서는 현재 패키지가 어떤 작업을 수행하는지에 대해서는 자세히 알 수 없다. 왜냐하면 이 패키지에서 사용할 타입과 커서, 함수, 프로시저들만 선언했기 때문이다. 실제로 작업을 수행하는 코드는 패키지 구현부를 통해서 기술되어야 한다.

다음은 패키지 구현부를 작성하는 방법이다.

문법

```
CREATE [OR REPLACE] PACKAGE BODY 패키지명
IS
  [변수 및 상수 선언];
  [커서 구현];
  [프로시저 구현]
  [함수 구현]

END 패키지명;
```

패키지 구현부에서도 선언부와 동일하게 상수, 변수 등을 선언할 수 있으나, 패키지 구현부에서 선언된 상수나 변수는 외부에서 참조할 수 없다. 패키지 구현부에서는 선언부에서 선언된 커서나 함수 또는 프로시저들의 세부적인 구현 부분을 작성해야 하며, 사용 문법은 일반적인 함수 또는 프로시저를 생성할 때와 동일하다.

실습을 통해서 패키지 사용법을 알아보도록 하자. 앞서 실습했던 구구단을 출력하는 프로시저와 문자열을 소문자로 변경하는 mylower 함수를 패키지로 생성하여 사용한다.

먼저 다음과 같이 패키지 선언부에 구구단 프로시저와 mylower 함수를 선언한다.

```
CREATE OR REPLACE PACKAGE mypackage
IS
  PROCEDURE rangugu (dan NUMBER);
  FUNCTION  mylower (p_value VARCHAR2) RETURN VARCHAR2;
END mypackage;
/
```

이후 선언부에서 선언한 프로시저와 함수를 패키지 구현부에서 다음과 같이 구현한다.

```
CREATE OR REPLACE PACKAGE BODY mypackage
IS
  PROCEDURE rangugu ( dan NUMBER )
  IS
  BEGIN
    FOR i IN 1..9 LOOP
      DBMS_OUTPUT.PUT_LINE(dan || ' x ' || i || ' = ' || dan * i);
    END LOOP;
  END;
```

```
  FUNCTION mylower (p_value VARCHAR2) RETURN VARCHAR2
  IS
  BEGIN
    RETURN lower(p_value);
  END;
END mypackage;
/
```

패키지 구현부의 프로시저와 함수 구현 코드를 살펴보면 일반적인 프로시저와 함수 생성 문법과 동일한 것을 확인할 수 있다.

생성된 패키지를 통해서 프로시저와 함수를 실행해 보자. 패키지를 사용하기 위한 문법은 다음과 같다.

문법 패키지명.서브프로그램

먼저 rangugu 프로시저를 실행해 보자. 다음과 같이 mypackage.rangugu 형식으로 패키지 내의 프로시저를 실행한다.

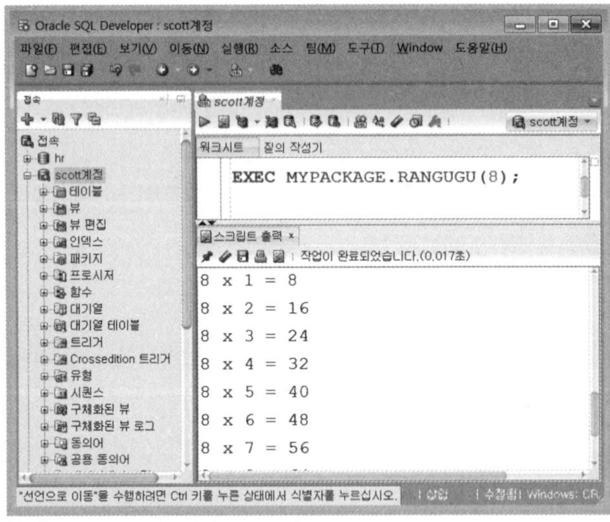

[그림 12.16] 패키지 내의 프로시저 실행

실행 결과를 살펴보면 패키지가 아닌 일반적인 프로시저로 작성한 결과와 동일한 것을 확인할 수 있다.

다음은 mylower 함수를 실행해 보자. 프로시저와 동일하게 mypackage.mylower 형식으로 함수를 호출한다.

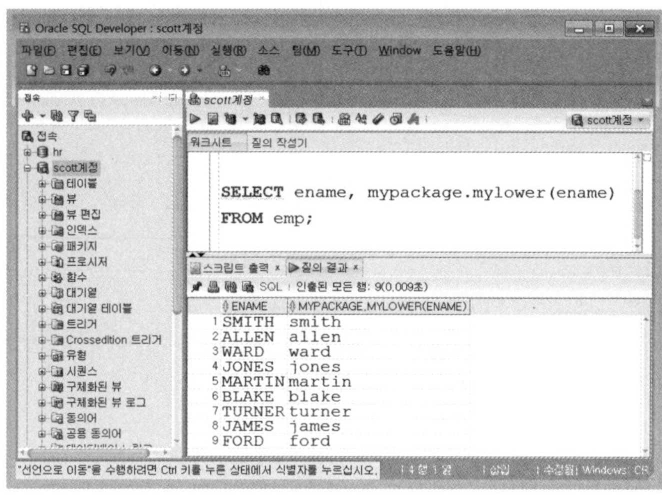

[그림 12.17] 패키지 내의 함수 실행

실행 결과를 살펴보면 패키지가 아닌 일반적인 함수로 작성한 결과와 동일한 것을 확인할 수 있다.

생성된 패키지 정보를 조회하기 위해서는 USER_OBJECTS 데이터 사전을 이용한다.

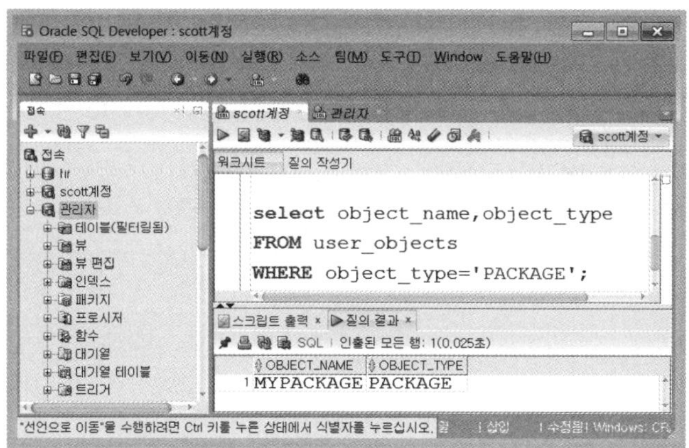

[그림 12.18] USER_OBJECT 데이터 사전

DBMS_OUTPUT.PUT_LINE()

특정 값을 콘솔에 출력하기 위해서 DBMS_OUTPUT.PUT_LINE(값)을 사용하는데, DBMS_OUTPUT는 오라클 시스템에서 제공된 패키지의 이름이고, 뒤의 PUT_LINE()은 프로시저의 이름이다. 이처럼 오라클에서는 여러 가지 유용한 기능을 수행하는 시스템 패키지들을 다수 제공한다.

SYS 계정으로 다음 SQL 문을 실행하면 오라클에서 제공하는 시스템 패키지 목록을 확인할 수 있다.

```
SELECT owner,object_name,object_type
FROM all_objects
WHERE object_type = 'PACKAGE';
```

생성된 패키지를 삭제하는 방법은 다음과 같다.

```
DROP PACKAGE 패키지명;
DROP PACKAGE BODY 패키지명;
```

예제로 배우는

오라클 데이터베이스 12c

인쇄 일자 : 2018년 5월 4일 초판 인쇄
발행 일자 : 2018년 5월 11일 초판 발행

펴낸곳 : 가메출판사(http://www.kame.co.kr)
발행인 : 성만경
저 자 : 인경열

주소 : 서울시 마포구 양화로 56, 504호(서교동 동양한강트레벨)
전화 : 02) 322-8317
팩스 : 02) 323-8311

ISBN : 978-89-8078-296-3
등록번호 : 제313-2009-264호

정가 : 23,000원